LEÇONS DE CHIMIE

(Chimie générale, Chimie organique, Analyse chimique)

A L'USAGE

DES ÉLÈVES DE PREMIÈRE (SCIENCES)

des Candidats au Baccalauréat de l'enseignement secondaire moderne
(deuxième série)

et des Candidats au Baccalauréat de l'enseignement secondaire spécial

PAR

J. BASIN

AGRÉGÉ DE L'UNIVERSITÉ
PROFESSEUR AU LYCÉE DE COUTANCES

PARIS

LIBRAIRIE NONY & Cie

17, RUE DES ÉCOLES, 17

1893

LEÇONS DE CHIMIE

LEÇONS DE CHIMIE

(Chimie générale, Chimie organique, Analyse chimique)

A L'USAGE

DES ÉLÈVES DE PREMIÈRE (SCIENCES)

des Candidats au Baccalauréat de l'enseignement secondaire moderne
(deuxième série)
et des Candidats au Baccalauréat de l'enseignement secondaire spécial

PAR

J. BASIN

AGRÉGÉ DE L'UNIVERSITÉ
PROFESSEUR AU LYCÉE DE COUTANCES

PARIS

LIBRAIRIE NONY & Cⁱᵉ

17, RUE DES ÉCOLES, 17

1893

PROGRAMME DE LA CLASSE DE PREMIÈRE (SCIENCES)
(*Arrêté ministériel du 15 juin 1891.*)

Chimie générale.

Combinaison chimique. — Décomposition. — Dissociation.

Lois des poids : nombres proportionnels. — Équivalents.

Lois des volumes gazeux. — Poids atomiques. — Lois des chaleurs spécifiques. — Isomorphisme.

Principes de thermochimie. — Application aux cas les plus simples.

Chimie organique.

Éléments des substances organiques. — Principes immédiats.

Méthodes analytiques et méthodes synthétiques.

Classification d'après les fonctions chimiques.

Carbures d'hydrogène. — Carbures gazeux : acétylène ; gaz oléfiant ; gaz des marais. — Chloroforme.

Carbures liquides et solides. — Pétroles ; essence de térébenthine ; benzine ; toluène ; naphtaline ; anthracène.

Alcools. — Alcool ordinaire et ses principaux éthers.

Alcool méthylique.

Glycérine. — Corps gras neutres.

Glucoses. — Sucre de canne. Sucre de lait.

Dextrine. — Amidon et fécules. — Gommes. — Cellulose.

Phénol. — Alizarine.

Aldéhydes. — Essence d'amandes amères. — Camphre.

Acides. — Principaux acides volatils (formique, acétique).

Acides gras. — Acides fixes (oxalique, tartrique, citrique).

Savons. — Bougies.

Alcalis. — Alcalis artificiels : aniline ; toluidines ; rosanilines.

Matières colorantes naturelles et artificielles.

Alcalis végétaux (nicotine, morphine, quinine, strychnine).

Amides. — Notions générales. — Urée. — Acide urique. — Indigo.

Albumine et ses congénères (caséine, fibrine, gluten). — Gélatine.

Conservation des matières organiques.

Fermentation alcoolique. — Vin. — Bière.

Analyse chimique.

Caractères des bases et caractères des principaux genres de sels.

Recherche de la base d'un sel soluble. — Recherche de l'acide.

Notions sur la chimie analytique quantitative par l'emploi des liqueurs titrées. Essais alcalimétriques. — Essais chlorométriques. — Essais de fer.

Analyse élémentaire d'une substance organique.

Dosage de l'azote sous forme d'ammoniaque.

N. B. — Les élèves qui veulent se limiter strictement à l'étude des matières inscrites au programme ci-dessus, pourront laisser de côté les parties du livre imprimées en petit caractère ; mais les élèves studieux de la classe de Première (sciences) liront avec profit ces compléments, qui s'adressent aussi aux élèves des écoles industrielles et aux étudiants de première année des Facultés.

LEÇONS DE CHIMIE

CHIMIE GÉNÉRALE

CHAPITRE PREMIER

CRISTALLISATION. — SYSTÈMES CRISTALLINS

1. La cristallisation est le phénomène par lequel un corps passe de l'état liquide ou gazeux à l'état solide en prenant des formes géométriques régulières terminées par des faces planes, parallèles deux à deux. Ces formes s'appellent *cristaux*; elles ne se produisent que si ce changement d'état a lieu lentement et si le corps est susceptible de cristalliser, car il y a des corps, dits *amorphes*, ne pouvant dans aucun cas prendre de forme cristalline, comme les résines, l'albumine, etc.

Les corps cristallisés ne présentent pas toujours une forme géométrique extérieure apparente ; ils peuvent ressembler au premier abord aux corps vitreux : telle une masse transparente informe de spath d'Islande. Mais, indépendamment de la dilatation et des propriétés optiques, qui varient généralement suivant la direction considérée, si on soumet ces corps à un choc brusque, la cassure se fait dans des sens bien déterminés, suivant des faces planes dites *faces de clivage*, et non irrégulièrement comme avec le verre ; cela provient de ce que, dans les cristaux, la cohésion n'est pas la même suivant toutes les directions.

On provoque la cristallisation des corps, soit en les soumettant par la chaleur à un changement d'état, soit en les dissolvant dans un liquide que l'on fait ensuite évaporer.

2. Cristallisation par fusion. — La fusion est employée pour le soufre et la plupart des métaux (bismuth, antimoine, gallium). On abandonne le corps fondu à un refroidissement lent et régulier : la surface et le liquide en contact avec les parois du vase qui le contient se refroidissant plus rapidement, cristallisent d'abord ; et la solidification gagnant peu à peu vers l'intérieur, on obtiendrait une masse formée de cristaux enchevêtrés confusément ; aussi, pour avoir des cristaux nets et isolés, doit-on arrêter la solidification avant qu'elle soit complète. Pour cela, on perce la croûte superficielle de deux ouvertures, par une desquelles on décante l'excès de liquide tandis que l'air rentre par l'autre : les cristaux tapissent les parois du vase.

Quand on refroidit brusquement, en le coulant sur une surface froide, un corps fondu pouvant cristalliser, le travail interne qui produit l'orientation des molécules n'a pas le temps de s'effectuer entièrement et le corps retient une partie de la chaleur qu'il avait absorbée au moment de sa fusion ; mais à la longue cette chaleur se dégage, le corps perd sa transparence et acquiert une structure cristalline (sucre d'orge, anhydride arsénieux vitreux).

3. Cristallisation par sublimation. — On fait cristalliser par sublimation les corps dont la tension de vapeur est sensible dans le voisinage du point de fusion ou à une température peu élevée, comme l'iode, l'arsenic, les chlorures de mercure, d'ammonium, et un grand nombre de composés organiques : camphre, acide benzoïque, naphtaline, etc. Au contact des parties froides de l'appareil employé, les vapeurs cristallisent sans transition liquide.

On sublime l'iode, le camphre dans une fiole à fond plat chauffée au bain de sable ; pour l'acide benzoïque, la naphtaline, on emploie un têt en terre ou une marmite en tôle coiffés d'un cône de papier-filtre sur les parois intérieures duquel les vapeurs se condensent en cristaux. Dans l'industrie, les appareils employés pour sublimer en grand l'iode, le chlorure d'ammonium, la naphtaline, sont fondés sur le même principe.

4. Cristallisation par voie humide. — On fait enfin cristalliser un grand nombre de corps par l'intermédiaire d'un dissolvant approprié ; ce dissolvant est l'eau pour la plupart des sels, les acides oxalique, tartrique, etc. ; le sulfure de carbone ou la benzine pour le soufre, le phosphore ; l'alcool pour l'acide stéarique, etc.

Si le corps est à peine plus soluble à chaud qu'à froid (sel marin), on en sature le liquide dissolvant à la température ordinaire, et on abandonne la dissolution à l'évaporation lente dans un vase large et peu profond.

Si la solubilité du corps augmente considérablement avec la température, on en dissout la plus grande quantité possible à la température d'ébullition du liquide saturé ; par refroidissement, l'excès du corps dissous à la faveur de la chaleur se dépose en cristaux. On fait ainsi cristalliser les aluns, l'azotate de potassium ; le soufre par le sulfure de carbone, etc.

Dans quelques cas, le liquide saturé à chaud reste limpide malgré l'abaissement de la température : il est alors *sursaturé*. On provoque une cristallisation instantanée en introduisant dans la solution, à l'extrémité d'une baguette de verre, un cristal du même corps. On réussit facilement à sursaturer les solutions d'azotate de calcium, d'hyposulfite ou de sulfate de sodium, mais en prenant la précaution de laver les parois du ballon à l'eau distillée pour éviter qu'une parcelle du sel n'y adhère et n'amène, en se détachant, la solidification brusque ; on recouvre ensuite le col d'un petit cône de papier à filtre et on laisse refroidir à l'abri de toute agitation.

5. Symétrie d'un cristal. — Un cristal est formé de *faces* ou plans qui le limitent, d'*arêtes* provenant de l'intersection de ces faces deux à deux, et d'*angles solides*, toujours saillants, constitués par la réunion des faces. Le *centre* du cristal ou *centre de symétrie* est un point idéal autour duquel les faces seront symétriquement placées deux à deux. Celles-ci ne sont pas toujours toutes également développées dans un cristal ; leurs dimensions relatives peuvent varier considérablement suivant les conditions dans lesquelles la cristallisation s'est effectuée : ce qui est constant pour une même forme cristalline, ce sont les angles dièdres ou inclinaisons des faces les unes sur les autres, inclinaisons que l'on mesure à l'aide d'instruments appelés *goniomètres*.

Dans un cristal, on nomme *plan de symétrie* tout plan, tel que PCP', ACA', HCH' (*fig.* 1), qui passe par le centre C et partage le cristal en deux moitiés symétriques. Les *axes de symétrie* sont des droites perpendiculaires

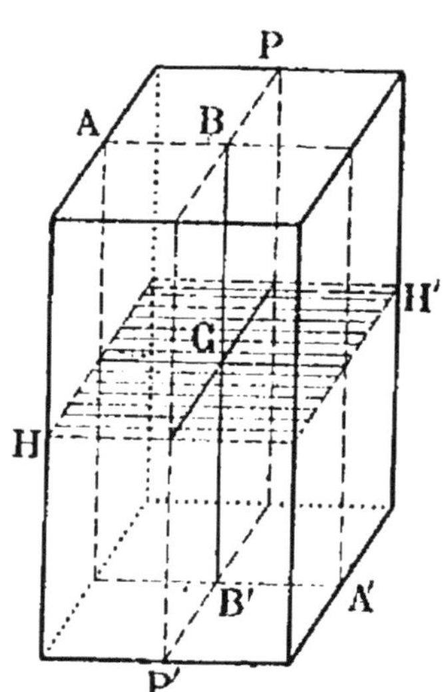

Fig. 1. — Prisme à base carrée.

aux plans de symétrie, passant par le centre et se terminant de part et d'autre à la surface du cristal. En particulier, le plan horizontal HCH' contient deux de ces axes égaux, ce qui permet de considérer le cristal indifféremment suivant les directions de l'un ou de l'autre de ces axes ; ce plan HCH' est un *plan de symétrie principal*, et l'axe de symétrie BB', qui lui est perpendiculaire, est l'*axe principal*.

Toutes les formes cristallines connues peuvent se ranger en *six* groupes ou *systèmes cristallins*, ayant chacun leur symétrie propre et caractéristique ; chaque système contient une ou plusieurs formes simples dont on fait dériver toutes les autres formes du même système par des modifications sur les angles ou sur les arêtes. Ces modifications sont soumises à la loi suivante, de Haüy : Dans tout cristal, les parties de même espèce ou les éléments de même nature sont modifiés à la fois et de la même manière, et les parties d'espèce différente le sont différemment ou isolément.

Ainsi, étant donné, par exemple, un cube, si nous

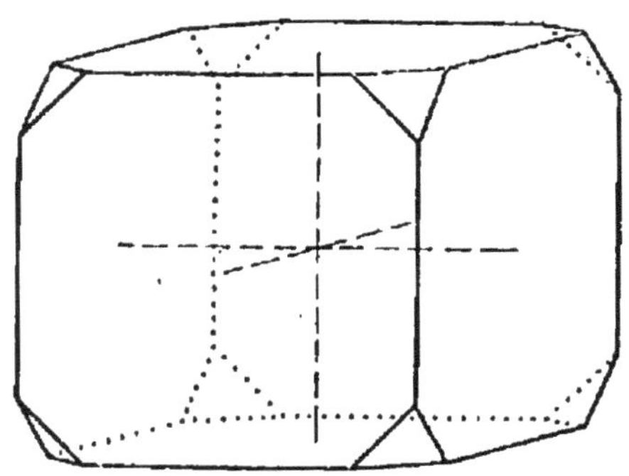

Fig. 2. — Cubo-octaèdre.

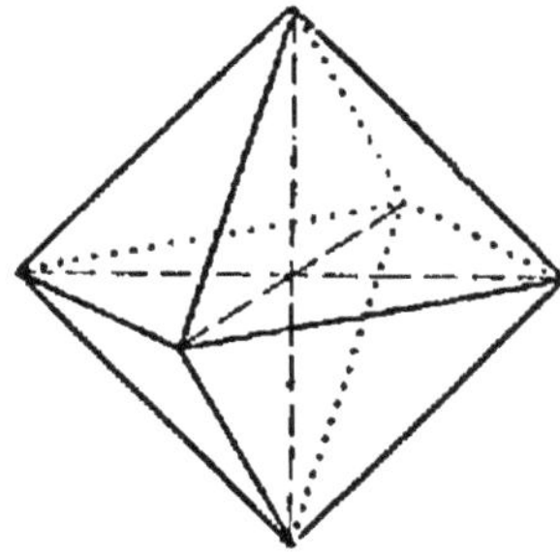

Fig. 3. — Octaèdre régulier.

remplaçons un angle solide par une facette (*fig.* 2), celle-ci, d'après la loi précédente, devra être également inclinée sur les trois faces identiques qui la soutiennent ;

et, de plus, chaque angle solide devra subir la même modification.

Le solide ainsi obtenu est un *cubo-octaèdre* ; les quatre facettes supérieures et les quatre facettes inférieures, prolongées respectivement jusqu'à leur rencontre, forment, en effet, un *octaèdre régulier* (*fig.* 3).

Remplaçons de même chaque arête du cube par une facette également inclinée sur les deux faces qui la portent (*fig.* 4);

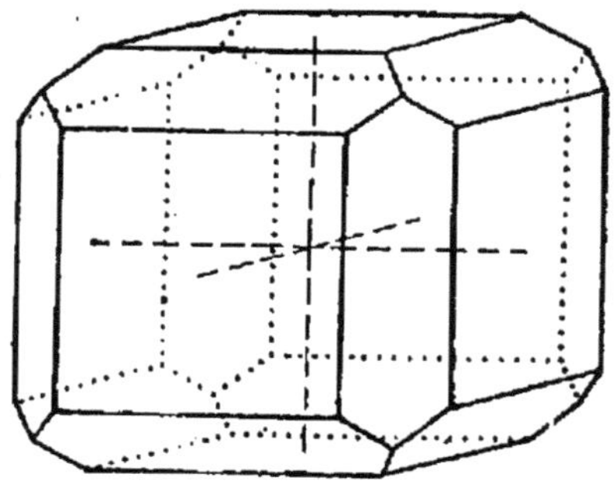

Fig. 4
Troncature conduisant
au dodécaèdre rhomboïdal.

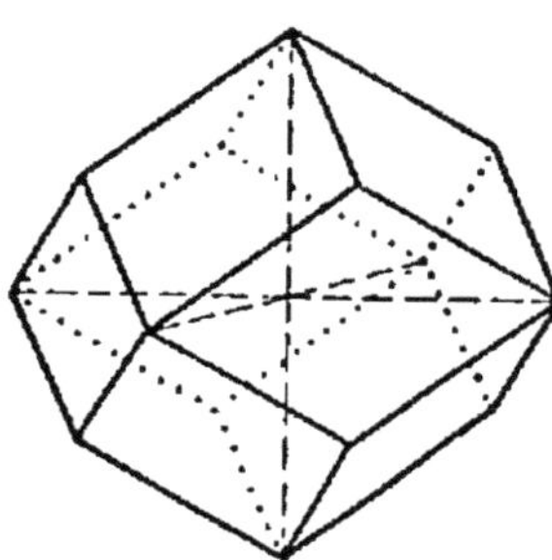

Fig. 5
Dodécaèdre rhomboïdal.

le prolongement de ces facettes donnerait un solide à douze faces, le *dodécaèdre rhomboïdal* (*fig.* 5).

Enfin, si nous mettons à la place de chaque angle solide une petite pyramide de trois (*fig.* 6) ou de six facettes égales, nous serons conduits à des solides de 24 et 48 faces.

Toutes ces formes ont la même symétrie que le cube, dont elles dérivent.

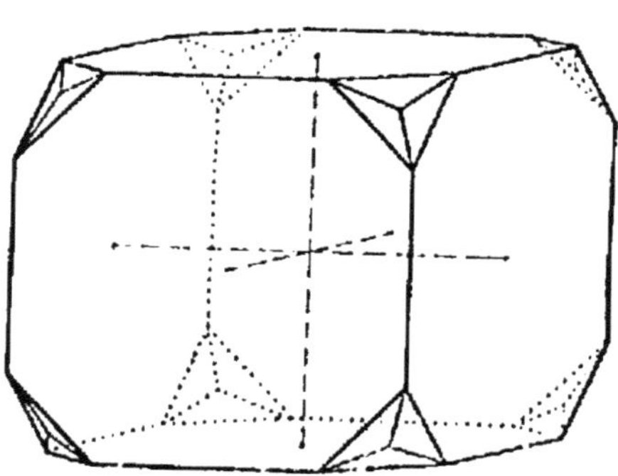

Fig. 6. — Pointement conduisant
au cube pyramidé.

Systèmes cristallins.

6. Système cubique. — La forme-type est le *cube* à six faces carrées égales (*fig.* 7). Le cube est caractérisé par *trois plans de symétrie*, qui sont tous trois des plans principaux ; d'où trois axes principaux égaux aboutissant au milieu de faces opposées.

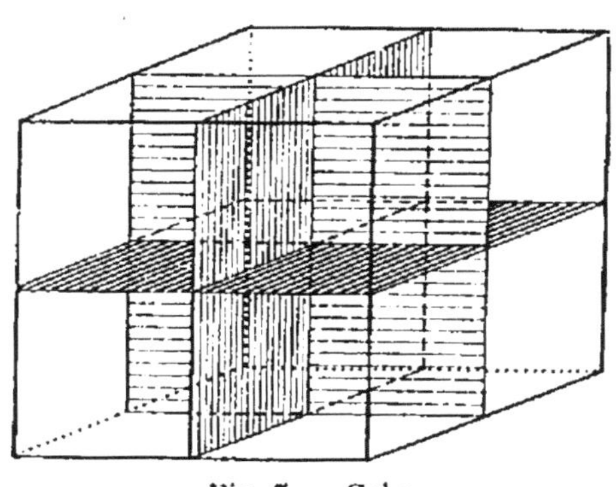

Fig. 7. — Cube.

Les formes les plus importantes qui dérivent du cube sont *l'octaèdre régulier* (*fig.* 3), dont les sommets correspondent aux extrémités des axes ; le *dodécaèdre rhombe* (*fig.* 5) à douze faces rhombes égales ; le *cube pyramidé*, formé par 24 faces triangulaires isocèles, etc. Tous ces solides doivent être orientés de manière que l'un quelconque de leurs trois plans de symétrie coïncide avec l'horizon.

Exemples de corps cristallisant dans le système cubique : phosphore, chlorures de potassium et de sodium, aluns, fluorine, principaux sulfures naturels (blende, galène, pyrite de fer).

7. Système quadratique ou du *prisme droit à base carrée* (*fig.* 1). — Les quatre faces verticales étant des rectangles égaux, il y a encore *trois plans de symétrie* rectangulaires, mais un seul est principal. On choisit le plan de symétrie principal comme plan horizontal pour orienter le cristal. Du prisme précédent on peut encore dériver toutes les formes du même système ; ainsi, en remplaçant chaque angle solide par une facette également inclinée et en prolongeant ces facettes on obtient l'*octaèdre quadratique*, formé de deux pyramides égales à base carrée (*fig.* 8).

Ex. : ferrocyanure de potassium, rutile ou acide titanique, zircon.

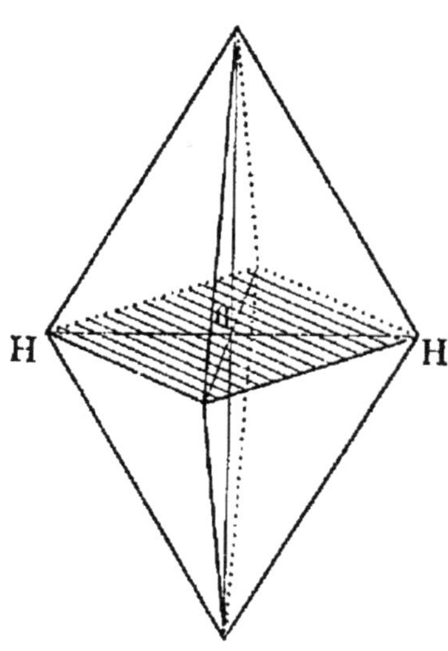

Fig. 8. — Octaèdre quadratique.

8. Système hexagonal ou du *prisme droit à base hexa-*

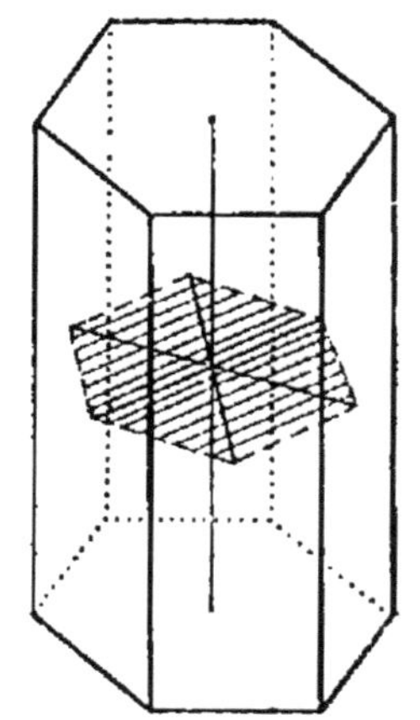

Fig. 9. — Prisme hexagonal.

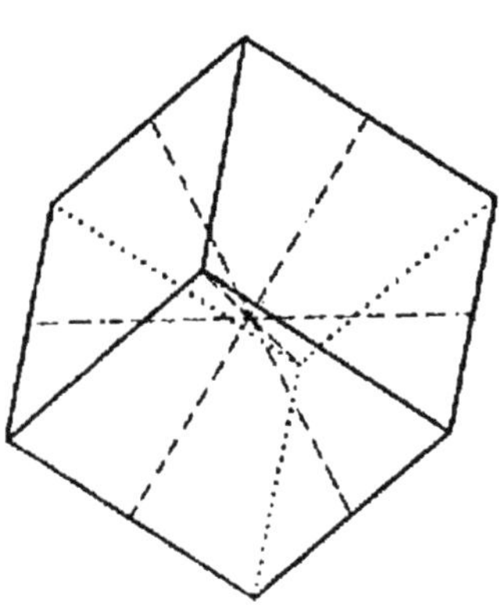

Fig. 10. — Rhomboèdre.

gonale, avec six faces latérales rectangulaires (*fig.* 9). En remplaçant chaque arête verticale par une facette plane, on est conduit à un nouveau prisme hexagonal dont les axes horizontaux aboutissent aux arêtes. A ces deux prismes correspondent, par modification sur les angles solides, deux doubles pyramides à base hexagonale.

Le système est caractérisé par *quatre plans de symétrie* dont un plan principal qu'on place horizontalement. Il y a donc quatre axes; l'axe principal est perpendiculaire sur le plan des trois autres ; ceux-ci sont égaux et font entre eux un angle de 60°.

Ex. : quartz; azotate de soude. Le rhomboèdre (*fig.* 10), forme cristalline du spath, du carbonate de fer, etc., se rattache à ce système.

9. Système orthorhombique ou système du *prisme droit à base rhombe* (*fig.* 11), caractérisé par *trois plans de symétrie* rectangulaires, mais dont aucun n'est principal ; les trois axes sont rectangulaires et inégaux. On oriente ordinairement les cristaux de ce système en choisissant l'axe le plus long comme axe vertical ; le plus court des axes horizontaux est tourné vers l'observateur. Les principales formes simples, outre le prisme précédent, sont le *prisme à base rectangle*, obtenu en tronquant chaque arête verticale par une face plane (les axes aboutissent au milieu des faces): les *octaèdres à base rhombe* et *à base rectangle*, etc.

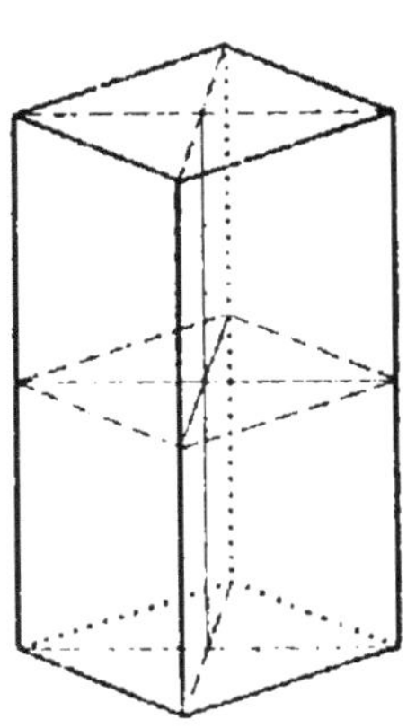

Fig 11. — Prisme orthorhombique.

Ex. : soufre natif, anhydride arsénieux, mispickel, baryline, etc.

10. Système clinorhombique ou monosymétrique, ou du *prisme rhomboïdal oblique.* Les faces sont inclinées l'une sur l'autre de manière qu'il n'y ait qu'*un plan de symétrie,* SS', qu'on place verticalement. Prenons-le pour plan du tableau ; on aura alors un plan horizontal perpendiculaire au premier et un troisième plan, PP', incliné sur le plan horizontal. Il y a donc trois axes inégaux : l'axe d'avant en arrière, IIl', est un axe de symétrie ; le second axe horizontal, dirigé de droite à gauche, est perpendiculaire à IIl'; enfin le troisième est perpendiculaire à IIl', mais incliné d'un angle α sur l'axe précédent.

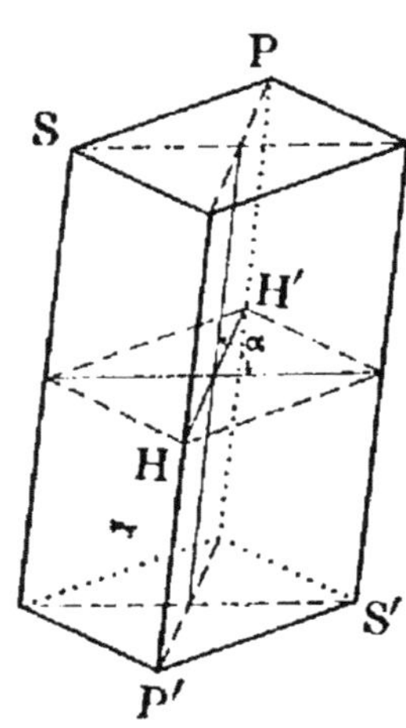

Fig. 12. — Prisme monosymétrique.

gle α sur l'axe précédent.

Ex. : soufre cristallisé par fusion, gypse, orthose; sulfates de fer, de manganèse, de cobalt cristallisés avec 7 équivalents d'eau.

11. Système triclinique ou asymétrique : système du *prisme oblique* ayant six faces parallélogrammes de trois espèces. La symétrie cristalline est minimum, c'est-à-dire qu'il n'existe aucun plan de symétrie ; il y a simplement parallélisme et égalité des faces et arêtes opposées. Le choix des axes est arbitraire ; ordinairement on prend les droites joi-

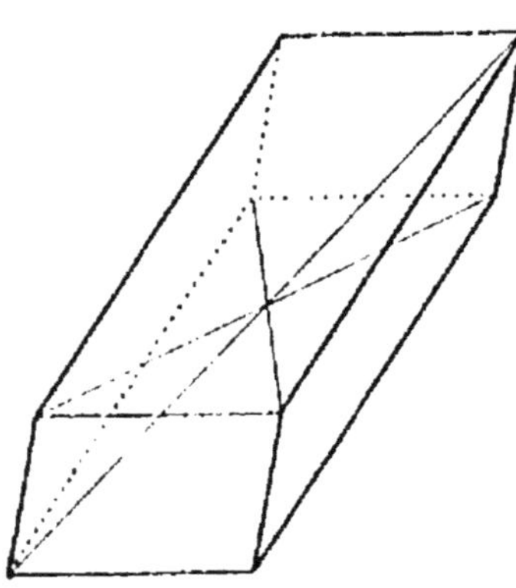

Fig. 13. — Prisme asymétrique.

gnant l'intersection de trois faces qui se coupent ; ces axes sont inégaux et obliques entre eux.

Ex. : sulfates de cuivre, de fer, de manganèse, de zinc, cristallisés avec 5 équivalents d'eau.

12. Ordinairement un cristal présente une des formes simples du système auquel il appartient, plus ou moins modifiée par des facettes sur les angles ou sur les arêtes ; la détermination de ce système est souvent difficile, car les faces du cristal ne sont pas toujours également développées et il adhère généralement à des cristaux voisins ; on a recours alors à l'inclinaison des faces les unes sur les autres, inclinaison constante dans chaque système pour une même forme.

On appelle *cristaux hémièdres* des cristaux dans lesquels la moitié seule des éléments de même espèce s'est développée. Si, par exemple, dans un octaèdre régulier (*fig.* 14), on pro-

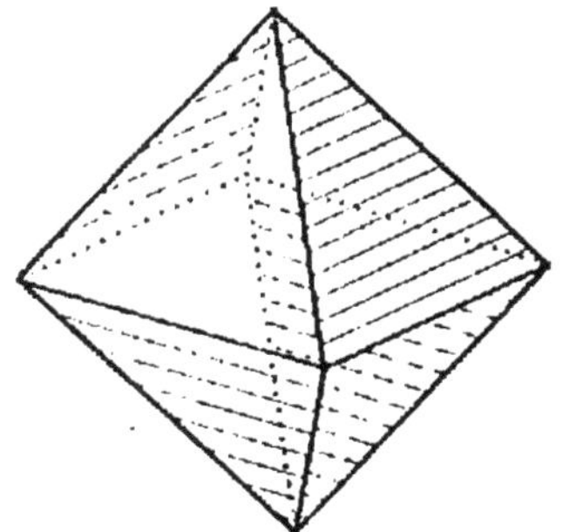

Fig. 14.

Les faces non ombrées sont seules prolongées.

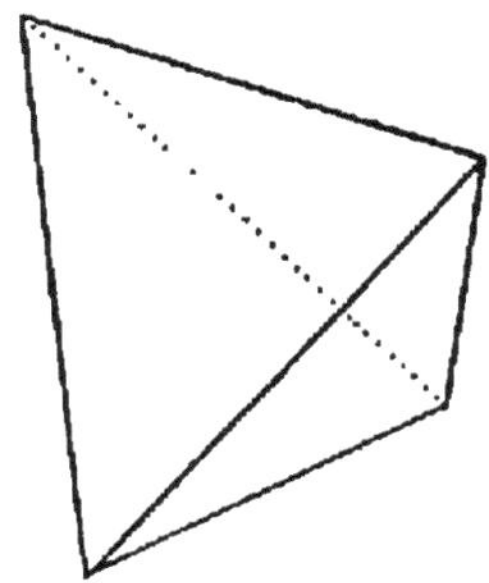

Tétraèdre droit.

longe jusqu'à leur rencontre quatre faces alternantes et non adjacentes, on obtient un hémièdre qui n'est autre que le *tétraèdre régulier*. Si l'on prolonge, au contraire, les quatre faces inverses, à l'exclusion des autres, il se produit encore un tétraèdre régulier, mais inverse du précédent.

Les formes hémiédriques sont assez répandues ; les plus connues sont le *dodécaèdre pentagonal*, forme cristalline de la pyrite de fer et hémièdre du cube pyramidé ; le *rhomboèdre*, dérivant de la double pyramide hexagonale, dont six faces alternes et non adjacentes se seraient seules développées.

Isomorphisme.

13. L'isomorphisme est la propriété que possèdent certains corps de prendre la même forme cristalline et de pouvoir exister en proportions variables dans un même cristal sans que sa forme fondamentale soit modifiée. — Par l'analyse d'un grand nombre de composés isomorphes, Mitscherlich a établi en 1819 la loi suivante : Les composés isomorphes ont des constitutions chimiques semblables. Si l'on porte un octaèdre d'alun d'alumine dans une solution d'alun de chrôme, le cristal incolore se recouvre d'une couche violette d'alun de chrôme dont l'épaisseur va en croissant à mesure que la liqueur se concentre ; reporté dans une solution d'alun d'alumine, il s'accroît d'une nouvelle couche incolore ; si l'on mélange les deux dissolutions, on obtient des cristaux, tous octaédriques, contenant une proportion des deux aluns dépendant de la quantité de chacun d'eux existant dans le liquide ; ces aluns ont de plus une constitution chimique analogue, ils sont donc isomorphes.

Un phénomène analogue se produirait avec un cristal de sulfate de zinc, introduit dans une solution de sulfate de nickel, puis dans une solution de sulfate de magnésium : il se recouvrirait successivement d'une couche verte et d'une couche incolore par concentration de ces liquides, et cela sans que la forme orthorhombique du sulfate de zinc ait été modifiée.

Pour que deux corps soient isomorphes, il ne suffit pas qu'il y ait pour eux identité de système cristallin : un mélange de deux dissolutions d'alun et de sel marin laisse déposer par évaporation des cristaux octaédriques d'alun et des cristaux cubiques de sel complètement indépendants les uns des autres ; il faut encore que les corps aient une constitution chimique analogue pour pouvoir coexister dans un même cristal sans en modifier la forme, et par suite se remplacer mutuellement dans leurs combinaisons ; ainsi le sesquioxyde de fer, l'alumine, l'oxyde vert de chrôme se substituent l'un à l'autre en toutes proportions sans modifier profondément les propriétés du composé résultant, qui conserve la même forme cristalline.

On fait de fréquentes applications de la loi de Mitscherlich dans la détermination de la constitution des corps reconnus isomorphes, par exemple pour établir les formules du vitriol vert, de l'alumine ; pour donner des formules analogues aux phosphates et aux arséniates isomorphes, etc.

Principaux composés isomorphes. — Les aluns appartiennent au système cubique ; il en est de même des azotates de baryum, de strontium et de plomb. Les carbonates naturels de fer, de calcium, de magnésium et de manganèse sont cristallisés en rhomboèdres. Les carbonates de plomb, de strontium et de calcium (var. arragonite) ; les sulfates de magnésium, de zinc et de nickel avec 7 équivalents d'eau forment deux groupes isomorphes appartenant au système orthorhombique. Les sulfates de fer (vitriol vert), de manganèse, de cobalt avec 7 équivalents d'eau sont en prismes monocliniques plus ou moins modifiés. Chose remarquable, tous les sulfates précédents forment avec ceux de potassium, de sodium ou d'ammonium, des sulfates doubles tous isomorphes et cristallisant dans le système monoclinique. Cet isomorphisme se poursuit même dans les combinaisons quadruples que donnent ces sels doubles en s'unissant deux à deux.

14. Le *dimorphisme* est la propriété que possèdent certains composés de pouvoir prendre deux formes cristallines, appartenant à deux systèmes voisins, quand ils sont placés dans des conditions différentes. Le carbonate de calcium cristallisé se présente dans la nature sous forme de rhomboèdres (spath d'Islande) ou de prismes orthorhombiques (arragonite). Le soufre cristallise en octaèdres à base rectangle de sa dissolution dans le sulfure de carbone ; par voie de fusion à 112° il donne des prismes monocliniques. Le sulfate de magnésium à 7 éq. d'eau cristallise de sa dissolution dans l'eau en prismes orthorhombiques : si l'on mélange deux dissolutions de vitriol vert et de sulfate de magnésium, il se forme des cristaux monocliniques contenant des proportions variables des deux sulfates avec 7 éq. d'eau.

CHAPITRE II

COMBINAISONS. — DISSOCIATION. — LOIS

Combinaisons.

15. Une combinaison est le résultat de l'action mutuelle de deux corps simples ou composés, réagissant l'un sur l'autre suivant des proportions définies et invariables pour former un composé nouveau dans lequel la plupart des propriétés spécifiques des corps constituants ont disparu. On donne aussi le nom de combinaison à l'action elle-même.

La définition ci-dessus distingue nettement une combinaison d'un mélange.

Un *mélange*, en effet, peut généralement s'effectuer en toutes proportions ; les corps, en se réunissant, conservent leurs propriétés, et on les sépare plus ou moins facilement par des procédés physiques tels que l'emploi d'un aimant, de dissolvants appropriés, etc. Ex. : mélange de fleur de soufre et de limaille de fer, poudre de guerre.

Dans une *combinaison*, au contraire, le corps résultant a des propriétés nouvelles, souvent très différentes de celles des corps qui se sont unis ; on ne peut le *décomposer*, c'est-à-dire reformer ses constituants ou le ramener à des produits plus simples, que par la chaleur, la lumière, l'électricité. On a des exemples de combinaisons dans la formation du sulfure de fer avec incandescence, quand on projette un mélange de fleur de soufre et de limaille de fer dans un creuset chauffé au rouge ; dans la transformation du fer en rouille ; dans la combinaison de l'oxygène et de l'hydrogène par l'étincelle, etc., etc.

La première condition pour qu'une combinaison puisse s'effectuer, c'est qu'il n'y ait aucune distance appréciable entre les corps mis en présence ; aussi, quand ils sont solides, les pulvérise-t-on finement pour multiplier les points de contact (préparation du gaz ammoniac) ; ou bien les dissout-on, comme l'acide tartrique et le bicarbonate de sodium, qui ne réagissent pas à sec.

Le mélange intime des corps qui se combinent est singulièrement facilité quand l'un d'eux est gazeux. La combinaison peut alors quelquefois se produire sans le secours d'aucune énergie étrangère : l'arsenic, l'antimoine pulvérisés s'enflamment spontanément dans le chlore ; le phosphore exposé à l'air s'unit à l'oxygène et donne de l'acide phosphoreux ; le fer provenant de la réduction du sesquioxyde par l'hydrogène s'enflamme, grâce à son état de division extrême, quand on le projette dans l'air.

16. Combinaisons exothermiques et endothermiques. — Toute combinaison est accompagnée, soit d'un dégagement de chaleur, soit d'une absorption de chaleur. Dans le premier cas, elle est dite *exothermique*; dans le second, *endothermique*.

Les *combinaisons exothermiques* sont les plus répandues; elles doivent être provoquées ordinairement par une énergie étrangère (chaleur, lumière, électricité, mousse de platine); mais une fois la combinaison commencée, elle se continue d'elle-même par la chaleur qu'elle dégage. Ces combinaisons se produisent quelquefois directement: un jet de gaz ammoniac qu'on fait arriver dans un flacon plein de chlore s'enflamme et brûle avec une flamme jaunâtre, etc. Dans tous les cas, qu'il y ait ou non intervention d'un agent provocateur, celui-ci est tout à fait indépendant de la quantité de chaleur dégagée par la réaction; aussi dit-on que les combinaisons exothermiques sont *directes*. Si elles se produisent instantanément ou très rapidement, la chaleur dégagée peut devenir très sensible et donner lieu à des phénomènes lumineux ou mécaniques, tels que l'incandescence du cuivre dans la vapeur de soufre, l'explosion d'un mélange détonant de chlore et d'hydrogène; si au contraire l'union se fait peu à peu, la chaleur dégagée se perd par rayonnement et ne devient pas apparente (formation de la rouille).

Pour qu'un composé exothermique se décompose, il faut qu'on lui fournisse une quantité de chaleur égale à celle qu'il a dégagée par sa formation. Ces décompositions ne peuvent donc s'effectuer par elles-mêmes; elles nécessitent le secours d'une énergie étrangère qui leur donne la chaleur nécessaire, et d'une manière continue si l'on veut que la décomposition soit complète.

Les *combinaisons endothermiques* sont caractérisées par une absorption de chaleur; elles donnent naissance à des composés appelés *corps explosifs*. En se décomposant, ces corps restituent la chaleur qu'ils ont absorbée au moment de leur formation ; ils la dégagent alors plus ou moins brusquement et produisent souvent une explosion. Les principaux composés explosifs sont les composés oxygénés du chlore et de l'azote ; l'acétylène, l'éthylène, les chlorure et iodure d'azote, le cyanogène, le chlorate de potassium, le coton-poudre, la nitroglycérine, etc.

Les combinaisons endothermiques sont *indirectes* ; elles ne se produisent que si on leur fournit la chaleur nécessaire pour que la réaction soit complète. Cette chaleur peut être communiquée directement aux corps réagissants, comme cela a lieu pour la formation de l'acétylène par l'arc voltaïque. Le plus souvent, c'est une partie de la chaleur dégagée dans une autre combinaison simultanée qui est absorbée : ainsi, dans les laboratoires, on obtient le chlorate de potassium en faisant passer un courant de chlore dans une solution de potasse concentrée ; le chlorate se forme aux dépens de la chaleur dégagée par le chlorure de potassium, composé fortement exothermique qui prend d'abord naissance.

17. Pour qu'une combinaison s'effectue entre deux corps, il n'est pas nécessaire que ceux-ci soient à l'état de liberté ; l'un d'eux peut être déjà engagé dans une combinaison : on en a des exemples dans le déplacement du soufre de l'acide sulfhydrique par le chlore ; du cuivre de l'oxyde de cuivre par l'hydrogène ; etc.

On peut y rattacher le déplacement d'un métal de sa dissolution saline par un autre métal ; ce phénomène comporte une décomposition et une combinaison : la chaleur dégagée est la différence entre la chaleur dégagée par la combinaison et celle absorbée par la décomposition.

Enfin, quand deux sels réagissent l'un sur l'autre, il s'opère une double décomposition suivie d'une double combinaison.

Versons une solution de sel marin dans une solution d'azotate d'argent ; il y a précité de chlorure d'argent. La chaleur dégagée est la somme algébrique des quantités de chaleur absorbées par les deux décompositions et dégagées par les deux combinaisons : elle est égale à la chaleur de formation directe du chlorure d'argent.

18. Influence d'une énergie étrangère sur les combinaisons et décompositions. — 1° LUMIÈRE. — La lumière agit par les rayons chimiques de son spectre. Elle est le plus ordinairement un agent de décomposition : elle provoque le dédoublement de l'acide azotique en anhydride hypoazotique et oxygène ; la décomposition de l'eau par le chlore qui s'y trouve en dissolution ; elle réduit certains sels de chrome, d'urane, l'oxalate ferrique, les chlorure, bromure et iodure d'argent (cette dernière réduction est utilisée en photographie); enfin, elle détruit un grand nombre de matières colorantes (couleurs de petit teint). Au contraire, un mélange de chlore et d'hydrogène, qui se conserverait indéfiniment dans l'obscurité complète, se transforme lentement en acide chlorhydrique à la lumière diffuse, et instantanément sous l'influence de la lumière solaire, de la lumière du magnésium ou de la lumière électrique.

2° CHALEUR. — On a vu que la chaleur était indispensable pour la formation des composés endothermiques. Elle favorise généralement les combinaisons exothermiques qui ne peuvent se produire à la température ordinaire : le mercure chauffé à l'air vers 350° se transforme en oxyde rouge de mercure ; la compression brusque d'un mélange d'oxygène et d'hydrogène dégage assez de chaleur pour déterminer la combinaison de ces deux gaz; le chlore et l'hydrogène se combinent, même à l'obscurité, par une élévation de température de 125°.

Si l'on dépasse une certaine température limite, le phénomène inverse se produit généralement : le composé se détruit en absorbant la chaleur qu'il avait dégagée par sa formation ; ainsi, l'oxyde rouge de mercure chauffé au-delà de 400° se décompose en ses éléments; il en est de même de l'eau au-delà de 1000° ; de l'acide chlorhydrique vers 1400°.

3° ÉLECTRICITÉ. — L'électricité influence les combinaisons de différentes manières, suivant qu'on emploie un courant continu, ou une série d'étincelles se succédant plus ou moins rapidement, ou enfin la décharge silencieuse ou effluve.

Le *courant électrique* est un puissant agent de décomposition pour les composés conducteurs : le corps électro-négatif par rapport à celui auquel il est associé dans la combinaison se porte au pôle +, et le corps électro-positif au pôle —. On a étudié en Physique la décomposition de l'eau, des oxydes alcalins et des sels qui, comme le sulfate de cuivre, trouvent leur application dans la galvanoplastie.

L'*étincelle* produit généralement des combinaisons, car elle est accompagnée d'une température très élevée ; on en fait un fréquent usage dans l'analyse des gaz composés par l'eudiométrie. Quelquefois aussi l'étincelle produit des décompositions, celle de l'ammoniaque par exemple : si dans une éprouvette contenant un volume déterminé de gaz ammoniac, nous faisons passer une série d'étincelles, nous obtiendrons un volume sensiblement double, formé de 1/4 d'hydrogène pour 3/4 d'azote.

L'*arc voltaïque* peut être considéré comme un courant accompagné d'une grande élévation de température. M. Berthelot l'a utilisé pour combiner directement le carbone et l'hydrogène et réaliser la synthèse de l'acétylène, corps endothermique.

Quant à l'*effluve*, tout en effectuant certaines décompositions, souvent partielles, comme celles de l'anhydride carbonique en oxyde de carbone et oxygène ; des carbures d'hydrogène gazeux ; du protoxyde d'azote, etc., elle produit des combinaisons fort remarquables : c'est en faisant agir l'effluve à haute tension sur un mélange d'anhydride sulfureux et d'oxygène secs que M. Berthelot a découvert l'anhydride persulfurique. Sous la même influence, l'azote et l'hydrogène subissent une combinaison partielle limitée par la décomposition inverse du gaz ammoniac ; l'azote et l'oxygène produisent de l'anhydride hypoazotique.

Enfin, comme l'a montré M. Berthelot, l'azote pur peut être absorbé par un grand nombre de matières organiques naturelles ; c'est là un mode de fixation de l'azote par les végétaux, sous l'influence de l'électricité atmosphérique agissant entre le sol et les couches d'air qui en sont peu distantes.

4° MOUSSE DE PLATINE. — M. Berthelot a expliqué la combinaison de l'oxygène et de l'hydrogène sous la seule influence de la mousse de platine, en montrant que celle-ci forme avec l'hydrogène de véritables alliages, combinaisons exothermiques très peu stables. Leur décomposition par l'oxygène dégage une certaine quantité de chaleur, qui s'ajoute à celle provenant de la combinaison des deux gaz. Ces deux dégagements de chaleur, fréquemment répétés, finissent par amener le platine à une température suffisante pour déterminer l'explosion.

Dissociation.

19. Définitions. — Si l'on décompose par la chaleur, en vase clos, un composé défini dont les éléments ne peuvent se recombiner directement à la température à laquelle on opère, la décomposition n'a d'autre limite que la résistance du vase ; il en est ainsi pour tous les corps explosifs, et pour un certain nombre de composés exo-

thermiques, comme les carbonates de plomb, de magnésium, etc., qu'on ne peut reproduire par l'action de l'acide
carbonique sur les oxydes correspondants. Chauffons,
par exemple, du chlorate de potassium en vase clos, à une
température suffisante pour amener sa décomposition ;
le chlorure de potassium et l'oxygène produits étant
incapables de réagir pour reformer le chlorate, la pression de l'oxygène croîtra sans limite jusqu'à la limite de
résistance du récipient.

Quand, au contraire, le composé soumis à l'action de la
chaleur peut s'obtenir par union directe de ses éléments
(ex. : l'eau, le carbonate de calcium, etc.), la décomposition est toujours limitée en vase clos par le phénomène
inverse de la recombinaison. Ce mode de décomposition
partielle, si important en chimie puisqu'il s'applique à la
plupart des composés exothermiques, a été découvert en
1863 par H. Sainte-Claire Deville, qui lui a donné le nom
de *dissociation*. On appelle donc dissociation la décomposition incomplète que subissent par la chaleur les composés pouvant se former par union directe de leurs éléments, quand on les
maintient en présence de leurs produits de décomposition.

Il y a lieu de distinguer la dissociation des composés
dits *hétérogènes* de celle des composés dits *homogènes*.
Les premiers sont des solides dont les produits de décomposition sont un solide et un gaz; ex. : le carbonate
de calcium (chaux et gaz carbonique); les chlorures
ammoniacaux (chlorure solide et gaz ammoniac). Les
seconds sont gazeux à la température à laquelle on opère,
et les produits de leur décomposition à cette température sont également gazeux; ex. : vapeur d'eau (donnant
de l'oxygène et de l'hydrogène) ; acide iodhydrique
(hydrogène et vapeur d'iode).

20. Dissociation des composés dits hétérogènes. — Nous prendrons comme type les expériences classiques de Debray sur le carbonate de calcium, dont la décomposition en chaux et gaz carbonique est complète quand on le chauffe suffisamment à l'air libre.

Des fragments de spath d'Islande sont placés dans une nacelle en platine, contenue elle-même dans un tube de porcelaine; ce dernier traverse la partie supérieure d'une étuve en fonte qui contient du cadmium ou du zinc de manière à pouvoir maintenir le spath à une température constante dans le bain de vapeur de ces métaux (860° pour le cadmium, 1040° pour le zinc); enfin une extrémité du tube de porcelaine communique avec un baromètre à

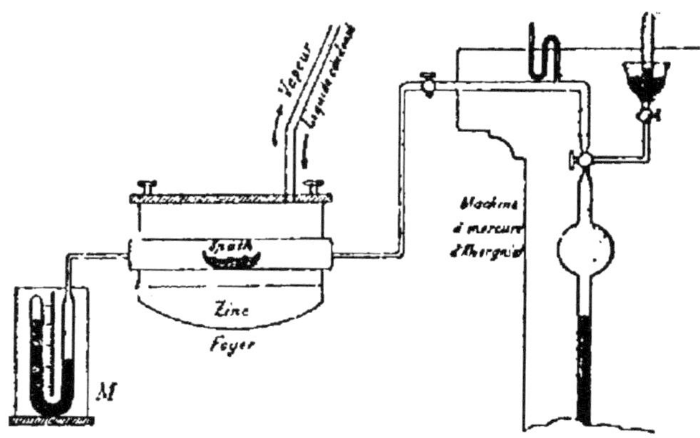

Fig. 15. — Dissociation du carbonate de chaux. Appareil employé par Debray.

siphon par un tube très fin; l'autre extrémité avec une machine pneumatique à mercure permettant soit de faire le vide dans le tube, soit de recueillir l'anhydride carbonique qui s'en dégage.

Première expérience. — On fait d'abord le vide complet, puis on interrompt la communication avec la machine pneumatique. L'étuve contient du cadmium qu'on porte à l'ébullition (860°); le spath se décompose partiellement, et du gaz carbonique est mis en liberté jusqu'à ce que sa force élastique, indiquée par le manomètre M, soit égale à 85^{mm} ; à partir de ce moment, toute décomposition cesse, quel que soit le temps pendant lequel on maintient cette température de 860°. Qu'on fasse le vide une seconde fois, une nouvelle quantité de spath se dissocie, jusqu'à ce que la différence des niveaux du mercure dans le manomètre accuse encore une pression de 85^{mm}. Donc pour décomposer complètement le spath à 860°, il faudrait, soit faire le vide un nombre de fois suffisant, soit enlever le gaz carbonique au fur et à mesure de sa production, de manière à l'empêcher d'atteindre cette force élastique de 85^{mm}, qui est appelée la *tension de dissociation* correspondant à 860°.

DEUXIÈME EXPÉRIENCE. — On remplace le cadmium par du zinc; à cette température de 1040', les phénomènes précédents se reproduisent identiquement, avec cette différence que la force élastique du gaz carbonique mis en liberté doit devenir égale à 520^{mm} pour que la décomposition s'arrête. Si l'on fait revenir l'appareil à 860° par le cadmium, il y a recombinaison de l'anhydride carbonique avec la chaux, mais recombinaison partielle, cessant dès que la pression du gaz s'est abaissée à 85^{mm}. Enfin, en laissant refroidir peu à peu, la recombinaison devient complète, et le vide existe de nouveau à la température ordinaire.

De ces expériences, on peut déduire les lois suivantes, qui s'appliquent sensiblement à la dissociation de tous les composés dits hétérogènes chauffés en vase clos. Pour chaque température, il y a une tension de dissociation constante qui limite les phénomènes inverses de la décomposition et de la combinaison ; cette tension croît avec la température. M. Debray a reconnu de plus qu'elle est indépendante du volume de l'enceinte et du poids du carbonate de calcium primitif, à condition que celui-ci soit en quantité suffisante pour qu'il en reste toujours un excès non décomposé au moment où la tension limite est atteinte.

21. L'étude de la dissociation du carbonate de calcium ne peut être faite à des températures très variées, car celles-ci doivent être élevées pour qu'il y ait décomposition, ce qui oblige à employer les bains de vapeur des métaux et ne permet pas d'obtenir des températures très voisines l'une de l'autre.

Les lois précédentes ont été vérifiées par Isambert, MM. Troost et Hautefeuille, etc., sur des composés dits hétérogènes se dissociant à des températures peu élevées.

Isambert (1868) a étudié la dissociation des chlorures ammoniacaux, c'est-à-dire des combinaisons que forment avec le gaz ammoniac les chlorures d'argent, de calcium, de zinc, de magnésium, etc. Le chlorure ammoniacal est placé dans un tube fermé à une extrémité et communiquant par l'autre avec une machine pneumatique à mercure qui joue le rôle de manomètre ; le tube plonge verticalement dans un bain d'eau ou d'huile, dont la température, constante dans chaque expérience, est donnée par un thermomètre à air. En particulier, pour le chlorure ammoniacal répondant à la composition $2AgCl,3AzH^3$. Isambert a constaté que pour des températures croissantes :

$$20°, \quad 31°, \quad 47°, \quad 58°,\ldots\ldots \quad 103°$$

la décomposition s'arrête lorsque le gaz ammoniac mis en liberté a acquis des forces élastiques de

$$93^{mm}, 125^{mm}, 268^{mm}, 528^{mm},\ldots\ldots 4880^{mm},$$

pression finale à laquelle le gaz se liquéfie. Ces forces élastiques sont les tensions de dissociation du chlorure considéré à 20°, 31°,…. ; elles sont encore indépendantes du poids du chlorure employé et de la capacité du tube.

Si l'on prend comme abscisses les températures et comme ordonnées les tensions de dissociation correspondantes, on a, pour chaque chlorure, une courbe semblable à celle qui représente les tensions maxima de la vapeur d'eau à différentes températures, ce qui montre l'analogie entre la dissociation des composés dits hétérogènes et la vaporisation : on sait en effet qu'un liquide enfermé dans un espace clos, vide, comme la chambre barométrique, émet des vapeurs jusqu'à ce que l'espace soit saturé, vapeurs dont la force élastique représente la tension maxima f pour la température t^o à laquelle on opère. Qu'on chauffe à $t'^o > t^o$, la force élastique de la vapeur augmente jusqu'à ce qu'elle soit devenue égale à la tension maxima f' correspondante à t'^o, etc.; en refroidissant à t^o, une partie de la vapeur se condense et f' redevient égal à f. En un mot, pour chaque température t, t', t'',... il s'établit une tension maximum croissante, f, f', f'',... qui limite la vaporisation à la température correspondante. Ces tensions sont indépendantes du volume occupé par la vapeur et du poids de liquide employé ; il y a donc analogie complète entre la vaporisation d'un liquide dans le vide (quand la vapeur est saturante) et la dissociation des composés dits hétérogènes ; la seule différence est que dans la dissociation l'équilibre pour chaque température est assez long à obtenir, tandis que la tension maxima des vapeurs est rapidement atteinte.

22. Dissociation des composés dits homogènes. — Nous établirons les lois de cette dissociation d'après les belles expériences de M. Lemoine sur l'acide iodhydrique, qui se décompose à une température peu élevée et permet de déterminer facilement la proportion des gaz dissociés à chaque température.

Le gaz acide iodhydrique est introduit à la pression extérieure H dans un ballon de verre vert qu'on scelle à la lampe et qu'on chauffe ensuite à des températures connues (bain d'huile à 260° ; bain de vapeur de mercure : 350°; de soufre : 440°). Vers 180°, le ballon présente une légère nuance violette due à la vapeur d'iode et indiquant un commencement de décomposition : on le maintient quelque temps à la température à laquelle on veut étudier la dissociation, puis on le refroidit brusquement en l'enlevant du bain et en l'ouvrant sur l'eau salée ; celle-ci absorbe l'acide non décomposé. On fait alors passer l'hydrogène libre dans une éprouvette graduée, pour avoir son volume. Du poids de cet hydrogène on déduit la quantité d'acide iodhydrique décomposé (puisqu'il en forme la $\dfrac{1}{128^e}$ partie), ce qui permet de trouver le rapport entre cette quantité et le poids total d'acide introduit dans le ballon, celui-ci étant donné par la formule

$$P = V \times 1,293 \times \Delta \times \frac{H}{760} \times \frac{1}{1+\alpha t},$$

V volume du ballon, Δ densité de l'acide iodhydrique, H et t pression et température au moment du remplissage). En exécutant cette opération à des températures différentes, on constate que ce rapport, et par suite la tension de dissociation de l'acide iodhydrique, augmentent avec la température ; à 350° la proportion d'acide décomposé atteint 18 % ; à 440°, 26 % : on trouve constamment cette proportion en répétant plusieurs fois l'expérience à ces températures.

La limite de décomposition sous la pression ordinaire est très longue à obtenir ; elle est atteinte d'autant plus rapidement que la température est plus élevée : à 260° on n'y arrive qu'après plusieurs mois ; à 350° au bout de 15 jours au moins ; à 440° en quelques heures.

Si maintenant on introduit dans des ballons de même volume des poids différents d'acide iodhydrique, en le comprimant ou le raréfiant plus ou moins lors du remplissage, on trouve que la quantité d'acide décomposé à une même température est d'autant plus faible que la pression initiale, et par suite le poids primitif, sont plus considérables ; ainsi, pour une même température de 440°, la quantité de gaz dissocié est 29 % à $0^{atm},2$; 26 % à 1^{atm} ; 24 % à $4^{atm},1/2$; de là une différence avec la dissociation des composés dits hétérogènes, pour lesquels le poids décomposé à la même température est indépendant du poids de composé employé.

Dans cette dernière expérience, l'équilibre est atteint d'autant plus rapidement que la pression est plus élevée. En introduisant de la mousse de platine dans un ballon contenant de l'acide iodhydrique à la pression ordinaire, la quantité d'acide décomposé à une température donnée est la même que celle qui serait décomposée directement, mais l'équilibre est atteint presque immédiatement ; la mousse de platine produit donc le même effet qu'un accroissement de pression au point de vue de la vitesse de réaction. Inversement, si l'on chauffe dans des ballons scellés de même volume des équivalents égaux d'hydrogène et d'iode à des températures et des pressions variables, il y aura production limitée d'acide iodhydrique, production qui s'arrêtera quand le rapport entre le poids d'hydrogène resté libre au poids d'hydrogène total sera égal aux rapports trouvés précédemment pour la décomposition de l'acide iodhydrique à la température ou à la pression correspondantes.

23. Sainte-Claire Deville a montré que la vapeur d'eau, l'anhydride sulfureux, l'acide chlorhydrique, l'oxyde de carbone, l'anhydride carbonique, considérés autrefois comme indécomposables par la chaleur, se décomposent partiellement à des températures suffisamment élevées. Si l'opération se fait en vase clos, la décomposition cesse quand la force élastique des gaz mis en liberté a atteint une valeur déterminée. A cause des hautes températures qu'on doit employer, on se contente habituellement de démontrer cette dissociation à la température à laquelle elle commence à se produire ; on entraîne les gaz dégagés au fur et à mesure qu'ils sont mis en liberté par un

courant de gaz étranger, ou on les refroidit brusquement
pour qu'ils ne puissent se recombiner ; leur tension est
ainsi constamment inférieure à la tension de dissociation.

Dissociation de l'eau. — L'appareil employé par Sainte-
Claire Deville se compose de deux tubes concentriques,
dont le plus petit est en porcelaine poreuse et le plus
gros en porcelaine vernie intérieurement pour le rendre
imperméable. Ils sont chauffés dans un bon fourneau à
réverbère pouvant fournir une température de 1100 à

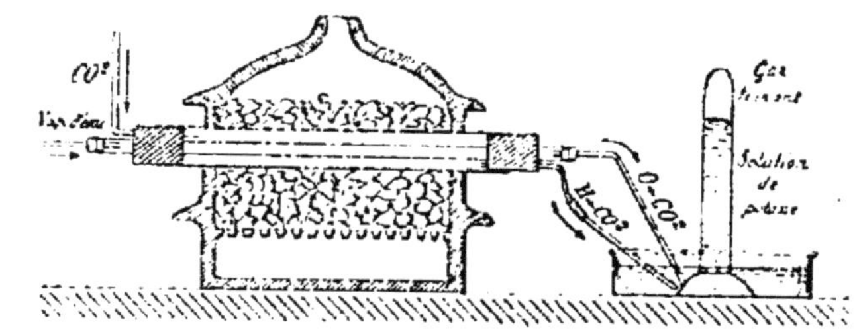

Fig. 16. — Dissociation de la vapeur d'eau.

1300°. On fait passer un courant de vapeur d'eau dans
le tube central, et dans l'espace annulaire un courant
de gaz carbonique. A des températures supérieures à
1000°, la vapeur d'eau est partiellement décomposée ;
l'hydrogène traverse la cloison poreuse plus rapidement
que l'oxygène, de sorte que la recombinaison des deux
gaz ainsi séparés par la cloison ne peut plus s'effectuer
totalement quand ils arrivent dans les parties les plus
froides de l'appareil. A la sortie du tube extérieur on doit
donc recueillir un mélange d'hydrogène et d'anhydride
carbonique ; et à celle du tube intérieur, de l'oxygène
mélangé d'un peu d'anhydride carbonique ayant traversé

la cloison. Généralement, on envoie tous ces gaz réunis dans une éprouvette étroite, très haute, contenant une solution de potasse destinée à absorber le gaz carbonique ; l'oxygène et l'hydrogène se rassemblent à la partie supérieure. Sainte-Claire Deville obtenait ainsi environ 1ᶜᶜ de mélange détonant par gramme de vapeur d'eau ayant passé dans le tube intérieur.

Pour démontrer la dissociation des gaz anhydride sulfureux, acide chlorhydrique, oxyde de carbone, Sainte-Claire Deville a imaginé un appareil très remarquable, qu'il a appelé *tube chaud et froid*. C'est un système de deux tubes : le plus grand est en porcelaine vernie intérieurement ; le plus petit est un tube mince de 8ᵐᵐ de diamètre, en laiton argenté. En faisant circuler dans ce dernier un courant continu d'eau froide, de manière à maintenir ses parois à 10° au plus, on soustrait à la recombinaison un des éléments devenus libres du gaz qui traverse l'espace annulaire.

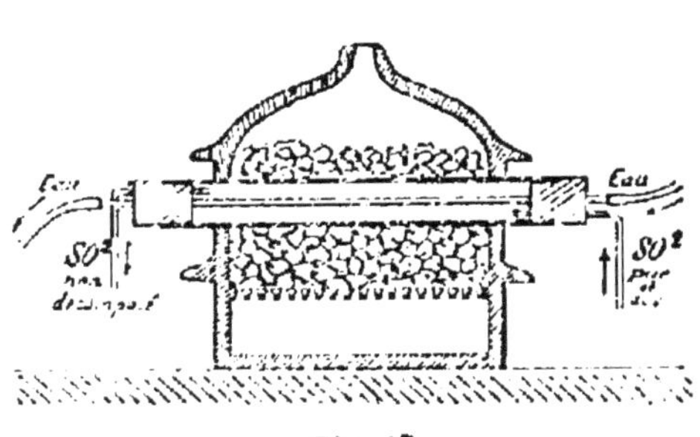

Fig. 17

Dissociation de l'anhydride sulfureux.

Dans cet appareil, l'*oxyde de carbone*, circulant avec une vitesse de 4 à 6 litres à l'heure, donne sur le tube froid un dépôt de noir de fumée, celui-ci ne pouvant se recombiner à cette température à l'oxygène devenu libre ; en même temps on recueille dans une éprouvette l'anhydride carbonique provenant de l'union de l'oxygène avec une partie de l'oxyde de carbone non décomposé.

L'*anhydride sulfureux* se dissocie partiellement à 1200° environ : il y a production de sulfure noir d'argent sur le tube froid ; l'oxygène mis en liberté transforme une partie de l'anhydride sulfureux en anhydride sulfurique, qui se dépose également sur le tube.

Enfin, pour l'*acide chlorhydrique*, il faut chauffer à 1500° ;

le tube de laiton est recouvert d'une couche d'amalgame d'argent inattaquable par l'acide chlorhydrique à 10° ; le chlore provenant de la dissociation forme du chlorure mercureux (calomel), qui se dépose sur le tube froid ; l'hydrogène se mélange à l'acide non décomposé, et il reste seul dans l'éprouvette si on recueille ces gaz sur l'eau.

24. Applications de la dissociation. — L'expérience montrant que la dissociation ne s'observe que pour des composés définis, dans lesquels les composants entrent en proportion invariable et déterminée, on a pu établir pour certains composés la distinction entre une combinaison définie et une dissolution gazeuse : on se trouve dans le premier cas pour le palladium qui a absorbé de l'hydrogène, les hydrures de potassium et de sodium, l'hydrate de chlore, le sulfate ferreux saturé de bioxyde d'azote, etc., qui se comportent tous comme les chlorures ammoniacaux. Au contraire la dissolution ammoniacale, le charbon saturé de gaz ammoniac donnent pour le gaz qui se dégage des tensions très variables pour une même température et dépendant de la quantité de gaz dissous ou absorbé, ce qui exclut toute idée de combinaison.

25. Efflorescence. — L'efflorescence de certains sels hydratés, c'est-à-dire l'abandon à l'air d'une partie de leur eau de cristallisation, est soumise à des lois analogues à celles de la dissociation, comme l'a montré Debray : du phosphate de soude du commerce est placé dans un tube de verre communiquant avec un manomètre ; on y fait le vide à l'aide d'une machine pneumatique à mercure, puis on ferme à la lampe. L'appareil est ensuite plongé dans une cuve contenant de l'eau et dont la paroi antérieure est une glace permettant de relever les niveaux du mercure. On porte l'eau à une température constante $t°$; le sel émet de la vapeur d'eau jusqu'à ce que la force élastique de celle-ci ait atteint une certaine limite H, constante pour cette température. Si l'on chauffe à $t'° > t°$, il y a une nouvelle élimination de vapeur d'eau, la pression augmente et atteint une valeur limite $H' > H$; inversement, quand la température s'abaisse et revient à $t°$, le sel réabsorbe de la vapeur d'eau jusqu'à ce que la pression soit redevenue H. Cette expérience montre que *l'efflorescence des sels hydratés à l'air ne dépend que de la tension de la vapeur d'eau contenue dans l'atmosphère*. Si cette tension est inférieure à celle de la va

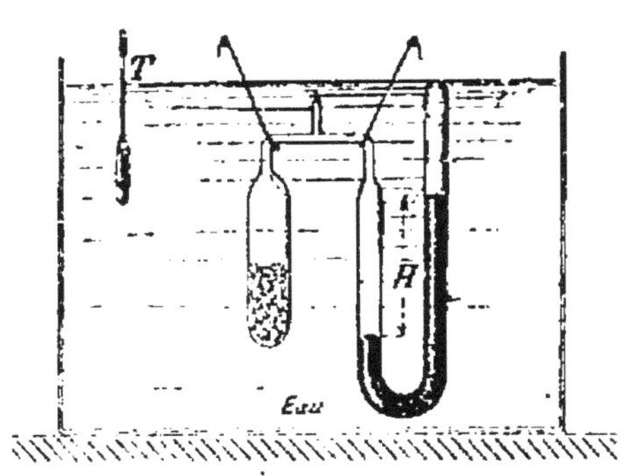

Fig. 18. — Étude de l'efflorescence.

peur que le sel peut émettre à la température ambiante, il s'effleurit ; il absorbe de la vapeur d'eau et devient déliquescent dans le cas contraire. Il en résulte que dans l'air absolument sec, tous les sels contenant de l'eau de cristallisation seraient efflorescents : en effet, le chlorure de calcium, très déliquescent dans un air humide, abandonne de la vapeur d'eau si on le place dans une atmosphère desséchée par l'acide sulfurique, et la surface de ses cristaux blanchit.

La décomposition par l'eau des sels d'antimoine, de bismuth, etc., est encore un phénomène de dissociation soumis à des lois déterminées : par exemple le nitrate de bismuth $BiO^3.3AzO^5$ $3HO$ (éq.) est décomposé par l'eau froide, qui lui enlève de l'acide azotique et donne un précipité blanc de sous-nitrate $BiO^3.AzO^5,HO$ (éq.). La décomposition cesse quand la proportion d'acide azotique atteint 82^{gr} par litre ; qu'on ajoute alors de cet acide, il y a recombinaison partielle du nitrate jusqu'à ce que cette proportion redevienne la même ; c'est donc la quantité d'acide azotique libre qui régit la formation ou la destruction du sous-nitrate.

Enfin les états *allotropiques*, c'est-à-dire *les divers états sous lesquels certains corps simples peuvent se présenter en possédant des propriétés physiques et chimiques différentes*, comme la transformation de l'oxygène en ozone par l'effluve, du phosphore blanc en phosphore rouge et du paracyanogène en cyanogène sous l'influence de la chaleur, se rattachent aux phénomènes de dissociation. Prenons comme exemple l'ozone, qu'on obtient en faisant passer un lent courant d'oxygène dans l'appareil à effluves de Berthelot maintenu à une température constante. On constate que le poids d'ozone obtenu par rapport à la même quantité d'oxygène employée est toujours le même pour une même température, et d'autant plus grand que la température est plus faible ; à la pression de 760^{mm} et à $0°$ la proportion est $\frac{149}{1000}$; à 760^{mm} et $20°$, environ $\frac{106}{1000}$.

Lois des combinaisons.

26. Loi des poids ou de Lavoisier. — Le poids d'un composé est égal à la somme des poids des composants. — Cette loi fondamentale a été énoncée par Lavoisier en 1783, à la suite de ses belles recherches sur l'eau et les combustions ; elle a permis d'écrire les réactions chimiques en équations algébriques, et on peut la considérer comme ayant été le point de départ de la chimie moderne.

27. Loi des proportions définies ou de Proust. — Les proportions suivant lesquelles deux corps simples se combinent pour former un composé déterminé sont définies et invariables. — Soient p et p' les poids de deux corps simples qui ont formé un poids P d'un composé déterminé. D'après la loi de Lavoisier, $P = p + p'$, et d'après la loi de Proust, le rapport $\frac{p}{p'}$ est constant. Il est égal à $\frac{1}{8}$ pour l'hydrogène et l'oxygène dans l'eau, quelle que soit sa provenance ; à $\frac{1}{35,5}$ pour l'hydrogène et le chlore dans l'acide chlorhydrique. Quand le soufre, en s'unissant à l'oxygène, donne de l'anhydride sulfureux, $\frac{p}{p'} = \frac{16}{16} = 1$, c'est-à-dire qu'il faut des poids égaux des deux corps ; quand ils forment de l'anhydride sulfurique, le rapport devient $\frac{16}{24}$. Il résulte donc de cette loi que si l'on fait l'analyse d'un composé déterminé et défini, on trouvera toujours les mêmes constituants unis dans les mêmes proportions.

28. Loi des proportions multiples ou de Dalton (1807). — Lorsque deux corps peuvent, en se combinant entre eux, former plusieurs composés distincts, les poids de l'un qui s'unissent à un même poids de l'autre se déduisent du plus petit de ces poids, en le multipliant par un facteur simple, dont la valeur est le plus ordinairement 1, $\frac{4}{3}$, $\frac{3}{2}$, 2, 3, 4, 5, 6, 7. — Si p' représente la plus petite quantité d'un corps simple B pouvant former un composé avec le poids p d'un autre corps simple A, les différents poids de B qui se combineront avec le même poids p de A pour donner les diverses combinaisons possibles de A et de B, seront représentés par p' multiplié par un des facteurs simples énumérés plus haut.

Voyons-en l'application dans les résultats de l'analyse des composés de l'oxygène avec quelques corps simples, composés dans lesquels un poids différent d'oxygène peut se combiner au même poids p du corps simple, et donnons à p' une valeur arbitraire, 8^{gr}, pour avoir des nombres définis.

Pour les composés oxygénés de l'azote :

		Azote	Oxygène	
22^{gr} de protoxyde d'azote AzO (éq.) sont formés de		14 pour	8	ou p'
26 anhydride hypoazoteux Az^2O^3	id.	14	12	$p' \times \frac{3}{2}$

30 bioxyde d'azote	AzO^2 (éq.)	sont formés de	14 pour	16 ou	$p' \times 2$
38 anhydride azoteux	AzO^3	id.	14	24	$p' \times 3$
46 hypoazotide	AzO^4	id.	14	32	$p' \times 4$
54 anhydride azotique	AzO^5	id.	14	40	$p' \times 5$
62 anhydride perazotique	AzO^6	id.	14	48	$p' \times 6$

Les cinq composés oxygénés du chlore contiennent pour un poids $p = 35,5$ de chlore, $p' = 8$ d'oxygène, $p' \times 3$, $p' \times 4$, $p' \times 5$, $p' \times 7$.

Dans le protoxyde de fer, le sesquioxyde, l'oxyde magnétique, l'acide ferrique, le même poids 28 de fer est uni à $p' = 8$ d'oxygène, $p' \times \frac{3}{2}$, $p' \times \frac{4}{3}$, $p' \times 3$.

On trouverait également la confirmation de cette loi dans les combinaisons multiples que les corps simples peuvent former avec un élément autre que l'oxygène.

29. A ces lois, on peut ajouter la loi suivante, énoncée par RICHTER et généralisée par BERZÉLIUS en 1810 : Les proportions en poids suivant lesquelles deux corps se combinent avec un troisième sont les mêmes que celles suivant lesquelles ils se combinent entre eux ou se substituent l'un à l'autre. — Soient p et p' les poids de deux corps A et B pouvant se combiner séparément à un même poids p'' d'un troisième corps C, de manière à donner les composés AC, BC dans les proportions définies et invariables $\frac{p}{p''}$, $\frac{p'}{p''}$; le rapport $\frac{p}{p'}$ exprime la proportion invariable suivant laquelle les deux corps A et B se combinent entre eux pour former le même composé AB.

30. Lois des combinaisons en volumes. — Elles ont été énoncées par GAY-LUSSAC (1808) après qu'il eut déterminé la composition d'un grand nombre de composés gazeux par l'eudiométrie :

PREMIÈRE LOI. — Les volumes de deux gaz qui réagissent l'un sur l'autre pour former une combinaison sont toujours dans un rapport simple. — Les rapports qu'on rencontre le plus ordinairement sont $\frac{1}{1}$, $\frac{1}{2}$, $\frac{1}{3}$, $\frac{2}{3}$. Cette loi s'applique aussi aux gaz composés qui se combinent : le gaz ammoniac et l'acide chlorhydrique s'unissent à volumes égaux.

DEUXIÈME LOI. — Quand la combinaison de deux gaz est elle-même gazeuse ou volatile, il existe un rapport simple entre le volume du composé à l'état gazeux et la somme des volumes des gaz constituants, sans que le volume du composé gazeux puisse dépasser cette somme. — Quand les gaz se combinent à volumes égaux, il n'y a généralement pas contraction : 1 vol. d'hydrogène et 1 vol. de chlore, de vapeur de brome, de vapeur d'iode donnent 2 vol. de gaz acides chlorhydrique, bromhydrique, iodhydrique ; 2 vol d'azote et 2 vol. d'oxygène, 4 vol. de bioxyde d'azote.

Comme exception : 1 vol. d'éthylène se combinant à 1 vol. de chlore ne forme qu'un vol. de liqueur des Hollandais considérée à l'état de vapeur.

Il y a contraction quand les volumes des gaz composants sont inégaux.

La contraction est d'un tiers quand leur rapport est $\frac{1}{2}$:

1 vol. oxygène et 2 vol. hydrogène forment 2 vol. vapeur d'eau :

1	oxygène	2	azote	2	protoxyde d'azote ;
2	azote	4	oxygène	4	anhydride hypoazotique :
1	oxygène	2	chlore	2	anhydride hypochloreux.

La contraction est de moitié quand le rapport des volumes est $\frac{1}{3}$:

1 vol. hydrogène et 3 vol. azote   donnent 2 vol. gaz ammoniac ;

2   azote   6   oxygène   4   anhydride perazotique.

Cependant, 1 vol. de vapeur d'arsenic et 3 vol. d'oxygène ne forment qu'un volume de vapeur d'anhydride arsénieux.

On rencontre quelquefois, mais plus rarement, un rapport différent des précédents, comme $\frac{2}{3}$, $\frac{1}{6}$, etc.

2 vol. chlore   et 3 vol. oxygène   donnent 2 vol. anhydride chloreux ;

1   vapeur phosphore   6   hydrogène   4 PhH^3.

TROISIÈME LOI. — Quand deux gaz s'unissent en plusieurs proportions, les volumes de l'un des gaz qui se combinent à un volume déterminé et constant de l'autre sont encore des produits du plus petit d'entre eux par un facteur simple : $\frac{3}{2}$, 2, 3, 4, 5, 6. — Ainsi, dans les composés oxygénés de l'azote, 2 vol. d'azote sont unis successivement à 1, $\frac{3}{2}$, 2, 3, 4, 5, 6 vol. d'oxygène.

CHAPITRE III

SYSTÈME DES ÉQUIVALENTS
NOMBRES PROPORTIONNELS

31. Nombres proportionnels. — Prenons un corps simple, comme l'oxygène, pouvant se combiner à un grand nombre d'autres corps simples A, B, C, D.....; il forme généralement avec chacun de ces corps plusieurs composés binaires. En faisant l'analyse quantitative de tous les composés de A avec l'oxygène, nous pourrons établir une liste contenant les différents poids du corps A qui se combinent *à un même poids* p *d'oxygène*. Opérons de même pour B, C, D,.... Chacune des listes ainsi obtenues contiendra autant de poids différents que le corps auquel elle correspond fournit de combinaisons oxygénées (3 pour le plomb, 7 pour l'azote, 5 pour le chlore, etc.). Mais, d'après la loi des proportions multiples (28), les poids qui se rapportent à un même corps étant des produits du plus petit d'entre eux par un facteur simple, il suffira d'en inscrire un seul dans chaque liste, en indiquant pour chacun des autres composés oxygénés du même corps le facteur simple correspondant.

Comme exemple, si nous donnons au poids p d'oxygène une valeur arbitraire 8, la liste du plomb portera 103,5 (litharge), $103,5 \times \frac{1}{2}$ (bioxyde de plomb), $103,5 \times \frac{3}{4}$ (minium); celle du fer, 28 (protoxyde), $28 \times \frac{2}{3}$ (sesquioxyde), $28 \times \frac{3}{4}$ (oxyde magnétique), $28 \times \frac{1}{3}$ (acide ferrique); celle du chlore, 35,5 (anhydride hypochloreux), $35,5 \times \frac{1}{3}$ (anhydride chloreux), $35,5 \times \frac{1}{4}$ (anh. hypochlorique), $35,5 \times \frac{1}{5}$ (anh. chlorique), $35,5 \times \frac{1}{7}$ (anh. perchlorique). Tous ces nombres indiquent les proportions en poids suivant lesquelles chaque corps s'unit à un même poids 8 d'oxygène; ce sont des *nombres proportionnels*. Or, on convient, pour formuler les corps composés, que le symbole de chaque élément représentera son nombre proportionnel; la formule des

composés dépendra donc du nombre que nous adopte-
rons dans chaque liste pour le corps correspondant.
Ainsi, pour le chlore, si nous adoptons 35,5 pour son
nombre proportionnel, les formules des composés oxy-
génés du chlore seront ClO, ClO^3, ClO^4, ClO^5, ClO^7 et, si
nous prenons au contraire $\dfrac{35,5}{3}$, Cl^3O $(Cl = \dfrac{35,5}{3}$,
$O = 8)$, ClO, $ClO^{\frac{4}{3}}$ ou Cl^3O^4, $ClO^{\frac{5}{3}}$ ou Cl^3O^5, $ClO^{\frac{7}{3}}$ ou
Cl^3O^7, et ainsi de suite. Nous verrons qu'on adopte pour
chaque corps le nombre proportionnel qui donne pour ses
composés les formules les plus simples, analogues à celles
des composés analogues. En réunissant les nombres proportionnels ainsi choisis, nous aurons finalement pour
les éléments A, B, C, D,...., considérés plus haut, une
table de nombres proportionnels rapportés au poids 8
d'oxygène.

Il existe quelques corps simples ne fournissant pas de composés avec l'oxygène, comme le fluor. En nous basant sur la
loi de Richter (29), prenons un corps simple avec lequel il
donne des composés : le nombre proportionnel du fluor sera
celui qui exprimera la quantité pondérable suivant laquelle il
se combine au nombre proportionnel du corps simple, ou un
multiple ou un sous-multiple ; on choisit celui qui donne aux
composés du fluor des formules analogues à celles des composés analogues des éléments de la même famille.

Il peut exister une infinité de systèmes de nombres
proportionnels, pour les trois raisons suivantes :

1° *On aurait pu choisir un autre corps simple que l'oxygène* comme point de départ et rapporter les nombres
proportionnels à un poids déterminé de ce corps. Nous
avons vu qu'on prend l'oxygène parce qu'il se combine
avec presque tous les corps simples.

2° *La valeur 8 a été donnée au poids p d'oxygène par*

simple convention. Berzélius avait rapporté les nombres proportionnels à 100 parties d'oxygène ; les nombres ainsi obtenus ont l'inconvénient d'être très élevés. De plus, Proust a remarqué que si on les divise chacun par 12,5, on obtient des nombres entiers pour presque tous les corps simples : 8 pour l'oxygène, 1 pour l'hydrogène, 35,5 pour le chlore, 100 pour le mercure ; au lieu de 100 ; 12,50 ; 443,75 ; 1250.

3° Enfin *on a une table différente suivant le nombre proportionnel adopté pour chaque corps simple.* Nous avons vu celui que l'on choisit.

32. Équivalents. — Le système adopté est donc celui des nombres proportionnels rapportés à 8 parties en poids d'oxygène, ou, ce qui revient au même, à 1 d'hydrogène, et choisis de manière à faire ressortir le plus possible les analogies dans les réactions chimiques ; on l'appelle *système des équivalents* ou *des proportions chimiques* ; on peut donc définir les équivalents : les nombres représentant les proportions en poids suivant lesquelles les corps se combinent entre eux ou se remplacent mutuellement dans les combinaisons, ces nombres étant rapportés à 8 d'oxygène (ou à 1 d'hydrogène) et choisis pour chaque corps de manière à donner à ses composés des formules simples, analogues à celles des composés analogues. La formule qu'on adopte pour chaque composé doit rappeler sa composition qualitative et quantitative, et de plus, permettre d'expliquer les réactions dont le corps est susceptible.

REMARQUE. — Le mot *équivalents,* consacré par l'usage pour le système des nombres proportionnels adopté, n'est pas toujours juste et ne devrait rigoureusement être employé que pour les corps qui peuvent être groupés dans une même famille naturelle par l'analogie de leurs propriétés. En effet, s'il est vrai de dire que les nombres proportionnels 35,5 du chlore, 80 du brome, 127 de l'iode *s'équivalent entre eux*, c'est-à-dire jouent le même rôle dans les réactions chimiques, se substituent l'un à l'autre pour former des composés analogues, ou enfin s'unissent à des poids égaux de corps simples en donnant des composés ayant des propriétés chimiques analogues (HCl, HBr, HI, chlorures, bromures, iodures), il n'en est plus de même pour ceux des corps simples appartenant à des familles différentes. Comparons l'azote avec le chlore, le brome, l'iode : 14^{gr} d'azote s'unissant à 3^{gr} d'hydrogène donnent du gaz ammoniac, base énergique ; $35^{gr},5$ de Cl et 1^{gr} d'hydrogène, de l'acide chlorhydrique, acide énergique ; de plus les composés de l'azote sont très différents des chlorures, bromures, iodures. De même 35,5 ne peut être, pour le chlore, l'équivalent du nombre proportionnel 23 du sodium, ces deux corps ayant des propriétés chimiques absolument opposées.

Détermination des équivalents.

33. Cette détermination comprend deux opérations : 1° la recherche, soit directement, soit indirectement, des poids du même corps simple s'unissant à un même poids 8 d'oxygène ; 2° la fixation, parmi ces poids, de celui à inscrire dans le tableau des équivalents.

Les formules de tous les composés formés par le corps dépendront de l'équivalent adopté. Il est nécessaire d'établir certaines règles conventionnelles : ainsi, quand un métal ne donne avec l'oxygène qu'un oxyde jouant le rôle de base, on convient que cet oxyde sera représenté par la formule très simple MO (M désignant le métal) ; l'équivalent sera alors le poids du métal qui se combine avec 8^{gr} d'oxygène.

L'équivalent d'un corps simple n'est pas toujours établi directement par rapport à l'oxygène ; il est souvent nécessaire ou plus commode de le chercher par rapport à un autre corps simple dont on connaît le nombre proportionnel fixé.

Les principaux chimistes auxquels on doit la détermination des équivalents sont Berzélius, Marignac, Dumas et Stas. Nous allons voir quelques-unes de ces déterminations, appliquées aux équivalents les plus intéressants ou les plus utiles à connaître.

34. Équivalents des principaux corps simples. — L'équivalent de l'*hydrogène* s'établit d'après la composition de l'eau, soit en volumes par l'eudiomètre, soit en poids par réduction d'un poids connu d'oxyde de cuivre. On est conduit à $H = 1$ pour $O = 8$, ce qui donne pour l'eau et l'eau oxygénée les formules les plus simples HO et HO^2. L'adoption d'un multiple $H = 2$ eût donné HO^2 et HO^4 ($H = 2$, $O = 8$); d'un sous-multiple $H = \frac{1}{2}$: H^2O, H^2O^2 ($H = \frac{1}{2}$, $O = 8$). On peut donc dire aussi que les équivalents sont rapportés à 1 en poids d'hydrogène, ce qui revient au même qu'au poids 8 d'oxygène.

Connaissant la composition en volumes de l'acide chlorhydrique, on en déduit sa composition en poids : pour chaque gramme d'hydrogène, $35^{gr},5$ de chlore entrent en combinaison; ce sont aussi les proportions suivant lesquelles ces deux éléments se combinent dans la décomposition de l'eau, de l'acide sulfhydrique, etc., par le chlore. L'adoption de 35,5 pour équivalent du *chlore* permettra de formuler le plus simplement possible l'acide chlorhydrique HCl et les composés oxygénés ClO, ClO^3, ClO^4, ClO^5, ClO^7.

Réduisons maintenant par un courant d'hydrogène pur et sec un poids déterminé de chlorure d'argent pur et anhydre. L'argent pur reste comme résidu, tandis que l'acide chlorhydrique se dégage. On trouve ainsi que $143^{gr},5$ de chlorure d'argent sont formés de 108^{gr} d'argent et de $35^{gr},5$ de chlore; on est alors conduit à fixer 108 pour équivalent de *l'argent*, ce qui donnera à son chlorure la formule simple AgCl, et à son oxyde basique, analogue à la potasse KO, la formule AgO. On peut d'ailleurs vérifier par l'analyse de AgO pur (se décomposant par la chaleur en argent et oxygène) que cet oxyde renferme 108^{gr} d'argent pour 8^{gr} d'oxygène.

On trouve les nombres 35,5 et 108 plus exactement en partant du chlorate de potassium, qui est facile à analyser et donne à la fois les équivalents du chlore, de l'argent et du potassium. On en calcine un poids connu, et le résidu de chlorure de potassium est précipité par une solution d'azotate d'argent. On constate que dans le chlorate il y a $\dfrac{35,5}{6}$ de chlore et $\dfrac{39}{6}$ de potassium pour 8 d'oxygène, ce qui conduit à donner au chlorate la formule brute $KClO^6$.

Les équivalents du *brome* et de l'*iode* s'obtiennent en déplaçant ces éléments des bromure et iodure d'argent par le chlore. Leurs nombres proportionnels sont trouvés égaux à 80 et 127 pour 35,5 de chlore; on adopte ces nombres pour équivalents parce que les composés correspondants des trois corps, ayant des propriétés analogues, se trouvent ainsi représentés par des formules semblables.

L'équivalent du *carbone* a été déterminé par Dumas et Stas en brûlant un poids connu de diamant dans un courant d'oxygène pur et en faisant absorber l'anhydride carbonique produit par des tubes à potasse. Cet équivalent a été fixé à 6, ce qui donne pour l'oxyde de carbone et l'anhydride carbonique les formules CO et CO^2.

Le *potassium*, le *sodium*, le *baryum*, le *calcium*, le *magnésium* et les métaux analogues ne forment avec l'oxygène qu'un oxyde, qui est fortement basique. Par convention, on envisage ces oxydes comme des protoxydes, ce qui les fait représenter par la formule générale simple MO ; il suffit donc de chercher le poids du métal se combinant à 8^{gr} d'oxygène, ou, ce qui revient au même, à $35^{gr},5$ de chlore. Leur équivalent s'obtient par une méthode générale qui consiste à dissoudre dans l'eau un poids déterminé de leur chlorure pur et desséché, qu'on précipite par une solution d'azotate d'argent : il se produit du chlorure d'argent, qu'on dessèche et qu'on pèse ; on en déduit le poids du chlore ; la différence entre ce poids et celui du chlorure employé donne le poids du métal. Pour 35,5 de chlore, on trouve 39 de potassium, 23 de sodium, 68,5 de baryum, 20 de calcium, 12 de magnésium ; ce sont les équivalents de ces métaux, conduisant pour leurs oxydes à la même formule simple KO, NaO, etc., et pour leurs chlorures à KCl, NaCl, etc., formules qui sont également suffisantes pour expliquer tous les cas de décomposition ou de substitution que ces oxydes ou ces chlorures peuvent présenter.

Quand un métal forme plusieurs oxydes, mais dont un seul joue le rôle de base, c'est à ce dernier qu'on donne la formule MO.

Au *cuivre* correspondent un oxyde noir (cuivrique) et un oxyde rouge (cuivreux); le premier seul se combine aux acides sulfurique et azotique ; on le représentera par CuO. L'équivalent sera alors le poids de cuivre se combinant à 8 d'oxygène ; on le détermine par réduction d'un poids connu d'oxyde noir dans un courant d'hydrogène ; on trouve 31,75.

Même raisonnement pour les oxydes de plomb, parmi lesquels la litharge seule est salifiable et aura pour formule PbO, ce qui conduit par l'analyse à 103 pour l'équivalent du plomb.

35. Équivalents des bases et des acides. — La formule conventionnelle MO pour les oxydes précédents fixe, par conséquence, les formules de leurs sels. L'équivalent de ces bases est la somme des équivalents du métal et de l'oxygène, c'est-à-dire 47 pour la potasse, 31 pour la soude, 39,75 pour CuO, etc. D'après la *loi de Berzélius* ou loi de composition des sels : Dans tous les sels neutres, c'est-à-dire ceux dans lesquels l'acide est saturé par la base, qu'ils modifient ou non la couleur du tournesol, il y a un rapport constant entre le poids de l'oxygène de l'acide et celui de l'oxygène de la base; ce rapport est $\frac{3}{1}$ pour les sulfates, $\frac{5}{1}$ pour les azotates, $\frac{2}{1}$ pour les carbonates, etc. La formule générale de leurs azotates sera donc MO,AzO^5. L'analyse de ces azotates montre que l'équivalent de chaque base est uni au même poids, 54, d'anhydride azotique, poids qui est formé par 14 d'azote et 40 d'oxygène. La formule de l'anhydride azotique est donc bien AzO^5 ; celle des azotates neutres MO,AzO^5, et l'équivalent de l'*azote* est ainsi fixé à 14.

Il en serait de même pour les sulfates neutres, qui doivent être représentés par MO,SO^3 ou plutôt 2MO,S^{2}O^6, puisque l'acide sulfurique est bibasique : leur analyse indique que 1 éq. de base est uni à 40^{gr} d'anhydride SO^3,

formés eux-mêmes de 16^{gr} de soufre et 24^{gr} d'oxygène,
ce qui conduit à 16 pour l'équivalent du *soufre*.

On voit que 40 d'acide sulfurique et 54 d'acide azotique anhydres s'équivalent vis-à-vis de chaque équivalent des bases précédentes, d'où la conclusion suivante, vérifiée pour un équivalent d'acide quelconque. Les poids de différents acides qui sont neutralisés par 47^{gr} de potasse sont aussi les poids de ces acides qui seront neutralisés par 31^{gr} de soude, 117^{gr} d'oxyde d'argent, etc.; réciproquement, les équivalents de diverses bases qui sont unis à un même poids, 54, d'acide azotique anhydre seront unis aussi à 40 d'acide sulfurique anhydre, 74,5 d'acide chlorique anhydre, etc.

L'analyse de ces composés ternaires, auxquels on attribuerait d'abord par convention la formule la plus simple répondant à la loi de Berzélius : MO, AzO^5, MO,ClO^5, etc., permettrait également de déterminer les équivalents de la base et de l'acide et d'en déduire ceux du métal et du métalloïde ; elle donne pour quelques-uns de ces derniers (potassium, chlore, argent, etc.), des résultats plus exacts.

36. Équivalents fixés par l'isomorphisme. — Le fer et ses analogues : nickel, cobalt, chrome, manganèse, ont deux oxydes basiques formant avec l'acide sulfurique deux sulfates dans lesquels le rapport de l'oxygène de l'acide à celui de la base est $\frac{3}{1}$, tant pour le vitriol vert que pour le sulfate ferrique ; les conventions précédentes ne suffisent plus pour déterminer l'équivalent. En réduisant successivement les deux oxydes qui donnent ces sulfates par un courant d'hydrogène, on trouve que le premier contient 28 de fer pour 8 d'oxygène, le second $28 \times \frac{2}{3}$ également pour 8 d'oxygène. Si l'on adopte 28, la for-

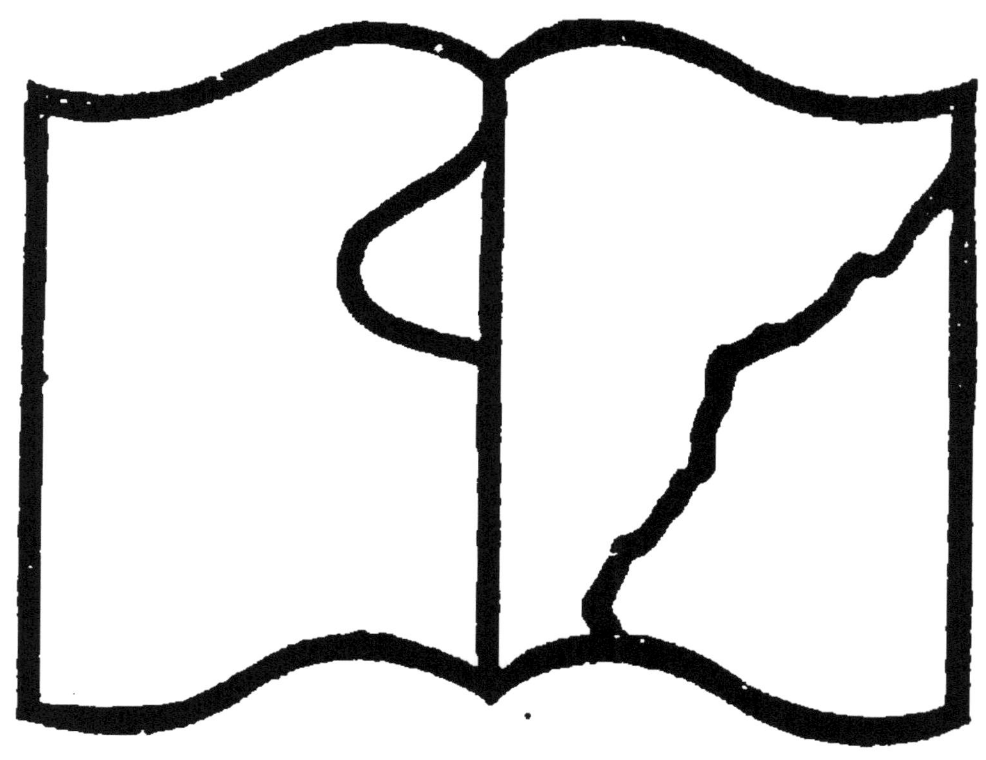

Texte détérioré — reliure défectueuse

NF Z 43-120-11

mule du vitriol vert sera FeO,SO^3 et celle du sulfate ferrique $Fe^{\frac{2}{3}}O,SO^3$ (ou $Fe^2O^3,3SO^3$ pour éviter les nombres fractionnaires). Si l'on adopte au contraire $28 \times \frac{2}{3}$, elles deviennent $Fe^{\frac{2}{3}}O,SO^3$ ou $Fe^3O^2,2SO^3$ et FeO,SO^3. Pour lever les doutes, on a recours à la loi de l'isomorphisme de Mitscherlich : Les sels isomorphes ont des constitutions chimiques semblables et doivent être représentés par des formules analogues. Or, le vitriol vert est isomorphe du sulfate de magnésium quand il cristallise avec 7 éq. d'eau ; ces deux sulfates forment avec les sulfates de potassium, de sodium, etc. des sels doubles également isomorphes, et comme le sulfate de magnésium se représente par MgO,SO^3, la formule FeO doit être attribuée au vitriol vert ; l'autre oxyde devient alors $Fe^{\frac{2}{3}}O$ ou Fe^2O^3, c'est-à-dire un sesquioxyde. Pour le *manganèse*, etc. on analyse le sulfate isomorphe du vitriol, et on lui donne la formule analogue MnO,SO^3, etc.

L'équivalent de l'*aluminium* se fixe également en s'appuyant sur la loi de l'isomorphisme : ce métal n'a qu'un oxyde, l'alumine, jouant ordinairement le rôle de base, et devant par conséquent se représenter par AlO ; mais ici on doit rompre avec la convention établie pour les protoxydes, car l'alumine cristallise en rhomboèdres isomorphes du sesquioxyde Fe^2O^3 et l'alun d'alumine est isomorphe de l'alun de fer. On est donc conduit à la formule semblable Al^2O^3, qui fixe l'équivalent de l'aluminium ; c'est la moitié du poids du métal se combinant à 24 d'oxygène, soit 13,75, qu'on détermine par calcination du sulfate auquel on donne la formule $Al^2O^3,3SO^3$, par analogie avec le sulfate de sesquioxyde de fer.

Enfin, la loi de l'isomorphisme a permis de fixer plusieurs autres équivalents, tels que celui du [illegible]m, de l'arsenic (en attribuant aux arséniates isomorphes [illegible] hosphates des formules analogues), du sélénium et du tellure (les séléniates et tellurates étant isomorphes des sulfates, on représente les acides sélénique et tellurique par une formule analogue à celle de l'acide sulfurique).

37. Équivalents fixés par la loi de Dulong. — En se basant sur les équivalents connus à cette époque, Dulong et Petit (1819) ont établi la loi suivante, qui a été vérifiée depuis par Regnault (1839) : Le produit Ec de l'équivalent d'un corps simple par sa chaleur spécifique moyenne (celle-ci étant prise à l'état solide et entre des limites de température suffisamment éloignées du point de fusion) a une valeur sensiblement constante; cette valeur est tantôt 3,2, tantôt 6,4. — $Ec =$ sensiblement 6,4 pour le potassium, le sodium, le lithium, l'iode, l'argent, le phosphore et l'arsenic (K : 6,47 ; Ag : 6,16 ; I : 6,87 ; etc.). $Ec =$ sensiblement 3,2 pour les autres éléments (Al : 2,9 ; Mg : 3 ; Ca : 3,4 ; Fe : 3,18 ; S : 2,84 ; etc.). Comme on le voit, les nombres 3,2 et 6,4 ne représentent que la moyenne des résultats obtenus, résultats qui ne sont constants qu'en employant la chaleur spécifique telle qu'elle est indiquée dans la loi. Pour les éléments dont le produit Ec est voisin de 3,2, il y a des divergences de 2,9 à 3,4 ; de même pour les autres, dont l'équivalent devrait être dédoublé pour obtenir un nombre voisin de 3,2 et conduire à une loi tout à fait générale.

Enfin le carbone, le bore et le silicium sont en désaccord complet avec la loi si l'on emploie leurs chaleurs spécifiques moyennes entre 10 et 100° (diamant : $E = 6$, $Ec = 0,88$; graphite : 1,20; bore : $E = 11$, $Ec = 2,67$; silicium : $E = 28$, $Ec = 2,5$). Weber a montré que les chaleurs spécifiques de ces trois corps augmentent d'abord considérablement avec la température, puis deviennent sensiblement constantes. En particulier, pour le carbone, ses différentes variétés ont une chaleur spécifique sensiblement constante et égale à 0,459 à partir de 600°. Si l'on adopte toujours 6 pour équivalent du carbone, le produit $Ec = 6 \times 0,459 = 2,754$ vérifie suffisamment la loi. Il en serait de même pour le bore et le silicium en conservant leurs équivalents et prenant leur chaleur spécifique à une température à partir de laquelle elle devient constante.

La loi de Dulong et Petit ne pourrait donc suffire à déterminer les équivalents de tous les corps simples, à cause des imperfections qu'elle présente au point de vue de la rigueur; malgré cela, elle a servi à fixer certains équivalents, comme celui du *mercure*. Les deux oxydes de ce corps sont basiques et leurs sels ne sont isomorphes avec ceux d'aucun autre oxyde ; pour 8 d'oxygène, le premier contient 100 de métal, le second 200, ce qui donne, en appliquant la loi de Dulong : $100 \times 0,033 = 3,3$; $200 \times 0,033 = 6,6$. On adopte 100 comme équivalent; les deux oxydes ont alors les formules HgO et Hg^2O.

L'équivalent de l'*indium* a été également amené de 37,8 à 56,7 par application de cette loi ; enfin la loi a amené la découverte de l'*uranium*, à cause de la divergence considérable que présentait le produit Ec de l'urane, regardé avant Péligot comme un corps simple.

38. REMARQUES. — 1° Les nombres adoptés pour les équivalents ne sont en réalité que très approximatifs et ne représentent que la moyenne des résultats obtenus par les différentes méthodes. Voici la valeur réelle provenant de quelques déterminations effectuées avec une très grande précision par Stas :

$$Cl = 35,457 ; \quad K = 39,137 ; \quad Na = 23,04 ; \quad Az = 14,044 ;$$
$$Br = 79,952 ; \quad I = 126,85 ; \quad Pb = 103,45 ; \quad Ag = 107,94.$$

On voit que les différences sont assez petites pour permettre d'employer dans la pratique les équivalents adoptés pour chaque corps.

2° On peut vérifier la plus grande partie des équivalents par les lois de Dulong et de Mitscherlich ; par celle de Richter (déplacement d'un métal de sa dissolution saline par un autre métal, suivant la proportion indiquée par leurs équivalents) ; par la loi de Faraday : un même courant traversant plusieurs sels décompose des poids équivalents de ces sels. Il résulte de cette dernière loi que dans des solutions de sulfates de zinc, de plomb, d'argent, de cuivre, etc., il y aura en même temps 108 d'argent, 33 de zinc, 103 de plomb, 31,75 de cuivre déposés au pôle négatif.

39. Équivalents en volumes. — *Si l'on détermine les volumes occupés par les équivalents en poids des gaz simples ou composés, dans les mêmes conditions de température et de pression, il doit exister entre ces volumes un rapport simple, d'après les lois de Gay-Lussac* (30). Cherchons d'abord le volume occupé par l'équivalent en poids de l'oxygène à 0° et 760^{mm} ; il suffit d'appliquer la formule

$$P = V \times 1,293 \times d$$

ou $\qquad 8 = V \times 1,293 \times 1,1056,$ $\hfill (1)$

d'où $V = 5^{lit},55$. Si l'on adopte $5^{lit},55$ comme unité de volume, on trouvera que le volume occupé par l'équivalent en poids des corps gazeux ou volatils est 1 ou un multiple simple (les volumes du gaz ou de la vapeur et de l'oxygène étant considérés dans les mêmes conditions de température et de pression). Ainsi, pour l'hydrogène à 0° et 760^{mm}, on a

$$1 = V \times 1,293 \times 0,069, \quad \text{d'où} \quad V = 11^{lit},11 = 2 \text{ vol.}$$

D'une manière générale, soient E l'équivalent en poids

d'un gaz ou d'un corps volatil, simple ou composé, d sa densité à l'état de gaz ou de vapeur :

$$E = V' \times 1,293 \times d ;$$

en divisant par la formule (1), on aura

$$\frac{E}{8} = \frac{V' \times 1,293 \times d}{V \times 1,293 \times 1,1056},$$

d'où

$$\frac{V'}{V} = \frac{E \times 1,1056}{8d}.$$

Par convention, le rapport $\dfrac{V'}{V}$ est appelé *équivalent en volume* du gaz ou du corps volatil.

Le calcul montre que :

1° Pour tout *corps simple* gazeux ou volatil, le rapport $\dfrac{V'}{V}$ ou l'équivalent en volume est toujours représenté par 1 ou 2 (V étant égal à 5^{lit},55). L'équivalent en volume est 1 pour l'oxygène, le soufre, le phosphore, l'arsenic et le carbone; 2 pour l'hydrogène, le chlore, le brome, l'iode, l'azote; ce sont les volumes de ces corps qui peuvent se déplacer et se substituer l'un à l'autre dans des combinaisons analogues.

2° Pour tout *corps composé*, gazeux ou volatil, le rapport $\dfrac{V'}{V}$ ou équivalent en volume est toujours égal à 2 ou 4. On compare encore le volume occupé par 9^{gr} d'eau, 32 d'anhydride sulfureux, 17 de gaz ammoniac, etc. à 5^{lit},55. L'équivalent en volume est 2 pour l'eau, l'acide sulfhydrique, l'oxyde de carbone, l'anhydride carbonique, l'anhydride sulfureux, le protoxyde d'azote, le sulfure de carbone, le cyanogène ; 4 pour les acides chlorhydrique, bromhydrique, iodhydrique, cyanhydrique, le gaz ammoniac, le bioxyde d'azote, l'anhydride hypoazotique, le phosphure d'hydrogène, le proto et le bicarbure d'hydrogène.

En chimie organique, on détermine toujours la formule en équivalents d'un composé volatil de manière que son équivalent en poids corresponde à 4 volumes. Les formules ainsi fixées rendent seules compte en effet de tous les phénomènes d'addition ou de substitution que le corps peut présenter.

REMARQUE. — On n'obtient pour les équivalents en volume ce nombre simple 1, 2 ou 4 que si l'on compare toujours les volumes dans les mêmes conditions de température et de pression. On prend les gaz très éloignés de leur point de liquéfaction, et on les compare au volume occupé par 8^{gr} d'oxygène, les deux volumes étant à 0° et 760^{mm}. Pour les vapeurs, on doit les choisir à des températures où leur densité reste constante et à 760^{mm}, le volume $5^{lit},55$ d'oxygène étant porté à la même température. Ainsi, la densité de vapeur du soufre n'est constante et égale à 2,2 qu'au delà de 860°. Pour l'iode, on adopte la densité 8,8, sensiblement constante entre 350 et 700° ; pour le phosphore, la densité 4,5 à 1040° ; pour l'arsenic, 10,6 à 860°.

40. RELATION ENTRE LES ÉQUIVALENTS EN POIDS, LES ÉQUIVALENTS EN VOLUME ET LA DENSITÉ. — Pour l'hydrogène à 0° et 760^{mm}, l'équivalent en poids est 1, et l'on a

$$1 = 2 \times 5,55 \times 1,293 \times 0,069 ; \qquad (1)$$

pour un gaz quelconque, aussi à 0° et 760, on a

$$E = e \times 5,55 \times 1,293 \times d, \qquad (2)$$

E et e désignant respectivement l'équivalent en poids et l'équivalent en volume.

Si l'on divise (2) et (1) membre à membre, il vient

$$\frac{E}{1} = \frac{e \times d}{2 \times 0,069}, \qquad \text{d'où} \qquad d = \frac{2E \times 0,069}{e}.$$

Donc quand l'équivalent en volume est 1, la densité du gaz est égale à la densité de l'hydrogène multipliée par le double de l'équivalent en poids ; quand $e = 2$, la densité est égale au produit de 0,069 par E ; enfin quand $e = 4$, la densité est égale au produit de 0,069 par la moitié de E.

Ces densités obtenues par le calcul sont appelées *densités théoriques* ; elles se rapprochent d'autant plus des densités observées que le corps correspondant a un coefficient de dilatation et une compressibilité plus rapprochés de ceux de l'hydrogène.

La formule précédente peut être mise sous la forme

$$E = \frac{ed}{2 \times 0,069} = ed \times 7,22,$$

formule qui donne l'équivalent en poids, étant connus l'équivalent en volume et la densité.

Pour $e = 1$, $E = d \times 7,22$; pour $e = 2$, $E = d \times 14,44$; pour $e = 4$, $E = d \times 28,88$.

41. Avantages et inconvénients du système des équivalents. — Les équivalents ont été déterminés, comme on l'a vu, par de simples comparaisons de poids, sans qu'il ait été nécessaire de faire aucune hypothèse sur la constitution des corps volatils. L'équivalent de chaque corps a été choisi de telle sorte que ses composés soient représentés par des formules très simples, permettant d'expliquer leurs principales réactions et rappelant les analogies chimiques qu'ils présentent avec d'autres composés de formule analogue.

On peut faire à ce système plusieurs reproches :

1° *Il n'a pas fixé les équivalents d'une manière uniforme.* La formule Al^2O^3 pour l'alumine est une exception à la convention MO ; on s'appuie sur la loi de l'isomorphisme pour fixer cet équivalent, et cependant des composés isomorphes comme AgS et Cu^2S, Cu^2Cl et $AgCl$ ne sont pas représentés par des formules semblables, etc. ;

2° *La loi de Dulong et Petit ne donne pas une relation unique.* On a vu que le produit est tantôt 3,2, tantôt 6,4, et cependant la loi est employée pour fixer l'équivalent du mercure, de l'indium, etc. ;

3° *Les formules des composés gazeux ou volatils ne rappellent pas toujours leur composition en volume. Les formules* HO, HS, etc., n'indiquent pas qu'il y a dans ces composés 2 vol. d'hydrogène pour 1 vol. d'oxygène ou de vapeur de soufre ;

4° *Les équivalents en poids des corps gazeux ou volatils ne correspondent pas tous au même équivalent en volume :* celui-ci est 1, 2 ou 4.

CHAPITRE IV

SYSTÈME DES POIDS ATOMIQUES

42. Molécules et atomes. — Le système des poids atomiques repose sur l'hypothèse de l'existence de molécules et d'atomes. Si l'on admet que la divisibilité de la matière n'est pas infinie, on est conduit, pour tout corps simple ou composé, à une certaine valeur limite, non perceptible à nos sens ni à nos instruments de mesure, représentant la plus petite quantité du corps qui pourrait exister à l'état libre ; cette valeur limite est la molécule, représentant en petit l'image du corps entier.

Chaque corps simple ou composé est ainsi formé d'un *nombre entier* de molécules, toutes semblables pour un même corps, non juxtaposées, mais séparées par des intervalles ou pores moléculaires augmentant ou diminuant avec la température et la pression. Or dans un même composé, s'il était possible d'isoler et d'analyser une quelconque des molécules, on y trouverait les éléments qui forment le composé suivant les mêmes proportions en poids que dans le corps entier ; on est conduit par là à admettre *pour tous les corps simples* une deuxième valeur limite de divisibilité, c'est l'atome ou la plus petite quantité de chaque corps simple pouvant entrer en combinaison ; ces atomes en se juxtaposant forment les molécules.

En résumé, on voit que toute molécule sera formée par un nombre entier d'atomes. Ceux-ci sont *tous de même espèce dans un corps simple* : une molécule d'hydrogène contient un nombre entier d'atomes d'hydrogène; ils sont *d'espèce différente dans un corps composé* : un nombre entier d'atomes d'hydrogène et d'oxygène constituent une molécule de vapeur d'eau.

43. Hypothèse d'Avogadro et d'Ampère. — Avogadro (1811) et Ampère (1814) se fondant sur ce que les gaz se dilatent et se compriment à peu près également, en conclurent que dans tous les gaz considérés à une même température et à une même pression, les molécules sont placées à la même distance les unes des autres, et que, par suite, leur nombre est d'autant plus grand que le volume du gaz est plus grand; de là l'hypothèse suivante: *des volumes égaux de gaz ou de vapeurs à des températures et à des pressions égales renferment un même nombre de molécules.* Par suite, des volumes égaux de gaz simples ou de corps volatils simples renferment aussi un même nombre d'atomes.

Il résulte de cette hypothèse que les poids de volumes égaux de deux gaz seront entre eux comme les poids relatifs de leurs molécules ou comme les densités de ces gaz. En effet, soit P le poids du volume V d'un gaz formé par la réunion de n molécules identiques ayant chacune un poids m ou *poids moléculaire* ; on a

$$P = m \times n.$$

Pour un autre gaz de même volume V, dans des conditions semblables de température et de pression, et contenant le même nombre n de molécules, le poids sera

$$P' = m' \times n.$$

Donc
$$\frac{P}{P'} = \frac{m}{m'}.$$

Mais les poids de volumes égaux de gaz dans les mêmes conditions de température et de pression étant proportionnels à leurs densités, on a

$$\frac{P}{P'} = \frac{d}{d'}; \quad \text{donc} \quad \frac{m}{m'} = \frac{d}{d'};$$

ainsi, les nombres représentant les poids moléculaires sont proportionnels aux densités.

Les gaz composés et les composés volatils ayant chacune de leurs molécules formée par la combinaison de plusieurs atomes d'espèce différente, on ne peut déterminer que leur poids moléculaire ; mais pour les gaz simples et les corps simples volatils dans lesquels les molécules sont formées par l'union d'atomes identiques, si l'on peut déterminer ce nombre d'atomes, leur poids moléculaire (déterminé d'abord) divisé par ce nombre d'atomes donnera le *poids atomique*, c'est-à-dire le poids relatif des atomes de ce corps simple par rapport au poids d'un atome d'un corps pris comme unité ; *les poids atomiques ainsi déterminés sont les nombres proportionnels de la théorie atomique.*

44. Poids moléculaires. — Puisqu'on ne connaît pas le

nombre de molécules que renferme un volume quelconque de gaz ou d'un corps volatil, on ne peut déterminer que les *poids moléculaires relatifs*, c'est-à-dire comparés au poids conventionnel d'une molécule d'un gaz choisi comme type. Comme l'hydrogène est le gaz qui a la plus faible densité, c'est lui que l'on choisit. On convient de représenter par 2 son poids moléculaire ou le poids d'une molécule d'hydrogène ; il est alors facile de déterminer les poids moléculaires relatifs des autres gaz ou des vapeurs en les prenant dans les mêmes conditions de température et de pression.

Dans la formule $\dfrac{m}{m'} = \dfrac{d}{d'}$, faisons $m' = 2$, $d' = 0{,}069$, on aura la formule générale

$$m = \frac{2d}{0{,}069} = d \times 28{,}88 \, ;$$

donc *le poids moléculaire d'un gaz ou d'une vapeur*, simples ou composés, *s'obtient en multipliant sa densité par* 28,88. Pour les gaz, on prend cette densité à 0° et 760^{mm}, pour les vapeurs à la température où elle devient constante.

POIDS MOLÉCULAIRES DE QUELQUES GAZ ET CORPS SIMPLES VOLATILS :

Oxygène, $1{,}1056 \times 28{,}88 = 32$;
Soufre, $2{,}2 \times 28{,}88 = 64$ (densité de vapeur à 860°) ;
Chlore, 71 ; brome, 160 ; iode, 254 ; azote, 28 ;
Phosphore, 124 (densité de vapeur à 1060°) ;
Arsenic, 300 (densité de vapeur à 860°) ; mercure, 200.

POIDS MOLÉCULAIRES DE QUELQUES COMPOSÉS VOLATILS OU GAZEUX :

Eau, $0{,}622 \times 28{,}88 = 18$;
Acides : chlorhydrique, 36,5 ; bromhydrique, 81 ; iodhydrique, 128 ;
Protoxyde d'azote, 44 ; bioxyde d'azote, 30 ;

Alcool ordinaire, 46 ; éther ordinaire, 74 ; chloroforme, 119,5 ; etc., etc.

D'après les formules

$$E = d \times 7,22 \ (e = 1), \qquad E = d \times 14,44 \ (e = 2),$$
$$E = d \times 28,88 \ (e = 4),$$

établies plus haut (40), on voit que :

Quand l'équivalent en volume est 4, le poids moléculaire $= E$;
    id.   2   id. $= 2E$;
    id.   1   id. $= 4E$.

Il en résulte que les poids moléculaires correspondent tous à un même volume, c'est-à-dire à quatre volumes, ou $22^{lit},22$, pour des conditions identiques de température et de pression. Par exemple, l'anhydride sulfureux a comme poids moléculaire 64 ; le poids du litre est 2,866 et le volume occupé par 64 grammes est $\dfrac{64}{2,866} = 22^{lit},2$; etc.

45. Poids atomiques. — Si l'on connaissait le nombre d'atomes que renferme chaque molécule d'un corps simple, on trouverait le poids atomique de ce corps en divisant son poids moléculaire par ce nombre d'atomes ; or, on sait seulement que l'atome est la plus petite quantité pouvant entrer en combinaison ; d'après cela, on prendra comme poids atomique *le plus grand commun diviseur des poids de ce corps qui entrent dans sa molécule libre et dans la molécule de ses composés gazeux ou volatils.*

Soit à déterminer le poids atomique de l'hydrogène ; nous dresserons un tableau contenant tous les composés gazeux ou volatils qui renferment de l'hydrogène, avec leurs poids moléculaires ; en regard, nous inscrirons le poids d'hydrogène qui entre dans chaque molécule : le poids atomique sera le plus grand commun diviseur de tous ces poids. De même pour tous les corps simples fournissant des composés gazeux ou volatils.

Nous donnerons comme exemples la détermination du

poids atomique de l'hydrogène, de l'azote, de l'arsenic et du carbone.

	m	Poids d'H contenu dans la molécule		m	P. d'Az dans la molécule
Hydrogène........	2	2	Azote	28	28
Eau.............	18	2	Protoxyde d'azote..	44	28
Acide sulfhydrique.	34	2	Bioxyde d'azote....	30	14
Id. chlorhydrique	36,5	1	Gaz ammoniac.....	17	14
Gaz ammoniac.....	17	3	Anh. hypoazotique.	46	14
Protocarbure d'hyd.	16	4	Ethylamine	45	14
Alcool ordinaire ...	46	6	Aniline...........	93	14
Chloroforme.......	119,5	1	Nicotine..........	162	28
Etc.			Etc.		
Plus grand commun diviseur		1			14

	m	P. d'As dans la molécule		m	P. de C dans la molécule
Arsenic..........	300	300	Carbone..........	inconnu	inconnu
Chlorure d'As	181,5	75	Bicarbure d'hydrog.	28	24
Arséniure d'H.....	78	75	Acétylène.........	26	24
Anhydride arsénieux	198	150	Chlorure de méthyle	50,5	12
Cacodyle ou Dimé-			Anhydride carboniq.	44	12
thylarsine.......	105	75	Oxyde de carbone..	28	12
Triméthylarsine ...	120	75	Benzine	78	72
Etc.			Essence de térébent.	136	120
			Etc.		
Plus grand commun diviseur		75			12

D'après ce tableau, on voit qu'une molécule d'hydro-gène renferme 2 atomes ; aussi a-t-on choisi 2 comme poids moléculaire de l'hydrogène, afin de ne pas avoir de nombres fractionnaires pour poids atomiques. De même, une molécule d'azote est formée de 2 atomes ; une molécule d'arsenic de 4 atomes. Quant au carbone, comme il ne se réduit pas en vapeur, on ne peut déterminer son poids moléculaire, d'où l'impossibilité de savoir combien d'atomes contient sa molécule. Le bore, le silicium, l'étain, l'antimoine et le bismuth, qui ne se volatilisent pas ou n'émettent des vapeurs qu'au rouge blanc, sont dans le même cas ; on ne connaît que leur poids atomique.

En général, pour tous les corps simples gazeux ou volatils, soient a le poids de l'atome comparé au poids 1 de l'atome d'hydrogène, m le poids d'une molécule ; on trouve $m = n \times a$, n étant un nombre entier toujours simple et égal à 1, 2 ou 4.

Si $n=1$, la molécule renferme 4 atomes : $m=4$ a : Ph, As.
$n=2$, id. 2 id. : $m=2$ a : H, O, S, Az, Cl, Br, I.
$n=4$, id. 1 id. : $m=$ a : Zn, Cd, Hg.

Quand un corps simple ne forme pas de composés gazeux ou volatils, on détermine son poids atomique par la loi de Dulong et Petit, qui peut s'énoncer dans ce cas de la manière suivante : **Le produit du poids atomique d'un corps simple par la chaleur spécifique moyenne à l'état solide est constant et sensiblement égal à 6,4**, c'est-à-dire qu'il faut la même quantité de chaleur pour élever de 1° la température des atomes des différents corps simples. Ce produit 6,4 a été vérifié pour tous les corps dont les poids atomiques ont pu être déterminés directement à l'aide des poids moléculaires ; les poids atomiques des autres corps simples seront donc fixés par la formule $a = \dfrac{6,4}{c}$.

$a = E$ pour Ph, As, H, Cl, Br, I, Fl, Az, K, Na, Li, Ag, Sb, Bi ;

$a = 2E$ pour O, S, Se, Te, C, Si, Al, Ba, Ca, Cd, Cr, Co, Cu, Sn, Fe, Mg, Mn, Hg, Ni, Au, Pt, Pb, St, Zn.

46. Représentation des corps dans le système des poids atomiques. — Les corps simples sont encore représentés par leur symbole, mais chaque symbole correspond au poids atomique du corps ; par suite, pour un corps composé, on écrira les symboles des corps simples qui le constituent les uns à la suite des autres, en leur donnant pour exposant le nombre d'atomes de chacun qui entrent dans une molécule. Il en résulte que la formule d'un composé gazeux ou volatil représentera toujours sa molécule, et aura de plus l'avantage, tout en respectant les proportions en poids, d'indiquer sa composition en volume (l'unité de volume étant le volume qui correspond au poids atomique 1 de l'hydrogène). Ainsi, le poids moléculaire de l'eau est 18, occupant un volume double de celui qui correspond à 1 d'hydrogène ; une molécule est représentée par H^2O (2 atomes d'hydrogène et 1 atome d'oxygène). Or, le poids atomique 16 de l'oxygène occupe le même volume que 1 d'hydrogène ; donc 2 vol. de vapeur d'eau sont formés par 2 vol. d'hydrogène et 1 vol. d'oxygène.

Le poids moléculaire du gaz ammoniac est $17 = 2$ vol. par rapport à 1 d'hydrogène ; le poids atomique de l'azote, $14 = 1$ vol. ; donc 2 vol. de gaz ammoniac sont formés de 1 vol. d'azote et de 3 vol. d'hydrogène.

47. TRANSFORMATION DES FORMULES DANS LES DEUX SYSTÈMES. — On passe facilement des unes aux autres d'après les règles suivantes :

1° *Les éléments qui entrent dans le composé ont tous leur poids atomique égal à leur équivalent :* $a = E$. Les formules des composés seront nécessairement identiques dans les deux systèmes : AzH^3, HCl, AsH^3, PhH^3, KCl, etc.

2° *Le poids atomique de tous les éléments est double de leur équivalent :* $a = 2E$. Les formules restent encore les mêmes : SO^2, Al^2O^3, CaO, CO^2, composés oxygénés du plomb, du cuivre, etc.

3° *Le poids atomique est égal à E pour les uns, à 2E pour les autres.* Les formules changent. En chimie organique, étant donnée la formule écrite en équivalents, il suffit de diviser par 2 les exposants des corps simples dont le poids atomique est double de l'équivalent. *Ex. :* formène C^2H^4 — CH^4; chloroforme C^2HCl^3 — $CHCl^3$; alcool ordinaire $C^4H^6O^2$ — C^2H^6O; acide formique $C^7O^4H^2$ — CO^2H^2; aniline $C^{12}H^7Az$ — C^6H^7Az; etc. On obtient ainsi les formules atomiques qui sont, comme on le voit, plus simples pour la chimie organique.

En chimie minérale, on double d'abord la formule en équivalents, puis on divise encore par 2 les exposants des corps simples dont $a = 2E$. *Ex. :* Eau HO — H^2O^2 — H^2O; acide sulfurique SO^3,HO — $S^2O^8H^2$ — SO^4H^2; KO — K^2O^2 — K^2O; PbO,AzO_5 — $Pb^2O^{12}Az^2$ — PbO^6Az^2 ou $(AzO^3)^2Pb$, etc.

48. Atomicité ou valence des atomes. — Ce qui caractérise principalement le système des poids atomiques, c'est la *valence des atomes*, c'est-à-dire leur puissance de combinaison avec l'hydrogène, leur propriété de pouvoir s'unir à un nombre plus ou moins grand d'atomes d'hydrogène ; considération de premier ordre qui permettra, comme on le verra en chimie organique, de prévoir les dérivés que peut donner un corps à l'inspection de sa formule et de s'expliquer comment de nombreux corps ayant une même composition centésimale ont des propriétés différentes.

Le chlore, le brome, l'iode, le fluor ne pouvant s'unir qu'à 1 atome d'hydrogène, sont dits *monoatomiques* ou *monovalents*; les molécules se représentent par $H — Cl$, $H — Br$, $H — I$, $H — Fl$, le trait d'union indiquant que pour être saturé, chacun de ces corps exige un atome d'hydrogène.

L'oxygène, le soufre, le sélénium, le tellure, fixant 2 atomes d'hydrogène, sont *diatomiques* ou *divalents*; les molécules d'eau, d'acide sulfhydrique, etc., seront exprimées par les formules $H — O — H$, $H — S — H$, etc.

L'azote, le phosphore, l'arsenic, l'antimoine, sont *triatomiques* ou *trivalents*, en se combinant à 3 atomes d'hydrogène; on peut représenter les molécules de gaz ammoniac, etc., par

$$
\begin{array}{cc}
H & H \\
| & | \\
Az—H, & Ph—H, \quad \text{etc.} \\
| & | \\
H & H
\end{array}
$$

Le carbone et le silicium sont *tétratomiques* ou *tétravalents*, pouvant s'unir à 4 atomes d'hydrogène dans une molécule de protocarbure d'hydrogène, de siliciure

$$
\begin{array}{cc}
H & H \\
| & | \\
\text{d'hydrogène :} \quad H—C—H, & H—Si—H. \\
| & | \\
H & H
\end{array}
$$

Quand un corps simple ne se combine pas à l'hydrogène, on détermine sa valence par convention, en cherchant combien il peut fixer d'atomes d'autres corps mo-

$$
\begin{array}{c}
Cl \\
| \\
\text{novalents. Le bore fixe 3 atomes de chlore :} \quad Bo—Cl; \\
| \\
Cl
\end{array}
$$

donc il est trivalent. Le potassium, le sodium, le lithium, l'argent sont monovalents : $K — Cl$, $Ag — Cl$, etc. ; le zinc, le baryum, le calcium, le strontium, le magnésium sont divalents : $Cl — Zn — Cl$, $Cl — Ca — Cl$, etc. ; l'or, l'étain sont trivalents ; le platine, tétravalent, etc.

Un atome divalent équivaut dans une combinaison à 2 atomes monovalents ; 1 atome trivalent à 3 monovalents, ou à 1 divalent plus 1 monovalent, etc. ; de sorte *qu'une molécule est saturée ou complète quand la valence ou puissance de fixation de ses atomes est entièrement satisfaite :* anhydride carbonique $O = C = O$; sulfure de carbone $S = C = S$; acide cyanhydrique, $Az \equiv C - H$, etc. Quand une molécule est ainsi complète, on ne peut la modifier que par substitution ; ainsi, substituons successivement 1, 2, 3, 4 atomes de chlore à un même nombre d'atomes d'hydrogène ; nous obtiendrons tous les dérivés chlorés possibles du formène CH^4 : CH^3Cl, CH^2Cl^2, $CHCl^3$, CCl^4, dont les molécules peuvent être figurées graphiquement :

$$H-\overset{\displaystyle H}{\underset{\displaystyle H}{\overset{|}{\underset{|}{C}}}}-Cl, \quad \text{etc.} \quad Cl-\overset{\displaystyle Cl}{\underset{\displaystyle Cl}{\overset{|}{\underset{|}{C}}}}-Cl.$$

Remplaçons dans ce dernier composé 2 atomes de chlore par un atome divalent d'oxygène ; nous aurons l'oxychlorure de carbone $COCl^2$.

Quand la valence des atomes d'une molécule n'est pas entièrement satisfaite, celle-ci est dite non saturée ; elle pourra alors se compléter par addition d'un ou de plusieurs atomes sans que la saturation soit jamais dépassée ; nous en verrons de nombreux exemples en chimie organique.

49. REMARQUES : 1° Les considérations précédentes tendent à indiquer que la valence est une propriété absolue, caractéristique de chaque atome. Il n'en est ainsi que pour un certain nombre d'éléments : l'hydrogène est monovalent dans toutes ses combinaisons, l'oxygène est toujours divalent, le bore toujours trivalent.

Pour la plupart des atomes, cette atomicité varie suivant le corps simple avec lequel l'atome se combine, et quelquefois aussi suivant les conditions dans lesquelles la combinaison s'effectue. *Ex.* : Le carbone est tétravalent dans tous les composés organiques, sauf dans l'oxyde de carbone où il n'est que divalent. L'azote et le phosphore peuvent s'unir à 3 ou 5 atomes monovalents : ils sont donc tantôt triatomiques, tantôt pentatomiques :

$$AzH^3, \quad AzCl^3, \quad AzH^4Cl, \quad AzO^2Cl, \quad PhH^3, \quad PhCl^5, \quad \text{etc.}$$

Le chlore, le brome, l'iode peuvent être triatomiques, pentatomiques dans quelques composés : IBr^3, ICl^3, $BrCl^3$. Le soufre est quadrivalent dans SO^2, hexavalent dans SO^3. L'étain est divalent dans SnO, tétravalent dans SnO^2, etc.

En somme, bien que la valence ne soit pas invariable pour un certain nombre d'éléments, — et c'est ce qui constitue la principale critique élevée contre la théorie atomique, — les formules atomiques n'en sont pas moins des formules établies par l'expérience, indiquant les proportions en poids suivant lesquelles les corps se combinent, et permettant de déduire de la formule brute la composition centésimale du composé. La considération de l'atomicité, malgré sa variation dans certaines conditions, a conduit aux principales découvertes de la chimie organique, en permettant de prévoir théoriquement les dérivés possibles d'après la formule développée par considération des va'ences.

2° Dans le système atomique, on cherche à donner à la molécule de chaque composé une structure rationnelle, en tenant compte de l'atomicité de chaque élément qui y entre ; cette structure est donnée par une figure schématique comme

$$H-O-H, \qquad Az \equiv C-H, \qquad H-\overset{\textstyle H}{\underset{\textstyle H}{|}}C|-H, \qquad \text{etc.,}$$

choisie convenablement de manière à permettre, comme nous le verrons en chimie organique, de prévoir les substitutions qui pourront s'opérer dans la molécule, d'expliquer les réactions principales du composé, de trouver théoriquement le nombre de composés différents de même formule qui pourront exister, etc. On ne prétend pas ainsi indiquer comment est faite réellement une molécule dans l'espace ; c'est simplement un mode graphique de représentation, ingénieux et très commode, qui fait mieux ressortir et comprendre les relations des atomes entre eux.

50. Avantages des poids atomiques. — Deux procédés seulement sont employés pour déterminer les poids atomiques. Ceux des éléments volatils sont déduits uniformément, comme on l'a vu, des poids moléculaires, qui dérivent eux-mêmes des densités de gaz ou de vapeur. Ceux des corps simples non volatils doivent simplement vérifier la loi de Dulong et Petit. Les poids atomiques ainsi trouvés donnent des formules semblables aux composés isomorphes, même pour $AgCl$ et $CuCl$, Ag^2S et Cu^2S, ce qui n'avait pas lieu pour ces derniers dans le système des équivalents.

Comme dans ce dernier système, les formules atomiques donnent la composition centésimale en poids du composé considéré ; mais elles ont de plus le grand avantage d'indiquer en même temps la composition en volume quand il s'agit de combinaisons gazeuses ou volatiles ; elles sont donc en conformité absolue avec les résultats de l'expérience, et la considération de l'atomicité ou valence des atomes n'intervient que comme une sorte de comparaison figurée qui satisfait mieux l'esprit en permettant de prévoir les substitutions auxquelles le corps pourra donner naissance, etc.

En chimie organique, les formules atomiques sont plus simples que les formules en équivalents. Comme les composés organiques sont formés d'un petit nombre d'éléments à valence invariable ou peu variable (H, O, C, Az, Cl,.....), leur développement schématique est relativement facile et est semblable dans tous les composés analogues. La fonction chimique du composé est indiquée par la simple inspection de sa formule développée.

En chimie minérale, les formules atomiques sont souvent plus compliquées que les formules équivalentaires ; et en tout cas, la variation fréquente de la valence des atomes rend leur développement moins aisé et plus difficile à retenir qu'en chimie organique. Enfin, elles ne font pas toujours ressortir à première vue la similitude de certains sels, en donnant des formules différentes à des sels analogues : ainsi les oxydes de potassium, de sodium, d'argent, de calcium, etc., leurs chlorures et leurs sulfates ont en équivalents les formules analogues

$$MO, \quad MCl, \quad MO,SO^3 \; ;$$

l'action d'un acide sur leurs carbonates est exprimée par une seule formule générale :

$$MO,CO^2 + HCl = MCl + CO^2 + HO \; ;$$

dans le système des poids atomiques on a parallèlement

$$K^2O, \; Ag^2O, \; CaO, \; MgO, \; etc., \; KCl, \; AgCl, \; CaCl^2, \; MgCl^2, \ldots$$

$$SO^4K^2, \; SO^4Ca\ldots$$

et enfin $\quad CO^3Na^2 + 2HCl = 2NaCl + CO^2 + H^2O,$

$$CO^3Mg + 2HCl = MgCl^2 + CO^2 + H^2O, \; etc.,$$

formules moins simples et moins générales.

Malgré ce défaut, qui ne présente d'inconvénient que dans l'enseignement secondaire, où, à cause du peu de temps qui doit être consacré à la chimie, on préfère le système équivalentaire pour l'étude de la chimie minérale, la notation atomique est aujourd'hui presque universellement adoptée par les chimistes.

CHAPITRE V

PRINCIPES DE THERMOCHIMIE

51. Définitions. — La thermochimie a pour objet l'étude des quantités de chaleur dégagées ou absorbées dans les réactions chimiques. — C'est l'application de la théorie mécanique de la chaleur à la chimie. On sait que la chaleur dégagée par un choc, un frottement, etc., est toujours le résultat de la transformation du travail dépensé, et qu'il existe un rapport constant, appelé équivalent mécanique de la chaleur, entre cette quantité de chaleur produite et le travail anéanti. Si l'on admet que, dans une combinaison, les molécules des corps qui sont en présence se précipitent les unes sur les autres, il y a là un phénomène analogue à celui qui se produit par le choc de deux masses visibles, d'où un travail anéanti et sa transformation en chaleur sensible. A celle-ci peuvent s'ajouter d'autres quantités de chaleur provenant, soit d'un changement d'état accompagnant la combinaison, comme une condensation ; soit d'une destruction du mouvement vibratoire dont étaient animées les molécules des corps réagissants, etc., de sorte que le dégagement de chaleur observé dans une combinaison provient de la transformation de tous les travaux qui se sont accomplis pendant la réaction entre les molécules (*travaux moléculaires*). Réciproquement, si nous détruisons complètement une combinaison de ce genre, il faudra lui fournir une quantité de chaleur égale à celle qui a été dégagée pendant la combinaison, et cette chaleur se transformera en travail qui sera employé à remettre les éléments en leur état primitif.

Les quantités de chaleur dégagées ou absorbées par les réactions chimiques se mesurent quelquefois directement (combustions, saturation des acides par les bases). On emploie à cet effet les calorimètres à combustions et à mercure de Favre et Silbermann ; le calorimètre à glace de Bunsen ; le calorimètre à eau de Berthelot (V. Physique). Quand cette méthode ne peut être appliquée, par exemple dans la recherche de la chaleur de formation directe de l'eau oxygénée, on s'appuie sur le deuxième principe énoncé plus loin. Pour ne pas avoir de chiffres trop élevés, on adopte comme unité la grande calorie, ou la quantité de chaleur nécessaire pour élever 1^{kg} d'eau de $0°$ à $1°$; on indique le dégagement de chaleur par le signe $+$, l'absorption par le signe $-$.

Les savants qui ont le plus contribué par leurs travaux au développement de la thermochimie sont Thomsen (1853), et surtout M. Berthelot, qui a énoncé en 1865 les trois principes fondamentaux suivants :

52. *Premier principe* ou *principe des travaux moléculaires*. — La quantité de chaleur dégagée dans une réaction quelconque mesure la somme des travaux chimiques (combinaisons ou décompositions) et physiques (changements d'état) accomplis dans cette réaction.

Premier exemple : La combinaison de 1^{gr} d'hydrogène avec $35^{gr},5$ de chlore donne $36^{gr},5$ de gaz acide chlorhydrique $+22$ calories. Il n'y a ici ni contraction de volume, ni changement d'état. Les 22 calories dégagées sont donc dues uniquement à la combinaison. Cette chaleur de combinaison mesure l'*affinité* du chlore pour l'hydrogène, c'est-à-dire la *résultante des actions qui maintiennent ces éléments combinés* (L'affinité des corps les uns pour les autres ne peut évidemment être mesurée par la chaleur de combinaison que lorsque celle-ci s'accomplit sans changement d'état).

Deuxième exemple : Quand 1^{gr} d'hydrogène se combine à 8^{gr} d'oxygène et produit de la vapeur d'eau à la même pression, il y a dégagement de $29^{cal},5$. Cette chaleur provient non seulement de la transformation du travail chimique de la combinaison des deux gaz, mais encore du travail physique effectué par la réduction des 3 vol. en 2 vol.; si cette vapeur se condense à l'état liquide, les $29^{cal},5$ s'augmentent de 5^{cal} dégagées par la condensation (travail physique). On dira donc que 1^{gr} d'hydrogène $+ 8^{gr}$ oxygène $= 9^{gr}$ vapeur d'eau à la même pression $+ 29^{cal},5$, et 1^{gr} H $+ 8^{gr}$ O $= 9^{gr}$ eau $+ 34^{cal},15$. Le travail total qui s'accomplit pendant cette dernière réaction et produit $34^{cal},5$ par sa transformation est égal à $34,5 \times$ équivalent mécanique ou $425 = 14662$ kilogrammètres.

53. *Deuxième principe* ou *principe de l'équivalence calorifique des transformations chimiques.* — Si un système de corps simples ou composés, pris dans des conditions déterminées, éprouve des changements physiques ou chimiques capables de l'amener à un nouvel état, (sans donner lieu à aucun effet mécanique extérieur au système), la quantité de chaleur dégagée ou absorbée par l'effet de ces changements dépend uniquement de l'état initial et de l'état final du système. Elle est la même quelles que soient la nature et la suite des réactions intermédiaires.

Comme exemples les plus simples : 12^{gr} de diamant en

brûlant se combinent à 32^{gr} d'oxygène et donnent 44^{gr} d'anhydride carbonique $+ 94^{cal}$. Quand il ne se produit que de l'oxyde de carbone, on a 12^{gr} C $+ 16^{gr}$ O $= 28^{gr}$ CO $+ 25^{cal},8$. Unissons ces 28^{gr} CO à 16^{gr} d'O, nous obtiendrons 44^{gr} CO^2 $+ 68^{cal},2$; d'où l'on voit que $68,2 + 25,8 = 94^{cal}$.

La combustion vive de 31^{gr} de phosphore ordinaire en présence de l'eau et la dissolution de l'anhydride PhO^5 dégagent $202^{cal},7$; l'action lente de l'oxygène sur ces 31^{gr} de phosphore donne de l'anhydride phosphoreux (qu'on peut obtenir dissous dans l'eau) $+ 125^{cal}$; l'action de l'oxygène sur cet acide le transforme en acide phosphorique dissous $+ 77^{cal},7$. Ces deux quantités de chaleur ont encore une somme égale aux $202^{cal},7$.

L'état initial des corps qui doivent subir les transformations, de même que l'état du composé final doivent être bien déterminés pour que le principe précédent puisse être appliqué ; ainsi la combustion de 12^{gr} de diamant dégage 94^{cal} ; celle de 12^{gr} de carbone amorphe, 97^{cal}. La formation de l'acide phosphorique ne produit pas la même quantité de chaleur si l'on part du phosphore ordinaire, du phosphore fondu ou du phosphore rouge. Cette quantité varie également suivant que l'acide final obtenu est anhydre ou hydraté, solide ou dissous dans l'eau.

Les conséquences les plus importantes qu'on tire du deuxième principe sont les suivantes : 1° *la chaleur absorbée dans la décomposition d'un corps est égale à la chaleur dégagée lors de sa formation*, car l'état initial et l'état final sont identiques 2° *La quantité de chaleur dégagée dans une suite de transformations physiques et chimiques est la somme des quantités de chaleur dégagées dans chaque transformation isolée* (tous les corps étant ramenés à des états physiques identiques). Cette conséquence est vérifiée toutes les fois qu'on peut mesurer à la fois la chaleur dégagée par le passage direct d'un état initial à un état final, et les chaleurs dégagées par chacune des réactions intermédiaires partant du même état initial et aboutissant au même état final ; il y a égalité complète ; de là la possibilité de trouver la chaleur dégagée par certaines réactions qu'on ne peut facilement réaliser : l'eau oxygénée est endothermique, la chaleur la décompose avec $+ 10^{cal},74$; elle se forme donc avec absorption de $- 10^{cal},74$ en partant de l'eau ; par suite, sa formation directe par ses éléments dégagerait $34,5 - 10,74 = + 23^{cal},76$.

3° Si un corps se substitue à un autre, la chaleur dégagée est la différence entre la chaleur de formation directe du terme final et celle de la combinaison primitive. Ex. :

$$H + Cl \ (gaz) = HCl \ (gaz) + 22^{cal} \ ;$$
$$H + Br \ (gaz) = HBr \ (gaz) + 13^{cal},5.$$

Le déplacement du brome par le chlore dans HBr dégage
$$22 - 13,5 = + 8^{cal},5.$$

4° Si l'on opère deux séries de transformations en partant de deux états initiaux distincts pour arriver au même état final, la différence entre les quantités de chaleur dégagées dans les deux cas sera égale à la quantité dégagée ou absorbée par le passage d'un état initial à l'autre état initial. La combustion d'une molécule de formène CH^4 (1er état initial) dégage 210^{cal} ; $12^{gr}C$ diamant et 4^{gr} d'hydrogène (2e état initial) brûlés séparément dégagent $94 + (34,5 \times 4) = 232^{cal}$; donc la chaleur de formation directe du formène serait $232 - 210 = + 22^{cal}$.

54. *Troisième principe* ou *principe du travail maximum.* — Tout changement chimique accompli sans l'intervention d'une énergie étrangère (chaleur, lumière, électricité) tend vers la production du corps ou du système des corps qui dégage le plus de chaleur.

Ce principe permet de prévoir si une réaction donnée pourra s'effectuer directement ou si elle exigera le concours d'une énergie étrangère. Dans le premier cas, et s'il n'est pas nécessaire qu'un travail préliminaire commence la réaction, elle se produit nécessairement : l'antimoine s'enflamme spontanément dans le chlore avec $+ 61^{cal}$ par équivalent ; le fer exposé à l'air humide produit du sesquioxyde hydraté $+ 95^{cal},6$ et non du protoxyde hydraté dont la formation n'en dégage que 34,5 pour un équivalent également. L'étain en présence de l'acide azotique donne du bioxyde d'étain, parce que la formation de celui-ci se fait avec $+67^{cal},9$ et celle du protoxyde avec $+ 34^{cal},9$ seulement.

D'après le tableau suivant :

$H^2 + O$	gaz	$=$ Vapeur d'eau		$+ 29^{cal},5$
$H + Cl$	id.	$=$ HCl	gaz	$+ 22$
$H + Br$	vapeur	$=$ HBr	id.	$+ 13 \ ,5$
$H^2 + S$	id.	$=$ Acide sulfhydrique		$+ 2 \ ,3$
$H + I$	id.	$=$ HI	gaz	$+ 0 \ ,8$
$H + Cl$	gaz	$=$ HCl	dissous	$+ 39 \ ,3$
$H^2 + O$	id.	$=$ Eau liquide		$+ 34 \ ,5$
$H + Br$	vapeur	$=$ HBr	dissous	$+ 33 \ ,5$
$H + I$	id.	$=$ HI	dissous	$+ 18 \ ,6$
$H^2 + S$	id.	$=$ H^2S	dissous	$+ 4 \ ,6,$

on prévoit le déplacement, par le chlore, du brome et de l'iode dans HBr et HI gazeux ou dissous dans l'eau ; le déplacement, par le chlore et le brome, du soufre dans l'acide sulfhydrique gazeux ou dissous ; par l'iode, dans l'acide dissous seulement ; tandis qu'inversement l'iode sera déplacé par le soufre dans l'acide iodhydrique gazeux.

Le principe du travail maximum indique qu'il y a précipitation d'un métal de sa dissolution saline par un autre métal toutes les fois que la formation du sel analogue de ce dernier métal dégage plus de chaleur que la formation du sel primitif. Une lame de fer plongée dans une solution de chlorure de cuivre en précipite tout le cuivre :

$$Fe + CuCl = FeCl + Cu \quad (\acute{E}q.) ;$$

or la formation de 1 éq. de CuCl dissous produit $+ 31^{cal},3$; celle de FeCl, $+ 50^{cal}$. Il y aura dégagement de $50 - 31,3 = + 18^{cal},7$ dans la réaction.

Prenons encore comme exemple le déplacement du cuivre par le zinc dans son sulfate : la solution de 1 éq. de sulfate de cuivre a une chaleur de formation provenant de :

1° Combinaison de $31^{gr},75$ de cuivre et 8^{gr} d'oxygène. . . . . $+ 19^{cal},2$

2° Combinaison de CuO anhydre avec 1 éq. acide sulfurique anhydre. . . . . $+ 71$

3° Formation du sulfate de cuivre hydraté avec 5 éq. d'eau. . . . . $+ 10 ,5$

4° Dissolution du sulfate hydraté dans l'eau. $- 91 ,5$

La somme algébrique est $+ 9^{cal},2$; la somme analogue pour 1 éq. de sulfate de zinc dissous, $+ 11^{cal},7$, ce qui explique le déplacement.

On fait des applications de ces déplacements en métallurgie quand on emploie le mercure pour précipiter l'or et l'argent, le fer pour précipiter l'argent, ou encore dans le traitement de la galène, etc.

Enfin les lois de Berthollet ne sont applicables que lorsque les réactions des composés en présence doivent dégager de la chaleur, ce qui permet d'expliquer les nombreuses exceptions qu'elles présentent. La volatilité et l'insolubilité ne sont pas toujours les causes de la réaction ; ainsi le tartrate de calcium, moins soluble que le sulfate de calcium, est néanmoins décomposé par l'acide sulfurique. Dans la préparation de l'anhydride carbonique, la réaction est également complète quand il y a une quantité d'eau suffisante pour retenir tout le gaz en dissolution, ce qui montre que sa volatilité n'intervient pas. L'action des acides, des bases et des sels sur les sels est exprimée par une équation de la forme

$$AB + CD = AD + BC;$$

la chaleur dégagée dans la réaction s'obtient en faisant la somme algébrique des quantités de chaleur résultant des décompositions de AB et CD, et des combinaisons de A avec D, B avec C; si la somme algébrique est positive, la réaction se produit nécessairement quand elle n'exige pas le concours d'un travail préliminaire pour la commencer.

Ex. : la réaction

$$NaCl + AgO,AzO^5 = NaO,AzO^5 + AgCl \quad (\acute{E}q.)$$

dissous — dissous — dissous — insoluble

donne la somme algébrique :

$$- 96,2 \quad - 5,2 \quad + 13,7 \quad + 29,2 = + 58^{cal},3.$$

NaCl — AgO,AzO⁵ — NaO,AzO⁵ — AgCl

CHIMIE ORGANIQUE

CHAPITRE PREMIER

ANALYSE ORGANIQUE. — CLASSIFICATION

55. Définition. — La chimie organique est l'étude des combinaisons du carbone. — A l'état libre, le carbone a des affinités chimiques très faibles ; il ne s'unit qu'indirectement à l'azote, au chlore, au brome, à l'iode ; ses combinaisons avec le soufre, l'oxygène, l'hydrogène exigent des températures très élevées. Il n'en est plus de même quand il est réuni à l'azote, à l'oxygène, à l'hydrogène ; chacune des combinaisons simples ainsi obtenues semble douée d'affinités extrêmement variées qui peuvent donner lieu, comme nous le verrons, à des composés en nombre presque indéfini auxquels on donne le nom général de *composés organiques*.

Ces composés ont deux origines : 1° *Les composés organiques naturels*, qui forment par leur agglomération plus ou moins complexe les êtres vivants, animaux et végétaux. Quand ils sont isolés, ce sont des *espèces chimiques*, aussi nettement définies par leur composition et leurs propriétés physiques que les composés minéraux ; on les appelle alors des *principes immédiats* (sucre, acide tartrique, quinine, urée). Un grand nombre de ces composés peuvent d'ailleurs être reproduits artificiellement par voie de synthèse ; en se mélangeant entre eux et avec quelques principes minéraux, ils forment les *substances dites organisées*, nécessaires à l'entretien des fonctions physiologiques ; ainsi le sang, le lait, l'urine, les tissus, la pulpe de citron sont des substances organisées. Étant des mélanges, elles se distinguent des principes immédiats par la non-fixité de leur composition, leur altération par un changement d'état physique, etc.

L'extraction des principes immédiats des substances organisées s'appelle *analyse immédiate* ; elle se fait par des procédés variables suivant la nature du principe à isoler, mais choisis de manière à ne pas l'altérer. Nous en verrons de nombreux exemples dans l'extraction de l'acide citrique du jus de citron, de la quinine du quinquina, de l'amidon de la farine, etc., dans la séparation des liquides inégalement volatils, comme l'eau et l'alcool, la distillation des essences, etc.

S'il est nécessaire de vérifier la pureté du principe immédiat ainsi obtenu, on aura recours à tous les caractères spécifiques capables d'être mesurés, comme le point de fusion, le point d'ébullition, la forme cristalline, etc.; ils doivent être invariables.

2° *Les composés organiques artificiels* sont les nombreux composés obtenus dans les laboratoires en faisant réagir des éléments et composés minéraux comme le chlore, l'iode, les acides, etc. sur les matières organiques naturelles, ou celles-ci sur elles-mêmes. *Ex.* : chloroforme, aniline, etc.

D'après cela, on voit qu'il n'existe en réalité aucune barrière entre la chimie organique et la chimie minérale ; et si certains composés du carbone comme l'oxyde de carbone, l'anhydride carbonique, quelques carbures, sont souvent étudiés en chimie minérale, ils peuvent aussi bien être considérés comme appartenant à la chimie organique.

56. Éléments des composés organiques. — *Tous les composés organiques, naturels ou artificiels, renferment du carbone*, et, pour le plus grand nombre, ce carbone est le résidu de leur calcination ou de leur combustion : qu'on enflamme de la benzine, de l'essence de térébenthine dans une soucoupe, un carreau placé sur le trajet des vapeurs s'enduira de noir de fumée; qu'on calcine du sucre, de l'amidon, il se dégagera de la vapeur d'eau et il restera un morceau de charbon poreux, très léger.

Étant donnée une matière organique quelconque, on reconnaît qu'elle contient du carbone en la chauffant dans un tube à essai avec de l'oxyde de cuivre si elle est solide; en la faisant passer sur de l'oxyde de cuivre chauffé si elle est gazeuse ou volatile. L'oxyde est réduit par le carbone de la matière organique et l'anhydride carbonique formé trouble l'eau de baryte dans laquelle on le fait arriver par un tube recourbé.

Le carbone, cet élément constant, est souvent associé à l'hydrogène seul (carbures d'hydrogène); beaucoup de matières organiques sont formées de carbone, d'oxygène et d'hydrogène (alcools, sucres, acides organiques); d'autres renferment aussi de l'azote (quinine, urée, aniline); plus rarement du soufre (matières albuminoïdes, essence d'ail). En résumé, les composés organiques naturels les plus complexes ne renferment ordinairement que quatre éléments : carbone, oxygène, hydrogène et azote. Dans les composés artificiels, un de ces éléments peut se trouver remplacé par un élément minéral.

L'expérience indiquée plus haut pour démontrer la présence constante du carbone sert en même temps à caractériser l'hydrogène; en effet, celui-ci se combine avec une partie de l'oxygène de l'oxyde de cuivre desséché, et on voit la vapeur d'eau produite se condenser en gouttelettes sur les parties froides du tube.

Pour reconnaître une matière organique azotée, il suffit de la chauffer dans un tube de verre avec un peu de potasse ou de chaux sodée; dans la grande majorité des cas, il y a dégagement de gaz ammoniac, reconnaissable à son odeur et à sa réaction alcaline.

Analyse élémentaire.

57. L'analyse élémentaire d'un composé organique, naturel ou artificiel, défini et reconnu pur, révèle les éléments simples dont il est formé, fait connaître leur proportion relative et permet d'établir la formule de ce composé. La marche à suivre est différente suivant que le corps est azoté ou ne l'est pas.

Analyse élémentaire d'un composé organique non azoté. — La méthode employée, due à Gay-Lussac et perfectionnée par Liebig, consiste à brûler un poids déterminé du composé avec de l'oxyde de cuivre, qui cède son oxygène. Le carbone forme de l'anhydride carbonique, l'hydrogène de la vapeur d'eau ; ces deux produits sont recueillis ; de leur poids on déduit facilement le poids du carbone et celui de l'hydrogène ; la différence entre ces deux derniers poids et le poids total de la matière employée donne celui de l'oxygène, si le composé en contient.

a) *La matière est solide.* — Il faut d'abord la dessécher soigneusement; pour cela, on la place dans une petite capsule en porcelaine, que l'on chauffe dans une étuve à air chaud un peu au-dessus de 100°.

Le tube dans lequel s'opère la combustion (*fig.* 19) est un tube en verre peu fusible, d'environ 70^{cm} de long, qui

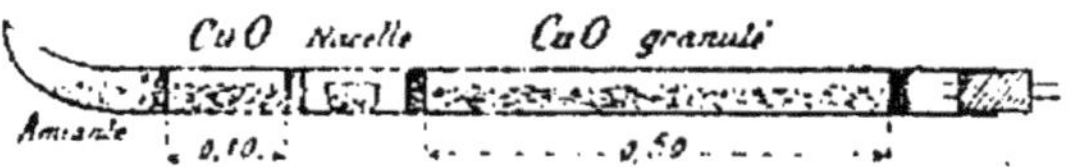

Détails du tube à combustion.

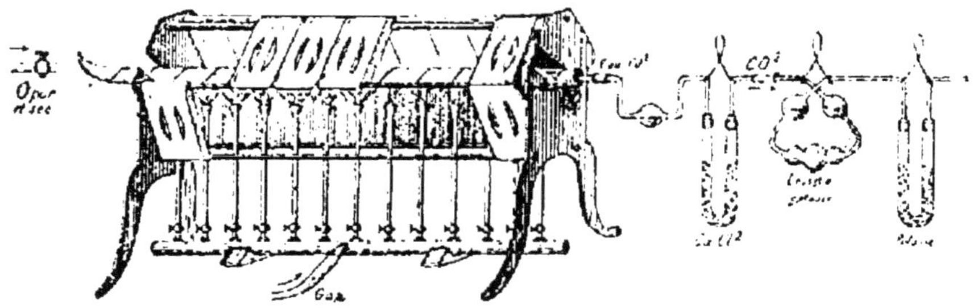

Fig. 19. — Dosage du carbone et de l'hydrogène.

a été débarrassé de toute trace d'humidité, et dont on a fermé une extrémité en l'étirant à la lampe.

L'oxyde de cuivre employé est obtenu en chauffant de l'azotate de cuivre au rouge dans un creuset; on broie ensuite légèrement et on tamise de manière à obtenir des grains dont la grosseur n'excède pas celle d'un pois.

On met au fond du tube un tampon peu serré d'amiante fraîchement calcinée, puis une colonne de 10^{cm} d'oxyde de cuivre granulé, qu'on isole avec un rondin en toile de cuivre; on y pousse alors avec précaution une petite nacelle de platine renfermant la matière organique (2 à 4 décigrammes), et on achève de remplir le tube, jusqu'à 5^{cm} environ de l'extrémité ouverte, avec une colonne d'oxyde de cuivre granulé maintenue par deux rondins de toile de cuivre.

Le tube ainsi préparé est entouré de clinquant et placé sur une grille à combustion ; on y adapte un système de trois tubes : le premier est un tube en U contenant des petits fragments de chlorure de calcium et précédé d'une boule de verre qui condensera la plus grande partie de l'eau ; ce système est pesé à part. Le second et le troisième tubes, tarés ensemble, sont un tube à boules, dit *de Liebig*, dans lequel on a mis une lessive de potasse caustique, et un tube en U avec des fragments de potasse. Ces tubes sont reliés par des petits tubes en caoutchouc, et tous les bouchons sont préalablement recouverts de cire à cacheter.

On isole la nacelle de platine entre deux écrans, et on chauffe d'abord l'oxyde occupant le fond du tube. Quand il est porté au rouge, on chauffe la matière organique ; puis enfin, après avoir enlevé le second écran, on chauffe jusqu'à l'extrémité de la seconde colonne d'oxyde de cuivre. On règle l'arrivée du gaz d'éclairage de manière que le passage des bulles gazeuses dans le tube à boules soit très lent ; quand ce dégagement a cessé, on établit la communication de la pointe fermée avec un gazomètre à oxygène ; celui-ci est desséché et débarrassé de toute trace d'anhydride carbonique par son passage dans des tubes à chlorure de calcium et à potasse ; on brise la pointe avec une pince, et, ouvrant peu à peu et lentement le robinet du gazomètre, on continue de chauffer le tube à combustion au rouge vif. Quand le courant d'oxygène a duré quelque temps, on ferme le robinet et on enlève les tubes pour les peser de nouveau ; l'augmentation de poids du premier tube et de la boule représente l'eau ; l'hydrogène de la matière organique en formera le $\frac{1}{9}$; l'augmentation des deux autres tubes donnera l'anhydride carbonique ; les 3/11 seront le poids du carbone (44^{gr} de CO^2 contiennent 12^{gr} de carbone).

b) *La matière est liquide.* — On l'enferme à la lampe dans une petite boule en verre mince contenant un demi-centimètre cube de liquide. Cette boule est poussée à la place de la nacelle de platine ; on détermine sa rupture par une brusque élévation de température, et on chauffe ensuite comme précédemment.

c) *Analyse d'un gaz.* — On fait passer très lentement un volume connu du gaz sur une colonne d'oxyde de cuivre contenue dans le tube à combustion et portée préalablement à l'incandescence.

58. Composition centésimale. — Pour trouver la composition centésimale de la matière organique non azotée analysée, on prend les $\frac{3}{11}$ du poids d'anhydride carbonique et le 1/9 de celui de la vapeur d'eau donnés par l'analyse ; on a ainsi les poids du carbone et de l'hydrogène. Si leur somme est égale au poids de la matière employée, celle-ci ne contenait que ces deux éléments ; si la somme est inférieure, la différence représente le poids de l'oxygène. On multiplie ensuite chaque nombre ainsi obtenu par le rapport $\frac{100}{p}$, p étant le poids de la matière analysée.

Soient 300 milligrammes d'acide oxalique pur et cristallisé soumis à l'analyse élémentaire.

On obtient $293^{mmg},3$ d'anhydride carbonique et $60^{mmg},3$ d'eau. Il y a donc

$$\frac{293,3 \times 3}{11} = 80^{\text{mmg}} \text{ de carbone}$$

et
$$\frac{60,3 \times 1}{9} = 6^{\text{mmg}},7 \text{ d'hydrogène.}$$

La différence $300 - (80 + 6,7) = 213^{\text{mmg}},3$ donne le poids d'oxygène.

La composition centésimale est donc

$$\frac{80 \times 100}{300} = 26,6 \text{ de carbone,} \quad 71,1 \text{ d'oxygène,} \quad 22 \text{ d'hy-}$$

drogène.

59. Analyse élémentaire d'un composé organique azoté. — Quand un composé organique a été reconnu azoté, on dose d'abord le carbone et l'hydrogène comme précédemment, avec la seule différence que la partie antérieure du tube contient une colonne de cuivre finement divisé (provenant de la réduction de l'oxyde par l'hydrogène) qu'on porte au rouge au début de l'opération pour décomposer les oxydes d'azote pouvant se former. Dans une deuxième opération, on dose l'azote, soit à l'*état gazeux*, procédé très exact, applicable à tous les composés azotés, mais exigeant une longue pratique, soit *transformé en gaz ammoniac*, méthode suffisante pour les composés azotés dans lesquels l'azote n'est pas à l'état d'oxydes d'azote ; car dans ces derniers (nitrobenzine, éthers nitreux et nitriques), l'azote ne passe pas à l'état de gaz ammoniac sous l'influence des alcalis.

a) *Dosage à l'état de gaz ammoniac* (WILL ET WAREN-TRAPP).— Le tube à combustion (*fig.* 20) est en verre vert et a environ 45^{cm} de longueur. On introduit contre l'extrémité fermée une colonne de quelques centimètres de chaux sodée pure, puis le mélange, fait dans un mortier,

de quelques décigrammes de la matière avec de la chaux
sodée, et enfin on achève de remplir le tube jusqu'à 3ᶜᵐ
de son orifice avec de la nouvelle chaux sodée qu'on isole
par un tampon d'amiante peu serré ; on frappe légère-

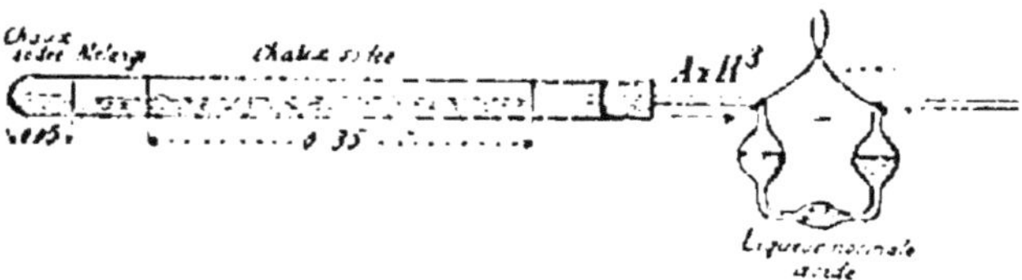

Fig. 20. — Détails du tube à combustion.

ment le tube horizontalement sur une table pour former
un canal au-dessus des matières qu'il renferme, puis on
le porte sur la grille à combustion ; on adapte à la suite
un tube à boules rempli aux 2/3 d'un volume déterminé
de la liqueur normale d'acide sulfurique (contenant un
demi-poids moléculaire $SO^4H^2 = 49^{gr}$ par litre.— V. alcalimétrie). On chauffe encore en commençant par l'extrémité fermée et en gagnant peu à peu la matière à analyser et la chaux sodée qui lui fait suite. Quand il ne se
dégage plus de gaz, on brise la pointe fermée et on as-
pire par l'extrémité du tube à boules ; le courant d'air
produit balaie le gaz ammoniac restant dans le tube à
combustion. Le liquide du tube à boules est recueilli ; on
y ajoute l'eau distillée qui sert à son lavage, puis on détermine par une liqueur alcalimétrique (V. acidimétrie)
la quantité d'acide sulfurique restée libre ; on en déduit
l'acide qui s'est combiné au gaz ammoniac, et par suite
le poids de celui-ci, dont les $\dfrac{14}{17}$ représentent le poids de
l'azote.

b) *Dosage à l'état gazeux* (DUMAS). — On prend un tube en verre vert de 85ᶜᵐ de longueur environ (*fig.* 21) ; on isole dans le fond par un tampon d'amiante une colonne de 10ᶜᵐ d'une substance pouvant dégager du gaz carbonique par la chaleur, comme le carbonate de manganèse. A la suite on introduit d'abord une colonne égale d'oxyde de cuivre en poudre grossièrement tamisé, puis le mélange intime de la matière

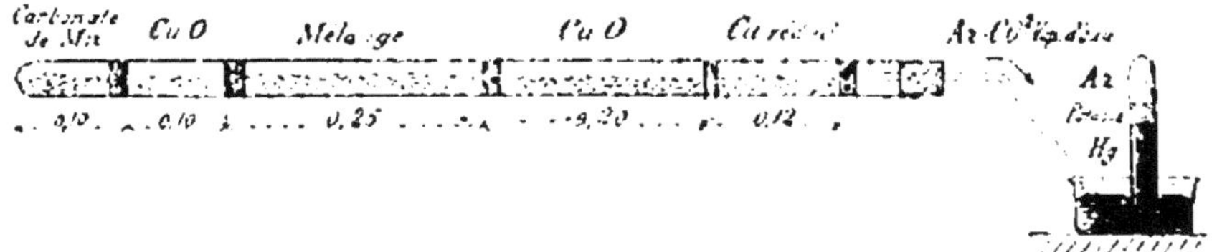

Fig. 21 — Détails du tube à combustion.

pesée exactement avec de l'oxyde de cuivre qu'on fait suivre d'une nouvelle colonne d'oxyde de cuivre ayant au moins 20ᶜᵐ et on termine enfin le remplissage par une dernière colonne de cuivre réduit de 10 à 12ᶜᵐ. Le tube est alors placé sur la grille à combustion, après avoir été entouré de clinquant. Par un bon bouchon en caoutchouc et un tube de dégagement on le met en communication avec une éprouvette reposant sur une cuve à mercure et au sommet de laquelle on a fait passer 40 à 50ᶜᶜ d'une solution de potasse destinée à absorber l'anhydride carbonique. Cette communication n'est établie qu'après avoir chauffé légèrement le carbonate de manganèse pour chasser par le gaz carbonique l'air du tube. On porte au rouge sombre, successivement, le cuivre réduit et les deux colonnes d'oxyde entre lesquelles se trouve le mélange, puis on chauffe celui-ci lentement ; l'anhydride carbonique et l'eau sont arrêtés par la solution alcaline, l'azote se rassemble au sommet de l'éprouvette. Quand le dégagement cesse, on doit chauffer de nouveau le carbonate de manganèse pour balayer l'azote qui peut rester dans le tube. L'azote est ensuite transvasé dans une éprouvette graduée sur la cuve à eau ; au bout d'une heure il a pris la température de l'eau, indiquée par un thermomètre. Pour faire la lecture du volume, on place sur le même plan les niveaux de l'eau dans la cuve et dans l'éprouvette. Le poids de l'azote est donné par la formule

$$P = V \times 0{,}001293 \times 0{,}97 \times \frac{H - F}{760} \times \frac{1}{1 + 2t}.$$

V volume exprimé en centimètres cubes, H pression extérieure, F tension maxima de la vapeur d'eau à $t°$.

60. Dosage du soufre et du chlore. — Le dosage de ces éléments se fait généralement par la méthode de Carius.

Quand le composé organique contient du *soufre*, on le chauffe vers 200° en tube scellé avec de l'acide azotique fumant ; le soufre est transformé en acide sulfurique ; le contenu du tube est dissous dans l'eau, qu'on traite ensuite par le chlorure de baryum. Le poids du soufre se déduit du poids de sulfate de baryum obtenu.

Pour le *chlore*, le *brome*, l'*iode*, on les fait passer à l'état de sels d'argent en chauffant les composés qui en contiennent dans des tubes scellés avec une solution d'azotate d'argent dans l'acide azotique étendu. On pèse les chlorures, bromures, iodures d'argent recueillis après les avoir fondus.

Quel que soit le procédé employé pour doser l'azote, le soufre, etc., on détermine la composition centésimale d'une manière analogue à celle qui a été indiquée plus haut.

61. Établissement de la formule. — *En divisant les résultats que donne la composition centésimale par les poids atomiques correspondant à chaque élément, on obtient le nombre relatif des atomes de chacun de ces éléments contenus dans une molécule.* Voyons-en quelques exemples.

L'analyse élémentaire donne pour 100 parties en poids :

1° De *protocarbure d'hydrogène* : 75 de carbone et 25 d'hydrogène ; d'où $\dfrac{75}{12} = 6{,}25$ pour le carbone ; $\dfrac{25}{1} = 25$ pour l'hydrogène.

Or, $25 = 6{,}25 \times 4$;

donc il y a 4 fois plus d'atomes d'hydrogène que d'atomes de carbone dans une molécule du carbure. Sa formule

correspondra à
$$C^n H^{4n} ;$$

2° D'*aniline* : 77,4 de carbone, 7,5 d'hydrogène, 15 d'azote. Comme précédemment, on aura

$$\frac{77,4}{12} = 6,45 \, C ; \qquad 7,5 \, H ; \qquad \frac{15}{14} = 1,07 \, Az ;$$

d'où le nombre relatif d'atomes :

1 d'azote, $\quad \frac{6,45}{1,07} = 6$ de carbone, $\quad \frac{7,5}{1,07} = 7$ d'hydrogène,

soit $\qquad\qquad Az^n \, C^{6n} \, H^{7n} ;$

3° Enfin d'*acide oxalique* (58) :

$$\frac{26,6}{12} = 2,22 \, C ; \qquad \frac{71,1}{16} = 4,44 \, O ; \qquad 2,2 \, H ;$$

il y aura donc autant d'atomes de carbone que d'hydrogène et 2 fois plus d'atomes d'oxygène, soit

$$C^n \, H^n \, O^{2n}.$$

On doit maintenant chercher à représenter une molécule complète, c'est-à-dire adopter une formule qui permette d'expliquer tous les dérivés que pourra donner le corps, et qui soit en même temps en rapport avec les formules des molécules de la chimie minérale ; or nous avons vu que pour celles-ci (44) le poids moléculaire des composés volatils s'obtient en multipliant la densité du gaz ou de la vapeur par 28,88.

En appliquant cette règle au protocarbure d'hydrogène, on a $0,558 \times 28,88 = 16$;   donc sa molécule sera représentée par CH^4 ($C = 12$, $H = 1$).

Pour l'aniline, on a $3,22 \times 28,88 = 93$,   et sa formule est fixée : $C^6 H^7 Az$ ($C = 12$, $H = 1$, $Az = 14$).

On peut ainsi établir la formule exacte de *tous les composés organiques gazeux ou volatils*. Ces formules rendent compte de tous les phénomènes de substitution auxquels le composé peut donner lieu : dans une molécule de CH^4, les 4 atomes d'hydrogène peuvent être successivement remplacés par du chlore : CH^3Cl, CH^2Cl^2, $CHCl^3$, CCl^4. On ne saurait également simplifier la formule de l'éthylène C^2H^4 en l'écrivant CH^2 ; en effet, ses dérivés chlorés $C^2H^4Cl^2$ (liqueur des Hollandais), $C^2H^3Cl^3$, $C^2H^2Cl^4$, C^2HCl^5, C^2Cl^6, seraient représentés par CH^2Cl, $CH^{\frac{3}{2}}Cl^{\frac{3}{2}}$, $CHCl^2$, $CH^{\frac{1}{2}}Cl^{\frac{5}{2}}$, CCl^3, formules ne contenant pas toutes des nombres entiers d'atomes dans leur molécule.

Quand le composé organique n'est pas volatil, on a recours à des considérations chimiques.

a) *Le composé est un acide :* le poids moléculaire est la plus petite quantité de cet acide pouvant former un sel neutre avec une fois le poids de base (potasse ou oxyde d'argent) capable de saturer le poids moléculaire 36,5 de l'acide chlorhydrique ou 63 de l'acide azotique si l'acide organique considéré est monobasique ; 2 fois s'il est bibasique, etc. Ainsi, pour l'acide oxalique, qui est bibasique, la calcination de $0^{gr},304$ d'oxalate neutre d'argent laisse dans le creuset un résidu de $0^{gr},216$ d'argent pur ; donc 304 parties d'oxalate contiennent 216 p. d'argent, ou 2 fois le poids atomique de ce métal qui remplace les 2 atomes d'hydrogène de l'acide oxalique ; le poids moléculaire de celui-ci sera égal à $304 - 216 + 2 = 90$; sa formule est donc $C^2O^4H^2$ ($C = 12$, $H = 1$, $O = 16$), ne pouvant être dédoublée, car on peut y remplacer successivement $1H$ et $2H$ par 1 ou 2 atomes d'un métal monoatomique, comme le potassium, l'argent, et obtenir les oxalates acides et les oxalates neutres.

L'analyse des sels neutres d'argent des acides organiques volatils (formique, acétique) permet de vérifier la formule trouvée par considération de leur densité de vapeur.

b) *Le composé est neutre.* — On adopte alors la formule qui explique le mieux la formation de ses dérivés ; c'est ainsi qu'on est conduit à donner au glucose la formule $C^6H^{12}O^6$. Par oxydation il fixe un atome d'oxygène et se transforme en un acide, l'acide gluconique, dont le poids moléculaire déterminé par analyse de ses sels neutres correspond à la formule $C^6H^{12}O^7$, qui ne peut être dédoublée.

REMARQUE. — Étant donnée la formule atomique d'un composé organique, on peut en déduire directement la formule dans le système des équivalents en doublant les exposants des éléments dont l'équivalent en poids est moitié du poids atomique. Ex. :

CH^4, C^2H^4 ; $C^2O^4H^2$, $C^4O^8H^2$; C^6H^7Az, $C^{12}H^7Az$;   etc.

Pour l'établir directement en partant de la composition centésimale, on divise les nombres obtenus par les équivalents, ce qui donne la formule la plus simple que puisse avoir le corps.

La formule réelle est ensuite fixée :

Pour les substances volatiles, de manière que l'équivalent en volume de la substance corresponde à 4 volumes ; c'est cette formule qui, comme dans la théorie atomique, permet de donner aux dérivés du corps une formule ne contenant aucun exposant fractionnaire ;

Pour les substances non volatiles, de manière que l'équivalent d'un acide soit le poids de cet acide qui sature 1, 2, 3,... éq. de base, suivant qu'il est monobasique, bibasique, etc., et que l'équivalent d'une base soit le poids de cette base qui sature 1 éq. d'acide monobasique. Enfin la formule d'un composé neutre est encore choisie de manière à rendre le mieux compte de ses réactions.

62. Isomérie. — On rencontre souvent en chimie organique des composés ayant la même composition centésimale ; on les appelle *corps isomères*. Tels sont la plupart des essences végétales $C^{10}H^{16}$, l'acétylène C^2H^2 et la benzine C^6H^6, etc.

Parmi les corps isomères, on appelle plus spécialement *polymères* ceux qui sont doués de fonctions chimiques analogues : le plus souvent ce sont des multiples d'une même molécule ; ex. : acétylène C^2H^2, benzine C^6H^6, styrol C^8H^8, etc. ; tous les carbures correspondant à la formule générale C^nH^{2n}, comme l'éthylène C^2H^4, C^3H^6, C^4H^8, etc., sont des polymères, tous multiples du groupe CH^2.

Les composés *métamères*, tout en contenant souvent le même nombre d'atomes de chaque élément dans leur molécule (résultant de ce qu'ils ont même densité de vapeur), ont des fonctions chimiques différentes : l'aldéhyde ordinaire C^2H^4O est un liquide à odeur suffocante, donnant par oxydation l'acide acétique ; l'oxyde d'éthylène C^2H^4O est un gaz à odeur agréable, ne s'oxydant pas ; l'acide acétique et le formiate de méthyle $C^2H^4O^2$ sont aussi métamères.

Nous verrons qu'on explique facilement la métamérie en montrant que l'arrangement des atomes dans les molécules des corps métamères est très différent, et que les molécules de chaque composé développées permettent de prévoir théoriquement tous les isomères possibles du composé considéré, isomères dont le nombre a quelquefois été atteint par l'expérience, mais jamais dépassé.

63. Méthodes analytiques et synthétiques. — Par analyse ou par synthèse, on peut, en chimie organique, ramener la plupart des principes immédiats trouvés dans les animaux et végétaux à des composés plus simples en leurs éléments, et, réciproquement, en

partant de ceux-ci, former une foule de composés plus ou moins complexes, naturels ou artificiels.

Exemples de synthèse. — En combinant le carbone et l'hydrogène sous l'influence de la haute température développée par l'arc voltaïque, M. Berthelot a obtenu l'acétylène C^2H^2 ; celui-ci, chauffé dans une cloche courbe, se transforme en benzine, C^6H^6, qui conduit à une foule de dérivés plus complexes (nitrobenzine, aniline, etc.). Si l'on chauffe au contraire C^2H^2 avec un égal volume d'hydrogène, on obtient l'éthylène C^2H^4, lequel peut être absorbé par l'acide sulfurique ; il en résulte un acide appelé acide éthylsulfurique qui, distillé avec de l'eau, donne l'alcool ordinaire C^2H^6O. Enfin cet alcool, par oxydation, donne l'aldéhyde C^2H^4O, puis l'acide acétique $C^2H^4O^2$.

Exemples d'analyse. — Soumettons à une ébullition prolongée de l'amidon délayé dans l'eau ; il se transforme d'abord en dextrine, et finalement en glucose $C^6H^{12}O^6$ soluble dans l'eau ; ce glucose, par fermentation avec de la levûre de bière, se décompose en gaz carbonique, qui se dégage, et en alcool qu'on peut retirer du liquide par distillation :

$$C^6H^{12}O^6 = 2CO^2 + 2C^2H^6O.$$

Chauffé avec de l'acide sulfurique à 160°, l'alcool se dédouble en eau et éthylène :

$$C^2H^6O = C^2H^4 + H^2O ;$$

le gaz éthylène chauffé au rouge se décompose en hydrogène et acétylène, qui peut lui-même être ramené à ses éléments par une température suffisamment élevée.

Ces quelques exemples suffiront pour donner une idée des transformations nombreuses qu'on peut faire subir à la plupart des composés en chimie organique.

Classification des composés organiques.

64. Les composés organiques sont généralement classés par *fonctions chimiques*, chaque fonction correspondant à une ou plusieurs propriétés chimiques caractéristiques, analogues dans chaque groupe. Il existe huit fonctions principales.

1° *Carbures d'hydrogène* ou *hydrocarbures*. Composés binaires contenant seulement du carbone et de l'hydrogène ; ils sont neutres, combustibles.

Ex. : formène, CH^4 ; éthylène, C^2H^4 ; acétylène, C^2H^2 ; benzine, C^6H^6 ; etc.

2° *Alcools.* — Composés neutres, ternaires, formés de carbone, d'hydrogène et d'oxygène. Ils se combinent aux acides avec élimination d'eau : il en résulte les éthers, comparables aux sels minéraux. Par oxydation, la plupart donnent les aldéhydes et les acides : alcool ordinaire, $C^2H^5.OH$; glycol, $C^2H^4(OH)^2$; glycérine, $C^3H^5(OH)^3$.

3° *Phénols.* — Composés intermédiaires entre les alcools et les acides, quoique leur fonction soit bien distincte. Ils ne peuvent donner par oxydation ni aldéhyde ni acide ; ils possèdent des éthers comme les alcools. Avec l'acide azotique ils produisent des dérivés nitrés (nitrobenzine); et ils se combinent aux hydrates alcalins : phénol ou acide phénique, $C^6H^5.OH$; hydroquinone, $C^6H^4(OH)^2$; pyrogallol ou acide pyrogallique, $C^6H^3(OH)^3$.

4° *Éthers.* — Ils résultent de l'action des acides minéraux et organiques sur les alcools. Ce sont de véritables sels, facilement décomposés par l'eau et les alcalis, qui régénèrent l'acide ainsi que l'alcool dont ils dérivent :

chlorure de méthyle, CH^3Cl ; azotate d'éthyle, $C^2H^5AzO^3$; stéarine, etc.

5° *Aldéhydes.* — Ils proviennent d'une oxydation incomplète des alcools par perte d'hydrogène ; ils les reproduisent par hydrogénation : aldéhyde ordinaire, C^2H^4O ; essence d'amandes amères C^7H^8O.

On peut y joindre les acétones, qui ont une fonction chimique analogue : acétone ordinaire, C^3H^6O.

6° *Acides.* — Ils proviennent aussi d'une oxydation d'un alcool, mais plus complète que celle qui produit les aldéhydes : il y a à la fois perte d'hydrogène et fixation d'oxygène. Ils se combinent aux bases et aux alcools : acides formique, CO^2H^2 ; acétique, $C^2H^4O^2$; oxalique, $C^2H^2O^4$; etc.

7° *Amines.* — Ce sont des composés azotés résultant de l'action de l'ammoniaque sur les alcools et les phénols. On les appelle aussi ammoniaques composées : aniline, C^6H^7Az ; méthylamine, CH^5Az. Elles ont des propriétés basiques plus ou moins prononcées.

On peut y rattacher les alcaloïdes, extraits des végétaux : quinine, $C^{20}H^{24}Az^2O^2$; nicotine, $C^{10}H^{14}Az^2$; etc.

8° *Amides.* — Ce sont des composés azotés dérivant des sels ammoniacaux par élimination d'eau : oxamide, $C^2O^2Az^2H^4$; urée, $COAz^2H^4$; etc.

REMARQUES. — I. — Un certain nombre de composés organiques peuvent être doués à la fois de plusieurs des fonctions précédentes : l'*aldéhyde glycolique* $C^2H^4O^3$ possède une fois la fonction alcool et une fois la fonction acide : il donne un éther avec chaque acide monobasique et une série de sels avec les bases. Il en est de même de l'*acide lactique*. L'*acide tartrique* possède deux fois la fonction acide et deux fois la fonction alcoolique. On voit qu'un même composé peut avoir plusieurs fois la même fonction ; la *glycérine* peut jouer trois fois le rôle d'alcool, en donnant trois éthers avec le même acide monobasique ; l'*acide citrique* donne trois séries de sels avec la même base, etc.

II. — La plupart des groupes précédents se subdivisent facilement en *séries* de composés ayant même formule générale et un ensemble de propriétés analogues. Les composés de chaque série s'appellent des *termes homologues*; ainsi les carbures CH^4, C^2H^6, C^3H^8, C^4H^{10}, etc. ont même formule générale C^nH^{2n+2} et ne diffèrent guère que par quelques propriétés physiques ; ils forment une série de termes homologues. De même pour les alcools CH^4O, C^2H^6O, C^3H^8O, etc. ou $C^nH^{2n+2}O$, etc.

65. Radicaux. — Le nom de radicaux a été donné par Liebig à des groupes fonctionnant comme des atomes de corps simples. — Ils ont chacun leur atomicité propre, se transportent en entier d'une molécule à une molécule différente, se substituant à des atomes de valence égale Ils jouent un grand rôle en chimie organique ; non pas qu'on doive les considérer comme des composés réels, pouvant être isolés : ce sont des groupes hypothétiques permettant d'expliquer plus facilement les réactions chimiques, d'enchaîner plus simplement les termes d'une même série ou les dérivés d'un même composé. On peut les envisager comme des restes ou résidus, provenant d'une molécule saturée à laquelle un ou plusieurs éléments ont été enlevés. L'atomicité du radical est toujours égale à celle des éléments qui ont été soustraits. Ainsi, à une molécule d'eau $H—O—H$ enlevons un atome d'hydrogène ; le résidu $—O—H$ possédera une atomicité libre ; c'est le radical appelé *oxhydrile* qui est, comme on le voit, monoatomique ou monovalent et pourra remplacer un atome de chlore, de brome, etc. dans une combinaison. Enlevons de même $2H$ à une molécule de gaz ammo-

$$\overset{\displaystyle\text{II}}{\underset{\displaystyle\text{II}}{\text{Az}}}\!\!-\!\!\text{II}$$

niac, $\overset{|}{\underset{|}{\text{Az}}}\!\!-\!\!\text{II}$; le résidu $\overset{|}{\underset{|}{\text{Az}}}\!\!-\!\!\text{II}$ aura deux atomi-

cités libres ; c'est un radical diatomique appelé *imidogène* entrant dans les composés qu'on nomme imides.

Pour représenter les radicaux, on les met entre paren-
thèses, et on indique leur atomicité par des virgules
placées en exposants. Ceux qu'on rencontre le plus fréquemment sont :

L'*oxhydrile* (OII)′, provenant de II²O moins II ;

Le *méthyle* (CII³)′, de CII⁴ moins II ;

L'*éthyle* (C²II⁵)′, de l'hydrure d'éthyle C²II⁶
moins II ;

L'*amidogène* (AzII²)′, de AzII³ moins II ;

L'*acétyle* (C²II³O)′, de l'acide acétique C²II⁴O²
moins (OII)′ ;

L'*imidogène* (AzII)″, de AzII³ moins 2II ;

Le *glycérile* (C³II⁵)‴, du carbure C³II⁸ moins
3II ; etc.

Quelques composés jouent le rôle de radicaux :

Le *cyanogène* est monoatomique (CAz)′, provenant de
l'acide cyanhydrique moins II ;

L'*éthylène* se comporte comme un radical diatomique
(C²II⁴)″ en s'unissant à deux atomes de chlore, de brome,
comme s'uniraient le cuivre, le plomb, etc. :

$$C²II⁴ + Cl² = \underline{C²II⁴Cl²} \; ; \qquad Cu + Cl² = \underline{CuCl²}.$$

66. Développement des formules. — La formule atomique
d'un composé étant donnée par l'analyse et par les considérations que nous avons indiquées, on cherche à développer la
molécule graphiquement, de telle sorte que par son aspect
seul elle rappelle les principales propriétés du corps et les dérivés de substitution qu'il peut avoir ; qu'elle permette de

prévoir le nombre de ses isomères ; qu'elle caractérise enfin sa fonction chimique. Mais on n'envisage pas cette formule comme représentant les positions réelles occupées par les atomes dans l'espace.

La formule d'un composé ainsi développée doit : *1° être conforme à tous les faits révélés par l'expérience ; 2° satisfaire la saturation de tous les atomes et radicaux ; 3° être semblable aux formules développées des composés analogues.*

Nous allons en donner quelques exemples simples :

Le *formène* CH^4 a sa molécule développée
$$H - \overset{\displaystyle H}{\underset{\displaystyle H}{\overset{|}{\underset{|}{C}}}} - H ;$$

le carbone est tétravalent, et ses 4 atomicités sont satisfaites ; les 4 atomes d'hydrogène sont rivés de la même manière au carbone et sont identiques ; la substitution de 1, 2, 3, 4 atomes de chlore à l'hydrogène donnera toujours le même composé pour chaque substitution.

L'alcool méthylique CH^4O est un corps saturé, puisqu'il ne donne aucun produit d'addition ; on doit donc représenter sa molécule de manière que les 4 atomicités du carbone soient

satisfaites, ce qui a lieu dans le schéma
$$H - \overset{\displaystyle H}{\underset{\displaystyle H}{\overset{|}{\underset{|}{C}}}} - (OH)'$$
dont

3 atomes d'hydrogène sont identiques ; ceux-ci constituent avec le carbone le radical monoatomique méthyle $(CH^3)'$, se transportant sans altération dans tous les dérivés de l'alcool méthylique ; le 4e atome d'hydrogène étant rivé au carbone par l'atome d'oxygène doit avoir des propriétés différentes. En effet, faisons agir le sodium sur cet alcool ; on n'obtient jamais qu'un composé CH^3ONa ou $CH^3 - O - Na$, ce qui montre qu'il n'y a qu'un atome d'hydrogène remplaçable par le métal, atome ne pouvant être que celui du radical $(OH)'$; de même, par l'acide chlorhydrique, ce radical $(OH)'$ est seul remplacé par un atome de Cl. C'est une action tout à fait analogue à celle qui se produit avec la potasse KOH :

$$K - O - H + H - Cl = K - Cl + H - O - H ;$$

$$CH^3 - O - H + H - Cl = CH^3 - Cl + H - O - H.$$

Nous verrons que ce radical $(OH)'$ uni à un groupe hydrocarboné se retrouve dans les molécules figurées de tous les alcools et peut servir à caractériser graphiquement la fonction alcoolique.

Prenons maintenant le carbure C^2H^6 ou éthane, homologue supérieur de CH^4. Il ne peut donner aucun produit d'addition ; donc les 4 atomicités du carbone sont satisfaites : il faut que la formule l'indique : si l'on enlève 1 atome d'hydrogène à

2 molécules de CH^4, on aura les restes incomplets $H-\overset{\displaystyle H}{\underset{\displaystyle H}{C}}-$;

$-\overset{\displaystyle H}{\underset{\displaystyle H}{C}}-H$; rapprochons ces 2 molécules incomplètes par les

2 atomicités libres ; on admet que les 2 atomes de carbone sont rivés entre eux par l'échange d'une valence, et la formule

développée du carbure sera $H-\overset{\displaystyle H}{\underset{\displaystyle H}{C}}-\overset{\displaystyle H}{\underset{\displaystyle H}{C}}-H$, ou plus sim-

plement $CH^3 — CH^3$. Aucun autre schéma n'est possible sans mettre 1 ou plusieurs atomes en dehors de toute influence chimique. Si ces considérations théoriques sont vraies, il ne doit pas pouvoir exister de carbures C^2H^8, C^3H^{12}, etc., et en effet on n'en connaît pas.

Enfin dans les molécules où la saturation des atomes peut s'interpréter de plusieurs manières, on choisit celle qui permet de se rendre compte des principales réactions du composé considéré, la formule étant semblable à la formule aussi développée des composés analogues. Ainsi la molécule d'acide formique, en ne tenant compte que de la saturation des atomes, donnerait deux développements : $H-\overset{}{\underset{\displaystyle \|\ O}{C}}-(OH)'$ (ou plus

simplement $H — (CO^2H)$ et $O-\overset{\displaystyle H}{\underset{\displaystyle O}{C}}-H$; c'est le premier

qui doit être adopté, car l'acide formique est monobasique et un seul atome d'hydrogène peut être remplacé par 1 atome de métal monovalent, ce que n'expliquerait pas la deuxième formule contenant $2H$ à propriétés identiques. Nous verrons ce groupement $-(CO^2H)$ exister dans tous les acides organiques.

Prenons maintenant les composés non saturés. Une molécule devra indiquer le nombre d'atomicités libres qu'elle possède, pour permettre de prévoir les dérivés d'addition ; ainsi l'éthylène C^2H^4 peut fixer $2Cl$, $2Br$, etc. ; il est diatomique, et sa molécule développée conformément aux faits d'expérience est

$$H-\overset{\overset{H}{|}}{\underset{|}{C}}-\overset{\overset{H}{|}}{\underset{|}{C}}-H , \quad \text{ou, ce qui revient au même,} \quad (-CH^2-CH^2-) ;$$

l'acétylène, C^2H^2, qui est tétratomique, $-\overset{H}{\underset{}{C}}-\overset{H}{\underset{}{C}}-$, ou plus simplement $(= CH - CH =)$.

Un grand nombre de composés ont, comme tous les précédents, leur formule développée en chaîne ouverte, ou chaîne dont les extrémités sont libres ; on les appelle *composés acycliques* ; tels sont les carbures des groupes du formène, de l'éthylène, de l'acétylène et les alcools, aldéhydes, etc., correspondants. D'autres composés ne peuvent, au contraire, avoir leur molécule développée que suivant une chaîne fermée, c'est-à-dire une chaîne dont les extrémités se soudent bout à bout ; il en est ainsi pour la benzine C^6H^6 ou
$$\begin{matrix} CH=CH-CH \\ | \qquad\quad || \\ CH=CH-CH \end{matrix},$$
ses nombreux homologues et dérivés ; on les appelle *corps cycliques*, et on les réunit dans un même groupe sous le nom de *série aromatique*, par rapport à la *série grasse*, comprenant tous les composés acycliques. Ce n'est pas seulement le développement des formules qui distingue les deux séries ; à chacune d'elles correspondent des propriétés caractéristiques différentes; en particulier, les composés acycliques saturés se rattachent aux carbures C^nH^{2n+2} ; les composés cycliques saturés, à des carbures de formule générale C^nH^{2n}. Le radical $(OH)'$ entrant dans les premiers caractérise la fonction alcoolique, la fonction phénolique dans les seconds.

CHAPITRE II

CARBURES D'HYDROGÈNE

67. Définitions et classification. — Les carbures d'hydrogène ou hydrocarbures sont des corps neutres, composés seulement de carbone et d'hydrogène. Ces deux éléments étant éminemment combustibles, les hydrocarbures brûlent avec une flamme plus ou moins éclairante en donnant de l'eau et de l'anhydride carbonique. A la température ordinaire, ils peuvent être gazeux (éthylène), liquides (benzine) ou solides (naphtaline). Quelques-uns cristallisent. Leur odeur est très variable. Dans les hydrocarbures, *l'hydrogène entre toujours pour un nombre d'atomes pair*, 2 *au minimum*, $2n + 2$ *au maximum*, n étant le nombre d'atomes de carbone. Le nombre des carbures connus est très grand, et on y rencontre de nombreux cas d'isomérie.

D'après le nombre d'atomes de carbone et d'hydrogène qu'ils renferment, on les divise en séries : chaque série comprend un certain nombre de *termes homologues* dont les formules ne diffèrent que par CH^2 ou un multiple; de plus, les divers termes d'une même série possèdent des propriétés chimiques très voisines, se distinguant seulement par quelques propriétés physiques. Voici les séries les plus importantes :

Série forménique ou des carbures forméniques, série de carbures saturés dont la formule générale est C^nH^{2n+2}, $n = 1, 2, 3,...$ Ex. : formène ou méthane,

CH^4 ; éthane, C^{2}H^6 ; propane, C^{3}H^8 ; butanes, C^{4}H^{10} (2 isomères) ; etc.

Série éthylénique ou des carbures éthyléniques, C^{n}H^{2n}. Le premier terme est l'éthylène, C^{2}H^4 ; puis viennent le propylène, C^{3}H^6 ; trois butylènes isomères, C^{4}H^8 ; cinq amylènes ; etc. Les isomères sont plus nombreux que dans la série précédente.

Série acétylénique ou des carbures acétyléniques, C^{n}H^{2n-2} : acétylène, C^{2}H^2 ; allylène, C^{3}H^4 ; crotonylène, C^{4}H^6 ; etc.

Série térébénique ou des carbures térébéniques, C^{n}H^{2n-4}, comprenant le térébenthène ou essence de térébenthine, C^{10}H^{16}, et une foule de carbures isomères qu'on rencontre dans la plupart des essences naturelles végétales.

Série aromatique ou des carbures aromatiques, comprenant tous les carbures dont la formule se développe suivant une chaîne fermée. On les subdivise en plusieurs groupes dont les principaux sont : celui des carbures benzéniques, C^{n}H^{2n-6} (benzine, C^{6}H^6, et ses homologues : toluène, C^{7}H^8 ; xylènes, C^{8}H^{10} ; etc) ; celui de l'anthracène, C^{14}H^{10}, et celui de la naphtaline, C^{10}H^8.

C^{n}H^{2n+2} **Carbures forméniques.**   (*Éq.*: C^{2n}H^{2n+2})

68. Les carbures forméniques sont les plus riches en hydrogène ; ils sont saturés et ne donnent de dérivés que par substitution. Ils prennent naissance dans la distillation sèche d'un grand nombre de matières organiques ; on les rencontre presque tous dans les pétroles d'Amérique. Les trois premiers termes et les butanes sont gazeux ; les pentanes et homologues supérieurs sont liquides, et on

remarque que le point d'ébullition s'élève d'environ 18°
quand on passe d'un terme au suivant ; les derniers sont
solides. Le chlore, le brome les attaquent facilement,
surtout au soleil, en donnant des produits de substitution ; mais ils présentent une grande résistance à l'action
des autres agents chimiques, ce qui les fait appeler quelquefois des *paraffines* (*parum affinis*).

On connaît aujourd'hui 26 carbures forméniques. Pour indiquer qu'ils sont saturés, on leur donne souvent la terminaison *ane*.

Le premier terme est le formène ou *méthane*, CH^4.

Les suivants s'obtiennent en remplaçant successivement un
atome d'hydrogène dans chaque terme par le résidu monoatomique ou monovalent $(CH^3)'$; on a ainsi l'*éthane*, C^2H^6 ou
$CH^3.CH^3$; le *propane*, C^3H^8 ou $CH^2.CH^3.CH^3$.

Pour le quatrième terme, la substitution peut porter soit sur
l'un des deux derniers atomes d'hydrogène initial, soit sur
l'hydrogène d'un des CH^3 ; on explique ainsi l'existence des
deux *butanes* C^4H^{10} isomères :

$$CH.CH^3.CH^3.CH^3 \quad \text{et} \quad CH^2.CH^3(CH^2.CH^3).$$

Pour les *pentanes*, C^5H^{12}, suivant que la substitution porte
sur le dernier atome d'hydrogène initial : $C(CH^3)^4$ ou sur l'un
des deux derniers atomes d'hydrogène initial du second bu-
tane : $CH.CH^3.CH^2.CH^3.CH^3$ équivalant à $CH^3{-}CH^2{-}CH\big\langle{}^{CH^3}_{CH^3}$,
ou enfin sur l'un des groupes CH^3 : $CH^2.CH^2.CH^2.CH^3.CH^3$
équivalant à $CH^3 - (CH^2)^3 - CH^3$, on obtient trois pentanes
différents, isomères, et ainsi de suite, le nombre des isomères
que prévoit la théorie augmentant avec la valeur de n ; mais
tous ces isomères ne sont pas connus : ainsi, on n'a obtenu
que quatre hexanes, C^6H^{14}, quand le nombre des isomères
possibles est cinq ; quatre heptanes, C^7H^{16}, pour neuf isomères, etc. Du nonane, C^9H^{20}, au palmitane, $C^{16}H^{34}$, on ne
connaît qu'un seul terme, bien qu'il puisse exister pour ces
carbures un très grand nombre d'isomères déterminés par le
calcul (35 pour $n = 9$, 799 pour $n = 13$, etc.).

$$CH^4 \quad ou \quad H{-}\overset{\displaystyle H}{\underset{\displaystyle H}{C}}{-}H \qquad \textbf{Formène.} \qquad (\acute{E}q. : C^2H^4)$$

Synonymes : gaz des marais, méthane, protane, protocarbure d'hydrogène.

69. ÉTAT NATUREL. — Le formène, découvert par Volta en 1778, se produit par la décomposition lente des végétaux enfouis sous l'eau (vase des marais, eaux stagnantes) et par leur distillation sèche ; aussi le gaz d'éclairage en renferme-t-il quelquefois jusqu'à 50 $^0/_0$. Il se dégage à la température ordinaire, dans les mines de houille grasse (grisou) ; il accompagne les sources de pétrole, et, dans certaines régions (Perse, Java, Dauphiné), il sort de terre d'une manière continue et brûle souvent à la surface du sol ; aux États-Unis on utilise ces feux pour la cuisson des briques. Enfin le formène existe dans les gaz intestinaux.

70. Préparation. — On peut obtenir du formène en remuant la vase des marais avec un bâton ; on recueille ainsi dans un flacon renversé muni d'un entonnoir un mélange d'azote, d'oxygène, d'anhydride carbonique et de formène. On absorbe le gaz carbonique par la potasse, l'oxygène par le phosphore ; mais il est impossible de se débarrasser de l'azote.

Le seul procédé employé dans les laboratoires est celui de Persoz (1837), qui consiste à décomposer l'acétate de sodium par la chaux sodée sous l'influence de la chaleur :

$$C^2H^3O^2Na \quad + \quad NaOH \quad = \quad CH^4 \quad + \quad CO^3Na^2.$$

Acétate de sodium   Soude caustique   Formène   Carbonate de soude

On introduit dans une petite cornue de verre vert (*fig.* 22) un mélange de 30^{gr} d'acétate de sodium fondu et de 120^{gr} de chaux sodée (la soude employée seule fondrait et attaquerait le verre) ; on chauffe au rouge naissant. Le gaz est recueilli par un tube à dégagement sur

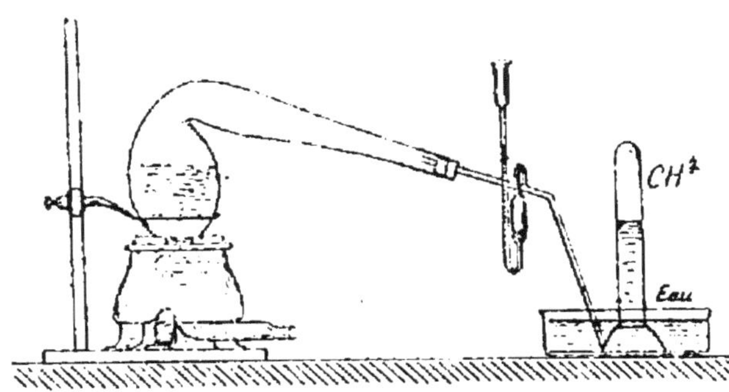

Fig. 21. — Préparation du formène.

l'eau ou sur le mercure. Pour l'avoir pur, on peut le faire passer dans un flacon laveur contenant de l'acide sulfurique concentré.

71. Propriétés. — Gaz incolore, inodore, sans saveur ; $d = 0,558$; d'où 1 litre pèse $1,293 \times 0,558 = 0^{gr}, 722$. L'eau en dissout 1/20 de son volume, l'alcool la moitié. Il a été obtenu par Cailletet en un liquide incolore qui bout dans l'air vers — 160°.

Si l'on fait passer un courant de formène dans un tube de porcelaine chauffé au rouge vif, on obtient de l'acétylène : $2CH^4 = C^2H^2 + 3H^2$, ainsi que de la benzine et du styrolène, provenant de la condensation de l'acétylène : $3C^2H^2 = C^6H^6$ (benzine) ; $4C^2H^2 = C^8H^8$ (styrolène).

Combustion. — Le formène brûle au contact de l'air et d'un corps enflammé, avec une flamme bleue peu éclairante. La combustion complète est exprimée par l'équation

$$CH^4 + 2O^2 = CO^2 + 2H^2O.$$

c'est-à-dire qu'il faut un volume double d'oxygène.

La quantité de chaleur dégagée par la combustion de 16^{gr} de CH^4 est de $213^{cal},5$; or, 12^{gr} de carbone (diamant) en brûlant dégagent 94^{cal}, et 4^{gr} d'hydrogène 138^{cal}, en tout 232^{cal}; la différence $232 - 213,5 = + 18^{cal},5$ serait la chaleur dégagée par la combinaison de C (diamant) avec H^4; elle mesure l'affinité ou force qui réunit ces deux éléments. Si l'on enflamme le gaz des marais dans une éprouvette étroite, l'oxygène étant en quantité insuffisante, l'hydrogène brûle d'abord et on a un dépôt de noir de fumée. Un mélange de 1 vol. de formène et 2 vol. d'oxygène s'enflamme soit par un corps en ignition, soit par la mousse de platine, et détone avec une violence extrême ; aussi prend-on toujours la précaution d'ajouter un excès d'oxygène ou d'air pour éviter la rupture des flacons et eudiomètres. C'est ce mélange qui produit les explosions des mines.

ACTION DU CHLORE. — Le chlore agit énergiquement sur le formène en s'emparant de son hydrogène : si l'on enflamme un mélange de 1 vol. du carbure et de 2 vol. de chlore, on obtient de l'acide chlorhydrique et un dépôt de charbon :

$$CH^4 + 2Cl^2 = 4HCl + C.$$

La lumière solaire, même réfléchie préalablement sur un mur, donne des produits de substitution : avec un mélange à volumes égaux, on a

$$CH^4 + Cl^2 = HCl + CH^3Cl \quad \text{(chlorure de méthyle)};$$

en laissant communiquer par un tube étroit un flacon rempli de formène avec un flacon renversé environ 4 fois plus grand et contenant du chlore il se forme successivement du chlorure de méthyle, puis

$$CH^3Cl + Cl^2 = HCl + CH^2Cl^2\ ;$$

$$CH^2Cl^2 + Cl^2 = HCl + CHCl^3 \quad (\text{chloroforme}),$$

$$CHCl^3 + Cl^2 = HCl + CCl^4 \ (\text{tétrachlorure de carbone, solide}).$$

72. Synthèse et composition. — M. Berthelot a réalisé la synthèse du formène de plusieurs manières : en chauffant de l'acétylène avec de l'hydrogène dans une cloche courbe : $C^2H^2 + 3H^2 = 2CH^4$ (le formène obtenu est mélangé de carbures plus complexes) ; ou encore en faisant passer un mélange d'hydrogène sulfuré et de vapeurs de sulfure de carbone sur du cuivre chauffé au rouge :

$$CS^2 + 2H^2S + 8Cu = 4Cu^2S + CH^4.$$

Le poids moléculaire du formène est $0,558 \times 28,88 = 16$, correspondant à la formule CH^4 ; de celle-ci on déduit que *2 vol. du carbure sont formés de 1 vol. de vapeur de carbone et de 4 vol. d'hydrogène* (l'unité de volume étant celui occupé par 1 d'hydrogène). On vérifie cette composition par l'eudiométrie : on introduit dans l'eudiomètre à mercure 2 vol. de CH^4 et 6 vol. d'oxygène (excès) et on excite l'étincelle ; le mercure monte ; il ne reste que 4 vol. de gaz dont 2 absorbables par la potasse et qui sont de l'anhydride carbonique. 2 vol. d'oxygène ont formé ce gaz carbonique ; des 4 autres, 2 se sont combinés à l'hydrogène et ont donné de l'eau condensée, 2 vol. sont restés libres ; donc les 2 vol. du carbure renfermaient 4 vol. d'hydrogène. Si à la densité théorique admise pour la vapeur de carbone, ou 0,818 (40), on ajoute 4 fois la densité de l'hydrogène, on obtiendra sensiblement le double de la densité du formène.

C^2H^6 ou CH^3—CH^3

ou

Éthane.

$(Éq. : C^4H^6)$

Syn. : Hydrure d'éthyle, dcutane, diméthyle.

73. L'éthane représente deux molécules incomplètes de méthane qui se sont soudées par les deux atomicités libres des deux atomes de carbone.

Il existe dans les pétroles ; on l'obtient (*fig*. 23) par l'électrolyse d'une solution aqueuse d'acétate de potassium ou de sodium. L'eau est décomposée ; son hydrogène se dégage au

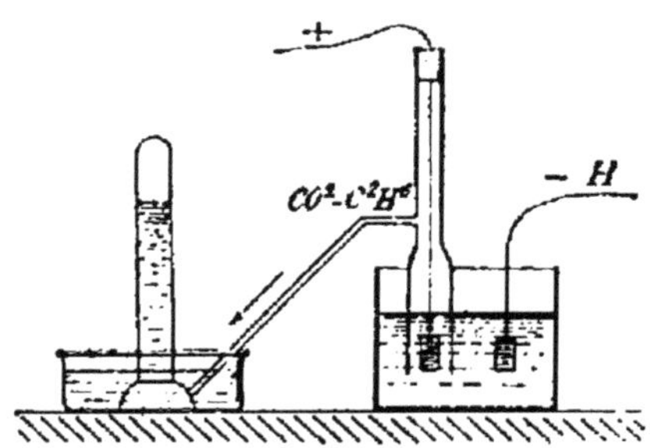

Fig. 23. — Préparation de l'éthane.

pôle négatif ; l'oxygène décompose l'acétate, ce qui donne au pôle + un mélange d'anhydride carbonique et d'éthane qu'on recueille dans une éprouvette :

$$2C^3H^3O^2Na + O = C^2H^8 + CO^z + CO^3Na^2.$$

L'éthane est un gaz incolore, d'une odeur éthérée agréable, insoluble dans l'eau ; il brûle avec une flamme bleuâtre, pâle. Sous l'influence de la lumière, le chlore donne les produits de substitution, depuis le chlorure d'éthyle, C^2H^5Cl, jusqu'au sesquichlorure de carbone, C^2Cl^6.

Pétroles.

74. Les pétroles, appelés aussi huiles minérales, huiles de pierre, sont des liquides huileux, combustibles, qui sortent souvent naturellement du sol avec des gaz combustibles ; ce sont des mélanges de carbures forméniques. Les premiers termes gazeux (formène, etc.) s'échappent des réservoirs naturels ; les carbures liquides, depuis le pentane jusqu'au palmitane, $C^{16}H^{34}$, peuvent s'en extraire par distillations fractionnées ; enfin les derniers termes, solides, constituent la paraffine. Ils ont été connus de tout temps en sources naturelles de liquides inflammables, à Java, en Perse, sur les bords de la mer Caspienne. En 1853, un avocat de New-York eut l'idée d'employer le pétrole comme combustible, et en 1860 on découvrit des sources nombreuses en Pensylvanie. Depuis cette époque, l'usage du pétrole s'est extraordinairement répandu, et on a créé d'importants centres d'extraction au Canada ; dans la Californie et l'Illinois ; en Russie, dans les environs de Bakou. On exploite aussi des pétroles en Alsace ; dans le département de l'Hérault ; en Algérie, etc.

Quelquefois le pétrole jaillit naturellement par la pression des gaz ; mais généralement on fore des puits de 15 à 200^m de profondeur ; le pétrole est pompé dans des réservoirs par une machine à vapeur que chauffent les gaz combustibles. On a ainsi le *pétrole brut*, liquide brun-foncé, à reflets verdâtres, huileux, dont la densité varie de 0,8 à 0,9.

Sa distillation s'effectue dans de grands cylindres en tôle, pouvant avoir jusqu'à 4000 hectolitres de capacité, et chauffés à feu nu. Les gaz qui étaient dissous dans le pétrole (formène, etc.) se dégagent au commencement de l'opération et sont utilisés pour le chauffage des appareils ou l'éclairage de l'usine. Les produits distillés traversent d'abord une lanterne en verre qui permet leur observation ; puis ils sont condensés dans des serpentins en fer refroidis, où ils se fractionnent suivant leur densité.

75. Produits retirés du pétrole brut. — 1° *Au dessous de* 70° passent des produits très inflammables, formés de carbures bouillant de 45° à 70° ; ils constituent la *gazoline* ou *éther du pétrole*, liquide incolore, odorant, $d = 0,65$. On le purifie en le redistillant. Il est employé comme anesthésique. Son évaporation à l'air produit un froid considérable.

2° *Entre* 75° *et* 120°, on recueille l'*essence de pétrole* ou huile de naphte ou ligroïne du commerce, inflammable à la température ordinaire, $d = 0,70$ à $0,74$. On l'épure en l'agitant en vase clos avec 2 °/₀ d'acide sulfurique concentré, puis avec une lessive faible de soude, et on la rectifie dans un alambic chauffé à la vapeur ; on a alors un liquide incolore, odorant, employé dans les lampes à éponge, pour dissoudre les corps gras ou résines (vernis), le caoutchouc, pour conserver les métaux alcalins.

3° *De* 120° *à* 280° distille l'*huile d'éclairage* ou *pétrole commercial* ou *photogène*, $d = 0,79$ à $0,82$. Avant d'employer cette huile, on doit la raffiner ; on la soumet dans un réservoir doublé de plomb à un premier lavage avec 2 °/₀ d'acide sulfurique à 66°, qui déshydrate l'huile et se charge des produits goudronneux ; puis à un second lavage avec 2 °/₀ de lessive de soude à 14° Baumé ; l'huile est enfin lavée à l'eau et filtrée à travers une couche de sel marin pour la déshydrater. C'est alors un liquide légèrement jaunâtre, fluorescent, ne contenant plus de carbures volatils ; on l'éprouve en promenant une flamme à sa surface ; il ne prend feu que s'il a été porté préalablement à 35 ou 40°. Il brûle en donnant une lumière éclatante, blanche, dans des lampes spéciales, à réservoir très rapproché du brûleur (car le pétrole monte lentement par capillarité), à mèche plate ou circulaire ne devant pas dépasser le bec, à cause de la grande quantité de vapeurs qui se produiraient. Un litre de pétrole raffiné équivaut à 2ᵏᵍ,3 de bougies et est quatre fois moins coûteux. Il est utilisé aussi pour le chauffage, et comme désinfectant pour conserver les bois. Après le départ de l'huile d'éclairage, on laisse généralement refroidir la chaudière jusque vers 150°, et le résidu est envoyé dans de petits appareils distillatoires en fonte.

4° On élève alors la température *à 400°* environ ; on recueille les *huiles lourdes*, d'une couleur jaune-paille ; $d = 0,83$ à $0,92$. Brutes, elles servent de combustible pour les foyers industriels. Le plus souvent, on en extrait la *paraffine* : on les abandonne pendant quelques jours dans une cave où la température est abaissée à — 3° ; elles se prennent en une masse qui, pressée, donne l'*huile rouge*, lubréfiante, employée pour le graissage des machines ; le résidu est de la paraffine impure ; on le fond avec 1 °/₀ de lessive de soude par un courant de vapeur ; par refroidissement, la paraffine cristallise ; elle est blanche, translucide, soluble dans l'éther ; elle brûle avec une flamme éclairante, est attaquée par le chlore et le brome, mais non par les autres agents chimiques, d'où son nom. On en fabrique des bougies, les allumettes paraffinées ; elle sert aussi à imperméabiliser les étoffes, à préparer des vernis, etc.

La *vaseline* est un mélange de carbures à point d'ébullition élevé et de paraffine ; elle est blanche ou rougeâtre, onctueuse, inodore ; elle fond à 35° ; elle est inoxydable. On l'obtient en arrêtant la distillation du pétrole brut avant d'avoir éliminé tous les produits volatils ; mélangeant le résidu avec du noir animal et abandonnant le tout pendant 24 heures à 50°, on enlève la vaseline par de l'éther et on distille. La vaseline sert comme lubréfiant, et en pharmacie pour remplacer l'axonge.

Les résidus de la distillation du pétrole brut après le départ des huiles lourdes sont des *goudrons* ; soumis à la chaleur rouge, ils donnent en se décomposant des carbures volatils qu'on ajoute aux produits de distillation du pétrole, et du *coke* moins dense que celui des houilles et utilisé pour le chauffage.

En général, 100 parties de pétrole brut ont un rendement moyen de : 2 parties d'éther, 12 d'essence, 60 d'huile minérale, 16 d'huile lubréfiante, 2 de paraffine et 6 de coke ; il y a de 2 à 3 % de perte.

76. Les *pétroles de Bakou* (Russie) renferment moins de carbures volatils que les pétroles d'Amérique et sont dépourvus de paraffine. Ils sont constitués, outre les carbures forméniques, par des carbures appartenant à la série aromatique et ayant pour formule générale C^nH^{2n}. On donne à ces carbures, isomères des carbures éthyléniques, le nom de *paraffènes*, pour rappeler l'analogie de leurs propriétés chimiques avec les paraffines. Des pétroles russes, on extrait simplement de l'essence et de l'huile à brûler ; le résidu sert comme huile de graissage.

La plupart des gisements de pétrole se trouvent dans les terrains anciens (silurien ou dévonien) ; quelques-uns dans le triasique, et même dans les terrains tertiaires (Californie). De nombreuses hypothèses ont été émises pour expliquer leur origine : décomposition des plantes et des animaux marins des mers primitives ; — origine éruptive ; — action de l'eau à haute température sur les carbures de fer qui se trouveraient en assez grande abondance sous les terrains granitiques ; etc.

Les *schistes bitumineux*, distillés par la vapeur, donnent des produits analogues à ceux que l'on obtient avec le pétrole : le *boghead*, très abondant en Angleterre, fournit le *gaz portatif*, qu'on emmagasine sous pression de 3 atmosphères, et qui a un pouvoir éclairant triple de celui du gaz de houille ; de l'essence ou naphte de schiste ; des huiles d'éclairage et des huiles à graisser et paraffinées.

Les *bitumes* sont des roches noires, fragiles, brûlant avec une fumée épaisse. On en trouve d'abondants gisements en Alsace et dans le Puy-de-Dôme, dans l'Ain ; on les extrait comme la houille. Ils sont formés de carbures en proportion variable, car leur point de fusion n'est pas constant.

L'*asphalte* est un bitume mou, goudronneux, se ramollissant par la chaleur. Mélangé à du gravier, il forme des trottoirs, des mastics très tenaces. L'asphalte qui provient de la mer Morte est appelé *bitume de Judée* ; dissous dans la benzine, il est sensible à l'action de la lumière, propriété utilisée autrefois en photographie.

C^nH^{2n} **Carbures éthyléniques.**   (*Éq. :* $C^{2n}H^{2n}$)

77. On les appelle aussi *oléfines*, parce que le premier terme est le gaz oléfiant, C^2H^4. On en connaît aujourd'hui 23 ; ils sont presque tous artificiels et se forment en même temps que les carbures forméniques dans la distillation des pétroles, de la houille, des résines, des corps gras, etc. Ils se combinent, même à froid, au chlore et au brome ; aussi le brome est-il souvent employé pour fixer les carbures éthyléniques et les séparer des carbures forméniques produits dans la même réaction. Enfin, ils sont plus éclairants que ces derniers pour une même valeur de *n*.

Les carbures éthyléniques ne sont pas saturés ; ils peuvent fixer par addition deux atomes ou deux résidus monoatomiques ; ex. : $C^2H^4Cl^2$ (liqueur des Hollandais), $C^2H^4(OH)^2$ (glycol) ; ce sont donc des carbures *diatomiques*. Les isomères sont plus nombreux que dans la série précédente, et leur nombre se prévoit théoriquement de la même manière. Après l'*éthylène*, C^2H^4 ou $-CH^2-CH^2-$, pourraient exister trois *propylènes* C^3H^6 isomères : $-CH^2-CH-CH^3$; $=CH-CH^2-CH^3$;

$$-CH^2-CH^2-CH^3-,$$

dont le premier seul est connu. Viennent ensuite quatre *butylènes*, C^4H^8, dont trois ont été isolés, cinq *amylènes*, etc. ; les amylènes et leurs homologues supérieurs sont liquides. Ils s'unissent directement à HCl, HBr, HI : pour l'éthylène, ces combinaisons sont identiques avec les dérivés monochlorés, etc. des carbures saturés (l'iodhydrate d'éthylène est identique avec l'iodure d'éthyle C^2H^5I) ; pour les autres carbures, elles sont seulement isomériques (l'iodhydrate de propylène est isomère de l'iodure de propyle C^3H^7I, mais leurs propriétés sont différentes).

C^2H^4 ou $-CH^2-CH^2-$

Éthylène.

Syn.: Bicarbure d'hydrogène, $(Eq. : C^2H^4)$
gaz oléfiant, deutylène.

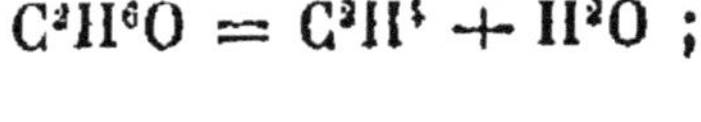

78. Découvert en 1795 par quatre chimistes hollandais, l'éthylène prend naissance dans la distillation sèche des matières organiques, principalement des graisses et des matières bitumineuses. Il existe dans le gaz d'éclairage en proportion d'autant plus forte que la calcination de la houille s'est faite à une température moins élevée.

79. Préparation. — L'éthylène se prépare ordinairement en déshydratant l'alcool ordinaire par l'acide sulfurique concentré vers 160°. L'équation très simplifiée de la réaction est

$$C^2H^6O = C^2H^4 + H^2O ;$$

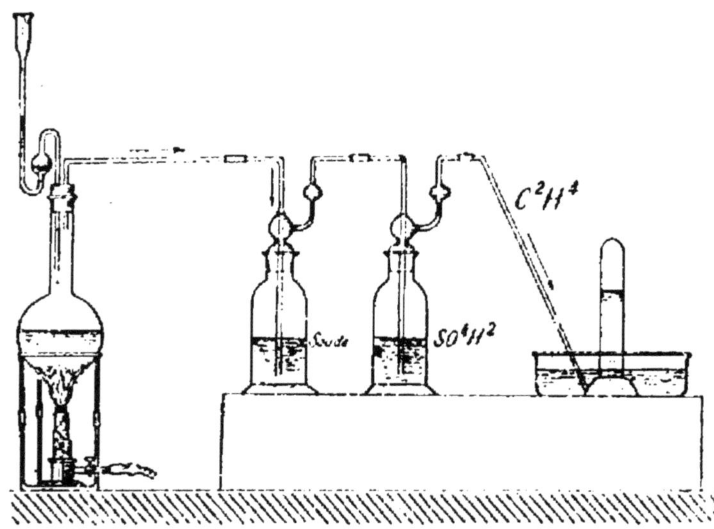

Fig. 24. — Préparation de l'éthylène.

l'eau est retenue par l'acide sulfurique. Au-dessous de 140° il se produit de l'éther ; au-dessus de 170°, de l'anhydride sulfureux et du charbon, qui peut donner naissance à de l'oxyde de carbone et de l'anhydride carbonique.

Dans un ballon (*fig.* 24) contenant un peu de sable pour éviter les soubresauts, on introduit un mélange fait d'avance de 100^{cc} d'alcool et de 200^{cc} d'acide sulfurique concentré; on chauffe sans dépasser 170° ; le gaz qui se dégage est lavé d'abord à la soude pour absorber l'anhydride sulfureux et le gaz carbonique se produisant toujours à la fin de l'opération, puis à l'acide sulfurique concentré, qui s'empare des vapeurs d'alcool et d'éther entraînées. On le recueille sur l'eau, ou on le sèche par le chlorure de calcium et on le recueille sur le mercure.

80. Propriétés. — C'est un gaz incolore, d'une légère odeur éthérée, insipide ; $d = 0,971$, d'où un litre pèse 1^{gr},254 ; il est très peu soluble dans l'eau (environ 1/6 à 15°), plus soluble dans l'alcool ; il se liquéfie à 0° sous une pression de 44 atmosphères.

Si l'on chauffe assez fortement l'éthylène dans une cloche courbe, il se produit de l'éthane, de l'acétylène et des carbures goudronneux :

$$2C^2H^4 = C^2H^6 + C^2H^2 ;$$

si l'on élève la température jusqu'au ramollissement du verre, l'acétylène finit par dominer avec ses dérivés condensés (benzine, etc).

Combustion. — L'éthylène brûle à l'air avec une flamme très éclairante : si on l'enflamme dans une éprouvette, la combustion est incomplète, il y a dépôt de noir de fumée. La combustion complète est exprimée par l'équation

$$C^2H^4 + 3O^2 = 2CO^2 + 2H^2O ;$$

aussi un mélange de 1 vol. d'éthylène et de 3 vol. d'oxygène détone avec violence par le contact d'une flamme. La chaleur de combustion du poids moléculaire 28 de l'éthylène est de $341^{cal},4$; or 24^{gr} de carbone (diamant) en brûlant produisent 188^{cal}, et 4^{gr} d'hydrogène, 138 ; en tout 326 ; la différence $-15^{cal},4$ indique que la formation de l'éthylène en partant de ses éléments absorberait $15^{cal},4$; c'est donc un corps endothermique.

ACTION DU CHLORE. — L'action du chlore sur l'éthylène dépend des proportions des deux gaz et des circonstances dans lesquelles elle s'exerce :

1° Si l'on enflamme dans une grande éprouvette à pied un mélange récent de 1 vol. du carbure et de 2 vol. de chlore, il se produit une flamme rougeâtre qui descend lentement et un nuage de noir de fumée :

$$C^2H^4 + 2Cl^2 = 2C + 4HCl ;$$

2° Un mélange à volumes égaux des deux gaz abandonné dans une cloche reposant sur l'eau à la lumière diffuse, donne une combinaison directe : l'eau monte peu à peu et sa surface se recouvre de gouttelettes huileuses qui finissent par tomber au fond du cristallisoir ; ce liquide huileux, à odeur éthérée, est du bichlorure d'éthylène ou *liqueur des Hollandais* :

$$C^2H^4 + Cl^2 = C^2H^4Cl^2.$$

En présence d'un excès de chlore, on obtient des produits de substitution du précédent, $C^2H^3Cl^3$, $C^2H^2Cl^4$, C^2HCl^5, et enfin, en épuisant l'action du chlore, le sesquichlorure de carbone C^2Cl^6.

L'éthylène est absorbé par le *brome* et par l'*acide sulfurique ordinaire* ; ce dernier produit, par agitation très prolongée, l'acide sulfovinique $SO^4H — C^2H^5$, qui, distillé avec de l'eau, donne l'alcool ordinaire.

Enfin l'éthylène s'unit facilement aux hydracides; il se forme du chlorure, du bromure ou de l'iodure d'éthyle; le plus important est l'iodure d'éthyle C^2H^5I, qui se prête aisément aux doubles décompositions.

81. Synthèse et composition. — M. Berthelot a fait la synthèse de l'éthylène en chauffant dans une cloche courbe de l'acétylène avec un égal volume d'hydrogène : $C^2H^2 + H^2 = C^2H^4$.

D'après sa formule, *2 vol. de gaz éthylène sont formés par condensation de 2 vol. de vapeur de carbone et de 4 vol. d'hydrogène.* Comme vérification, on introduit dans l'eudiomètre à mercure 2 vol. du carbure avec un excès d'oxygène (10 vol.) ; après l'étincelle, l'eau ruisselle et il reste 8 vol. de gaz ; la potasse enlève 4 vol., qui sont du gaz anhydride carbonique; les quatre autres sont de l'oxygène, absorbable par le phosphore. Il a donc disparu 6 vol. d'oxygène, dont 2 ont formé de l'eau avec un volume double d'hydrogène (4 vol.) et 4 de l'anhydride carbonique avec 2 vol. de vapeur de carbone.

C^nH^{2n-2} # Carbures acétyléniques.   *(Éq.: $C^{2n}H^{2n-2}$)*

82. Ils ont pour type l'acétylène C^2H^2, le plus simple des carbures. On en connaît une quinzaine, tous artificiels; quelques-uns se rencontrent parmi les produits de la décomposition des pétroles au rouge sombre. Ils ont une odeur souvent alliacée, sont plus solubles dans l'eau que leurs correspondants éthyléniques et possèdent la plupart la propriété importante de précipiter les solutions ammoniacales de chlorure cuivreux et d'azotate d'argent.

Les carbures acétyléniques ont une grande tendance à fixer pour se saturer 4 éléments monovalents, comme 4Cl, 4Br ; ils sont donc *tétratomiques* ; ils jouent cependant quelquefois un rôle diatomique. Les plus importants après l'*acétylène*

$$= CH -- CH = , \quad \text{sont l'allylène } C^3H^4 \text{ ou } CH^3-\overset{|}{\underset{|}{C}}-CH= ;$$

le *crotonylène* C^4H^6, le *valérylène* C^5H^8, etc.

$$C^2H^2 \text{ ou } =CH-CH=$$

$$\text{ou}$$

$$H-\overset{|}{C}-\overset{|}{C}-H$$

Acétylène.   ($Éq.:$ C^2H^2)

83. Découvert en 1836 par Edm. Davy et étudié par M. Berthelot, c'est le plus stable des carbures et le seul qui ait été obtenu par union directe du carbone et de l'hydrogène. L'acétylène se forme toutes les fois qu'on décompose par la chaleur une matière organique volatile ; quand on fait passer du formène, de l'éthylène, du gaz d'éclairage, des vapeurs d'éther dans un tube de porcelaine chauffé au rouge. Il s'en produit aussi quand un composé organique brûle en présence d'un volume d'oxygène insuffisant ; ainsi mettons dans une éprouvette un peu d'éther avec du sous-chlorure de cuivre ammoniacal, et enflammons, en faisant tourner entre les doigts l'éprouvette inclinée ; nous verrons sur les parois un précipité rouge d'acétylure de cuivre.

84. Préparation. — Pour obtenir l'acétylène, on prépare d'abord de l'acétylure de cuivre par la combustion

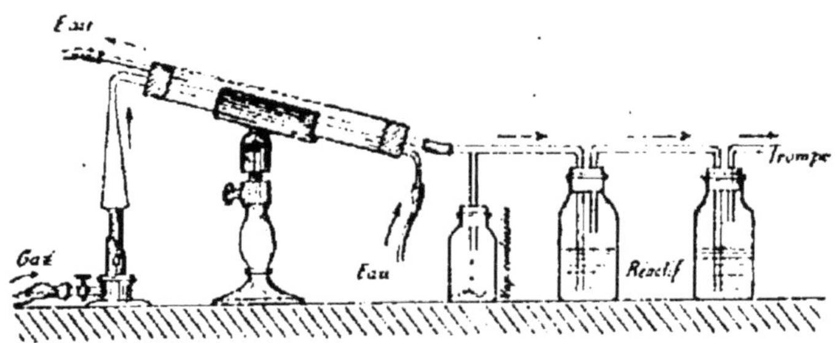

Fig. 25. — Appareil de Jungfleisch.

incomplète du gaz d'éclairage, à l'aide de l'appareil de Jungfleisch : à la cheminée d'un brûleur Bunsen (*fig.* 25), où l'on fait brûler le gaz intérieurement, on adapte un tube de laiton recourbé à angle aigu ; l'air et les produits de la combustion incomplète passent dans une branche descendante enveloppée d'un réfrigérant et se rendent dans quelques flacons, remplis à moitié d'une solution de chlorure cuivreux dans l'ammoniaque. L'aspiration est déterminée par une trompe ; on règle le tirage de manière que la flamme intérieure du brûleur soit près de sortir par les orifices latéraux donnant passage à l'air. Le précipité rouge d'acétylure est lavé par décantation avec de l'eau ammoniacale ; on le conserve en pâte demi-liquide dans des flacons bien bouchés.

Pour avoir de l'acétylène, on chauffe un peu de cette pâte avec de l'acide chlorhydrique dans un petit ballon à tube de sûreté ; le gaz traverse un flacon laveur et est recueilli sur le mercure :

$$C^2H^2Cu^2O + 2HCl = C^2H^2 + H^2O + Cu^2Cl^2.$$

85. Propriétés. — L'acétylène est un gaz incolore, d'une odeur désagréable ; sa densité est 0,91 ; elle est conforme à la densité théorique, $\dfrac{26}{28,88}$; 1 litre pèse $1^{gr},17$. L'acétylène est soluble dans son volume d'eau, plus soluble dans l'alcool et le pétrole (6 vol.) ; il a été liquéfié par Cailletet à 0° et 48^{atm}. Il est toxique.

Chauffé au rouge sombre dans une cloche courbe reposant sur le mercure, et dont la partie supérieure est enveloppée d'une feuille de clinquant, l'acétylène se condense en grande partie en carbures polymères : benzine C^6H^6, styrolène C^8H^8, etc., avec des traces de naphtaline et de charbon ; finalement, le volume gazeux est réduit à environ $\dfrac{1}{5}$ du volume primitif et n'est plus composé que d'hydrogène avec un peu de formène et d'éthylène. Si l'on fait passer un courant d'acétylène dans un tube de porcelaine chauffé au rouge vif, le gaz se décompose presque entièrement en carbone et hydrogène.

COMBUSTION. — L'acétylène brûle avec une flamme blanche éclairante, un peu fuligineuse. Si l'oxygène est insuffisant (combustion dans une éprouvette étroite), il y a dépôt de charbon. Avec 5 vol. d'oxygène pour 2 vol. du carbure, la combustion est complète :

$$C^2H^2 + 5O = 2CO^2 + H^2O;$$

aussi un mélange des deux gaz dans cette proportion détone-t-il avec violence. La chaleur de combustion du poids moléculaire de l'acétylène est égale à **318** calories; celle de ses éléments brûlés séparément est $(94 \times 2) + (34,5 \times 2) = 257$. La différence montre que la formation directe de 26^{gr} d'acétylène se fait avec absorption de chaleur de 61 calories. C'est donc un corps endothermique, ce qui explique sa décomposition en ses éléments, avec explosion, par la détonation d'un peu de fulminate de mercure introduit dans ce gaz (Berthelot).

Une *oxydation ménagée* transforme l'acétylène en acide oxalique :

$$C^2H^2 + 2O^2 = C^2H^2O^4;$$

pour le démontrer, on verse peu à peu, dans un flacon plein d'acétylène, une solution de permanganate de potassium rendue alcaline par un excès de potasse; la coloration violette du permanganate disparaît ; il se dépose des flocons bruns de bioxyde de manganèse, et une addition de sulfate de cuivre donne un précipité blanc d'oxalate de cuivre.

ACTION DU CHLORE. — Quand on expose à la lumière un mélange de chlore et d'acétylène, il se forme, quoique assez difficilement, deux combinaisons : le protochlorure, $C^2H^2Cl^2$, et le perchlorure, $C^2H^2Cl^4$, tous deux liquides, à odeur de chloroforme. Si l'on enflamme un mélange à volumes égaux des deux gaz, il y a détonation, formation d'acide chlorhydrique et dépôt de noir de fumée :

$$C^2H^2 + Cl^2 = 2HCl + 2C.$$

Le brome réagit également sur l'acétylène à froid ; l'iode n'agit qu'à 100°, en donnant un iodure cristallisé, $C^2H^2I^2$.

L'acétylène se combine directement avec l'*hydrogène naissant* ou au rouge pour donner de l'éthylène + 46 cal. ; avec l'*azote* sous l'influence d'une série d'étincelles, on obtient de l'acide cyanhydrique :

$$C^2H^2 + Az^2 = 2(CAzH) + 56 \text{ cal.}$$

Enfin l'acétylène est absorbé rapidement par les solu-

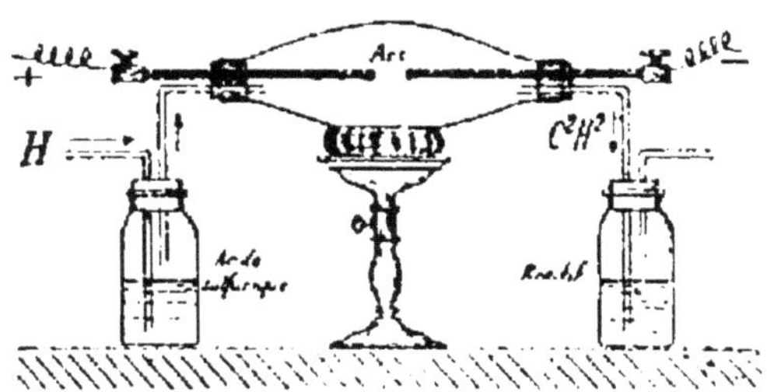

Fig. 26. — Synthèse de l'acétylène.

tions ammoniacales de chlorure cuivreux et d'azotate d'argent ; avec le premier il se produit de l'acétylure cuivreux, $(C^2HCu)^2O$, rouge marron, détonant à 100° ou par le choc ; avec le second, de l'acétylure d'argent, précipité blanc, détonant, ne devant, comme le précédent, être manié qu'humide.

86. Synthèse et composition. — M. Berthelot a fait la synthèse de l'acétylène en combinant directement le carbone et l'hydrogène sec par l'arc voltaïque (*fig.* 26) ; l'acétylène produit est absorbé par du chlorure cuivreux ammoniacal. On vérifie par l'eudiomètre, comme pour les carbures précédents, que *2 vol. d'acétylène sont formés de 2 vol. de vapeur de carbone et de 4 vol. d'hydrogène.*

C^nH^{2n-4} **Carbures térébéniques.** (*Éq. :* $C^{2n}H^{2n-4}$)

87. On les appelle aussi *carbures camphéniques* ou *terpènes*. Les plus simples ont la formule $C^{10}H^{16}$ et ont pour type le *térébenthène* ou *essence de térébenthine* : ils sont très nombreux. Seuls ou mélangés à d'autres carbures, à des alcools, etc., ils constituent la plupart des essences végétales. Tous ces carbures isomères se distinguent par quelques propriétés physiques ou chimiques, comme l'odeur, la densité, le point d'ébullition, l'action de l'acide chlorhydrique, etc.

Les principaux isomères du térébenthène sont le *térébène* et le *terpilène*, liquides ; les *isotérébenthènes* (citrène, carvène), liquides à odeur citronnée ; les *camphènes*, solides.

La chaleur et divers réactifs chimiques, comme l'acide sulfurique, les transforment en carbures polymères, dont les plus connus sont les *sesquitérébenthènes*, $C^{15}H^{24}$, liquides, existant aussi dans les essences de copahu et de cubèbe ; le *colophène* ou ditérébène, $C^{20}H^{32}$, liquide visqueux ; et les *polytérébenthènes*, $(C^{10}H^{16})^n$, solides résineux, formant le caoutchouc, la gutta-percha, etc.

$C^{10}H^{16}$ **Essence de térébenthine.** (*Éq. :* $C^{20}H^{16}$)

88. Extraction. — Quand on pratique des incisions au tronc des conifères, et principalement des pins, il s'en écoule un liquide visqueux, durcissant rapidement à l'air ; on l'appelle *térébenthine* ou *gemme* : c'est un mélange d'essence de térébenthine et d'une résine, la colophane. En France, à Bordeaux, la gemme du pin maritime des Landes, recueillie par des entailles, est d'abord fondue ; on la débarrasse des débris végétaux, qui remontent à la surface, puis on l'introduit dans un appareil de distillation en cuivre, muni d'un serpentin refroidi par de l'eau ;

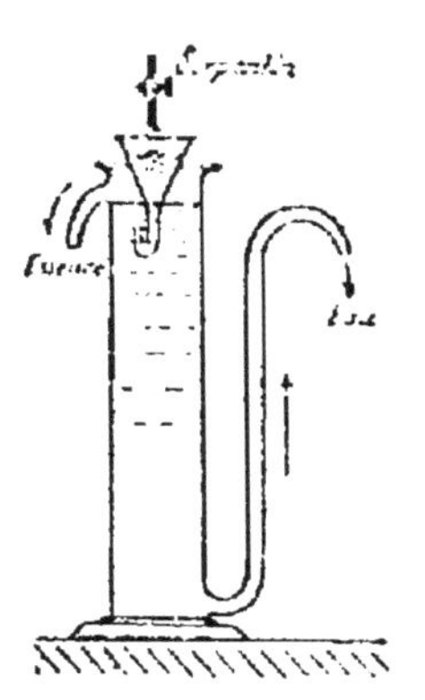

Fig. 27
Récipient florentin.

à la sortie du serpentin, l'essence distillée est reçue dans un récipient florentin (*fig.* 27). L'eau à laquelle elle est mélangée (la distillation se fait par un courant de vapeur) s'écoule par le col de cygne, tandis que l'essence, plus légère, remonte à la surface et se rend dans les fûts destinés à la recueillir. Quand le liquide distillé ne renferme plus d'essence, on fait couler la colophane par un robinet de vidange dans un bac où elle se solidifie. Elle est jaune ou brune suivant la pureté de la gemme ; elle sert à faire les chandelles de résine.

L'essence obtenue est l'*essence française* ou *térébenthène* ; c'est un liquide incolore, très mobile et très réfringent, d'une odeur caractéristique, de densité 0,876 à 0° ; insoluble dans l'eau, très soluble dans l'alcool et l'éther, déviant à gauche le plan de polarisation de la lumière.

Dans le commerce, on trouve en outre :   ·

L'*essence anglaise* ou *australène*, extraite en Amérique du pin des marais, originaire d'Australie ; elle a une saveur âcre, brûlante et dévie à droite le plan de polarisation de la lumière ;

L'*essence de térébenthine de Venise*, extraite du mélèze ;

L'essence russe, du pin sylvestre ;

L'essence du Canada, vulgairement appelée baume du Canada, jaunâtre et visqueuse.

Chacune de ces essences est formée par un térébenthène spécial, mais toutes ont les mêmes propriétés chimiques.

89. Propriétés chimiques. — ACTION DE L'OXYGÈNE. — Abandonnée à l'air, l'essence de térébenthine absorbe peu à peu l'oxygène, jaunit, et à la longue finit par se transformer en une masse résineuse solide. Elle brûle au contact d'un corps enflammé, avec une flamme rougeâtre, très fuligineuse.

ACTION DES ACIDES. — L'acide chlorhydrique s'unit directement à l'essence et donne trois chlorhydrates. Si l'on fait passer un courant de gaz acide chlorhydrique dans de l'essence refroidie, il se forme des cristaux de mo nochlorhydrate solide, $C^{10}H^{16}.HCl$; c'est le *camphre artificiel*, qui a l'odeur du camphre ; chauffé avec un sel alcalin d'un acide organique faible, comme un stéarate, il se décompose en HCl, qui s'unit à la base, et en un carbure isomère du térébenthène, le *camphène*. Le liquide dans lequel s'est formé le camphre artificiel renferme en outre un monochlorhydrate liquide. Enfin il existe un dichlorhydrate solide, $C^{10}H^{16}.2HCl$, d'où l'on peut retirer le *citrène*, autre isomère du térébenthène.

Si l'on verse de l'acide azotique fumant sur de l'essence de térébenthine, on détermine son inflammation ; mais si on la chauffe longtemps avec de l'acide azotique étendu, elle s'oxyde et se transforme peu à peu en divers acides (acétique, oxalique, téréphtalique).

L'acide sulfurique réagit sur l'essence avec dégagement de chaleur : il se forme divers carbures, principalement un isomère, le *térébène*, et un polymère, le *co-*

lophène ou ditérébène, se distinguant tous deux du térébenthène parce qu'ils n'ont aucune action sur la lumière polarisée.

L'essence forme avec l'eau plusieurs hydrates cristallisés : le plus important est le dihydrate ou *terpine*, $C^{10}H^{16}.2H^2O$, obtenu en abandonnant pendant quelques jours un mélange de 8 parties d'essence, 2 d'acide azotique et 1 d'alcool à 80°. Sa solution, traitée par un courant de gaz chlorhydrique, donne le dichlorhydrate, $C^{10}H^{16}.2HCl$.

90. Usages. — On utilise le pouvoir dissolvant de l'essence de térébenthine dans la peinture sur porcelaine, la fabrication des vernis dits à l'essence. Cette essence sert à dissoudre des matières grasses, des résines, le caoutchouc ; mélangée à neuf fois son volume d'alcool, elle constitue le *gaz liquide* employé pour l'éclairage ; mélangée à l'essence de citron par parties égales, elle forme l'*essence vestimentale*, destinée à enlever les taches de graisse ; enfin l'essence de térébenthine est quelquefois utilisée en médecine.

Essences végétales.

91. Un grand nombre d'essences végétales (autrefois appelées huiles essentielles) sont des isomères de l'essence de térébenthine, $C^{10}H^{16}$; telles sont les essences de sabine, de girofle, de camomille, de thym, de lavande, etc.; d'autres sont des polymères (essences de citron et d'orange, de genièvre). Toutes ces essences ne diffèrent généralement que par quelques propriétés physiques.

Les essences les plus fugaces (violette, jasmin) s'obtiennent en disposant des couches alternatives de fleurs fraîches et de ouate imbibée d'une huile grasse pure et inodore ; l'huile dissout l'essence et on l'en sépare ensuite par distillation. On extrait les autres essences en distillant avec de l'eau les parties des végétaux qui les contiennent, dans un alambic chauffé par la condensation d'un courant de vapeur d'eau arrivant au fond. L'essence entraînée avec la vapeur d'eau se condense d'abord dans un serpentin entouré d'eau froide, puis est reçue dans un récipient florentin, d'où l'eau gagne le fond et s'écoule par le col de cygne, tandis que l'essence, plus légère, est reçue par une tubulure opposée.

Les essences ont en général une odeur vive et pénétrante, une saveur brûlante ; elles sont peu solubles dans l'eau, solubles dans l'alcool et l'éther ; elles ne sont ni grasses ni onctueuses au toucher, et la tache qu'elles produisent sur le papier disparaît par évaporation ; elles brûlent avec une flamme fuligineuse. Quand elles sont abandonnées à l'air, elles absorbent de l'oxygène comme l'essence de térébenthine et prennent une odeur particulière ; leur couleur se fonce et elles se transforment en résines.

Dissoutes dans l'alcool, elles sont employées en parfumerie pour les eaux de toilette, l'eau de Cologne, et pour aromatiser les pommades et savons ; leur fabrication est en grande partie concentrée à Grasse.

92. Les résines résultent de l'oxydation des essences végétales, oxydation qui s'effectue souvent dans la plante elle-même ; elles sont solides, jaunes ou brunes, plus ou moins transparentes, à cassure conchoïdale, insolubles dans l'eau, solubles dans l'alcool et l'éther ; elles brûlent à l'air avec une flamme fuligineuse; avec les alcalis la plupart des résines se comportent comme des acides faibles.

Les principales résines sont la *colophane* (mélange d'acides pinique et sylvique isomères, $C^{40}H^{64}O^2$), résidu de la fabrication de l'essence de térébenthine (sa distillation fournit des essences de résine utilisées pour nettoyer les pièces de machine, et les huiles de résine blondes, bleues et vertes obtenues successivement et servant au graissage des machines, des wagonnets de mine, à la confection de certaines encres d'imprimerie) ; la *sandaraque*, extraite du Thuya ; le *copal*, de l'Hymenœa ; le *jalap*, du liseron ; la *laque*, employée pour la cire à cacheter; le *succin* ou *ambre jaune*, résine fossile des bords de la Baltique, jaune, translucide, brûlant avec une odeur aromatique ; elle provient de conifères et a dû être primitivement liquide, car elle présente des empreintes d'insectes très bien conservées.

Les BAUMES sont des résines contenant de l'acide benzoïque; ils ont une odeur aromatique ; par la chaleur, ils laissent sublimer cet acide benzoïque. Ce sont le *benjoin*, les *baumes* de *Tolu*, du *Pérou*, le *styrax*.

Les GOMMES-RÉSINES sont des résines mélangées à des gommes ou à des matières albuminoïdes ; on les obtient par évaporation du latex de certaines plantes ; les plus importantes sont l'*assa-fœtida*, extrait de la fécule (ombellifère), la *scammonée*, l'*encens*, la *myrrhe*, la *gomme-gutte*.

Les *vernis* sont des solutions de résines ou de baumes dans l'alcool (vernis pour meubles), dans l'essence de térébenthine (vernis pour métaux) ou dans l'huile de lin (vernis pour voitures) ; ils sèchent à l'air et laissent les corps imprégnés d'un vernis solide qui les préserve de l'humidité.

93. Le caoutchouc provient de la dessiccation à l'air du suc blanc, laiteux, s'écoulant d'incisions pratiquées aux troncs des *Hevea* et *Siphonia* du Brésil, du *Ficus elastica* des Indes. On frappe ces arbres à la hache; le liquide qui s'écoule est reçu dans de petits bacs dans lesquels on trempe des poires en argile ; le suc y adhère en se desséchant ; on a ainsi le caoutchouc brut, coloré en brun par l'action prolongée de la lumière. A son arrivée en Europe, on le débarrasse d'abord des débris de bois en le faisant passer entre deux cylindres tournant en sens inverse sous un mince filet d'eau ; il est alors réduit en feuilles, que l'on sèche et que l'on saupoudre d'un peu de litharge ; on les fait repasser ensuite entre deux cylindres laminoirs, qui les compriment, et on les abandonne pendant quelques mois dans une cave ; après quoi une scie mécanique divise le caoutchouc en fils fins pour faire des tissus élastiques, ou bien les découpe en feuilles dont on comprime fortement les sections l'une contre l'autre pour avoir les tubes.

Le caoutchouc est blanc, inodore, insipide ; de densité 0,93 ; il est insoluble dans l'eau, se gonfle dans l'éther, la benzine et se dissout dans un mélange de sulfure de carbone et de 5 °/₀ d'alcool absolu ; il est élastique entre 10 et 35° ; aux basses températures il durcit, et à 180° il fond en un liquide huileux ; il brûle à l'air avec une flamme éclatante ; par la chaleur, il se décompose et donne divers carbures dont le principal est la *caoutchine*, $C^{10}H^{16}$.

Le caoutchouc sert à faire des tubes, bouchons, tissus élastiques ; on l'emploie comme dialyseur, les gaz le traversant avec des vitesses très différentes ; dissous dans un mélange de sulfure de carbone et d'alcool absolu et étendu à la surface des étoffes, il rend celles-ci imperméables. Il peut se combiner au soufre, qui lui donne de la dureté ; on a alors le *caoutchouc vulcanisé*, obtenu en plongeant le caoutchouc dans du sulfure de carbone additionné de 2 °/₀ de chlorure de soufre, ou dans un bain de soufre fondu à 120° ; si la proportion de soufre atteint 25 °/₀, le caoutchouc est dur comme l'ivoire ; on l'emploie alors en électricité sous le nom d'*ébonite*.

La *gutta-percha* est le suc laiteux épaissi des *Inosandra* de Chine ; elle est noire, sa densité est 0,98, elle est soluble dans le sulfure de carbone ; dure à la température ordinaire, elle se ramollit dans l'eau chaude et peut alors se souder à elle-même. On l'utilise pour isoler les fils des câbles, pour faire des flacons, cuvettes, etc., pour préparer les moules destinés à la galvanoplastie.

Carbures aromatiques.

94. Le carbure générateur des carbures aromatiques est l'acétylène. Nous avons vu que chauffé dans une cloche courbe, il se transforme en divers produits, dont le dominant est la benzine, qui pourrait être appelée triacétylène. La benzine, à son tour, sous diverses influences, donne la plupart des autres carbures aromatiques, et en parlant de ceux-ci on peut la régénérer ; elle est donc comme le point de départ, le noyau central

de tous ces carbures, et nous verrons en effet sa molécule plus ou moins modifiée entrer dans leur constitution. Un grand nombre de ces carbures se produisent
dans la distillation de la houille, soit directement, soit
par réaction les uns sur les autres. On les divise en plusieurs groupes, dont nous signalerons les plus importants :

Groupe benzinique, C^nH^{2n-6}, comprenant la benzine et ses homologues supérieurs : toluène, C^7H^8 ;
xylènes, C^8H^{10} ; cumènes, C^9H^{12} ; cymènes, $C^{10}H^{14}$; etc.

Groupe de l'anthracène, dont le type est l'anthracène,
$C^{14}H^{10}$.

Groupe de la naphtaline : naphtaline, $C^{10}H^8$; acénaphtène, $C^{12}H^{10}$.

Groupe des paraffènes, C^nH^{2n}, se rencontrant dans les
pétroles russes.

95. Constitution de la benzine. — La benzine provient de la
réunion de 3 molécules d'acétylène au rouge naissant :
$3C^2H^2 = C^6H^6$. Écrivons 3 fois la molécule
de l'acétylène développée $= CH - CH =$;
nous aurons une chaîne fermée

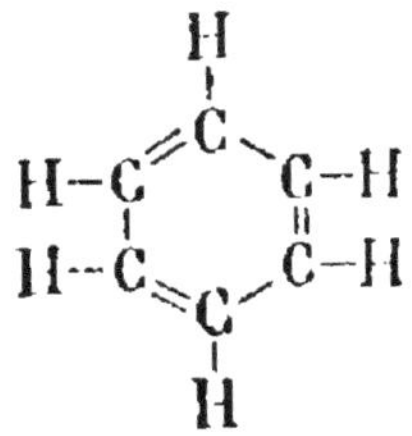

$$CH = CH - CH$$
$$CH = CH - CH$$

à laquelle on donne gé-
néralement la forme d'un hexagone régulier, d'après Kékulé (1865) ; les sommets
sont occupés par les 6 atomes de carbone,
qui ont chacun leurs 4 atomicités satisfaites
par 1 atome d'hydrogène et les liaisons
simple et double existant de chaque côté. Ce mode de représentation graphique de la molécule de benzine est celui qui
se prête le mieux à l'interprétation des faits :

1° Sa forme en noyau indique la grande stabilité de la
benzine, à laquelle tendent plus ou moins à revenir les composés aromatiques par la chaleur ;

2° La benzine se comporte ordinairement comme un corps

Schéma de Kékulé.

saturé, en donnant des dérivés par substitution; elle peut néanmoins s'ajouter $6\,Cl\,(C^6H^6Cl^6)$, les doubles liaisons se dédoublant comme l'indique le schéma ci-contre;

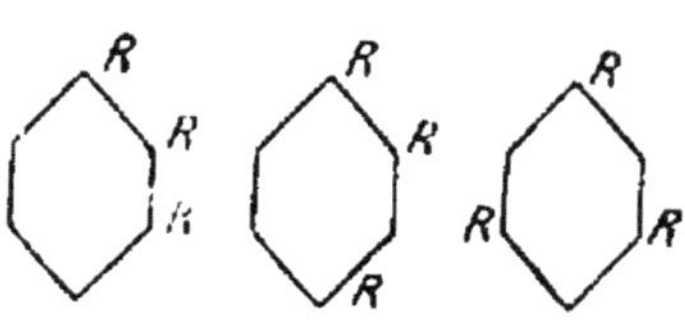

Schéma de l'hexachlorure de benzine.

3° *La benzine ne peut donner qu'une série de dérivés monosubstitués*, car les 6 atomes d'hydrogène étant identiques, la substitution produira des composés identiques; en effet, on ne connaît qu'un seul chlorure C^6H^5Cl, un seul phénol $C^6H^5(OH)'$, etc.;

4° Pour les dérivés bisubstitués, trisubstitués, etc., on prévoit d'après ce schéma le nombre des isomères qui se produiront.

Dans les dérivés bisubstitués, que les éléments ou radicaux substitués soient identiques ou différents, il y a toujours 3 isomères : la substitution peut porter sur 2 atomes d'hydrogène voisins, 2H séparés par un autre H ou sur 2H extrêmes; le premier est appelé un *orthodérivé*, le second un *métadérivé*, le troisième un *paradérivé*; ainsi il existe 3 benzines dichlorées, $C^6H^4Cl^2$; 3 phénols, $C^6H^4(OH)^2$; 3 xylènes, $C^6H^4(CH^3)^2$, etc.

Phénols diatomiques.

I. Ortho (pyrocatéchine).   II. Méta (résorcine).   III. Para (hydroquinone).

Dans les dérivés trisubstitués, il n'y a que 3 isomères possibles si les 3 éléments ou radicaux sont identiques, ce qui correspond à la formule générale $C^6H^3R^3$; 6 si 2 éléments ou radicaux seulement sont les mêmes, formule générale $C^6H^3R^2R'$; et 10 s'ils sont tous trois différents,

3 radicaux identiques.

$C^6H^3RR'R''$, sans que jamais l'expérience ait dépassé ces nombres. Enfin, pour plus de 3 éléments ou radicaux substitués, le

Dérivés trisubstitués : 2 éléments ou radicaux identiques.

nombre des isomères indiqué par le schéma augmente rapidement ; pour 6 éléments différents, il peut en exister 60.

C^6H^6 **Benzine.** $(\acute{E}q. : C^{12}H^6)$

Syn. : Benzol, hydrure de phényle.

96. Découverte en 1825 par Faraday dans les produits de la distillation des huiles, elle existe aussi dans ceux de la distillation de la houille et des matières grasses.

M. Berthelot en a fait la synthèse, comme on l'a vu, en chauffant de l'acétylène dans une cloche courbe (*fig.* 28); 3 molécules se soudent : $3C^2H^2 = C^6H^6$.

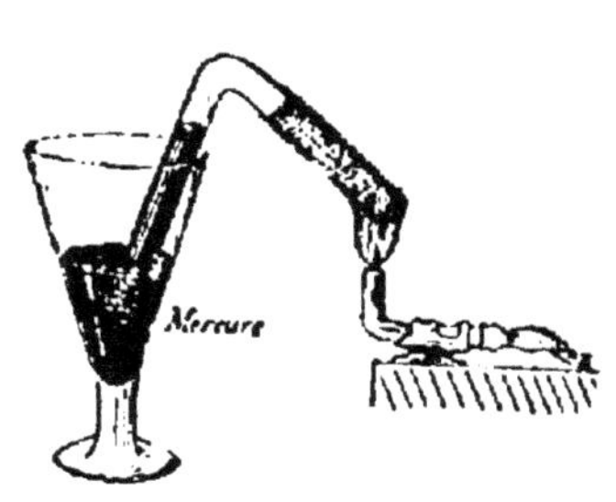

Fig. 28.
Synthèse de la benzine.

Dans les laboratoires, on peut obtenir de la benzine pure en distillant un mélange intime de 1 p. d'acide benzoïque et de 3 p. de chaux vive :

$$C^7H^6O^2 + CaO = C^6H^6 + CO^3Ca.$$

Dans l'industrie, on la retire en grand des goudrons de houille ; la benzine commerciale contient toujours un peu de toluène et de thiophène, C^6H^4S, qui lui ressemble beaucoup ; on la purifie en la refroidissant à 0° ; elle cristallise ; on la sépare et on répète plusieurs fois l'opération.

97. Propriétés. — La benzine est un liquide incolore, d'une odeur forte assez agréable, d'une saveur douce ; elle est très mobile ; sa densité est 0,90 à 0°, 0,885 à 15° ; elle se solidifie à 4°,5 en pyramides du système orthorhombique ; elle bout à 80°,3. Elle est insoluble dans l'eau, soluble dans l'alcool, l'éther, le sulfure de carbone ; elle dissout elle-même l'iode, le soufre, le phosphore (surtout à chaud), les huiles grasses et les essences, le caoutchouc, la morphine, la quinine, le camphre, la cire.

Action de la chaleur. — Si l'on fait passer les vapeurs de benzine dans un tube chauffé au rouge, elles se décomposent et donnent divers carbures et de l'hydrogène :

$$2C^6H^6 = H^2 + C^{12}H^{10} \text{ (diphényle)},$$

$$3C^6H^6 = H^6 + C^{18}H^{12} \text{ (chrysène)} ;$$

à des températures élevées, elle peut s'unir au formène :

$$C^6H^6 + CH^4 = H^2 + C^7H^8 \text{ (toluène)},$$

à l'éthylène :

$$2C^6H^6 + 2CH^4 = 5H^2 + C^{14}H^{10} \text{ (anthracène)}.$$

Elle s'enflamme facilement et brûle avec une flamme blanche éclairante, fuligineuse :

$$C^6H^6 + 15O = 6CO^2 + 3H^2O.$$

Action de l'oxygène. — L'oxygène libre n'a pas d'action sur la benzine, mais les corps oxydants la transforment en divers acides, quoique assez difficilement : le permanganate de potassium donne de l'acide oxalique :

$$C^6H^6 + 6O^2 = 3C^2H^2O^4 \; ;$$

un mélange de bioxyde de manganèse et d'acide sulfurique donne de l'acide benzoïque, $C^7H^6O^2$, et de l'acide phtalique, $C^8H^6O^4$.

98. Produits de substitution. — Le remplacement de l'hydrogène de la benzine :

Par le chlore, le brome, l'iode, donne les *dérivés chlorés, bromés, iodés :* benzine monochlorée, C^6H^5Cl, benzines bichlorées, $C^6H^4Cl^2$, etc. ;

Par un ou plusieurs radicaux oxhydriles $(OH)'$; les *phénols :* phénol ordinaire, $C^6H^5(OH)$, pyrogallol, $C^6H^3(OH)^3$, etc. ;

Par un ou plusieurs groupes monovalents $(AzO^2)'$, les *dérivés nitrés :* nitrobenzine, $C^6H^5.AzO^2$, dinitrobenzines, $C^6H^4(AzO^2)^2$;

Par un ou plusieurs groupes $(AzH^2)'$, des *ammoniaques composées :* aniline, $C^6H^5.AzH^2$, toluidines, $C^6H^4(AzH^2)^2$;

Enfin, par un des radicaux ou carbures incomplets, CH^3, C^2H^5, etc., les *homologues supérieurs* de la benzine : toluène, $C^6H^5.CH^3$, etc.

ACTION DU CHLORE. — 1° Sous l'influence de la lumière solaire, le chlore et la benzine donnent un produit d'addition ; pour faire l'expérience, on verse un peu de benzine dans un flacon plein de chlore et on expose le tout au soleil ; après quelques minutes, le chlore a disparu et le flacon est tapissé de cristaux d'hexachlorure de benzine, $C^6H^6Cl^6$, transparents et insolubles dans l'eau. La flamme du magnésium produirait le même résultat.

2° Si l'on fait passer un courant de chlore dans de la benzine ayant dissous un peu d'iode pour faciliter la réaction, on obtient la série régulière des produits de substitution : la benzine monochlorée, C^6H^5Cl, liquide incolore ; une benzine dichlorée, $C^6H^4Cl^2$, cristaux d'une odeur forte se déposant sur le col de la cornue qui contient la benzine ; une trichlorée, $C^6H^3Cl^3$, et, si la température devient de plus en plus élevée, une tétrachlorée, $C^6H^2Cl^4$, une pentachlorée, C^6HCl^5, et une perchlorée C^6Cl^6 ; ces trois dernières sont des solides cristallisables en aiguilles brillantes. On connaît les 3 benzines dichlorées ortho, méta, para ; les 3 trichlorées, 3 tétra, 2 penta et 1 perchlorée.

ACTION DE L'ACIDE SULFURIQUE. — L'acide sulfurique fumant dissout la benzine et, suivant la température et les proportions, donne trois composés acides dont les deux principaux sont l'acide phénylsulfureux, $C^6H^5.SO^3H$, liquide incolore pouvant servir à la synthèse du phénol, et l'acide phényldisulfureux, $C^6H^4(SO^3H)^2$ (on obtient les dérivés para et méta).

99. Usages. — La benzine du commerce sert à dissoudre le caoutchouc, la gutta-percha, l'iode, la quinine ; elle est employée pour le dégraissage (mélange de 3 p. de benzine et de 1 p. d'alcool) ; elle sert à faire des vernis ; avec 2 p. d'alcool elle donne l'huile sans fumée. La plus grande partie des *benzols* (mélange de benzine et de toluène) que l'on retire des goudrons de houille (101) est transformée en nitrobenzine, puis en aniline pour la fabrication des couleurs d'aniline.

100. Nitrobenzine, $C^6H^5(AzO^2)'$. — Elle a été découverte par Mitscherlich. On la prépare *dans les laboratoires* en versant goutte à goutte 1 p. de benzine pure dans un mélange de 1 p. d'acide azotique fumant et de 1/2 p. d'acide sulfurique : on agite après chaque addition de benzine et on verse le liquide jaune obtenu dans un grand verre plein d'eau ; la nitrobenzine se sépare en gouttelettes huileuses au fond du verre. Il faut avoir soin de refroidir en le plongeant dans l'eau le vase contenant le mélange des deux acides ; on évite ainsi une trop forte élévation de température et la production de vapeurs nitreuses.

Dans l'industrie, on obtient la nitrobenzine avec les benzols provenant des goudrons de houille ; on les introduit dans des chaudières en fonte de 1me, munies d'un agitateur mécanique (*fig.* 29); un mélange de 2 p. d'acide azotique ordinaire et de 1 p. d'acide sulfurique concentré

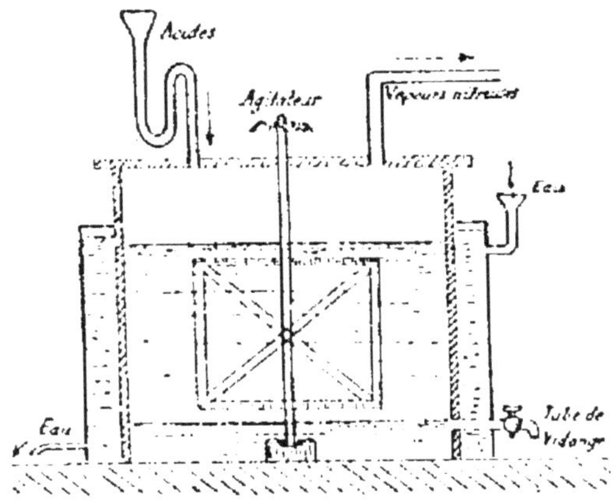

Fig. 29. — Préparation de la nitrobenzine.

arrive en petites portions par un tube recourbé. Pour éviter une production trop considérable de vapeurs nitreuses, chaque chaudière est entourée d'une chemise en tôle dans laquelle circule constamment de l'eau froide. Après 10 heures l'opération est terminée :

$$C^6H^6 + AzO^3H = C^6H^5.AzO^2 + H^2O.$$

L'acide sulfurique, plus dense, est d'abord écoulé par le tube de vidange, puis la nitrobenzine est séparée de la benzine qu'elle contient par distillation et lavée avec grand soin à l'eau alcaline et à l'eau pure. Ce lavage se fait dans une série de cuves en bois (*fig.* 30) au fond desquelles l'eau débouche par un tuyau en pomme d'arrosoir. L'eau de lavage s'écoule par un tuyau en plomb

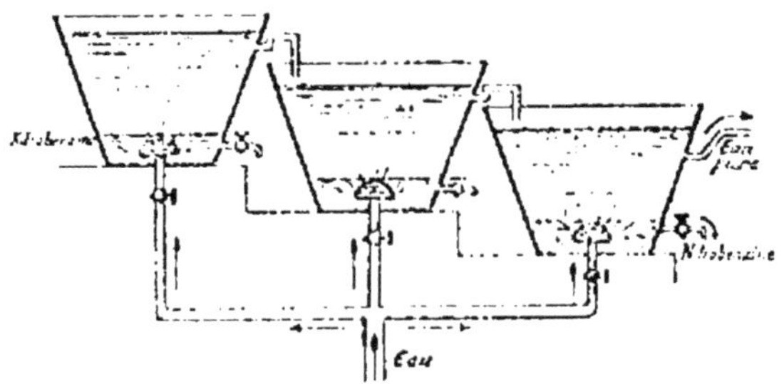

Fig. 30. — Lavage de la nitrobenzine.

recourbé, dépose la nitrobenzine entraînée au fond de la seconde cuve, se rend dans la troisième et ne va à la rivière que complètement débarrassée de nitrobenzine ; celle-ci se rassemble à la partie inférieure des cuves par le repos et est soutirée par un robinet.

La nitrobenzine est un liquide huileux, jaunâtre, d'une odeur agréable d'amandes amères et d'une saveur douce ; sa densité est 1,2 ; elle est insoluble dans l'eau, soluble dans l'alcool et l'éther ; elle bout à 220° ; elle est toxique.

Par les agents réducteurs, comme le zinc et l'acide chlorhydrique, les sels ferreux, la limaille de fer et l'acide acétique, elle fixe de l'hydrogène et se transforme en aniline :

$$C^6H^5.AzO^2 + 3H^2 = C^6H^5.AzH^2 + 2H^2O.$$

Si l'on chauffe la nitrobenzine avec des volumes égaux d'acide azotique fumant et d'acide sulfurique concentré, on obtient les trois *dinitrobenzines* (ortho, méta, para), toutes trois solides, plus ou moins solubles dans l'alcool ; enfin si l'on chauffe dans les mêmes conditions la méta-dinitrobenzine, on obtient une *trinitrobenzine*, $C^6H^3(AzO^4)^3$.

La plus grande partie de la nitrobenzine est employée à la fabrication de l'aniline ; son odeur la fait employer dans la parfumerie grossière sous le nom d'essence de mirbane.

101. Traitement des goudrons de houille. — *Les goudrons de houille sont des liquides noirs, visqueux, à odeur aromatique forte, insolubles dans l'eau.* On les utilise directement pour enduire le bois, le fer des vaisseaux, pour colorer les poteries ; on s'en sert dans la préparation des cartons pour toitures, des asphaltes, du noir de fumée, des agglomérés, des briques, etc. Leur composition est très complexe et varie avec la nature des houilles et la température à laquelle ces houilles ont été portées ; ils renferment de l'eau, du sulfure de carbone et de l'acide acétique ; une foule de *carbures aromatiques* : benzine (point d'ébullition 80°), toluène (110°), xylène (139°), cumène (166°), naphtaline (212°), acénaphtène (285°), anthracène (300°) ; des *phénols :* phénol ordinaire (bout à 188°), crésol (203°), etc.; des *ammoniaques composées :* aniline (182°), toluidines, etc. Tous ces produits dérivent des carbures d'hydrogène par condensation moléculaire et combinaison les uns avec les autres.

Dans les usines à gaz, on cherche surtout à transformer en gaz tous les produits de décomposition de la houille, aussi la porte-t-on à une température très élevée et n'obtient-on que 5 °/₀ de son poids de goudron ; d'ailleurs, la quantité totale de goudron que produisent ces usines serait insuffisante. Il y a des *fabriques spéciales de goudron*, dans lesquelles on distille la houille à basse température et on entraîne rapidement les produits de la distillation pour éviter leur décomposition. La quantité de goudron obtenue varie avec les espèces de charbons ; elle atteint 12 °/₀ avec le *cannel-coal*.

A la sortie des appareils de condensation, le goudron est

recueilli dans de grandes citernes, puis on sépare les *eaux ammoniacales*, qui nuiraient à la régularité de la distillation, en produisant une mousse abondante. Le goudron est amené dans un grand bac en tôle qu'on chauffe par la vapeur à 90° ; les produits très volatils se dégagent par un tube supérieur et se condensent dans un serpentin, les goudrons fluidifiés par la chaleur montent à la surface ; on soutire l'eau réunie à la partie inférieure du bac.

La distillation des goudrons déshydratés s'effectue dans de grandes chaudières cylindriques de 25.000 litres,

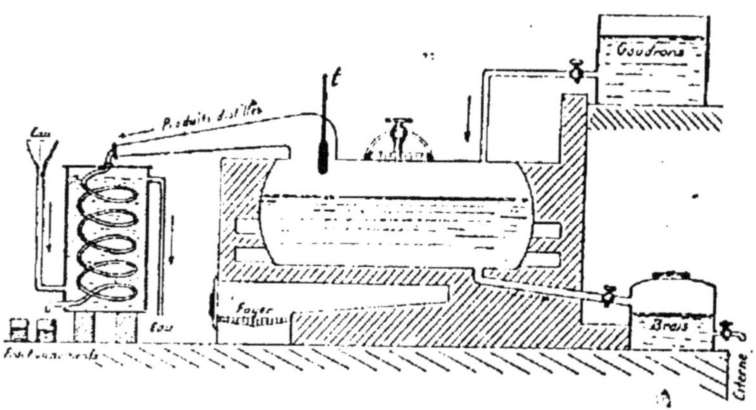

Fig. 31. — Distillation des goudrons.

en tôle et chauffées à feu nu (*fig.* 31). Chaque chaudière est munie d'un robinet de vidange opposé au foyer, d'un tuyau de chargement, d'un trou d'homme pour le nettoyage et d'un chapiteau contenant un thermomètre et communiquant avec un serpentin refroidi.

On fait généralement trois fractionnements, dont les produits sont recueillis dans trois serpentins différents : 1° *huiles légères* de 50° à 150° ; 2° *huiles moyennes* de 150° à 200° ; 3° *huiles lourdes* au delà de 200°. Les résidus sont les *brais*.

Huiles légères. — On les rectifie d'abord dans un alambic chauffé par la vapeur ; le résidu est réuni aux huiles moyennes. Ce qui passe avant 150° est soumis à un premier lavage par 5 %, d'acide sulfurique concentré, dans un cuvier en bois doublé de plomb et muni d'un agitateur mécanique ; l'acide s'empare des ammoniaques composées et des carbures éthyléniques ; on soutire l'acide, on lave les huiles à l'eau, puis avec une lessive de soude à 36° Baumé, dans un bassin en bois ; la soude dissout les phénols et les principes acides ; elle est utilisée pour l'extraction du phénol. Les huiles sont encore lavées à l'eau pure, et enfin rectifiées de nouveau dans un alambic chauffé à la vapeur ; on ne recueille que les produits passant entre 80 et 150° : ce sont les *benzols*, formés de benzine, de toluène, de xylène ; on les vend titrés dans le commerce à 30, 50, 90 %, suivant qu'ils renferment 30, 50, 90 % de produits distillant au-dessous de 100°. Ces benzols sont généralement utilisés directement pour la fabrication de l'aniline et de ses couleurs ; le benzol à 30 % sert à faire l'aniline pour rouge, le 90 % l'aniline pour bleu ou pour noir (voir *Couleurs d'aniline*).

On retire des benzols la *benzine*, le *toluène* et le *xylène*, par distillations fractionnées dans l'appareil Coupier (*fig.* 32). Les benzols sont introduits dans une chaudière chauffée par un courant de vapeur ; les vapeurs de benzol s'élèvent dans une colonne à plateaux qui opère un premier fractionnement (voir pour les détails de la colonne à plateaux : *Industrie de l'alcool*) ; les plus volatiles traversent les plateaux sans s'y condenser, puis passent dans quatre boules renfermées dans une cuve contenant une solution de chlorure de calcium maintenue à 78° par de la vapeur ; les vapeurs de benzine seules arrivent dans le serpentin ; les carbures bouillant au-

.'essus de 80° sont condensés et ramenés dans la colonne, en un point d'autant plus bas qu'ils sont plus chargés de produits lourds (première boule). Au bout d'un certain

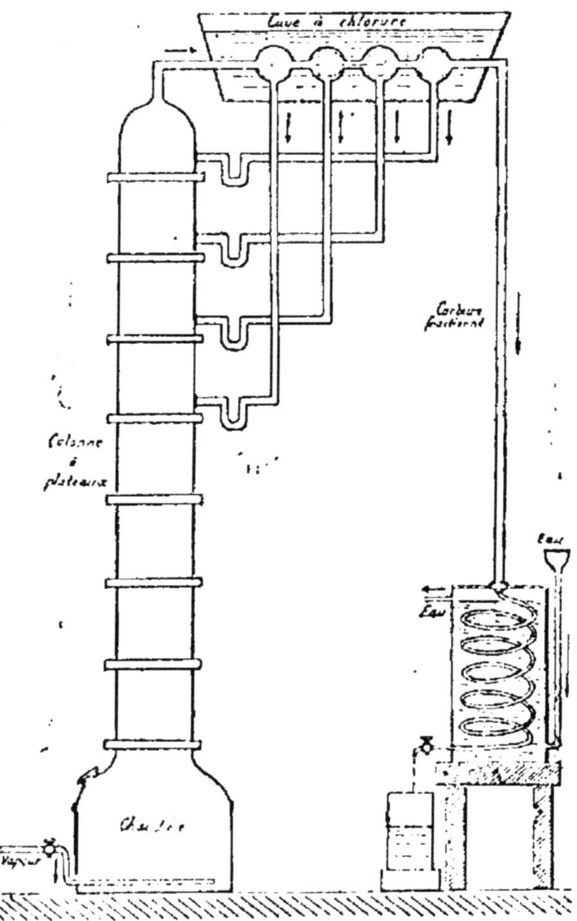

Fig. 32. — Appareil Coupier.

temps, la distillation s'arrête ; on chauffe alors le bain de chlorure à 108° : le toluène passe à son tour, etc. On peut donc ainsi obtenir successivement la benzine, le toluène, le xylène, etc., en maintenant la cuve à une température de 2 à 3° au-dessous du point d'ébullition du carbure à condenser dans le serpentin.

Les huiles moyennes sont soumises aux mêmes lavages que les huiles légères ; mais comme elles contiennent beaucoup de phénols, le lavage par la lessive de soude se fait à chaud ; l'huile purifiée est rectifiée, on ne recueille que les produits passant au-dessous de 180° ; ils servent pour l'éclairage ; le résidu est ajouté aux huiles lourdes.

Huiles lourdes. — Elles forment généralement le quart du goudron, passent entre 200 et 350° ; on les lave aussi à l'acide sulfurique, à la soude et à l'eau ; puis on les distille dans une chaudière cylindrique de 2000 litres, chauffée à feu nu : les produits qui se volatilisent au-dessous de 200° sont réunis aux huiles moyennes ; de 200 à 240° passent les huiles servant à l'extraction de la naphtaline ; jusque vers 300° on recueille ensuite des huiles utilisées pour la conservation des bois et le graissage des machines, et enfin de 290° à 350°, on obtient les huiles à anthracène, qui se prennent en masse par refroidissement.

Le *brai* est le résidu de la distillation des goudrons et des huiles lourdes ; sa consistance varie avec la température à laquelle on arrête l'opération ; on le fait écouler encore chaud par le robinet de vidange dans un réservoir en tôle où il se refroidit à 150°, puis s'écoule dans une citerne où il se solidifie. Si on arrête la distillation du goudron un peu au-dessus de 300°, quand il a perdu environ 2/5 de son poids, on obtient du *brai gras*, se ramollissant par la chaleur. Il sert à préparer l'asphalte artificiel ; mélangé à du poussier de charbon, il forme les *agglomérés*, qui, en briquettes, sont employés pour le chauffage des machines à vapeur. Enfin le brai gras est souvent soumis à la distillation au rouge sombre dans de petites cornues en fonte ; on en retire des produits gazeux, des huiles anthracéniques, d'où l'on retire l'anthracène, et un résidu de coke.

Quand la température est poussée à 360° dans la distillation des goudrons, ceux-ci perdent la moitié de leur poids, et on obtient du *brai sec*, moins fusible que le précédent ; il sert aussi pour les agglomérés et la fabrication de l'asphalte artificiel.

C^7H^8 ou $C^6H^5(CH^3)$ **Toluène.**   ($Éq.$: $C^{14}H^8$)

102 Le toluène ou *méthylbenzine*, homologue supérieur de la benzine, a été découvert en 1838 par Pelletier et Walter, dans les produits de la distillation des résines. Il existe également dans le baume de Tolu, les goudrons de bois, de houille. On peut l'obtenir synthétiquement en faisant réagir à l'ébullition du sodium sur un mélange de benzine monobromée et d'iodure de méthyle :

$$C^6H^5Br + CH^3I + 2Na = NaI + NaBr + C^6H^5.CH^3.$$

Industriellement, on l'extrait des benzols par l'appareil Coupier.

103. Propriétés. — Liquide incolore, d'une odeur analogue à celle de la benzine ; sa densité est 0,85 ; il bout à $110°,3$; il est presque insoluble dans l'eau, mais il est soluble dans l'alcool, l'éther, le sulfure de carbone ; il dissout l'iode, le soufre, le phosphore. Ses vapeurs passant dans un tube chauffé au rouge se décomposent et donnent divers carbures aromatiques : benzine, naphtaline, anthracène, etc. Il brûle avec une flamme éclairante très fuligineuse :

$$C^7H^8 + 9O^2 = 7CO^2 + 4H^2O.$$

Les agents oxydants le transforment en acide benzoïque : $C^6H^5(CO^2H)$.

ACTION DU CHLORE. — La substitution du chlore, à froid, se fait toujours dans le noyau benzénique C^6H^5 du toluène ; et à l'ébullition dans le groupe CH^3 : ainsi, un courant continu de chlore agissant sur du toluène à la lumière diffuse donne trois toluènes monochlorés (ortho, méta, para), $C^6H^4Cl.CH^3$, ayant des propriétés analogues à celles de la benzine monochlorée, C^6H^5Cl; au contraire, par l'action du chlore sur le toluène porté à l'ébullition, il se produit du chlorure de benzyle, $C^6H^5.CH^2Cl$, liquide dont les propriétés sont toutes différentes: il se comporte comme un éther: $C^7H^7Cl + KOH = KCl + C^7H^7.OH$ (alcool benzylique analogue à l'alcool ordinaire; cet alcool benzylique, par l'acide chlorhydrique, reproduit le chlorure de benzyle).

Action de l'acide azotique. — L'acide azotique fumant donne les trois mononitrotoluènes isomères que la théorie prévoit : $C^6H^4(AzO^2).CH^3$. En les préparant comme la nitrobenzine et dans les mêmes appareils, il se produit toujours simultanément deux mononitrotoluènes, le para (solide) et l'ortho (liquide); on les sépare par refroidissement; ils servent à préparer la para et l'orthotoluidines ; le métanitrotoluène est liquide.

On connaît quatre dinitrotoluènes, $C^6H^3(AzO^2)^2.CH^3$, et un trinitrotoluène, $C^6H^2(AzO^2)^3.CH^3$.

Le toluène sert principalement à préparer les nitrotoluènes et les toluidines.

104. Les *xylènes* ou *diméthylbenzines*, $C^6H^4(CH^3)^2$, s'extraient aussi des benzols par l'appareil Coupier : on obtient un mélange d'ortho, méta et paraxylène ; les deux premiers sont liquides, le troisième solide. Leur oxydation produit les acides phtaliques. Par l'acide azotique, ils donnent des mononitroxylènes, employés pour préparer les amines correspondantes ou xylidines.

Les *cumènes*, C^9H^{12}, existent dans les huiles de houille bouillant entre 150 et 175°. Parmi les trois *cymènes*, $C^{10}H^{14}$ ou $C^6H^4(CH^3)(C^3H^7)$, le para seul se trouve dans les huiles de houille bouillant entre 150 et 200° et dans l'essence de cumin.

$C^{14}H^{10}$
ou
$C^6H^4\diagdown\overset{\textstyle CH}{\underset{\textstyle CH}{|}}\diagup C^6H^4$

Anthracène.   (*Éq. :* $C^{28}H^{10}$)

105. Découvert par Dumas et Laurent, en 1832, dans le goudron de houille, on peut le considérer comme formé par l'union de deux noyaux benzéniques, C^6H^6, ayant perdu chacun deux valences; la formule développée la plus simple est $C^6H^4 = CH — CH = C^6H^4$;   elle est conforme à ses propriétés et permet de prévoir la plupart de ses dérivés.

L'anthracène prend naissance par l'action de la chaleur rouge sur le toluène, le térébenthène, etc. *On l'extrait des huiles à anthracène et des huiles anthracéniques* provenant des huiles lourdes ou des brais gras.

Ces huiles renferment environ 1/4 de leur poids d'anthracène ; on les appelle *huiles vertes*, à cause de leur couleur verdâtre ; on les chauffe d'abord dans une chaudière, puis on les laisse refroidir ; l'eau et les divers carbures liquides qui surnagent sont séparés ; le résidu pâteux est soumis dans des filtres-presses chauffés à l'action d'une presse hydraulique ; on a ainsi une masse noirâtre d'*anthracène brut*, mélangé d'autres carbures solides ; on le purifie en le traitant par des essences légères de houille ou de pétrole à chaud ; les carbures mélangés à l'anthracène se dissolvent, et celui-ci, resté comme résidu, est ensuite chauffé dans un cylindre en fonte et va se condenser dans une chambre où on injecte une pluie d'eau froide.

106. Propriétés. — L'anthracène se présente en lamelles blanches à fluorescence violette, d'une odeur désagréable, insolubles dans l'eau, solubles dans l'alcool et la benzine bouillants; il fond à 210°, bout à 360°; ses vapeurs ont une odeur fétide et irritante. Le chlore et le brome l'attaquent et donnent des produits d'addition ou de substitution.

La propriété la plus importante de l'anthracène est d'être attaqué énergiquement par les agents oxydants ; un mélange de bichromate de potassium et d'acide sulfurique donne de belles aiguilles jaunes d'*anthraquinone*

$$C^6H^4\!\!<\!\!^{CO}_{CO}\!\!>\!C^6H^4$$ qui a une grande importance dans la

fabrication de l'alizarine artificielle.

107. Les principaux carbures se rattachant au groupe de l'anthracène comme ayant une constitution analogue sont le *phénanthrène*, $C^{14}H^{10}$, isomère de l'anthracène, l'accompagnant dans les goudrons de houille ; il a une belle fluorescence bleue ; le *fluorène*, $C^{13}H^{10}$ ou $^{C^6H^4}_{C^6H^4}\!\!>\!CH^2$ existant dans les huiles lourdes bouillant entre 300 et 320° ; il est en lames cristallines : ses solutions ont une belle fluorescence violette. Le *chrysène*, $C^{18}H^{12}$, s'extrait aussi des huiles lourdes bouillant au-delà de 360°.

$C^{10}H^8$ <h2 style="text-align:center">Naphtaline.</h2> (*Éq.* : $C^{20}H^8$)

108. Découverte par Garden, en 1820, dans les goudrons de houille, la naphtaline a été surtout étudiée par Laurent. Elle se produit dans la distillation sèche d'un grand nombre de matières organiques.

Elle s'extrait des huiles à naphtaline provenant des huiles lourdes ; par refroidissement, il se forme une masse cristalline qu'on sépare et qu'on comprime ; on a ainsi la *naphtaline brute.* Pour la purifier, on la lave d'abord avec 10 % d'acide sulfurique ordinaire dans des cuves doublées de plomb et à chaud, puis avec de l'eau chaude, et enfin on la chauffe dans une chaudière en fonte ; la naphtaline distille vers 210° et se solidifie sur les parois d'une chambre de condensation ; elle est géné-

ralement fondue et coulée dans des moules cylindriques.

Pour l'avoir sublimée, on la chauffe un peu au delà de
son point de fusion par de la vapeur d'eau (*fig.* 33) ; elle

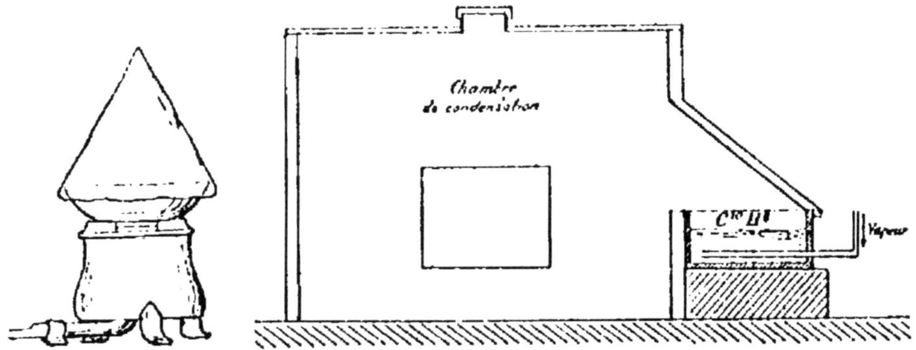

Fig. 33. — Sublimation de la naphtaline.

va se déposer en lames brillantes contre les parois d'une
grande chambre. Dans les laboratoires, on se sert d'une
marmite en tôle recouverte d'un papier à filtre collé pour
arrêter les impuretés goudronneuses, et surmontée d'un
cône de carton en papier fort ; on chauffe au bain de
sable.

109. Propriétés. — La naphtaline sublimée est en belles
lamelles transparentes, à éclat micacé chatoyant ; elle a
une odeur forte, goudronneuse, une saveur âcre,
$d = 1,15$ à 15° ; la naphtaline est insoluble dans l'eau,
elle est soluble dans l'éther et l'alcool bouillant ; elle
fond à 79' et bout à 218°.

Elle brûle avec une flamme fuligineuse ; chauffée avec
l'acide sulfurique, elle donne de l'acide naphtylsulfureux,
$C^{10}H^7.SO^3H$, qui sert à faire la synthèse du phénol cor-

respondant, le naphtol, $C^{10}H^7(OH)$. L'acide azotique ordinaire et chaud la transforme en un mélange d'acide oxalique et d'acide phtalique :

$$C^{10}H^8 + 4O^2 = C^2H^2O^4 + C^8H^6O^4;$$

l'acide azotique fumant agit comme sur la benzine et le toluène ; il se produit un liquide huileux se solidifiant peu à peu en masse jaune-citron, c'est la nitronaphtaline, $C^{10}H^7.AzO^2$; elle sert à préparer la naphtylamine, $C^{10}H^7.AzH^2$, ou amine correspondante.

La naphtaline est employée comme antiseptique, pour conserver les herbiers, etc. ; sa principale application réside dans la fabrication de matières colorantes analogues à celles d'aniline, mais moins solides : roses et jaunes de naphtaline, rouges de Bordeaux, tropéolines jaunes, etc. (voir *Couleurs*).

110. La constitution de la naphtaline, établie par Græbe, conduit au schéma ci-contre, montrant qu'elle est formée par deux benzines dont un côté de l'hexagone est commun. Cette formule indique que les substitutions donneront des composés de propriétés différentes suivant qu'elles se produiront dans les 4 H latéraux, le plus éloignés des atomes de carbone dépourvus d'hydrogène, ou dans les 4 H supérieurs et inférieurs ; en effet, l'expérience établit que les dérivés monosubstitués sont toujours au nombre de deux ; les premiers se désignent par α, les seconds par β ; ainsi il existe une α naphtylamine (remplacement par AzH^2 d'un des 4 H les plus éloignés des deux atomes de C sans hydrogène) et une β naphtylamine (remplacement dans un des 4 H latéraux), deux nitronaphtalines α et β, deux acides naphtylsulfureux, etc. ; pour les dérivés bisubstitués, il peut exister 10 isomères, etc.

Constitution de la naphtaline

111. De la naphtaline on peut rapprocher les carbures suivants, de constitution semblable :

L'*acénaphtène*, $C^{12}H^{10}$, qui existe dans les huiles anthracéniques, d'où on le retire en sublimant les efflorescences se formant à leur surface (il est cristallisé en longues aiguilles fusibles à 94°), et le *pentacétylène* ou hydrure de naphtaline, $C^{10}H^{10}$.

CHAPITRE III

ALCOOLS ET LEURS ÉTHERS

112. Les alcools sont des composés neutres, formés de carbone, d'oxygène et d'hydrogène, et ayant la propriété caractéristique de s'unir aux acides minéraux ou organiques pour former des éthers avec élimination d'eau.

Cette définition indique qu'il doit exister une certaine analogie entre les alcools et les bases minérales hydratées : comparons en effet les équations qui expriment l'action de l'acide chlorhydrique sur la potasse et sur l'alcool méthylique ou esprit de bois :

$$K - OH + HCl = K - Cl + H^2O \,;$$
$$CH^3 - OH + HCl = CH^3 - Cl + H^2O \,;$$

avec un acide bibasique, comme l'acide sulfurique ou l'acide oxalique, on aurait les équations parallèles :

$$2(K - OH) + SO^4H^2 = SO^4K^2 + 2H^2O \,;$$
$$2(CH^3 - OH) + SO^4H^2 = SO^4(CH^3)^2 + 2H^2O.$$

L'analogie se poursuit dans les éthers, qui sont · de véritables sels comparables aux sels de la chimie minérale ; nous les verrons en effet comme ceux-ci se décomposer sous des influences analogues ou subir la double décomposition en présence d'autres sels.

Il y a cependant quelques différences qui ne permettent pas d'établir un parallélisme absolu entre les alcools et hydrates basiques minéraux d'une part, les éthers et sels minéraux d'autre part : l'*éthérification* ou transformation d'un alcool en éther ne s'effectue en général que lentement et exige le concours de la chaleur ; elle n'est jamais complète, étant toujours limitée par la réaction inverse ou décomposition par l'eau de l'éther formé ; enfin les doubles décompositions entre les éthers et les sels ne se produisent presque jamais à froid, ni instantanément, ni complètement.

113. RELATION DES ALCOOLS AVEC LES CARBURES. — Le chlorure de méthyle CH^3Cl, obtenu par l'action de l'acide chlorhydrique sur l'alcool méthylique, est identique au formène monochloré provenant de l'action du chlore sur le gaz des marais CH^4 ; chauffons-le avec de la potasse à 120°, il donnera l'alcool d'où il dérive :

$$CH^3Cl + KOH = CH^3.OH + KCl.$$

L'alcool méthylique correspond donc au formène et ne diffère de ce carbure que par substitution du radical oxhydrile $(OH)'$ à un atome d'hydrogène. Il en serait de même pour les autres alcools : chacun d'eux correspond à un carbure déterminé dans lequel on aurait remplacé un ou plusieurs atomes d'hydrogène par un même nombre de radicaux $(OH)'$; on peut donc de chaque carbure faire dériver un ou plusieurs alcools : *Ex.* : *méthane* CH^4, alcool méthylique $CH^3.OH$; *éthane* C^2H^6, alcool éthylique ou ordinaire $C^2H^5.OH$, glycol $C^2H^4(OH)^2$; *propane* C^3H^8, alcool propylique $C^3H^7.OH$, propylglycol $C^3H^6(OH)^2$, glycérine $C^3H^5(OH)^3$.

Quand le carbure n'est pas saturé, l'alcool correspondant est également incomplet ou non saturé : du *propylène* C^3H^6 divalent dérive l'alcool allylique $C^3H^5.OH$ pouvant s'unir à 2 atomes d'hydrogène pour donner un alcool saturé, l'alcool propylique $C^3H^7.OH$.

114. Classification des alcools. — *Un alcool possède la fonction alcoolique autant de fois qu'il y a de groupes OH dans sa molécule :* ainsi, la glycérine $C^3H^5(OH)^3$ peut s'unir à 1, 2, 3 molécules d'un acide monobasique avec élimination de 1, 2, 3 molécules d'eau, et elle donne trois éthers successifs.

De là la classification suivante des alcools :

I. — ALCOOLS MONOATOMIQUES ou *monalcools*, contenant un groupe $(OH)'$; ils donnent un éther avec élimination d'une molécule d'eau en s'unissant à un acide monobasique. On les divise en séries, comprenant chacune un certain nombre de termes homologues. Les principales sont :

La *série grasse* $C^nH^{2n+2}O$, dont les alcools dérivent des carbures forméniques saturés ; aussi sont-ils eux-mêmes saturés et ne peuvent-ils donner que des produits de substitution : alcool méthylique $CH^3.OH$, alcool éthylique $C^2H^5.OH$, alcools propyliques $C^3H^7.OH$, butyliques $C^4H^9.OH$, amyliques $C^5H^{11}.OH$, etc.

La *série acétylénique* $C^nH^{2n}O$, monalcools non saturés, divalents comme les carbures auxquels ils correspondent : alcool acétylique $C^2H^3.OH$, alcool allylique $C^3H^5.OH$, menthol $C^{10}H^{19}.OH$.

La *série campholique* ou *des camphols* $C^nH^{2n-2}O$: alcool campholique ou bornéol $C^{10}H^{17}.OH$.

La *série des alcools aromatiques*, dont les principaux groupes sont le *groupe benzénique* $C^nH^{2n-6}O$, alcools dérivant des carbures aromatiques homologues supérieurs de C^6H^6 : alcool benzylique $C^7H^7.OH$, alcool cuminique $C^{10}H^{13}.OH$; et le *groupe cinnamique* $C^nH^{2n-8}O$: alcool cinnamique $C^9H^9.OH$, alcool cholestérique ou cholestérine $C^{26}H^{43}.OH$.

II. — ALCOOLS DIATOMIQUES ou *glycols* ou *bialcools*, possédant deux fois la fonction alcoolique. *Ex. : série glycolique* $C^nH^{2n+2}O^2$ saturée : glycol $C^2H^4(OH)^2$, propylglycols $C^3H^6(OH)^2$, etc.

III. — ALCOOLS TRIATOMIQUES ou *glycérols* ou *trialcools :* glycérine $C^3H^5(OH)^3$, amylglycérol $C^5H^9(OH)^3$, etc.

IV. — ALCOOLS TÉTRATOMIQUES ou *érythrols* ou *tétralcools,* dont le mieux défini est l'érythrite $C^4H^6(OH)^4$.

V. — ALCOOLS PENTATOMIQUES ou *pentalcools,* comprenant les deux alcools isomériques non saturés $C^6H^7(OH)^5$: la pinite et la quercite.

VI. — ALCOOLS HEXATOMIQUES ou *mannitols* ou *hexalcools :* *Ex. :* mannite et sorbite, isomères $C^6H^8(OH)^6$; inosite, non saturée $C^6H^6(OH)^6$.

115. ALCOOLS PRIMAIRES, SECONDAIRES ET TERTIAIRES. — De même que dans les carbures, on rencontre dans les alcools des isomères dont le nombre augmente avec celui des atomes de carbone et qui peuvent être prévus théoriquement d'après la molécule développée. Remplaçons un atome d'hydrogène par le groupe monovalent $(CH^3)'$ dans l'alcool méthylique $CH^3.OH$; la substitution ne peut porter sur OH, et nous obtiendrons l'alcool $CH^3 — CH^2 — OH$ ou $C^2H^5.OH$, seul de son espèce ;

mais remplaçons de nouveau H par CH^3 : si la substitution se fait dans CH^3, il en résulte l'alcool propylique $CH^2(CH^3) — CH^2 — OH$, dit *primaire* ou *normal*, le groupe $CH^2 — OH$ restant inaltéré ; si elle a lieu au contraire dans CH^2, l'alcool propylique obtenu $(CH^3)^2 = CH — OH$ est doué de propriétés différentes du précédent, c'est l'alcool isopropylique ou propylique *secondaire* caractérisé, comme on le voit, par le groupe $CH — OH$. Enfin, en passant de même aux alcools butyliques, nous pourrons prévoir quatre isomères différents : *deux primaires*, par substitution de CH^3 dans CH^2 ou CH^3 de l'alcool propylique normal (en ne touchant pas au groupe $CH^2.OH$), *un secondaire*, en remplaçant H par CH^3 dans ce même groupe $CH^2.OH$, et enfin *un tertiaire*, en remplaçant H par CH^3 dans $CH.OH$ de l'alcool isopropylique ; ce dernier alcool butylique aura pour formule développée $(CH^3)^3 \equiv C — OH$ et sera caractérisé par le groupe $C — OH$.

En résumé, les alcools peuvent être primaires, secondaires ou tertiaires ; à chacune de ces dénominations correspondent des propriétés spéciales.

Les alcools primaires sont caractérisés dans leur molécule par le groupe $CH^2.OH$; par oxydation, ils donnent d'abord un aldéhyde, puis un acide

$$CH^3 — CH^2 — OH + O = CH^3 — COH + H^2O ;$$
alcool ordinaire   aldéhyde ordinaire

$$CH^3 — COH + O = CH^3 — CO^2H.$$
aldéhyde   acide acétique

Les alcools primaires dérivent d'un carbure dans lequel on a remplacé H par le radical CH^3 *dans un groupe* CH^3.

Les alcools secondaires sont caractérisés par le groupe $CH.OH$; leur oxydation donne un acétone :

$$(CH^3)^2 = CH - OH + O = CH^3 - CO - CH^3 + H^2O ;$$
alcool propylique secondaire   acétone ordinaire

comme les aldéhydes, les acétones diffèrent de l'alcool correspondant par 2 atomes d'hydrogène en moins, mais ils ne peuvent s'oxyder de nouveau pour produire un acide ayant même nombre d'atomes de carbone. Les alcools secondaires s'obtiennent en substituant CH^3 à H dans un groupe CH^2 d'un carbure.

Les alcools tertiaires sont caractérisés par le groupe $C.OH$; leur oxydation ne produit ni acide ayant le même nombre d'atomes de carbone, ni aldéhyde, ni acétone : L'action des corps oxydants donne principalement de l'anhydride carbonique, des acides formique, acétique. Ils dérivent d'un carbure dont un atome d'hydrogène d'un groupe CH a été remplacé par CH^3.

116. Éthers des alcools. — Les éthers résultent de l'union des alcools et des acides minéraux ou organiques avec élimination d'eau.

Ce sont, comme on l'a vu, de véritables sels organiques dans lesquels le groupe hydrocarboné uni au groupe OH de l'alcool joue le même rôle que le potassium et le sodium dans les sels minéraux : *Ex.* : $NaCl$, CH^3Cl (chlorure de méthyle) ; SO^4NaH (sulfate acide de sodium) ; $SO^4(CH^3)H$ (sulfate acide de méthyle) ; SO^4Na^2, $SO^4(CH^3)^2$ (sulfate neutre de méthyle).

L'éthérification n'est jamais instantanée, elle exige un temps plus ou moins long, surtout à la température ordinaire ; elle n'est jamais complète, car l'éther formé tend à se décomposer par l'eau. Quand on emploie des poids moléculaires d'acide et d'alcool, l'éthérification tend vers une limite déterminée, atteinte quand il y a équilibre entre les deux réactions inverses. La valeur de cette limite varie suivant la nature de l'alcool et celle de l'acide ; elle est d'autant plus rapidement atteinte que la température est plus élevée. Les mêmes remarques s'appliquent à la décomposition d'un éther en présence de l'eau.

Les *hydrates alcalins* agissent comme l'eau et décomposent les éthers; mais ici la réaction s'effectue complètement, car la base s'empare de l'acide au fur et à mesure de sa mise en liberté. On obtient donc finalement l'alcool qui a donné l'éther et le sel alcalin de l'acide qui a produit l'éthérification :

$$C^2H^3O^2(CH^3) + KOH = CH^3.OH + C^2H^3O^2K.$$

acétate de méthyle   alcool méthylique acétate de potassium

Cette action des alcalis sur les éthers est appelée *saponification*, par analogie avec la formation des savons dans la décomposition des corps gras.

117. Classification des Éthers. — On divise les éthers en trois classes : éthers simples, éthers composés, oxydes alcooliques.

Les éthers simples sont les éthers formés par les acides chlorhydrique, bromhydrique et iodhydrique ; le radical oxhydrile OH de l'alcool est remplacé par un atome de chlore, de brome ou d'iode. Les alcools monoatomiques ne donnent qu'un éther avec le même hydracide; *ex.* : CH^3Cl, C^2H^5I ; les alcools diatomiques, deux : $C^2H^4Cl(OH)$, $C^2H^4Cl^2$; la glycérine, trois, etc. L'ammoniaque transforme les éthers simples en *amines :*

$$C^2H^5I + AzH^3 = AzH^2.C^2H^5, HI.$$

iodure d'éthyle.   iodhydrate d'éthylamine.

Les éthers composés sont les éthers formés par les oxacides; l'oxhydrile OH de l'alcool est remplacé par un radical acide oxygéné. Un acide monobasique (acide azotique, acide acétique) ne forme qu'un éther avec chaque alcool monoatomique : $C^2H^5.AzO^3$ (azotate d'éthyle), $CH^3.C^2H^3O^2$

(acétate de méthyle); il en forme deux avec un alcool diatomique, trois avec un alcool triatomique, etc. Un acide bibasique donnera deux éthers avec chaque alcool, quelle que soit l'atomicité de celui-ci : $SO^4H.C^2H^5$ (éther acide), $SO^4(C^2H^5)^2$ (éther neutre), etc.; un acide tribasique donnera trois éthers, etc.

L'ammoniaque transforme les éthers composés en *amides* avec régénération de l'alcool :

$$C^2H^3O^3.C^2H^5 + AzH^3 = C^2H^5.OH + AzH^2.C^2H^3O.$$
Acétate d'éthyle.   Alcool ordinaire.   Acétamide.

Les oxydes alcooliques sont des éthers comparables aux oxydes alcalins K^2O ou Na^2O; l'hydrogène du groupe OH d'un alcool est remplacé par un radical alcoolique; on a ainsi : l'oxyde de méthyle $(CH^3)^2O$, l'oxyde d'éthyle ou éther ordinaire $(C^2H^5)^2O$, etc. Si le radical substitué n'est pas identique à celui de l'alcool, l'oxyde alcoolique est dit *éther mixte ; ex.* : oxyde de méthyle et d'éthyle $\dfrac{CH^3}{C^2H^5}{>}O$.

Les oxydes alcooliques sont plus stables que les éthers précédents : les alcalis et l'ammoniaque n'exercent sur eux aucune action à la température ordinaire.

<h1 align="center">I. — Alcools monoatomiques.</h1>

$CH^3.OH$ ou $H{-}CH^2.OH$

$$\text{ou} \quad H{-}\overset{\displaystyle H}{\underset{\displaystyle H}{C}}{-}(OH)' \qquad \textbf{Alcool méthylique.} \qquad (\textit{Éq.} : C^2H^4O^2)$$
Syn. : Esprit de bois.

118. L'alcool méthylique est l'alcool correspondant au formène. Découvert par Taylor en 1812, il a été caractérisé comme alcool par Dumas et Péligot en 1835. Sa synthèse a été réalisée par M. Berthelot en transformant le gaz des marais en formène monochloré et en chauffant celui-ci à 120° avec de la potasse :

$$CH^3Cl + KOH = CH^3.OH + KCl.$$

Préparation. — On le retire en grand dans l'industrie des produits de la distillation du bois en vase clos (V. *acide acétique*). L'esprit de bois du commerce contient toujours un peu d'acétone, d'acétate de méthyle, etc.; on le purifie en le mélangeant à du chlorure de calcium qui se combine à l'alcool, et en distillant vers 65°. Pour l'avoir chimiquement pur, on saponifie par la potasse ou par la soude un de ses éthers purs, comme le formiate ou l'oxalate de méthyle; on distille le mélange, puis on déshydrate l'alcool obtenu par la chaux vive.

Propriétés. — L'alcool méthylique est un liquide incolore, très mobile, d'une odeur spiritueuse et d'une saveur brûlante quand il est pur ; sa densité est 0,814 ; il bout à 66° et dissout les mêmes corps que l'alcool ordinaire : huiles, résines, matières grasses, etc. Il brûle avec une flamme bleuâtre, peu éclairante. Par les agents oxydants il donne de l'aldéhyde formique :

$$CH^3.OH + O = H^2O + COH.H,$$

puis de l'acide formique :

$$CH^3.OH + O^2 = H^2O + CO^2H.H.$$

Il est attaqué énergiquement par le potassium et le sodium, qui s'y dissolvent avec dégagement d'hydrogène :

$$CH^3.OH + Na = H + CH^3.ONa \text{ (méthylate de sodium)}.$$

Usages. — L'esprit de bois est employé à cause de son prix peu élevé comme combustible et pour préparer les vernis à l'alcool. L'alcool méthylique pur sert à obtenir ses éthers et la méthylaniline, base de plusieurs matières colorantes.

119. Principaux éthers de l'alcool méthylique. — Le *chlorure de méthyle* ou éther méthylchlorhydrique CH^3Cl est identique au formène monochloré. On l'obtient dans les laboratoires en distillant un mélange de 2 p. de sel marin, 3 p. d'acide sulfurique et 1 p. d'alcool méthylique ; le gaz qui se dégage est lavé dans une solution de potasse et recueilli sur le mercure. Industriellement, on le prépare en décomposant par la chaleur le chlorhydrate de triméthylamine dans une cornue de fonte (ce chlorhydrate est un des produits obtenus dans l'extraction des potasses des vinasses de betteraves); le gaz est lavé successivement à l'acide chlorhydrique et à la soude, puis liquéfié par compression et livré au commerce dans des siphons en cuivre.

Le chlorure de méthyle est un gaz incolore, à odeur agréable ; sa densité est 0,95 ; il se liquéfie à 4 atmosphères, et l'évaporation du liquide dans un courant d'air produit un froid suffisant pour congeler le mercure, ce qui le fait employer comme réfrigérant. Il sert aussi à préparer des couleurs d'aniline et on l'emploie comme anesthésique.

L'*azotate de méthyle* $AzO^3.CH^3$ est un liquide à odeur aromatique, détonant par le choc ; on l'a utilisé, mélangé à du sable, de la brique pilée, pour former des poudres brisantes.

L'*oxalate de méthyle*, $C^2O^4(CH^3)^2$, se prépare en distillant dans une cornue un mélange en parties égales d'acide sulfurique et d'alcool méthylique avec 4 p. de sel d'oseille. Il est solide ; il peut servir à préparer l'alcool méthylique pur :

$$C^2O^4(CH^3)^2 + 2KOH = 2CH^3.OH + C^2O^4K^2 \quad \text{(oxalate neutre de potassium)}.$$

L'*oxyde de méthyle* $(CH^3)^2O$ est isomère de l'alcool ordinaire ; il se prépare comme l'éther ordinaire. C'est un gaz d'une odeur éthérée, se liquéfiant à $-36°$; l'évaporation de ce liquide produit un abaissement de température utilisé quelquefois pour la conservation des matières alimentaires.

$CHCl^3$ **Chloroforme.**   (*Éq.* : C^2HCl^3)

120. Le chloroforme est un produit chloré de substitution du formène et du chlorure de méthyle ; il a été découvert en même temps par Soubeiran et Liebig en 1831.

Dans les laboratoires, on le prépare en chauffant dans

une grande cornue munie d'une allonge et d'un ballon refroidi un mélange de : 800^{gr} d'eau, 100^{gr} de chaux éteinte, 200^{gr} de chlorure de chaux et 30^{gr} d'alcool ordinaire. La réaction est d'abord tumultueuse ; on cesse de

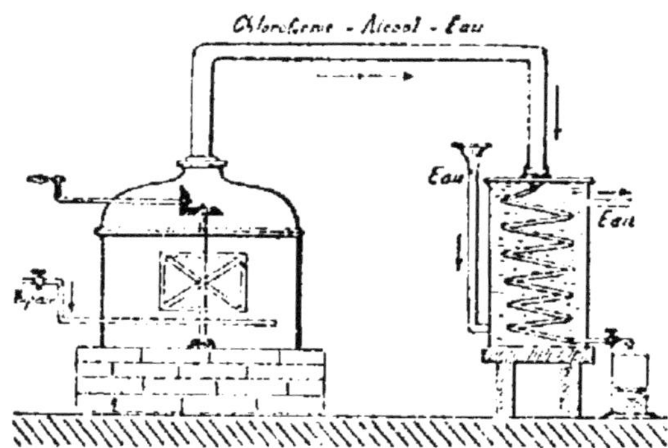

Fig. 34. — Préparation industrielle du chloroforme.

chauffer pour recommencer quand la mousse tombe. Le chlorure de chaux se décompose :

$$2\,(CaO^2Cl^2) = 2CaO + O^2 + 2Cl^2,$$

puis il se forme du *chloral* :

$$C^2H^5.OH + O^2 + 2Cl^2 = 2H^2O + HCl + C^2HCl^3O \text{ (chloral)},$$

et enfin du chloroforme

$$2\,(C^2HCl^3O) + CaO^2H^2 = (CO^2H)^2Ca + 2CHCl^3.$$

Il distille avec de l'alcool et de l'eau, qui surnagent dans le récipient refroidi ; on les enlève ; le chloroforme est lavé à l'eau, séché sur du chlorure de calcium, puis redistillé un peu au-delà de 60°.

Dans l'industrie, le mélange précédent, fait dans les mêmes proportions, est introduit dans un alambic en cuivre (*fig.* 34), muni d'un agitateur et communiquant avec un serpentin refroidi ; on chauffe généralement par un courant de vapeur, qu'on interrompt quand la réaction devient trop vive. On purifie le chloroforme par plusieurs lavages acides et alcalins, puis par une distillation.

Le chloroforme est un liquide incolore, très mobile ; son odeur est agréable et pénétrante ; sa densité est 1,48 ; il bout à 60°, est insoluble dans l'eau, soluble dans l'alcool et l'éther. Il dissout l'iode (en donnant une solution pourpre), le soufre, le phosphore, les résines, les corps gras, etc. Si l'on en imprègne une mèche de coton, il brûle très difficilement avec une flamme verte. Chauffé avec une solution de potasse dans l'alcool, il donne du chlorure de potassium, qui se prend en masse, et du formiate de potassium :

$$CHCl^3 + 4KOH = CO^2H.K + 3KCl + 2H^2O,$$

réaction qui lui a valu son nom.

Le chloroforme est un anesthésique puissant, mais souvent dangereux, car sous l'influence de l'air et de la lumière, il peut donner du gaz chloroxycarbonique $COCl^2$, qui est un poison redoutable. On évite cette altération en lui ajoutant quelques centimètres cubes d'éther et en le conservant à l'abri de la lumière. A forte dose, il paralyse le cœur et les centres respiratoires.

Le *bromoforme* $CHBr^3$ et l'*iodoforme* CHI^3 sont aussi des dérivés de substitution du formène ou des bromure et iodure de méthyle. L'iodoforme est en paillettes jaune-citron, à odeur forte safranée, insolubles dans l'eau, solubles dans l'alcool. C'est un puissant antiseptique pour le pansement des plaies ; un antiparasitaire pour les maladies de la peau.

C²H⁵.OH ou CH³—CH².OH

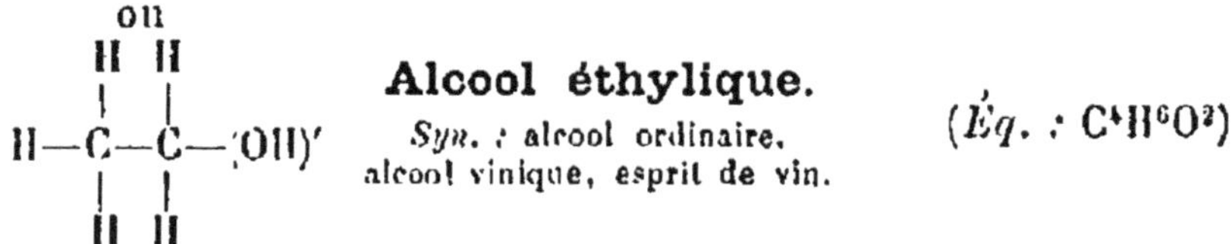

$C^2H^5.OH$ ou $CH^3—CH^2.OH$

ou

Alcool éthylique.

Syn. : alcool ordinaire,
alcool vinique, esprit de vin.

($Éq. : C^4H^6O^2$)

121. L'alcool éthylique correspond à l'éthane ou hydrure d'é-thyle C^2H^6.

Il peut être considéré comme le type des corps doués de la fonction alcoolique. Il est connu depuis le moyen âge ; Villeneuve le décrivit brièvement en 1300, et Valentin le transforma en éther au xvi⁰ siècle. C'est surtout Dumas qui l'étudia et le caractérisa comme alcool en 1827.

122. Synthèse et modes de production. — La synthèse de l'alcool ordinaire a été réalisée par M. Berthelot en partant de l'éthylène : celui-ci est agité très longtemps avec de l'acide sulfurique concentré ; il se forme du sulfate acide d'éthyle $SO^4H.C^2H^5$ qui, distillé avec l'eau, donne de l'alcool :

$$SO^4H.C^2H^5 + H^2O = C^2H^5.OH + SO^4H^2.$$

L'alcool existe dans toutes les boissons fermentées : il provient du dédoublement du glucose sous l'influence de la levûre de bière :

$$C^6H^{12}O^6 = 2C^2H^5.OH + 2CO^2 \text{ (V. } \textit{fermentation alcoolique)}.$$

Il se produit encore quand on fait agir l'hydrogène naissant sur l'aldéhyde ordinaire :

$$C^2H^4O + H^2 = C^2H^5.OH,$$

ou quand on saponifie ses éthers par les alcalis :

$$C^2H^3O^2.C^2H^5 + KOH = C^2H^5.OH + C^2H^3O^2K.$$

Dans l'industrie, l'alcool s'extrait des liquides ayant subi la fermentation alcoolique (V. *industrie de l'alcool*) ;

le plus concentré marque 96° à l'alcoolomètre de Gay-Lussac. Pour l'avoir *absolu* ou anhydre, on le fait digérer 24 h. avec de la chaux vive, et on distille au bain-marie; on l'agite ensuite avec de la baryte caustique, et en le distillant de nouveau on obtient l'alcool pur; la plus faible trace d'eau y serait décelée par la coloration bleue d'un fragment de sulfate de cuivre anhydre blanc. L'alcool absolu, étant très avide d'eau, doit être conservé en tubes scellés.

123. PROPRIÉTÉS. — L'alcool pur est un liquide incolore, très mobile; son odeur est agréable et enivrante, sa saveur brûlante; sa densité est 0,8095 à 0°; il bout à 78°,4, et la densité de sa vapeur est égale à 1,59. MM. Wroblewski et Olszewski l'ont solidifié vers — 135° en utilisant le froid produit par l'évaporation de l'éthylène liquide. Injecté dans la circulation, il coagule l'albumine du sang et peut déterminer rapidement la mort.

Action de l'eau. — L'alcool est miscible à l'eau en toutes proportions; mais ce mélange est accompagné d'un dégagement de chaleur et d'une contraction de volume, contraction maximum pour $47^{vol},7$ d'eau et $52^{vol},3$ d'alcool : il en résulte $96^{vol},35$ correspondant à la combinaison $C^2H^5.OH + 6H^2O$. La neige projetée dans l'alcool fond rapidement, mais elle produit en même temps un abaissement considérable de température, par suite de la chaleur qu'absorbe sa fusion.

Pouvoir dissolvant — L'alcool dissout les gaz généralement mieux que l'eau, particulièrement l'anhydride carbonique et le cyanogène. Un grand nombre de corps solides y sont plus ou moins solubles : tels sont le brome, l'iode, les essences, les résines, le camphre, les alcaloïdes, beaucoup de matières colorantes, l'acide borique, la potasse et la soude, la plupart des chlorures et des azotates; ces derniers le retiennent souvent en combinaison : $CaCl + 2C^2H^5.OH$; $AzO^3Mg + 3C^2H^5.OH$. L'azotate de potassium, les carbonates et les sulfates sont insolubles; si l'on ajoute peu à peu du carbonate de potassium à de l'eau alcoolisée jusqu'à ce qu'il ne s'en dissolve plus, l'alcool se sépare de l'eau et vient surnager.

Action de la chaleur et de l'oxygène. — Les vapeurs d'alcool commencent à se décomposer au rouge sombre en éthylène, eau, hydrogène et aldéhyde :

$$C^2H^5.OH = C^2H^4 + H^2O; \quad C^2H^5.OH = C^2H^4O + H^2;$$

à une température plus élevée, on obtient de l'acétylène et ses produits de condensation : benzine, naphtaline, etc. Il brûle avec une flamme bleuâtre, pâle, très chaude.

$$C^2H^5.OH + 3O^2 = 2CO^2 + 3H^2O + 325^{cal}.$$

Les deux produits réguliers de l'oxydation de l'alcool sont l'*aldéhyde ordinaire* C^2H^4O et l'*acide acétique* $C^2H^4O^2$. L'aldéhyde s'obtient par une oxydation ménagée avec l'acide azotique faible, ou avec un mélange d'acide sulfurique et de bichromate de potassium :

$$C^2H^5.OH + O = CH^3.COH + H^2O + 49^{cal};$$

si cette oxydation est prolongée ou plus énergique, il se forme de l'acide acétique :

$$C^2H^5.OH + O^2 = CH^3.CO^2H + H^2O + 118^{cal},$$

en même temps qu'un peu d'éther acétique. On produit des traces de ces composés en laissant couler goutte à

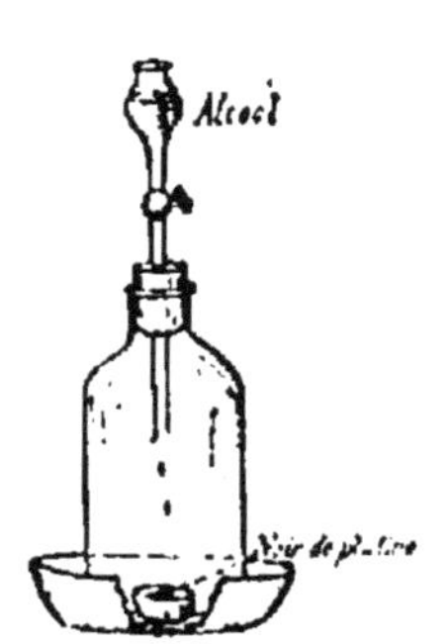

Fig. 35. — Oxydation de l'alcool par le noir de platine.

goutte de l'alcool soit sur du noir de platine placé dans

un ballon ou sous une cloche tubulée (*fig.* 35), soit sur de l'acide chromique anhydre; ce dernier peut même déterminer son inflammation. Enfin l'alcool, chauffé avec l'acide azotique ordinaire, est oxydé encore plus profondément : outre l'aldéhyde et l'acide acétique, on obtient de l'acide oxalique et du gaz anhydride carbonique, mélangés d'éther azotique.

Action du chlore. — L'action ménagée du chlore donne d'abord des produits d'oxydation :

$$C^2H^5.OH + Cl^2 = C^2H^4O + 2HCl ;$$

$$C^2H^5.OH + 2Cl^2 + H^2O = C^2H^4O^2 + 4HCl ;$$

puis le chlore agit sur ces derniers et les transforme en dérivés de substitution, dont le plus important est le *chloral :*

$$C^2H^4O + 3Cl^2 = C^2HCl^3O + 3HCl.$$

L'*iode* se dissout dans l'alcool en donnant la teinture d'iode et paraît être sans action sur lui; mais à la longue il se forme de l'acide iodhydrique et des produits de substitution iodés : iodure d'éthyle, etc.

Action des métaux alcalins. — Le potassium et le sodium se dissolvent dans l'alcool ordinaire comme dans l'alcool méthylique en donnant un éthylate cristallisable avec dégagement d'hydrogène :

$$C^2H^5.OH + K = C^2H^5.OK + H.$$

On obtient ces mêmes éthylates ou alcoolates par l'action des hydrates alcalins :

$$C^2H^5.OH + KOH = C^2H^5.OK + H^2O.$$

Action des acides. — De l'action des acides sur l'alcool résultent ses différents éthers.

124. Usages. — Indépendamment de sa consommation

à l'état de boissons fermentées (vin, cidre, bière), d'eaux-de-vie, de liqueurs, etc., l'alcool a de nombreuses applications. Incomplètement rectifié, c'est-à-dire mélangé à des éthers, des alcools, etc. lui donnant une odeur désagréable (*alcool mauvais goût*), il sert comme combustible, comme dissolvant ; on l'emploie pour purifier la potasse et la soude à la chaux, pour préparer les vernis à l'alcool, fabriquer certaines couleurs d'aniline, etc. L'alcool rectifié ou *alcool bon goût* est utilisé pour obtenir les éthers, le collodion, l'aldéhyde, le chloroforme ; on l'emploie également en parfumerie comme dissolvant des essences, en pharmacie (teintures d'iode, d'arnica, etc.).

125. ÉTHERS DE L'ALCOOL ORDINAIRE. — Le *chlorure d'éthyle* ou éther éthylchlorhydrique C^2H^5Cl est identique à l'éthane monochloré. On l'obtient en saturant d'acide chlorhydrique sec de l'alcool concentré, puis en distillant ce liquide dans un ballon chauffé au bain-marie : les vapeurs de chlorure d'éthyle traversent un flacon laveur à eau qui retient l'acide chlorhydrique entraîné ; elles sont séchées sur du chlorure de calcium et condensées dans un ballon entouré d'un mélange réfrigérant. On conserve le chlorure d'éthyle en tubes scellés.

C'est un liquide incolore, très mobile, à odeur éthérée pénétrante, presque insoluble dans l'eau ; il bout à 12° ; il peut être enflammé et brûle avec une flamme verdâtre :

$$C^2H^5Cl + 3O^2 = 2CO^2 + 2H^2O + HCl.$$

Il ne précipite pas l'azotate d'argent quand il est bien pur. Le chlore l'attaque et donne des produits de substitution jusqu'à l'éthane perchloré ou sesquichlorure de carbone C^2Cl^6, solide.

126. L'*iodure d'éthyle* ou éther éthyliodhydrique C^2H^5I a été produit par synthèse (Berthelot) en combinant l'éthylène et l'acide iodhydrique. Pour le préparer, on introduit dans un ballon (*fig.* 36) un mélange de 50ᵍʳ d'alcool

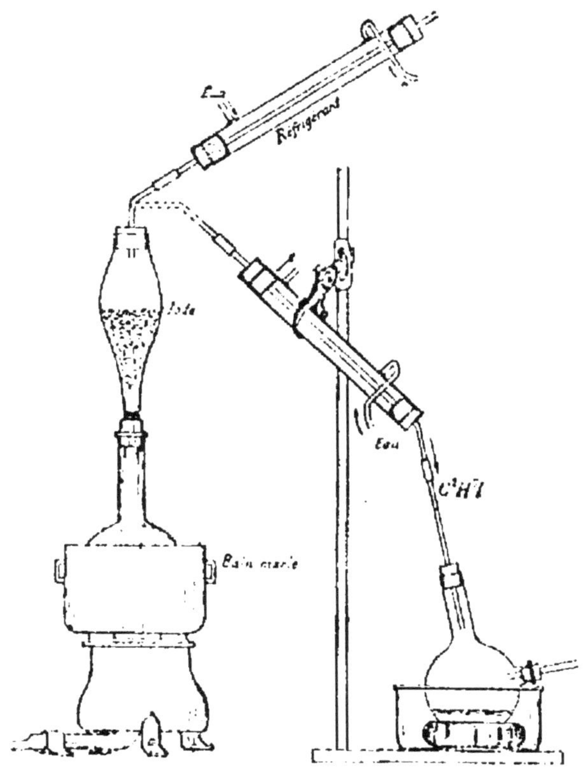

Fig. 36. — Préparation de l'iodure d'éthyle.

et 10ᵍʳ de phosphore rouge ; on surmonte le ballon d'une allonge contenant 50ᵍʳ d'iode et communiquant avec un réfrigérant ascendant, puis on chauffe jusqu'à disparition complète de l'iode. On incline alors le réfrigérant en sens inverse et on distille en condensant les vapeurs dans un ballon refroidi. L'iodure ainsi obtenu est lavé à l'eau alcaline, mis à digérer avec du chlorure de calcium et enfin redistillé.

L'iodure d'éthyle est un liquide incolore, d'une odeur légèrement alliacée, $d = 1,98$. Il se prête facilement aux doubles décompositions ; ainsi, il décompose, même à froid, une solution d'azotate d'argent en donnant un précipité jaune d'iodure d'argent et un éther composé, l'azotate d'éthyle :

$$C^2H^5I + AzO^3Ag = AgI + AzO^3.C^2H^5 ;$$

chauffé avec l'éthylate de sodium, il produit une réaction analogue :

$$C^2H^5I + C^2H^5.ONa = NaI + (C^2H^5)^2O \text{ (éther ordinaire)}.$$

Il se combine à l'ammoniaque ; l'iodhydrate d'éthylamine $AzH^2.C^2H^5,HI$ qui en résulte est décomposable par la chaux, mettant l'éthylamine en liberté. Ce procédé peut être généralisé et appliqué à la production des amines correspondant aux alcools.

Chauffé avec certains métaux, l'iodure d'éthyle donne des composés dits *organo-métalliques*, formés par l'union de ces métaux avec les radicaux alcooliques C^2H^5, etc.; *ex.* :

$$2C^2H^5I + Zn^2 = ZnI^2 + Zn(C^2H^5)^2 ;$$

ce dernier, ou *zinc-éthyle*, est un liquide très inflammable, à odeur désagréable.

L'iodure d'éthyle, outre son emploi dans les laboratoires, est utilisé dans la fabrication de certaines couleurs d'aniline (violets Hofmann).

127. *L'acétate d'éthyle* $C^2H^3O - O - C^2H^5$ ou éther acétique existe dans le vinaigre de vin ; on le prépare en distillant dans une cornue munie d'une allonge et d'un ballon refroidi (*fig*. 37) un mélange fait d'avance de 40^{gr} d'alcool et 100^{gr} d'acide sulfurique avec 80^{gr} d'acétate de sodium fondu. Le produit distillé est mélangé d'abord avec un peu de chaux en poudre, puis avec du chlorure de calcium, et redistillé.

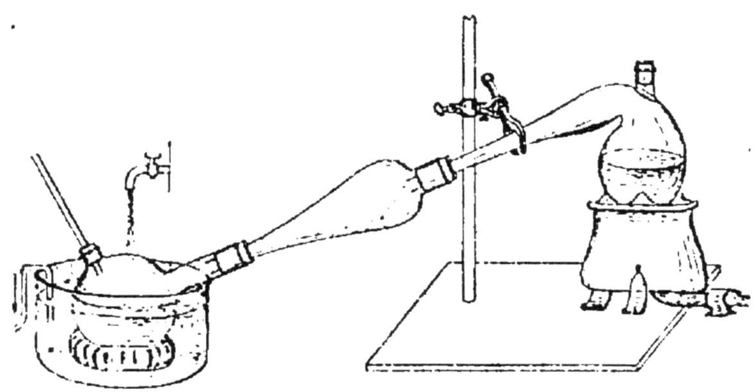

Fig. 37. — Préparation de l'acétate d'éthyle.

C'est un liquide incolore, d'une odeur agréable ; il bout à 74°, brûle avec une flamme jaunâtre ; il est saponifié par les alcalis. On l'emploie en médecine comme calmant des voies respiratoires.

128. Le *formiate d'éthyle* $CO^2H.C^2H^5$ a une odeur forte et pénétrante ; il communique aux alcools la saveur du rhum.

Il y a deux sulfates d'éthyle : *l'acide éthylsulfurique* $SO^4H.C^2H^5$ ou acide sulfovinique, se produit quand l'alcool et l'acide sulfurique réagissent lentement l'un sur l'autre à une température ne dépassant pas 100° ; il est encore acide monobasique ; ses sels sont les éthylsulfates ; le *sulfate neutre* d'éthyle $SO^4(C^2H^5)^2$ est un liquide huileux à odeur piquante.

Éther ordinaire.

$$C^4H^{10}O \text{ ou } O{<}^{C^2H^5}_{C^2H^5}$$ *Syn. : Oxyde d'éthyle, éther sulfurique.* $$(\acute{E}q. : C^8H^{10}O^2)$$

129. L'éther ordinaire est l'oxyde alcoolique de l'alcool éthylique ; il résulte de l'action de l'acide sulfurique sur l'alcool vers 140°.

Il a été découvert au xvi° siècle ; son mode de préparation lui a valu le nom impropre d'éther sulfurique.

Préparation. — Dans les laboratoires, un mélange fait d'avance de 70ᵍʳ d'alcool et 100ᵍʳ d'acide sulfurique concentré est introduit dans un ballon chauffé au bain de sable (*fig.* 38) ; on y laisse tomber de l'alcool goutte à goutte, de manière à maintenir la température sensiblement constante aux environs de 140° ; on recueille un mélange d'alcool, d'éther et d'eau. L'éther surnage, on le distille avec de la chaux et du chlorure de calcium pour le déshydrater.

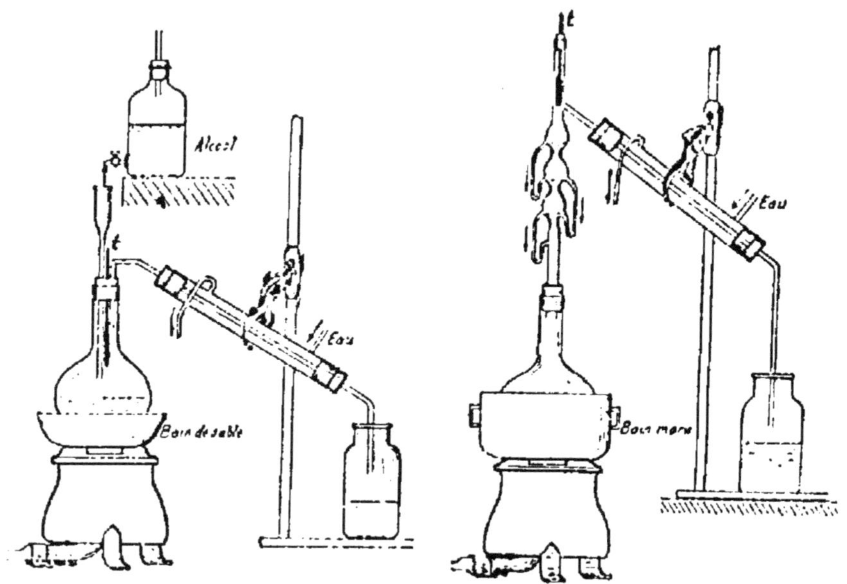

Fig. 38. — Préparation de l'éther ordinaire.   Fig. 39. — Rectification de l'éther.

Cette rectification s'effectue dans l'appareil à boules représenté ci-dessus (*fig.* 39) ; les vapeurs les moins volatiles se condensent dans les boules refroidies par l'air extérieur et forment à chaque étranglement une petite couche de liquide qui y est maintenue par le mouvement ascensionnel des nouvelles vapeurs. Finalement, les produits les plus volatils gagnent seuls la partie supérieure, tandis que les autres, retenus un moment dans les boules, retournent peu à peu dans le ballon par les tubes latéraux.

L'acide sulfurique introduit dans le ballon peut éthérifier jusqu'à 20 fois son poids d'alcool. Williamson a montré que cette éthérification peut se décomposer en deux phases : 1° production d'acide éthylsulfurique :

$$C^2H^5.OH + SO^4H^2 = SO^4H.C^2H^5 + H^2O ;$$

2° formation d'éther et régénération de l'acide sulfurique :

$$SO^4H.C^2H^5 + C^2H^5.OH = (C^2H^5)^2O + SO^4H^2.$$

Théoriquement l'acide sulfurique devrait donc servir indéfiniment, mais en pratique il y a toujours des pertes dues à la réduction de cet acide et à la carbonisation de l'alcool. Ce qui prouve bien que la réaction se produit comme l'indique Williamson, c'est que, si l'on ajoute un autre alcool, par exemple de l'alcool méthylique, à de l'acide éthylsulfurique, on obtient un éther mixte, contenant à la fois le radical méthyle et le radical éthyle :

$$SO^4H.C^2H^5 + CH^3.OH = \frac{C^2H^5}{CH^3} > O + SO^4H^2.$$

Industriellement, le mélange d'alcool et d'acide sulfurique est chauffé dans un alambic en plomb ; on y fait encore arriver un mince filet d'alcool, de manière à éviter une température supérieure à 140° ; les vapeurs d'éther vont se condenser dans une série de serpentins refroidis après avoir traversé une couche de chaux qui absorbe l'acide sulfurique entraîné ; on purifie l'éther en le lavant à l'eau, puis en le rectifiant avec un lait de chaux.

Propriétés. — L'éther est un liquide incolore, d'une odeur forte caractéristique, d'une saveur chaude,

$d = 0,74$ à 0°. Il est peu soluble dans l'eau, soluble dans l'alcool ; il dissout lui-même le brome, l'iode, les graisses, les résines, des alcaloïdes et un grand nombre de sels : chlorures, bromures, etc.

L'éther est très volatil ; il bout à 35°, et la densité de sa vapeur est 2,56 ; cette vapeur, mélangée à l'air ou à l'oxygène, détone. Pour faire l'expérience, on agite quelques gouttes d'éther dans un flacon plein d'oxygène et on enflamme : il se produit une détonation très forte. Il faut donc manier l'éther loin de toute flamme. Il brûle facilement avec une belle flamme blanche.

Par oxydation, l'éther donne surtout de l'aldéhyde, ainsi qu'un peu d'acide et d'éther acétiques. On peut constater la présence de l'aldéhyde en suspendant une spirale de platine portée au rouge au-dessus d'une couche d'éther contenue dans un verre ; la spirale reste incandescente par la combustion des vapeurs qu'elle provoque, et cette combustion est accompagnée d'une odeur suffocante due à l'aldéhyde formé. Le chlore attaque l'éther et donne les produits de substitution $C^4H^8Cl^2O$, $C^4H^6Cl^4O$, $C^4Cl^{10}O$; ce dernier, ou éther perchloré, est solide.

Usages. — L'éther sert à préparer le collodion, la mélinite ; on l'utilise comme dissolvant d'alcaloïdes et de matières grasses. C'est un anesthésique puissant souvent employé en chirurgie ; à l'intérieur on l'administre comme calmant.

130. Autres alcools de la série grasse. — *Alcools propyliques* $C^3H^8O^2H$. On a vu qu'il devait en exister deux : 1° l'alcool primaire ou normal $CH^3 — CH^2 — CH^2.OH$ se rencontre dans les vins et les marcs de raisin ; son oxydation donne successivement l'aldéhyde et l'acide propioniques ; 2° l'alcool secondaire ou isopropylique $CH^3 - CH.OH - CH^3$; son produit d'oxydation est l'acétone propionique ou acétone ordinaire.

Alcools butyliques $C^4H^9.OH$ La théorie en prévoit quatre, tous connus : deux primaires, un secondaire, un tertiaire. L'alcool primaire de constitution $(CH^3)^2 = CH - CH^2.OH$ existe dans l'alcool de pommes de terre ; le tertiaire $(CH^3)^3 = C.OH$ est appelé triméthylcarbinol ; il est solide.

Parmi les sept *alcools amyliques* $C^5H^{11}.OH$ prévus et connus, deux alcools primaires forment par leur mélange l'alcool amylique de fermentation, existant dans l'alcool de pommes de terre. C'est un liquide à odeur spiritueuse, à saveur brûlante, toxique même à faible dose. Quelques-uns de ses éthers constituent des essences de fruits artificielles : l'acétate d'amyle a une odeur agréable de poire, le valérate d'amyle est l'essence de pommes artificielle.

Les derniers termes de la série grasse connus sont solides : l'*alcool cétylique* ou éthal $C^{16}H^{33}.OH$ se retire du blanc de baleine ou spermaceti, extrait des cavités frontales du cachalot ; il est blanc, onctueux ; son oxydation donne l'acide palmitique. L'*alcool mélissique* ou myricique $C^{30}H^{61}.OH$ se rencontre dans la cire d'abeilles ; celle-ci s'obtient en fondant dans l'eau bouillante les gâteaux dont on a séparé le miel par compression ; en la coulant dans des moules on a la cire jaune, employée pour faire des bougies, frotter les parquets ; on la blanchit quelquefois à l'air pour la pharmacie (le cérat est un mélange de cire blanche et d'huile d'amandes douces.)

131. ALCOOLS ACÉTYLÉNIQUES $C^nH^{2n}O$. — L'*alcool allylique* $C^3H^5.OH$ correspond au propylène C^3H^6, carbure non saturé divalent ; c'est un alcool primaire de constitution $CH^2 = CH - CH^2.OH$; il est liquide, incolore ; son odeur est alliacée. En s'oxydant il donne d'abord l'aldéhyde allylique ou acroléine C^3H^4O, puis l'acide acrylique $C^3H^4O^2$. Il se sature en fixant deux atomes d'hydrogène, de chlore, etc. :

$$C^3H^5.OH + H^2 = C^3H^8O \quad \text{(alcool propylique)}.$$

Ses principaux éthers sont : l'iodure d'allyle C^3H^5I, qui sert à préparer ses éthers composés ; le sulfure d'allyle $(C^3H^5)^2S$, qui, mélangé à un peu d'oxyde d'allyle $(C^3H^5)^2O$, forme l'essence d'ail ; enfin le sulfocyanure d'allyle, constituant l'essence de moutarde noire. Cette dernière se produit

sous l'influence d'un ferment spécial, la myrosine, quand on
délaye la farine de moutarde dans l'eau tiède; c'est un liquide
d'une odeur irritante, enflammant la peau.

Le *menthol* ou alcool mentholique $C^{10}H^{19}.OH$ existe dans
l'essence de menthe poivrée ; il est solide, à odeur très forte
de menthe ; il ne donne par oxydation ni aldéhyde, ni acide,
ni acétone.

132. ALCOOLS CAMPHÉNIQUES ou camphols $C^nH^{2n-2}O$. — Le
type des camphols est le *bornéol* ou camphre de Bornéo
$C^{10}H^{17}.OH$, correspondant au bornéène $C^{10}H^{16}$; il se présente
en petits cristaux à odeur poivrée. C'est un alcool primaire,
son aldéhyde est le camphre ordinaire $C^{10}H^{16}O$, son acide
l'acide camphique $C^{10}H^{16}O^2$.

Il existe des camphols isomères du bornéol dans le succin,
la garance, l'essence de romarin, l'essence de valériane.

133. ALCOOLS BENZÉNIQUES $C^nH^{2n-6}O$. — Ils proviennent de la
substitution de l'oxhydrile $(OH)'$ à un atome d'hydrogène
d'un chaînon latéral d'un carbure benzénique. Il en résulte
que la benzine C^6H^6 ne peut donner d'alcool ; au contraire
du toluène $C^6H^5.CH^3$ dérivera l'*alcool benzylique* $C^6H^5—CH^2.OH$
ou $C^7H^7.OH$, le plus important de ces alcools.

L'alcool benzylique se prépare généralement en traitant
l'essence d'amandes amères par une solution alcoolique de
potasse ; c'est un liquide oléagineux, d'une odeur d'amandes
amères. Son oxydation donne l'aldéhyde benzylique ou essence
d'amandes amères $C^6H^5.COH$ et l'acide benzoïque $C^6H^5.CO^2H$.

Aux alcools benzéniques on peut rattacher les alcools dérivant de carbures aromatiques autres que les carbures benzéniques. Les deux principaux sont : l'*alcool cinnamique*
$C^9H^9.OH$ ou styrone, existant à l'état d'éther dans le styrax,
le baume du Pérou ; il est solide, son oxydation produit l'aldéhyde cinnamique, faisant partie de l'essence de cannelle ;
l'*alcool cholestérique* ou cholestérine $C^{26}H^{43}.OH$ se rencontre
dans le sang, le cerveau, le pus ; il constitue les calculs bi-
liaires, d'où on l'extrait par l'alcool bouillant. Il se présente en
lamelles blanches brillantes, insolubles dans l'eau ; le résultat de son oxydation est l'acide cholestérique, jaune.

II. — Alcools diatomiques.

$$C^2H^4(OH)^2$$
ou
$$CH^2.OH—CH^2.OH$$

Glycol ordinaire.

Syn. : Éthylglycol, glycol éthylénique.

$(\acute{E}q. : C^4H^6O^4)$

134. Le glycol ordinaire est l'alcool biprimaire correspondant à l'éthane C^2H^6. Il en dérive par substitution de deux groupes OH à deux atomes d'hydrogène de ce carbure ; il est le premier terme de la série des glycols $C^nH^{2n+2}O^2$, alcools diatomiques saturés découverts par Wurtz en 1856.

Le glycol se prépare en faisant réagir le bibromure d'éthylène sur le carbonate de potassium :

$$C^2H^4Br^2 + CO^3K^2 + H^2O = CO^3 + 2KBr + C^2H^4(OH)^2.$$

C'est un liquide incolore, légèrement sirupeux, à saveur sucrée.

Par oxydation, la théorie prévoit qu'il doit donner trois aldéhydes de constitution : $COH — CH^2.OH$ (à la fois aldéhyde et alcool monoatomique) ; $COH — COH$ (deux fois aldéhyde) ; $COH — CO^2H$ (aldéhyde-acide). Ces trois aldéhydes sont en effet connus, bien qu'on ne soit pas encore parvenu à les obtenir avec le glycol : le premier est l'*aldéhyde glycolique*, le second le *glyoxal*, le troisième l'*acide glyoxylique*. On peut prévoir de même l'existence de deux acides par oxydation plus complète : $CH^2.OH — CO^2H$ (à la fois alcool et acide monobasique), c'est l'*acide glycolique*, produit par oxydation du glycol en présence du noir de platine ; $CO^2H — CO^2H$ (acide bibasique), c'est l'*acide oxalique*, obtenu par l'action de l'acide azotique sur le glycol.

Comme alcool diatomique, le glycol doit s'éthérifier deux fois avec un acide monobasique :

1° $CH^2.OH — CH^2.OH + HCl = H^2O + CH^2Cl — CH^2.OH$;

cet éther est encore alcool monoatomique : par le perchlorure de phosphore, il s'éthérifie de nouveau et l'éther obtenu ou bichlorure d'éthylène $CH^2Cl — CH^2Cl$ est identique avec la liqueur des Hollandais :

$$CH^2Cl — CH^2.OH + PhCl^5 = CH^2Cl — CH^2Cl + HCl + PhOCl^5.$$

Le glycol n'a encore reçu aucune application. Il a de nombreux homologues supérieurs : on connaît deux propylglycols, six butylglycols, etc.

III. — Alcools triatomiques.

$C^3H^5(OH)^3$ **Glycérine.**   (*Éq. : $C^6H^8O^6$*)

135. La glycérine est un alcool triatomique, à la fois biprimaire et secondaire, dont les éthers constituent les corps gras naturels. Scheele découvrit la glycérine en décomposant l'axonge par la litharge (1779), il l'appela principe doux des huiles ; Chevreul montra qu'elle existe dans les corps gras naturels et lui donna le nom de glycérine (1823) ; c'est M. Berthelot qui, en réalisant la synthèse de ses éthers, établit nettement sa triple fonction alcoolique (1855).

136. *Préparation.* — Il se produit une petite quantité de glycérine dans toute fermentation alcoolique, mais on la retire exclusivement des corps gras, constitués par les éthers qu'elle forme avec les acides gras.

Dans les laboratoires, on saponifie un mélange d'huile d'olive et d'axonge ou graisse de porc par l'oxyde de plomb en présence de l'eau : les acides gras mis en liberté se combinent à l'oxyde de plomb et forment des sels ou savons de plomb insolubles : la glycérine reste en dissolution dans l'eau. Dans une bassine de cuivre on met 50^{gr} d'huile d'olive, 50^{gr} d'axonge et 100^{gr} d'eau ; on porte peu à peu le mélange à l'ébullition tout en y projetant en plusieurs fois 150^{gr} de litharge et en agitant constamment ; on remplace de temps à autre l'eau qui s'évapore. L'opération est terminée quand la masse est devenue blanchâtre, homogène, demi-solide ; après refroidissement, on malaxe la pâte formée par les sels de plomb ; la partie aqueuse qui en est extraite est soumise à un courant d'acide sulfhydrique qui la débarrasse de la litharge dissoute ; elle est filtrée sur du noir animal et évaporée dans le vide ou dans une capsule chauffée au bain-marie ; le sirop épais obtenu est la glycérine.

Dans l'industrie, la glycérine s'obtient en grand comme produit accessoire de la saponification des corps gras (V. *fabrication des savons et des bougies*). La glycérine brute est encore décolorée par du noir animal, puis distillée dans un courant de vapeur surchauffée.

137. *Propriétés*. — La glycérine est sirupeuse, incolore, inodore ; sa saveur est sucrée ; $d = 1,26$; elle se solidifie un peu au-dessous de 0° et peut rester en surfusion ; elle est soluble dans l'eau et l'alcool, bout à 285° mais se décompose partiellement pendant la distillation ; on la distille facilement dans le vide.

Au delà de 300°, sa décomposition est plus complète, il se dégage de la vapeur d'eau, divers gaz inflammables, et de l'aldéhyde allylique ou acroléine, à odeur très irritante. Les vapeurs de glycérine peuvent être enflammées ; elles brûlent en donnant de l'eau et de l'anhydride carbonique.

Par les agents oxydants, comme l'acide azotique, la glycérine se transforme après un temps assez long en acide glycérique (acide monobasique et alcool diatomique); chauffée avec de l'acide oxalique, elle donne d'abord de l'acide formique (V. préparation de cet acide), puis, si la température dépasse 200°, de l'alcool allylique.

138. *Usages.* — La glycérine, étant très hygroscopique, sert à maintenir humides l'argile à modeler, les cuirs non tannés, certains tissus ; elle lubréfie les rouages délicats. C'est un calmant et un siccatif employé pour les plaies, dartres, etc ; elle sert enfin à préparer la nitroglycérine et à extraire des parfums.

139. La *constitution de la glycérine* est indiquée par le développement $CH^2.OH — CH.OH — CH^2.OH$ (alcool deux fois primaire et une fois secondaire). Ses deux aldéhydes qui devraient en dériver par déshydrogénation ou oxydation faible seraient : $COH — CH.OH — CH^2.OH$ (aldéhyde — alcool primaire — alcool secondaire) et $COH — CH.OH — COH$ (dialdéhyde — alcool secondaire) ; ils n'ont pas encore été isolés. L'oxydation de ces aldéhydes conduit aux deux acides connus : l'*acide glycérique* $CO^2H — CH.OH — CH^2.OH$ (acide monobasique — alcool primaire — alcool secondaire), et l'*acide tartronique* $CO^2H — CH.OH — CO^2H$ (acide bibasique — alcool secondaire), se produisant par oxydation du précédent.

140. ÉTHERS DE LA GLYCÉRINE. — La glycérine étant un alcool triatomique, peut former trois éthers successifs avec un acide monobasique ; il y a élimination de 1, 2, 3 molécules d'eau. Pour nommer ses éthers ou *glycérides*, on prend le nom de l'acide générateur, on lui donne la terminaison *ine* et une préfixe *mono*, *di*, *tri*. C'est à une température voisine de 200° qu'ils se produisent le mieux.

141. Les *chlorhydrines* dérivent de la glycérine par substitution de 1, 2, 3 atomes de chlore à 1, 2, 3 groupes OH. Les deux monochlorhydrines isomères $CH^2Cl—CH.OH—CH^2.OH$, $CH^2.OH — CHCl — CH^2.OH$ et les deux dichlorhydrines isomères $CH^2Cl — CHCl — CH^2.OH$, $CH^2Cl — CH.OH — CH^2Cl$, s'obtiennent en saturant la glycérine d'acide chlorhydrique sec et chauffant en tube scellé à 120°. Par l'action du perchlorure de phosphore sur les dichlorhydrines, on a la trichlorhydrine $CH^2Cl — CHCl — CH^2Cl$, n'ayant pas d'isomère ; ce dernier n'est plus éthérifiable, c'est un éther complet.

La *triacétine* $C^3H^5(C^2H^3O^2)^3$ existe dans l'huile de fusain.

142. La *nitroglycérine* est la trinitrine $C^3H^5(AzO^3)^3$; on la prépare en introduisant un mélange fait d'avance de 1 p. de glycérine et 3 p. d'acide sulfurique dans un récipient en plomb contenant 2 p. d'acide azotique et refroidi ; on agite ; la nitroglycérine se sépare après quelques heures au fond du récipient :

$$C^3H^5(OH)^3 + 3AzO^3H = C^3H^5(AzO^3)^3 + 3H^2O.$$

C'est un liquide huileux, blanchâtre ou jaunâtre, à légère odeur aromatique, $d = 1,60$. La nitroglycérine est soluble dans l'alcool et l'éther, vénéneuse, ses vapeurs produisent de violentes migraines. Comme éther, elle est saponifiée par la potasse, qui régénère la glycérine et se combine à l'acide azotique :

$$C^3H^5(AzO^3)^3 + 3KOH = C^3H^5(OH)^3 + 3AzO^3K.$$

C'est un corps fortement explosif, détonant avec une violence extrême par le choc ou par une brusque élévation de température, quelquefois même spontanément quand elle renferme des produits acides ; la décomposition d'une molécule de nitroglycérine soit 227^{gr} dégage 160 litres de gaz et 356 calories, elle est exprimée par l'équation :

$$2C^3H^5(AzO^3)^3 = 6CO^2 + 3Az^2 + O + 5H^2O.$$

La nitroglycérine sert à fabriquer la dynamite et divers explosifs.

La *dynamite*, découverte par l'ingénieur suédois Nobel en 1867, s'obtient en faisant absorber la nitroglycérine par des substances inertes pulvérulentes : brique pilée, terre siliceuse ; celles-ci en retiennent des proportions allant jusqu'aux trois quarts de leur poids et donnent des poudres jaunâtres, plus maniables que la nitroglycérine. On peut sans inconvénient les laisser tomber ou même les enflammer, elles brûlent alors en fusant ; mais elles détonent violemment, même sous l'eau, par l'explosion brusque d'une capsule de fulminate. On emploie les dynamites pour faire éclater les roches dures, crevassées ou aquifères.

On utilise aussi comme explosifs des mélanges de nitroglycérine et de coton-poudre.

Corps gras naturels.

143. Les corps gras naturels sont des mélanges en proportions variables d'éthers neutres de la glycérine, éthers résultant de la combinaison d'une molécule de glycérine et de 3 molécules d'acides gras avec élimination de trois molécules d'eau. Cette constitution a été mise en évidence par les travaux de Chevreul sur la saponification des corps gras (1823), et surtout par ceux de M. Berthelot qui a réalisé la synthèse des principes immédiats ou éthers qu'ils contiennent (1855). Parmi ces principes, ceux qu'on rencontre le plus souvent dans les corps gras naturels sont la tristéarine, la trimargarine et la trioléine.

144. La *tristéarine* $C^3H^5(C^{18}H^{35}O^2)^3$ domine dans les corps gras solides, comme la graisse des herbivores. On peut l'extraire du suif de mouton en le traitant par l'éther chaud et en faisant cristalliser ; on obtient des paillettes micacées, insolubles dans l'eau, très solubles dans l'éther bouillant, fusibles à 71°.

M. Berthelot a fait la synthèse des stéarines en chauffant à 200° pendant 30 heures une molécule de glycérine successivement avec 1, 2, 3 molécules d'acide stéarique dans des tubes de verre scellés à la lampe. Il obtint ainsi la monostéarine, encore alcool diatomique :

$$C^3H^5(OH)^3 + C^{18}H^{36}O^2 = H^2O + C^3H^5(OH)^2(C^{18}H^{35}O^2);$$

la distéarine, encore alcool monoatomique $C^3H^5(OH)$ $(C^{18}H^{35}O^2)^2$ et la tristéarine $C^3H^5(C^{18}H^{35}O^2)^3$, éther neutre ; cette dernière est identique à la stéarine naturelle.

145. La *trimargarine* $C^3H^5(C^{16}H^{31}O^2)^3$, appelée aussi tripalmitine et vulgairement margarine, existe dans presque tous les corps gras ; elle forme la majeure partie de l'huile de palme. On peut la retirer de cette huile en la comprimant et en épuisant le résidu solide par l'alcool bouillant. Elle est en petits cristaux d'aspect nacré, fusibles à 61°.

146. La *trioléine* $C^3H^5(C^{18}H^{33}O^2)^3$ constitue la partie liquide de la plupart des corps gras. On la retire de l'huile d'olive en la refroidissant à 0° ; la margarine se solidifie et se sépare ainsi de l'oléine, qui reste liquide. La trioléine est un liquide huileux, soluble dans l'éther et le sulfure de carbone, $d = 0,92$. Elle s'oxyde rapidement à l'air en donnant des acides gras, de l'acide acrylique, etc ; c'est à ces acides qu'est dû le rancissement des huiles contenant de l'oléine. La synthèse des oléines et des margarines ou palmitines a été réalisée par M. Berthelot d'une manière analogue à celle des stéarines.

147. *État naturel et propriétés des corps gras.* — Les corps gras sont très répandus, tant dans le règne végétal : graines de lin, de ricin, etc ; parties charnues des fruits (olives), etc., que dans le règne animal (cellules du tissu adipeux).

Purs, ils sont incolores et inodores, leur saveur est

fade ; ils sont doux au toucher, font sur le papier une tache translucide persistant par la chaleur. Ils sont tous moins denses que l'eau (*d* varie de 0,88 à 0,94), solubles dans l'éther, le sulfure de carbone, la benzine.

Les corps gras s'oxydent plus ou moins rapidement quand ils sont exposés à l'air et rancissent en donnant des produits acides. Ils ne s'altèrent généralement pas quand on les chauffe jusque vers 300°, mais au delà de cette température ils se décomposent, dégagent des carbures d'hydrogène, de l'anhydride carbonique, de l'acroléine, et s'enflamment.

Étant formés d'éthers, ils peuvent fixer de l'eau et régénérer leur alcool, c'est-à-dire la glycérine, ainsi que les acides gras ; c'est la *saponification* des corps gras. Cette saponification peut se produire soit par un alcali, qui se combine aux acides gras pour former des sels ou savons (fabrication des savons), soit par l'acide sulfurique qui, s'emparant de la glycérine, donne de l'acide sulfoglycérique, et met les acides gras en liberté.

D'après leur consistance à la température ordinaire, nous diviserons les corps gras en *corps gras solides* (suifs, graisses et beurres) ; et *huiles*, liquides dans lesquels domine l'oléine.

148. Corps gras solides. — Le *suif* est la matière grasse des herbivores (bœuf, mouton) ; c'est un mélange de tristéarine, trimargarine et trioléine. Pour le séparer des cellules qui le renferment, on le chauffe dans des chaudières avec de l'eau légèrement alcaline ; les membranes d'enveloppe des cellules se séparent du suif fondu, qui surnage ; celui-ci est fondu de nouveau, puis coulé dans des moules où il se fige. Les membranes soumises à la presse fournissent les pains de crelon utilisés comme engrais ou pour la nourriture des chiens.

Les chandelles sont faites avec du suif fondu et coulé dans des moules en étain contenant une mèche de coton tordue ; elles brûlent en fumant et en répandant une odeur désagréable ; on les remplace aujourd'hui par les bougies, mélange d'acides gras extraits du suif de bœuf (v. *bougies*).

La *graisse humaine* est jaunâtre; on y rencontre principalement de la trimargarine et de la trioléine.

Le *beurre de vache* contient plus des deux tiers de trimargarine : le reste est de l'oléine avec un peu de tributyrine ; il fond vers 27° ; on l'obtient par le battage de la crème du lait, on le lave et on y ajoute souvent un peu de sel marin pour le conserver ; on le fraude fréquemment avec de la margarine. Celle-ci est obtenue par compression de la graisse de bœuf ; la partie liquide qui s'écoule est soumise à un battage mécanique avec du lait aigri ; on y ajoute un peu de rocou pour donner la couleur du beurre naturel.

149. HUILES. — Il y a peu d'huiles animales ; la margarine et la stéarine y dominent; ex. : *huile de baleine, huile de foie de morue*. Cette dernière s'extrait du foie des morues en le traitant par l'eau bouillante ; l'huile qui surnage est décantée; elle contient un peu de brome et d'iode ; elle sert en médecine et pour la fabrication des cuirs.

Les huiles végétales, très nombreuses, contiennent principalement de l'oléine. On les obtient généralement par compression, soit des graines oléagineuses, soit des fruits qui en renferment. Exposées à l'air, elles s'oxydent toutes, quelquefois avec un dégagement de chaleur considérable ; il se forme des produits acides à odeur désagréable : les unes se transforment plus ou moins rapidement en une sorte de résine transparente, ce sont les huiles siccatives, dont on peut accélérer la dessiccation en les faisant bouillir avec un peu de litharge ; les autres tout en s'oxydant restent liquides, ce sont les huiles non siccatives.

Parmi les premières, nous citerons : *L'huile de lin*, extraite des graines du *Linum usitatissimum* ; on l'emploie pour la fabrication des vernis gras, des couleurs à l'huile. Le *linoleum* est de l'huile de lin cuite avec un peu de litharge, puis mélangée à de la poudre de liège. *L'huile de noix* est alimentaire. *L'huile d'œillette* existe dans les graines du pavot somnifère ; l'huile qui en est retirée par compression à froid est comestible, celle qu'on obtient ensuite par compression entre des plaques de tôle chauffées sert au graissage des machines et à fabriquer des savons. *L'huile de Croton* (du *Croton Tiglium*, famille des Euphorbiacées) est jaune, à odeur très désagréable : elle irrite vivement la peau. *L'huile de ricin* s'extrait de la graine du *Ricinus communis* ; elle est visqueuse, a une saveur fade et est purgative.

Les huiles non siccatives les plus employées sont : *L'huile d'olive*, obtenue en broyant les olives sous des meules et en soumettant la pulpe à l'action de presses hydrauliques, d'abord à froid, puis à chaud ; l'huile vierge, jaunâtre, est alimentaire ; les huiles de qualité inférieure servent dans l'éclairage, la fabrication des savons. Les *huiles de colza, de navette, de chènevis*, utilisées pour l'éclairage après les avoir agitées avec un peu d'acide sulfurique qui charbonne et détruit les matières mucilagineuses qu'elles tiennent en suspension. Les *huiles de palme* et *de coco*, extraites des fruits de divers palmiers et de la noix de coco ; on en fabrique des savons et des bougies. *L'huile d'arachide*, alimentaire ; les qualités inférieures ont les mêmes usages que les précédentes. Enfin *l'huile d'amandes douces*, très fluide et inodore, est employée en médecine, et *l'huile de noisette* en parfumerie.

IV. — Alcools tétra, penta, hexatomiques.

150. ALCOOLS TÉTRATOMIQUES. — *L'érythrite* $C^4H^6(OH)^4$ est le seul alcool tétratomique connu ; on l'extrait des lichens. Elle forme des prismes volumineux, d'une saveur sucrée faible, solubles dans l'eau. C'est un alcool biprimaire et bisecondaire saturé $CH^2.OH — (CH.OH)^2 — CH^2.OH$. Chauffée légèrement avec l'acide azotique étendu, elle se transforme en acide mésotartrique $CO^2H — (CH.OH)^2 — CO^2H$. On connaît plusieurs de ses éthers, parmi lesquels l'éther tétranitrique $C^4H^6(AzO^3)^4$, liquide très détonant.

151. ALCOOLS PENTATOMIQUES. — La *pinite* et la *quercite* $C^6H^7(OH)^5$ sont deux alcools pentatomiques isomères non saturés, existant, le premier dans les sécrétions du pin de Californie, le second dans les glands du chêne. Ils ont un goût très sucré et sont solubles dans l'eau. Leurs éthers organiques s'obtiennent en les chauffant vers 200° avec les acides organiques. La quercite chauffée à 280° perd trois molécules d'eau et donne un phénol, l'hydroquinone :

$$C^6H^7(OH)^5 — 3H^2O = C^6H^4(OH)^2.$$

152. ALCOOLS HEXATOMIQUES. — La mannite, la dulcite, la sorbite et la perséite sont des alcools hexatomiques isomères $C^6H^8(OH)^6$ saturés.

La *mannite* se retire de la manne du frêne. Elle prend naissance par hydrogénation du glucose et du lévulose. Elle est en aiguilles fines, faiblement sucrées, solubles dans l'eau. Par oxydation sous l'influence du noir de platine, elle se transforme en mannitose ou aldéhyde mannitique, isomère du glucose et encore alcool pentatomique, puis en acide mannitique $C^6H^{12}O^7$ (acide monobasique et alcool pentatomique). Ses éthers s'obtiennent par l'action des acides à une température supérieure à 100° : l'éther hexanitrique $C^6H^8(AzO^3)^6$ forme des aiguilles blanches, détonant violemment par la chaleur ou par le choc.

La *dulcite* s'extrait du mélampyre ou de la manne de Madagascar. Elle se produit par hydrogénation du lactose ou sucre de lait. Oxydée par l'acide azotique, elle donne de l'acide mucique, isomère de l'acide saccharique $C^6H^{10}O^8$ que produit la mannite dans les mêmes conditions.

La *sorbite* se rencontre dans le jus du fruit du sorbier.

CHAPITRE IV

PHÉNOLS

153. Les phénols sont des composés dont la fonction chimique est intermédiaire entre la fonction alcoolique et la fonction acide : ils se combinent aux bases alcalines comme les acides et possèdent des éthers comme les alcools. Ils dérivent des carbures aromatiques par substitution de un ou plusieurs groupes OH à un ou plusieurs atomes d'hydrogène appartenant au *noyau* du carbure (on a vu, n° 133, que la substitution portant sur l'hydrogène d'un chaînon latéral donne un alcool). La fonction phénolique a été caractérisée par M. Berthelot en 1860.

Les phénols ne sont, *ni de vrais acides, ni de vrais alcools :* 1° ils se combinent aux bases alcalines comme les acides avec élimination d'une molécule d'eau :

$$C^6H^5.OH + KOH = H^2O + C^6H^5.OK \, ;$$

Phénol ordinaire   Phénate de potassium.

mais ils ne décomposent pas les carbonates, et l'hydrogène de leurs groupes OH ne peut être remplacé que par du potassium ou du sodium et non par un métal quelconque ; 2° ils possèdent des éthers comme les alcools : ex. : C^6H^5Cl (chlorure de phényle), $C^6H^5(C^2H^3O^2)$ (acétate de phényle), mais ces éthers ne se forment pas par union directe du phénol et de l'acide avec élimination d'eau, et ils ne sont que très difficilement saponifiables par les alcalis à l'ébullition. De plus, l'oxydation directe des phénols ne donne aucun des produits réguliers de l'oxydation des alcools : aldéhydes, acétones ou acides.

Les phénols forment avec les métaux alcalins des *phénates* comparables aux alcoolates :

$$C^6H^5.OH + K = C^6H^5.OK + H ;$$

mais, à l'inverse de ceux-ci, les phénates ne sont pas décomposés par l'eau froide. Traités par l'acide azotique, ils produisent, non pas des éthers, mais des *dérivés nitrés* :

$$C^6H^5.OH + 3AzO^4H = 3H^2O + C^6H^2(AzO^2)^3.OH \text{ (acide picrique)}.$$

Leurs ammoniaques composées en dérivent d'une manière analogue à celles des alcools : $C^2H^5.AzH^2$ (éthylamine) ; $C^6H^5.AzH^2$ (*aniline*). Enfin, l'anhydride de l'acide phtalique, acide aromatique bibasique, les transforme en *phtaléines*, composés dont plusieurs sont des matières colorantes remarquables.

Les éthers simples des phénols s'obtiennent par le perchlorure de phosphore :

$$C^6H^5.OH + PhCl^5 = HCl + PhOCl^3 + C^6H^5Cl \text{ (chlorure de phényle)};$$

ils sont identiques aux carbures aromatiques monochlorés. Les éthers composés s'obtiennent à l'aide des chlorures d'acides :

$$C^6H^5.OH + C^2H^3OCl = HCl + C^6H^5(C^2H^3O^2).$$

Phénol ordinaire   chlorure d'acétyle   éther phénylacétique.

154. Classification des phénols. — Suivant qu'un phénol contient 1, 2, 3,..... fois le groupe OH, il possède

1, 2, 3,....., fois la fonction phénolique, de là la classification suivante :

1° MONOPHÉNOLS ou phénols monoatomiques, renfermant une fois le groupe OH, d'où leur molécule ne peut
exercer qu'une fois la fonction phénolique. Ils comprennent les *phénols benzéniques* $C^nH^{2n-6}O$: phénol ordinaire $C^6H^5.OH$; crésols ou crésylols $C^7H^7.OH$; xylénols
$C^8H^9.OH$; thymols $C^{10}H^{13}.OH$, etc.; les *phénols naphty-
léniques* : naphtols $C^{10}H^7.OH$, etc. ; les *phénols anthracéniques* : anthrol $C^{14}H^9.OH$, etc.

2° DIPHÉNOLS ou phénols diatomiques, comprenant les
trois phénols isomères : pyrocatéchine, résorcine, hydroquinone $C^6H^4(OH)^2$; l'orcine $C^7H^6(OH)^2$, le dinaphtol
$C^{20}H^{12}(OH)^2$, etc.

3° TRIPHÉNOLS, phénols triatomiques : pyrogallol ou
acide pyrogallique $C^6H^3(OH)^3$; phloroglucine $C^6H^3(OH)^3$;
trioxynaphtaline $C^{10}H^5(OH)^3$, etc.

On connaît enfin des *tétraphénols* : dipyrocatéchine
$C^{12}H^6(OH)^4$ et des *hexaphénols* : hexaoxybenzine $C^6(OH)^6$.

I. — Phénols monoatomiques.

$C^6H^5.OH$ **Phénol ordinaire.** $(Éq. : C^{12}H^6O^2)$
Syn. : Acide phénique.

155. Le phénol ordinaire est le phénol correspondant à la benzine. Runge le découvrit en 1834 dans les goudrons de
houille et lui donna le nom d'acide carbolique ; c'est
M. Berthelot qui caractérisa sa fonction en 1860. Il existe
dans le *castoreum* ; il s'en produit dans la putréfaction
des matières albuminoïdes et dans la distillation sèche
du bois, de la houille, des os, etc.

156. Synthèse et production. — On réalise la *synthèse* du phénol en partant de l'acide phénylsulfureux $C^6H^5.SO^3H$, obtenu par l'action de l'acide sulfurique sur la benzine. Cet acide, fondu avec la potasse dans un creuset d'argent, se transforme d'abord en phénylsulfite de potassium, puis en sulfite de potassium soluble et phénate de potassium ; on décompose ensuite celui-ci par l'acide chlorhydrique.

Le phénol se retire des *huiles moyennes* et des *huiles lourdes* provenant de la distillation des goudrons de houille : on agite ces huiles avec une lessive de soude dans une chaudière en fonte chauffée par un courant de vapeur : par refroidissement, la lessive se prend en une masse cristalline formée principalement de phénate de sodium ; on la dissout dans l'eau bouillante, puis on traite la dissolution obtenue par l'acide chlorhydrique. Les phénols mis en liberté se solidifient ; on les distille alors avec du chlorure de calcium dans des appareils à distillations fractionnées analogues à celui de Coupier pour les benzols : le phénol ordinaire passe de 185 à 195° et se sépare ainsi de ses homologues supérieurs ; on peut le purifier en l'exprimant et en le distillant de nouveau.

157. Propriétés. — Le phénol se présente en aiguilles incolores, confusément groupées ; il a une odeur caractéristique, une saveur très caustique ; $d = 1,06$; il fond à 41° et bout à 181°. Il est peu soluble dans l'eau et lui communique son odeur ; il est très soluble dans l'alcool et l'éther. C'est un caustique violent, qui blanchit la peau et désorganise les tissus.

Le phénol brûle avec une flamme fuligineuse. Le potassium et le sodium l'attaquent vivement et donnent *des phénates* avec dégagement d'hydrogène :

$$C^6H^5.OH + K = C^6H^5.OK + H.$$

ces phénates s'obtiennent aussi par l'action des alcalis ; ils sont peu stables, mais ils le sont plus que les alcoolates ; ils ne se décomposent qu'à l'ébullition ; traités par les iodures alcooliques, ils produisent des oxydes mixtes, dont le plus remarquable est l'*anisol*, liquide à odeur agréable :

$$C^6H^5.OK + CH^3I = KI + C^6H^5 — O — CH^3 \text{ (anisol)}.$$

Action des acides. — Les acides ne donnent pas d'éthers en agissant directement sur le phénol. L'acide azotique le transforme en dérivés nitrés :

$$C^6H^5.OH + AzO^3H = H^2O + C^6H^4(AzO^2).OH \text{ (mononitrophénol)} ;$$

le plus important de ces dérivés est l'acide picrique ou trinitrophénol.

L'acide sulfurique forme des produits acides, appelés dérivés sulfonés ; *ex.* :

$$C^6H^5.OH + SO^4H^2 = H^2O + C^6H^4(SO^3H).OH \text{ (acide phénolsulfoné)} ;$$

l'acide chlorhydrique n'exerce aucune action, même à l'ébullition. Enfin l'anhydride carbonique n'agit que sous l'influence du sodium ou de la soude : si l'on fait passer un courant de ce gaz dans du phénate de sodium chauffé, on obtient du salicylate de sodium :

$$C^6H^5.ONa + CO^2 = C^6H^4(CO^2Na).OH.$$

Action des oxydants. — Par oxydation, le phénol ne donne ni aldéhyde, ni acide ayant même nombre d'atomes de carbone ; le permanganate de potassium le transforme en acide oxalique ; l'acide chromique anhydre en phénoquinone $C^6H^4(C^6H^5O^2)^2$.

Éthers du phénol. — On éthérifie le phénol soit par le

perchlorure de phosphore, soit par les chlorures d'acides ;
e.x. :

$$C^6H^5.OH + PhCl^5 = HCl + PhOCl^3 + C^6H^5Cl \text{ (chlorure de phényle)} ;$$

le chlorure de phényle n'est saponifié par la soude qu'à
300°. Le chlorure d'acétyle $C^2H^3O.Cl$ donne l'éther phénylacétique ou acétate de phényle :

$$C^6H^5.OH + C^2H^3O.Cl = HCl + C^6H^5(C^2H^3O^2) ;$$

le chlorure de benzoyle, le benzoate de phényle ou éther
phénylbenzoïque :

$$C^6H^5.OH + C^7H^5O.Cl = HCl + C^6H^5(C^7H^5O^2).$$

Réactifs du phénol. — Une solution aqueuse de phénol
donne avec le perchlorure de fer une coloration violette ;
avec l'eau de brome il se forme un précipité blanc jaunâtre de tribromophénol. Enfin, si l'on chauffe légèrement cette solution et qu'on l'additionne d'un peu d'ammoniaque et de quelques gouttes d'une solution de chlorure de chaux, il se développe une couleur bleue qui
augmente par exposition à l'air.

158. Usages. — Le phénol est très employé comme
désinfectant et antiseptique ; il assainit les cales de
navires, hôpitaux, salles de dissection. On l'utilise en
solutions faibles contre les affections parasitaires de la
peau, pour laver les plaies. Il sert à préparer plusieurs
matières colorantes importantes : l'acide picrique, l'aurine, la coralline rouge, l'azuline.

159. Acide picrique $C^6H^2(AzO^2)^3.OH.$ — L'acide picrique, appelé aussi amer Welter, est le trinitrophénol. Il
prend naissance quand on traite le benjoin, l'indigo, par
l'acide azotique fumant. On peut l'obtenir dans les labo-

ratoires en chauffant au bain de sable dans une grande capsule 3 p. d'acide azotique fumant et en y introduisant peu à peu 1 p. de phénol.

Dans l'industrie, on fait agir l'acide azotique ordinaire sur un mélange en parties égales de phénol et d'acide sulfurique concentré ; ce mélange est rendu homogène en le chauffant légèrement dans des touries en grès ; on l'étend d'eau, puis on le laisse couler goutte à goutte dans un vase de fonte à agitateur contenant l'acide azotique ordinaire. Quand le dégagement de vapeurs nitreuses a cessé, il s'est formé deux couches : la couche inférieure se prend en masse cristalline par refroidissement; c'est l'acide picrique brut. On l'égoutte, on le transforme en picrate de sodium par le carbonate de sodium et on décompose ce picrate par l'acide sulfurique, puis on fait cristalliser de nouveau.

Propriétés. — L'acide picrique est jaune citron ; il est très peu soluble dans l'eau (environ $\frac{1}{85}$ à la température ordinaire) ; cette solution est cependant sensiblement colorée en jaune ; elle a une saveur très amère et colore la laine et la soie. L'acide picrique est soluble dans l'alcool et l'éther ; il fond à 122° et détone violemment quand on le chauffe brusquement. Chauffé avec une solution de cyanure de potassium, il donne par refroidissement une belle matière colorante rouge pourpre, l'acide isopurpurique ou picrocyanique $C^8H^5Az^5O^5$.

Usages. — L'acide picrique a un grand pouvoir tinctorial : 1ᵍ peut colorer 1ᵏᵍ de soie ; il sert à colorer la laine et la soie (il ne se fixe pas sur les fibres textiles végétales). On l'introduit quelquefois dans les bières pour leur communiquer frauduleusement de l'amertume.

Picrates. — L'acide picrique se comporte comme un acide monobasique et ne donne avec les bases qu'une série de picrates.

Les picrates sont ordinairement jaunes, très explosifs par la chaleur. Les plus employés sont : le picrate de potassium $C^6H^2(AzO^2)^3.OK$, très peu soluble dans l'eau ; aussi l'acide picrique peut-il servir de réactif pour les sels de potassium ; il est très dangereux à manier ; mélangé au salpêtre, il constitue des poudres pour torpilles ; — le picrate d'ammonium $C^6H^2(AzO^2)^3.OAzH^4$, très combustible ; — les picrates de calcium, de baryum, de strontium, qui, mélangés à l'azotate de potassium, donnent des poudres très employées en pyrotechnie et brûlant avec des flammes colorées.

160. Monophénols divers. — Les *trois crésols* ou crésylols $C^7H^7.OH$ ou $C^6H^4(OH)—CH^3$ correspondent au toluène ; ils existent dans les goudrons de houille et de bois. L'ortho et le para sont solides, le méta liquide. Le jaune d'or et le jaune de Victoria, dérivés nitrés des crésols, sont très employés en teinture.

Les crésols mélangés au phénol ordinaire et à plusieurs autres phénols constituent la *créosote*, retirée du goudron de bois. C'est un liquide jaune, à odeur forte aromatique, coagulant l'albumine et très antiseptique ; on l'emploie contre la carie dentaire, pour conserver les substances putrescibles, etc.

Le *thymol* $C^{10}H^{13}.OH$ s'extrait de l'essence de thym, dans laquelle il est mélangé à deux carbures : le thymène $C^{10}H^{16}$ et le cymène $C^{10}H^{14}$. Il se présente en cristaux à odeur aromatique, d'une saveur brûlante ; très peu solubles dans l'eau, solubles dans l'alcool ; il se combine aux alcalis pour former des thymates analogues aux phénates et peu stables. C'est un antiseptique très employé. Un de ses isomères, le *carvacrol*, se rencontre dans l'essence d'origan.

Les *naphtols* $C^{10}H^7.OH$ correspondent à la naphtaline ; il en existe deux : le naphtol α, en cristaux incolores, donnant par l'acide azotique le dinitronaphtol, connu en teinture sous le nom de jaune de Martius ; le naphtol β, en lamelles brillantes ; on prépare avec ce dernier une matière colorante, la rocelline, analogue à l'orseille.

Les *anthrols* $C^{14}H^9.OH$ correspondent à l'anthracène ; on en dérive des matières colorantes jaunes et orangées.

II. — Phénols diatomiques.

161. La pyrocatéchine, la résorcine et l'hydroquinone $C^6H^4(OH)^2$ sont des diphénols dérivant de la benzine dont deux atomes d'hydrogène ont été remplacés par deux groupes OH. La substitution a lieu dans 2H voisins (pyrocatéchine, orthodérivé), dans 2H séparés par un atome d'hydrogène (résorcine, métadérivé), dans 2H extrêmes du noyau benzinique (hydroquinone, paradérivé).

162. La *pyrocatéchine* existe dans les feuilles de vigne vierge ; on l'obtient en distillant le cachou dans un courant de gaz carbonique, et en recueillant ce qui passe entre 220 et 230°. Elle est cristallisée en lamelles d'une saveur amère, très solubles dans l'eau ; elle réduit le chlorure d'or, l'azotate d'argent, les sels de cuivre. Un de ses éthers, le gaïacol ou méthylpyrocatéchine $C^6H^4(OCH^3).OH$, se rencontre dans les goudrons de bois.

163. La *résorcine* se produit quand on fond certaines gommes-résines, comme l'*assa-fœtida*, la gomme-ammoniaque, avec les alcalis. Industriellement, on fond la benzine-disulfonate ou phényldisulfite de potassium avec la potasse :
$$C^6H^4(SO^3H)^2 + 2KOH = 2SO^3KH + C^6H^4(OH)^2.$$
Elle forme des cristaux incolores ou rougeâtres, d'une saveur amère désagréable, très solubles dans l'eau. Elle réduit l'azotate d'argent ammoniacal et donne avec les sels ferriques une belle coloration violette. Elle est très employée comme antiseptique ; elle sert surtout à fabriquer la fluorescéine et l'éosine (263).

164. HYDROQUINONE. — *L'hydroquinone* est ainsi appelée

parce qu'elle donne par oxydation la *quinone* $C^6H^4O^2$, en dérivant par déshydrogénation comme les aldéhydes dérivent des alcools. L'hydroquinone prend naissance dans la distillation sèche de l'acide quinique des quinquinas. On la prépare en oxydant un mélange d'aniline et d'acide sulfurique par le bichromate de potassium :

$$2C^6H^5 AzH^2 + 70 = Az^2 + 3H^2O + 2C^6H^4O^2 ;$$

un courant de gaz anhydride sulfureux transforme ensuite la quinone formée en hydroquinone :

$$C^6H^4O^2 + SO^2 + 2H^2O = C^6H^4 (OH)^2 + SO^4H^2.$$

L'hydroquinone est incolore, sa saveur est douce ; elle est très soluble dans l'eau et l'alcool. Par l'action de la chaleur ou des oxydants faibles, elle se transforme en quinone et en *hydroquinone verte* $C^{12}H^{10}O^4$; cette dernière est en belles aiguilles vertes, c'est une combinaison de quinone et d'hydrogène.

L'hydroquinone précipite la solution d'acétate de cuivre et la colore en jaune. Elle est très employée comme révélateur en photographie.

165. ORCINE. — L'*orcine* $C^7H^6(OH)^2$ ou $C^6H^3(OH)^2 — CH^3$ s'extrait de certains lichens dits tinctoriaux, croissant au bord de la mer. Elle est incolore, d'une saveur sucrée, très soluble dans l'eau ; cette solution est précipitée par le perchlorure de fer. Si l'on fait passer un courant de gaz ammoniac dans une solution d'orcine au contact de l'air, on obtient une belle substance rouge incristallisable, l'*orcéine*, à laquelle l'orseille du commerce doit son pouvoir tinctorial :

$$C^7H^6(OH)^2 + 30 + AzH^3 = 2H^2O + C^7H^7AzO^3.$$

L'*orseille* se retire des lichens tinctoriaux. On les réduit en pâte, puis on les traite par un mélange de chaux et d'urine putréfiée à 30° au contact de l'air ; ses nuances varient du violet au grenat ; elle teint la laine et la soie. Si dans la préparation de l'orseille on ajoute un carbonate alcalin ou de la craie, il se sépare une orseille qu'on moule en petits pains et qui n'est autre que le *tournesol* des laboratoires.

III. — Phénols triatomiques.

Les phénols triatomiques les plus importants sont le pyrogallol et les phloroglucines.

166. Pyrogallol. — Le *pyrogallol* ou *acide pyrogallique* $C^6H^3(OH)^3$ se prépare en chauffant l'acide gallique avec deux fois son poids d'eau à 200° :

$$C^6H^2(OH)^3(CO^2H) = C^6H^3(OH)^3 + CO^2 ;$$

après une demi-heure on filtre et on fait cristalliser par évaporation.

Il forme des aiguilles incolores, amères, fusibles à 115°, solubles dans 3 p. d'eau à la température ordinaire. Sa solution exposée à l'air absorbe de l'oxygène et brunit, surtout en présence de la potasse ou de la soude.

C'est un corps très réducteur : il réduit les sels d'or, d'argent, de mercure, la liqueur cupro-potassique (189). Par l'eau de chaux, il donne une coloration violacée, qui brunit rapidement à l'air. Son oxydation par l'acide chromique anhydre donne la *purpurogalline* $C^{20}H^{16}O^9$, belle matière colorante rouge employée en teinture.

L'acide pyrogallique est un antiseptique très énergique, mais on ne l'emploie guère en médecine, car il est très vénéneux, même à dose de quelques décigrammes. Il sert comme réducteur en photographie, pour l'analyse de l'air et surtout pour la fabrication de la galléine (263).

167. Les *phloroglucines* sont isomères du pyrogallol $C^6H^3(OH)^3$; elles résultent de l'action des alcalis sur le cachou, le bois jaune, les matières colorantes des vins rouges, etc. ; elles sont solubles dans l'eau ; leurs solutions absorbent également l'oxygène de l'air en se colorant, surtout en présence des alcalis.

168. Alphénols. — *On appelle alphénols ou alcools-phénols les composés possédant à la fois la fonction alcoolique et la fonction phénolique* ; les plus importants sont la saligénine et l'alcool vanillique.

La *saligénine* ou alcool salicylique répond à la formule $C^7H^8O^2$ ou $C^6H^4(OH)(CH^2.OH)$; elle est à la fois alcool primaire et monophénol. On la retire de la salicine de l'écorce de saule ; elle est en cristaux nacrés. Son oxydation donne l'aldéhyde salicylique $C^6H^4(OH)(COH)$, huile incolore formant la majeure partie de l'essence de reine des prés, puis l'acide salicylique $C^6H^4(OH)(CO^2H)$. Son éther méthylphénolique n'est autre que l'*alcool anisique* $C^6H^4(OCH^3)(CH^2.OH)$, à la fois alcool et éther ; l'oxydation de ce dernier donne l'aldéhyde anisique $C^6H^4(OCH^3)(COH)$ existant dans les essences d'anis et de fenouil.

L'*alcool vanillique* $C^8H^{10}O^3$ ou $C^6H^3(OCH^3)(OH)(CH^2.OH)$ est un alphénol éther méthylique de l'alcool protocatéchique $C^6H^3(OH)^2(CH^2.OH)$; par son oxydation on obtient la *vanilline* $C^6H^3(OCH^3)(OH)(COH)$, qui est son aldéhyde et existe dans la vanille dont elle a l'odeur caractéristique.

CHAPITRE V

ALDÉHYDES — ACÉTONES — QUINONES

I. — Aldéhydes.

169. Les aldéhydes sont des composés provenant de l'oxydation incomplète des alcools primaires dont **2** atomes d'hydrogène sont enlevés, forment de l'eau et ne sont pas remplacés ; ils sont caractérisés dans leur molécule par le groupe COH. *Ex.* :

$$CH^3 - CH^2.OH + O = H^2O + CH^3 - COH$$
Alcool ordinaire.   Aldéhyde ordinaire.

$$C^6H^5 - CH^2.OH + O = H^2O + C^6H^5 - COH$$
Alcool benzylique.   Aldéhyde benzylique.

Inversement, par hydrogénation, les aldéhydes régénérent les alcools dont ils dérivent. Les agents oxydants les transforment en acides renfermant le même nombre d'atomes de carbone ; *ils sont donc intermédiaires entre les alcools primaires et les acides correspondants.*

De là résultent deux procédés généraux pour obtenir les aldéhydes : 1° *par oxydation ménagée de l'alcool* ; l'oxygène nécessaire est ordinairement fourni par un mélange d'acide sulfurique et de bichromate de potassium ; 2° *par réduction de l'acide* : on chauffe le sel de calcium de cet acide avec le formiate de calcium ; celui-ci, par la chaleur, se transforme en carbonate de calcium, et l'hydrogène provenant de cette décomposition opère la réduction : *ex.* :

$$(CO^2H)^2Ca + (C^2H^3O^2)^2Ca = 2CO^3Ca + 2(CH^3 - COH).$$

Formiate de calcium. Acétate de calcium.   Aldéhyde ordinaire.

Les aldéhydes sont généralement des liquides plus ou moins volatils, à odeur forte ; quelques-uns existent dans les végétaux, soit seuls (camphres), soit mélangés à des carbures dans les essences végétales (aldéhyde cinnamique de l'essence de cannelle).

170. Constitution des aldéhydes. — On sait que les alcools primaires sont caractérisés par le groupe — $CH^2.OH$; c'est précisément dans ce groupe que les 2 atomes d'hydrogène sont enlevés ; le résidu — COH se retrouvera dans la molécule développée de tous les aldéhydes et sera caractéristique de la fonction aldéhydique.

Prenons l'alcool ordinaire $C^2H^5.OH$ ou $CH^3 - CH^2.OH$; si un atome d'oxygène lui enlève 2 atomes d'hydrogène dans CH^2, il restera la molécule de l'aldéhyde ordinaire $CH^3 - COH$, à laquelle on pourra ajouter, soit 2 atomes d'hydrogène pour régénérer l'alcool ordinaire $CH^3 - CH^2.OH$, soit un atome d'oxygène pour obtenir l'acide acétique $CH^3 - CO^2H$. Ce qui indique bien que l'oxydation d'un alcool primaire porte uniquement sur son groupe $CH^2.OH$, et que le

groupe hydrocarboné qui est uni à celui-ci reste inaltéré, c'est
que les alcools ne renfermant pas ce groupe $CH^2.OH$ (alcools
secondaires et tertiaires) ne donnent ni aldéhyde, ni acide
renfermant le même nombre d'atomes de carbone; on en a
une nouvelle preuve dans la décomposition du chloral ou
aldéhyde trichloré sous l'influence de l'eau :

$$CCl^3 - COH + H^2O = CCl^3 - H + H - CO^2H.$$
$$\text{chloral} \qquad \text{chloroforme} \quad \text{acide formique}$$

D'après ce qui précède, on voit qu'un alcool primaire donnera autant d'aldéhydes qu'il contient de fois le groupe
$CH^2.OH$, c'est-à-dire autant qu'il se comporte de fois comme
alcool primaire. Donc un alcool monoatomique primaire ne
peut avoir qu'un aldéhyde :

$$C^2H^5 - CH^2.OH + O = H^2O + C^2H^5 - COH \text{ (aldéhyde propionique)};$$

un alcool diatomique biprimaire tel que $CH^2.OH - CH^2.OH$
(glycol) en donnera deux : le premier sera un *aldéhyde à
fonction mixte*, un aldéhyde-alcool : $CH^2.OH - COH$; le
second possédera deux fois la fonction aldéhydique, ce sera
un *dialdéhyde* $COH - COH$. Nous verrons que le glucose ordinaire est un monaldéhyde de l'alcool hexatomique, la mannite, et qu'il est en même temps alcool pentatomique.

171. Les aldéhydes les plus importants correspondant
aux diverses séries d'alcools que nous avons vues précédemment, sont l'*aldéhyde éthylique* provenant de l'alcool
ordinaire ; le *camphre ordinaire*, aldéhyde du bornéol ou
aldéhyde campholique; l'*aldéhyde benzylique* ou essence
d'amandes amères, dérivant de l'alcool benzylique, et les
glucoses, aldéhydes à fonction mixte, monaldéhydes des
alcools hexatomiques et pouvant encore jouer 5 fois le
rôle d'alcool.

$CH^3.COH$
  ou
CH^3
  |
$O=C-H$

Aldéhyde éthylique.

Syn. : Aldéhyde vinique, éthylal,   ($Éq.$: $C^4H^4O^2$)
hydrure d'acétyle, aldéhyde ordinaire.

172. L'aldéhyde éthylique est l'aldéhyde de l'alcool ordinaire.
Il a été découvert par Dœbereiner en 1821, mais sa fonc-

tion ne fut établie que par Liebig en 1835. On a vu qu'il se produit par oxydation de l'alcool éthylique sous l'influence du noir de platine; il existe dans les vins en petite quantité.

173. PRÉPARATION. — On prépare l'aldéhyde en oxydant l'alcool ordinaire par un mélange de bichromate de potassium et d'acide sulfurique :

$$C^2H^5.OH + O = H^2O + CH^3.COH.$$

On introduit dans une grande cornue tubulée, entourée d'eau froide (*fig.* 40), 150^{gr} de bichromate de potassium en

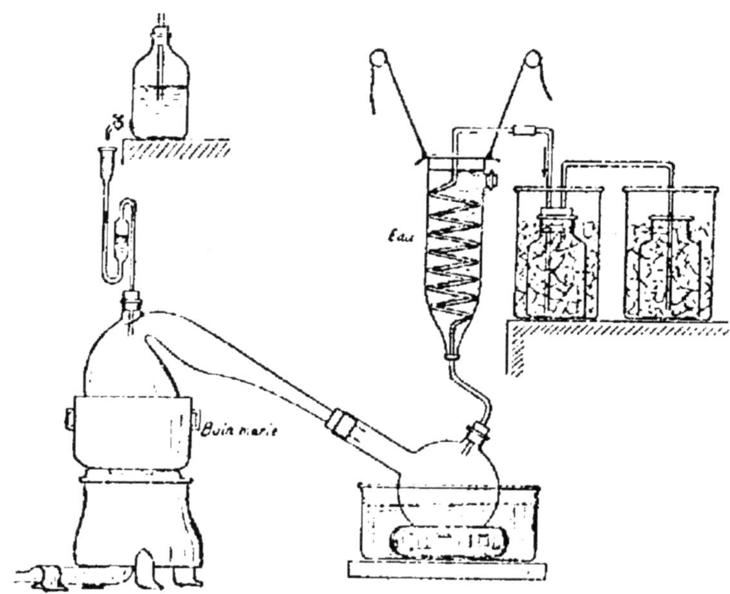

Fig. 40. — Préparation de l'aldéhyde ordinaire.

petits morceaux; puis on fait couler goutte à goutte par la tubulure un mélange fait d'avance de 200^{gr} d'acide sulfurique, 150^{gr} d'alcool et 600^{gr} d'eau ; on chauffe alors légèrement l'eau qui entoure la cornue ; il distille de l'aldéhyde mélangé d'alcool, d'acide acétique, d'éther acétique, etc. Tous ces produits se rendent d'abord dans un matras qui retient les moins volatils, puis parcourent un serpentin vertical entouré d'eau et se rendent finalement dans deux flacons plongés dans un mélange de glace et de sel. Le premier de ces flacons est vide, le second contient de l'éther anhydre saturé de gaz ammoniac. Après l'opération, on mélange les produits condensés dans le premier flacon avec l'éther ammoniacal du second; il se dépose des cristaux d'*aldéhydate d'ammoniaque* C^2H^4O,AzH^3 qu'on recueille; on les sèche à l'air et on les décompose par l'acide sulfurique étendu dans une cornue chauffée au bain-marie. Les vapeurs d'aldéhyde traversent un tube à chlorure de calcium et sont condensées dans un flacon entouré d'un mélange de glace et de sel.

174. Propriétés. L'aldéhyde est un liquide incolore, très mobile, d'une odeur forte, suffocante; $d = 0,80$ à 0°; il bout à 22° et est soluble dans l'eau, l'alcool et l'éther. Il brûle au contact d'un corps incandescent :

$$CH^3 - COH + 5O = 2CO^2 + 2H^2O + 280^{cal}.$$

L'aldéhyde, provenant de l'alcool ordinaire auquel 2 atomes d'hydrogène ont été soustraits, est caractérisé principalement par sa molécule incomplète, ce qui fait qu'elle tend toujours soit à fixer de l'hydrogène, soit à fixer de l'oxygène, soit enfin à se polymériser :

1° *Fixation d'hydrogène.* — Au contact de l'hydrogène naissant produit par l'amalgame de sodium et l'eau légèrement acidulée par l'acide sulfurique ou l'acide chlorhydrique, l'aldéhyde se combine à 2 atomes d'hydrogène et régénère l'alcool ordinaire dont il dérive :

$$CH^3.COH + H^2 = CH^3 - CH^2.OH.$$

2° *Fixation d'oxygène*. — Les corps oxydants transforment l'aldéhyde en acide acétique :

$$
\begin{array}{c}
CH^3 \\
| \\
O{=}C{-}H
\end{array}
\ +\ O\ =\
\begin{array}{c}
CH^3 \\
| \\
O{=}C{-}(OH)'
\end{array}
\ ;
$$

on constate l'odeur de cet acide en faisant tomber goutte à goutte de l'aldéhyde sur de la mousse de platine, ou dans un mélange d'acide sulfurique et de permanganate de potassium. Cette facile oxydabilité lui donne des propriétés réductrices : il réduit l'azotate d'argent ammoniacal avec dépôt d'argent métallique et la liqueur cupropotassique (189) avec précipité rouge d'oxyde cuivreux.

3° *Polymérisation*. — Sous diverses influences, quelquefois même spontanément, la molécule d'aldéhyde se double ou se triple avec ou sans élimination d'eau : Si on l'abandonne à l'air avec une solution aqueuse d'acide chlorhydrique, il se forme de l'aldol, qui est un aldéhyde-alcool :

$2(CH^3 - COH) = C^4H^8O^2$ ou $(CH^3 - CH.OH)(CH^2 - COH)$;

si ce même mélange est soumis à l'action de la chaleur vers 100°, l'aldéhyde perd une molécule d'eau et se transforme en aldéhyde crotonique :

$$2(CH^3 - COH) = H^2O + C^4H^6O.$$

Enfin la molécule d'aldéhyde peut se tripler et donner 2 isomères : le métaldéhyde $C^6H^{12}O^3$, solide se sublimant à 120°, et le paraldéhyde $C^6H^{12}O^3$, solide fondant à 10° ; ce dernier est employé comme calmant et soporifique.

Action du chlore. — Le chlore donne avec l'aldéhyde des produits de substitution, dont les plus remarquables sont l'aldéhyde monochloré ou chlorure d'acétyle $CH^2Cl - COH$ et le chloral ou aldéhyde trichloré $CCl^3 - COH$.

Combinaisons formées par l'aldéhyde. — L'aldéhyde peut s'unir à un grand nombre de composés :

1° Chauffé avec l'alcool en tube scellé, il donne l'acétal, liquide incolore :

$$CH^3.COH + 2C^2H^5.OH = H^2O + C^6H^{14}O^2 ;$$

2° Le gaz ammoniac forme l'aldéhydate d'ammoniaque, solide cristallin :

$$CH^3.COH + AzH^3 = CH^3 — CH(AzH^2)(OH) ;$$

cet aldéhydate est très soluble dans l'eau ; par la chaleur il se transforme en bases oxygénées appelées aldéhydines ;

3° Enfin, une solution concentrée de bisulfite de sodium ou de potassium agitée avec l'aldéhyde donne une combinaison cristalline $CH^3 — CH(OH)(SO^3Na)$, soluble dans l'eau et décomposable par les acides avec mise en liberté de l'aldéhyde. Cette dernière propriété est générale pour les aldéhydes.

175. Usages. — L'aldéhyde est peu employé en médecine à cause de la suffocation qu'il détermine. On l'utilise pour argenter les miroirs paraboliques des télescopes. Pour argenter un ballon, on le lave d'abord soigneusement à l'acide azotique et à l'eau distillée, puis on y introduit une solution d'azotate d'argent dans laquelle on a versé un peu de soude et une quantité d'ammoniaque suffisante pour dissoudre l'oxyde d'argent précipité ; on ajoute à ce liquide quelques gouttes d'aldéhyde et on chauffe modérément.

176. *Le chlorure d'acétyle* C^2H^3OCl ou $CH^2Cl — COH$ est un liquide fumant à l'air ; l'eau le décompose en acide acétique et acide chlorhydrique :

$$CH^2Cl — COH + H^2O = CH^3 — CO^2H + HCl ;$$

on l'obtient en faisant agir le perchlorure de phosphore sur l'acétate de sodium.

177. Chloral. — Le chloral ou *aldéhyde trichloré* C^2HCl^3O ou $CCl^3 — COH$ a été isolé par Dumas. Pour

le préparer, on fait passer un courant de chlore sec dans
de l'alcool absolu entouré de glace jusqu'à ce qu'il ne
soit plus absorbé ; on chauffe alors le liquide au bain-
marie sans cesser de faire arriver le chlore ; le produit
de l'opération est ensuite traité par l'acide sulfurique,
qui débarrasse le chloral des produits auxquels il est
mélangé ; on le rectifie enfin sur de la chaux vive.

C'est un liquide incolore, à odeur irritante, $d = 1,54$;
il bout à 97°, est soluble dans l'eau et l'alcool ; il dissout
lui-même le soufre, le phosphore, l'iode. Son oxydation
par l'acide azotique donne l'acide trichloracétique :
$C^2HCl^3O + O = C^2HCl^3O^2$. Il réduit l'azotate d'argent
ammoniacal et se combine aux bisulfites alcalins.

Le chloral forme avec l'eau une combinaison solide :
l'*hydrate de chloral* $C^2HCl^3O + H^2O$. L'hydrate de chloral est blanc, onctueux ; il fond à 50° ; les alcalis le décomposent comme le chloral en formiate de potassium
et chloroforme :

$$CCl^3 — COH + KOH = CHCl^3 + CO^2KH.$$

Cette dernière propriété le fait employer en médecine
comme anesthésique ; introduit dans le sang, qui est alcalin, il produit partiellement le dédoublement précédent. Il sert aussi comme antiputride et pour conserver
les pièces anatomiques.

$C^{10}H^{16}O$ | **Camphre ordinaire.** | $(Éq. : C^{20}H^{16}O^2)$
Syn. : Aldéhyde campholique.

178. Le camphre ordinaire est l'aldéhyde de l'alcool campholique ou bornéol $C^{10}H^{17}.OH$; l'acide correspondant est l'acide
camphique $C^{10}H^{16}O^2$.

Extraction. — Le camphre ordinaire, appelé aussi

camphre du Japon, se produit dans l'oxydation directe du camphène $C^{10}H^{16}$. On le retire en Chine et au Japon du *Laurus Camphora* ou laurier-camphre de la famille des Laurinées. Les tiges et racines de l'arbre, réduites en copeaux, sont soumises à l'ébullition avec de l'eau dans des vases de fer hémisphériques ; chaque vase est recouvert d'un dôme ou chapiteau garni de paille de riz sur laquelle le camphre, entraîné par la vapeur d'eau, vient se condenser. On obtient ainsi le camphre brut ; à son arrivée en France on le raffine par sublimation dans de grands matras en verre à fond plat et chauffés au bain de sable (*fig.* 41).

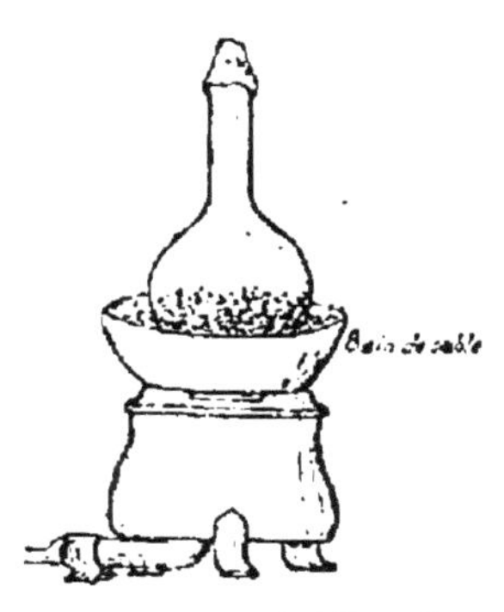

Fig. 41. — Sublimation du camphre.

Propriétés. — Le camphre est blanc, demi-transparent ; son odeur est vive et aromatique, sa saveur brûlante ; $d = 0,98$; il fond à 172° et bout à 204°, mais la tension de ses vapeurs est très sensible déjà à la température ordinaire, ce qui fait que, projeté à la surface de l'eau, le camphre est animé de mouvements gyratoires. L'eau en dissout à peine un millième ; mais il est très soluble dans l'alcool, l'éther, le sulfure de carbone, le chloroforme.

Le camphre brûle avec une flamme fuligineuse. Par hydrogénation il reproduit le bornéol, dont il est l'aldéhyde. Une oxydation ménagée, comme l'action du sodium en présence de l'air, le transforme en acide camphique $C^{10}H^{16}O^2$, monobasique ; une oxydation prolongée, par l'acide azotique, donne l'acide camphorique

$C^{10}H^{16}O^4$, bibasique. Cette propriété de pouvoir ainsi fixer deux fois de l'oxygène fait quelquefois ranger le camphre et quelques aldéhydes dont l'oxydation est analogue, dans un groupe spécial, dit des carbonyles ; elle s'explique par le caractère non saturé des carbures dont ils dérivent.

Usages. — Le camphre est un antiseptique ; il est employé en médecine comme calmant et sédatif (eau sédative, alcool camphré).

Aldéhyde benzylique.

C^6H^5—COH

Syn. : Essence d'amandes amères, hydrure de benzoyle.

$(Éq. : C^{14}H^6O^2)$

179. L'aldéhyde benzylique ou essence d'amandes amères est l'aldéhyde de l'alcool benzylique $C^6H^5 — CH^2.OH$ dérivant du toluène $C^6H^5 — CH^3$.

PRÉPARATION. — Dans les laboratoires, on l'extrait des amandes amères ; elle n'y existe pas toute formée, mais ces amandes contiennent un dérivé du glucose, l'*amygdaline*, qui, en présence de l'eau et sous l'influence d'un ferment qu'elles contiennent également (l'*émulsine* ou synaptase), se dédouble en essence d'amandes amères, acide cyanhydrique et glucose :

$$C^{20}H^{27}AzO^{11} + 2H^2O = C^6H^5 — COH + CAzH + 2C^6H^{12}O^6$$

Amygdaline   Essence d'amandes amères   Acide cyanhydrique   Glucose

Les amandes concassées sont soumises à une forte compression pour en exprimer l'huile qu'elles renferment ; le résidu ou tourteau d'amandes amères est introduit dans une grande cornue tubulée (*fig.* 42), avec de l'eau, et abandonné pendant 24 heures à 25° pour permettre à l'émulsine de réagir sur l'amygdaline. Au bout de ce temps, on adapte au col de la cornue une allonge et un ballon refroidi, et par la tubulure on fait arriver un courant de vapeur d'eau au fond du liquide qu'elle contient. L'essence est entraînée par la vapeur

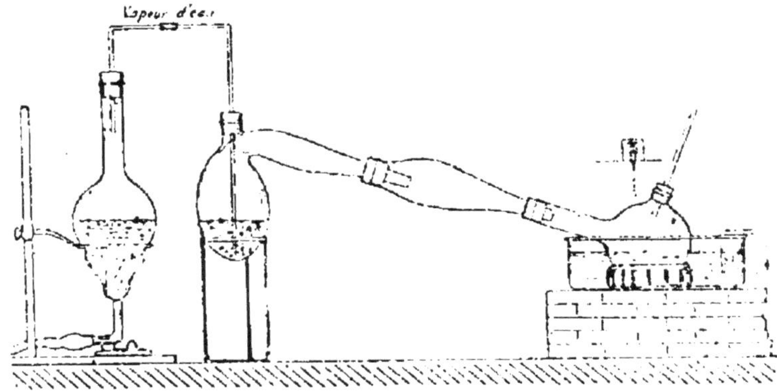

Fig. 42. — Préparation de l'aldéhyde benzylique.

d'eau avec l'acide cyanhydrique ; à cause de sa densité elle se rassemble au fond du ballon. Pour la débarrasser de l'acide cyanhydrique qu'elle contient encore, on l'agite avec un lait de chaux et on laisse reposer ; le liquide décanté est introduit avec du chlorure de calcium dans une petite cornue et distillé.

Industriellement, l'essence d'amandes amères se prépare toujours par oxydation du chlorure de benzyle ou toluène chloré à chaud :

$$C^6H^5 — CH^2Cl + O = HCl + C^6H^5 — COH.$$

Ce chlorure de benzyle est distillé avec un poids égal d'azotate de plomb et 10 p. d'eau dans un grand ballon de verre ; le liquide qui se rassemble au fond du récipient refroidi constitue l'essence brute du commerce ; elle contient toujours un peu d'acide cyanhydrique lui donnant des propriétés toxiques. Pour la purifier, on l'agite avec une solution concentrée de bisulfite de sodium ; la combinaison cristalline qui se forme est recueillie sur un filtre, lavée, puis dissoute dans l'eau bouillante et décomposée par un carbonate alcalin.

180. Propriétés. — L'essence d'amandes amères est un liquide huileux incolore, à odeur forte, agréable; à saveur aromatique, âcre ; $d = 1,043$; elle bout à 180° et se dissout facilement dans l'eau bouillante, l'alcool et l'éther.

Ses propriétés chimiques générales sont celles des aldéhydes : Par l'amalgame de sodium et l'eau acidulée formant de l'hydrogène naissant, on obtient l'alcool benzylique :

$$C^6H^5 - COH + H^2 = C^6H^5 - CH^2.OH.$$

Elle a une grande tendance à s'oxyder ; même à la température ordinaire, elle fixe l'oxygène de l'air et se transforme en acide benzoïque :

$$C^6H^5 - COH + O = C^6H^5 - CO^2H.$$

Par ébullition avec une solution alcoolique de potasse, il se forme de l'alcool benzylique et du benzoate de potassium :

$$2C^6H^5.COH + KOH = C^7H^7.OH + C^7H^5KO^2.$$

L'essence d'amandes amères réduit l'azotate d'argent ammoniacal et la liqueur cupro-potassique, mais moins facilement que l'aldéhyde ordinaire. Elle se combine également avec le gaz ammoniac, mais pour chaque molécule d'aldéhyde entrant en combinaison il y a perte d'une molécule d'eau; on obtient ainsi l'*hydrobenzamide* $3(C^6H^5 - COH) + 2AzH^3 = 3H^2O + (C^7H^6)^3Az^2$, que les acides étendus décomposent en régénérant l'aldéhyde. Enfin elle s'unit encore aux bisulfites alcalins ; il se forme une combinaison cristalline quand on agite vivement quelques centimètres cubes d'essence avec un volume cinq fois plus grand d'une solution concentrée de bisulfite de sodium.

Usages. — L'essence d'amandes amères est employée en parfumerie ; elle n'est vénéneuse que quand elle contient de l'acide cyanhydrique ; elle sert à préparer quelques matières colorantes.

II. — Hydrates de Carbone.

181. On désigne sous le nom impropre d'hydrates de carbone un grand nombre de composés organiques naturels dont l'oxygène et l'hydrogène sont en proportion convenable pour former de l'eau ; *ex.* : glucose $C^6H^{12}O^6$, sucre de canne $C^{12}H^{22}O^{11}$, amidon $(C^6H^{10}O^5)^n$, etc. L'analogie de leur composition et de la plupart de leurs propriétés physiques et chimiques les a fait réunir depuis longtemps en une seule grande classe naturelle. *Leur molécule contient toujours 6 atomes de carbone ou un multiple de 6 ;* à ces atomes de carbone sont unis des atomes d'hydrogène et d'oxygène, toujours dans la même proportion que dans l'eau et paraissant former soit $5H^2O$, soit $6H^2O$ ou un multiple. Cette composition explique le nom qui leur a été donné communément, bien qu'ils ne puissent se décomposer régulièrement en carbone et en eau.

Propriétés générales. — Les hydrates de carbone ont généralement un goût doux ou sucré ; la plupart sont solubles dans l'eau, insolubles dans l'alcool et l'éther. Ils ne sont pas volatils et se décomposent à une température plus ou moins élevée.

Ce sont de véritables alcools polyatomiques, ainsi que l'a montré M. Berthelot ; ils peuvent, en effet, s'unir aux acides organiques et former de véritables éthers saponifiables par les alcalis. Nous verrons d'ailleurs les hydrates de carbone solubles donner avec les bases alcalines et alcalino-terreuses, des combinaisons analogues aux alcoolates et également instables ; *ex.* : sucrate de calcium, glucosate de baryum, etc.

L'acide azotique agit sur les hydrates de carbone

suivant sa concentration : étendu, il les oxyde et donne avec les uns de l'acide saccharique bibasique $C^6H^{10}O^8$ (glucose, sucre ordinaire, amidon), avec les autres de l'acide mucique, isomère du précédent et également bibasique (gommes). L'acide azotique concentré forme avec la plupart des hydrates de carbone des éthers azotiques, généralement explosifs, comme le coton-poudre.

On peut diviser les hydrates de carbone en cinq groupes : les glucoses, les saccharoses, les amyloses, les dextrines et les celluloses.

182. 1° GLUCOSES. — Les glucoses répondent tous à la formule $C^6H^{12}O^6$; ce sont les monaldéhydes des alcools hexatomiques, qu'ils reproduisent par hydrogénation. Ils ont donc une fonction mixte, étant à la fois aldéhydes et alcools pentatomiques.

Les glucoses n'ont tous pour formule $C^6H^{12}O^6$ que s'ils sont desséchés à 100°. Ils fermentent directement sous l'influence de la levûre de bière et se transforment en alcool ordinaire et anhydride carbonique :

$$C^6H^{12}O^6 = 2C^2H^5.OH + 2CO^2.$$

Ils réduisent la liqueur cupro-potassique à l'ébullition, et sont détruits plus ou moins rapidement par les alcalis, également à l'ébullition.

Les glucoses comprennent le *glucose ordinaire*, le *lévulose*, le *mannitose* et le *galactose*.

183. 2° SACCHAROSES. Les saccharoses ont tous pour formule $C^{12}H^{22}O^{11}$; ils représentent l'union de deux glucoses moins une molécule d'eau ; ce sont donc théoriquement les premiers anhydrides des glucoses. Leur caractère essentiel est de fixer une molécule d'eau sous l'influence des acides étendus ou de divers ferments et de se dédoubler en deux glucoses identiques ou différents :

$$C^{12}H^{22}O^{11} + H^2O = C^6H^{12}O^6 + C^6H^{12}O^6.$$

sucre de canne   glucose   lévulose

Par la levûre de bière, ils ne fermentent qu'après cette transformation en glucoses. Les alcalis ne les brunissent pas.

Les principaux saccharoses sont : le *saccharose proprement dit* (sucre de canne ou de betterave), le *maltose*, le *lactose* ou sucre de lait, le *mycose* ou sucre de champignons, le *mélitose* de la manne de Madagascar.

184. 3° AMYLOSES. Les amyloses ou matières amylacées ont pour formule un multiple de $C^6H^{10}O^5$, soit $(C^6H^{10}O^5)^n$; ce sont des anhydrides polyglucosides, provenant de la déshydratation de n molécules de glucose : $nC^6H^{12}O^6 - nH^2O = (C^6H^{10}O^5)^n$.

Inversement, par hydratation ils peuvent donner naissance à des glucoses. Ces deux réactions inverses se produisent d'ailleurs dans les végétaux ; elles indiquent que les amyloses sont bien des anhydrides polyglucosides, à la fois aldéhydiques et alcooliques, mais ces composés n'étant pas volatils et ne formant pas de dérivés volatils, on ne peut fixer leur poids moléculaire, c'est-à-dire déterminer la valeur de n avec certitude.

Les amyloses comprennent l'*amidon*, l'*inuline*, la *lichénine* et les *mucilages*.

185. 4° DEXTRINES. Les dextrines sont des hydrates de carbone ayant même composition centésimale $C^6H^{10}O^5$ que les amyloses et en dérivant directement par simplification moléculaire. Cette simplification se produit, pour les dextrines proprement dites, par hydratation de l'amidon :

$$(C^6H^{10}O^5)^n + H^2O = C^{12}H^{22}O^{11} + (C^6H^{10}O^5)^{n-2}.$$

Amidon   Maltose   Dextrines

En somme, les dextrines sont encore des anhydrides polyglucosides, mais dont n est moins élevé que dans les amyloses; elles en diffèrent principalement par leur solubilité dans l'eau ; on peut citer les *dextrines proprement dites*, le *glycogène* et les *gommes solubles*.

186. 5° CELLULOSES. Les celluloses sont des hydrates de carbone de composition centésimale $C^6H^{10}O^5$, et de formule $(C^6H^{10}O^5)^n$, mais dont le multiple n est plus élevé que dans les amyloses. La plupart forment les tissus végétaux (*celluloses, ligneux*).

$$C^6H^{12}O^6$$
$$\text{ou}$$
$$COH-CH^2.OH-(CH.OH)^4$$

Glucose ordinaire.

Syn. : Dextrose, sucre de raisin, sucre de fruits.

$(Éq.: C^{12}H^{12}O^{12})$

187. Le glucose ordinaire est l'aldéhyde de la mannite. Il est une fois aldéhyde, une fois alcool primaire et quatre fois alcool secondaire. Il a été découvert en 1792 par Lowitz dans le jus de raisin.

État naturel et production. — Le glucose est très répandu dans les végétaux : on le rencontre associé au lévulose ou sucre incristallisable, dans les figues, les prunes, à la surface desquelles il forme des efflorescences blanches quand elles sont desséchées ; dans les raisins, etc.; il existe aussi dans le miel, le sang, le chyle, l'urine des diabétiques.

Enfin il est le produit constant de l'hydratation par les acides minéraux étendus ou par certains ferments :

1° De l'amidon :

$$(C^6H^{10}O^5)^n + nH^2O = nC^6H^{12}O^6 ;$$

2° Des saccharoses :

$$C^{12}H^{22}O^{11} + H^2O = C^6H^{12}O^6 + C^6H^{12}O^6 ;$$
$$\text{sucre de canne} \qquad \text{glucose} \qquad \text{lévulose}$$

3° Des composés naturels appelés glucosides :

$$C^{20}H^{27}AzO^{11} + 2H^2O = C^6H^5 - COH + CAzH + 2C^6H^{12}O^6.$$

Amygdaline　　　　　　　　Aldéhyde benzylique

188. PRÉPARATION. — *Dans les laboratoires,* on fait arriver un courant de vapeur d'eau au fond d'une éprouvette à pied (*fig.* 43) contenant de l'amidon délayé dans de l'eau acidulée par $\frac{1}{20}$ d'acide sulfurique. L'opération est terminée quand la liqueur est devenue incolore et ne se colore plus par l'iode ; l'amidon s'est changé d'abord en dextrine, puis en glucose. On sature par la craie, on filtre pour séparer

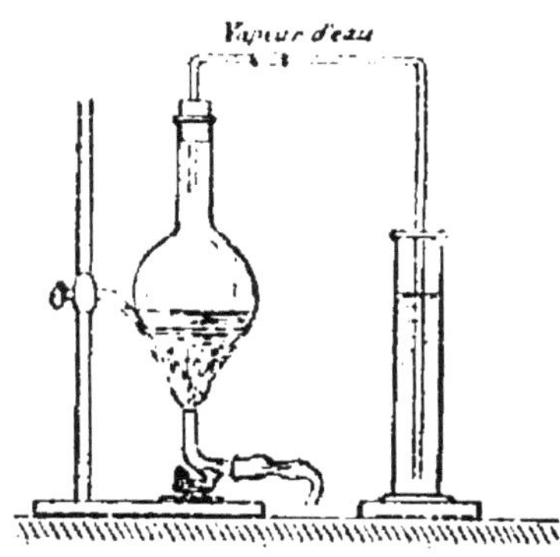

Fig. 43. — Préparation du glucose dans les laboratoires.

le sulfate de calcium et on évapore au bain-marie jusqu'à consistance sirupeuse : par refroidissement, le glucose se prend en masse cristalline.

Dans l'industrie, la matière première est la fécule de pommes de terre, qui est d'un prix peu élevé et se transforme rapidement en glucose par l'eau acidulée. Dans un grand cuvier de bois à parois épaisses (*fig.* 44), d'une contenance de 150 hectolitres et fermé à la partie supérieure, on introduit 100 hectol. d'eau et 80 kil. d'acide sulfurique ordinaire. On y fait d'abord arriver un courant de vapeur sous pression, par un tube de cuivre recourbé et percé de trous horizontalement ; quand le liquide est porté à l'ébullition, on y laisse couler par petites portions, à l'aide du tube T, 6000 kil. de fécule verte délayée dans l'eau. Les vapeurs à odeur désagréable qui se dégagent pendant l'opération s'échappent dans une cheminée. La transformation de la fécule en glucose exige une dizaine d'heures ; elle est complète quand la teinture d'iode ne donne plus de coloration bleue avec une prise de liquide. On supprime alors l'arrivée de la vapeur, ou ajoute peu

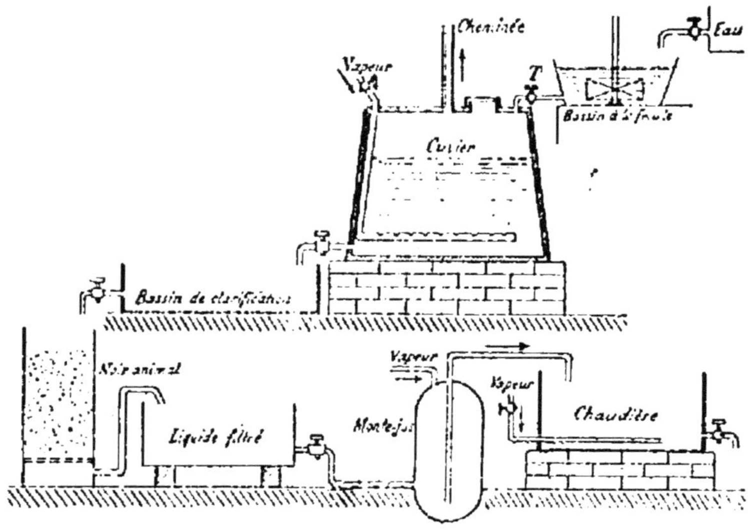

Fig. 44. — Préparation industrielle du glucose.

à peu de la craie pulvérisée pour saturer l'acide, puis, par un robinet de vidange, on fait écouler le tout dans un grand bassin où se dépose le sulfate de calcium. Le liquide surnageant est reçu sur un filtre à noir animal et refoulé dans les chaudières à évaporation, où il est concentré plus ou moins par un courant de vapeur, suivant le produit que l'on veut obtenir.

Le glucose existe dans le commerce sous trois formes différentes :

1° *Sirop de glucose* ou sirop de fécule, marquant 33° à l'aréomètre de Baumé au sortir de la chaudière. On le laisse reposer pendant quelques jours pour qu'il abandonne son sulfate de calcium ; le sirop décanté est mis en barils ; il sert dans la fabrication des bières et du pain d'épice. Pour la confiserie et les liqueurs, ce sirop est filtré de nouveau sur du noir animal.

2° *Glucose en masse* ou sucre de fécule massé. On l'obtient en poussant la concentration dans la chaudière jusqu'à 34° Baumé à chaud, puis en coulant le sirop dans des moules en bois, où il se solidifie. Il est jaunâtre, dur.

3° *Glucose granulé*, en petits cristaux ; il est plus pur que les précédents. Pour l'obtenir on coule le sirop concentré à 30° Baumé dans des tonneaux à double fond percé de trous se fermant avec des faussets ; on retire ceux-ci après une dizaine de jours ; le sirop non solidifié s'écoule, le glucose cristallisé est égoutté, puis desséché à l'étuve à une température voisine de 30°.

189. Propriétés. — Le glucose se présente en grains blancs ou en mamelons opaques formés d'aiguilles blanches contenant 1 mol. d'eau : $C^6H^{12}O^6 + H^2O$; il est trois fois moins sucré que le sucre ordinaire ; $d = 1,55$; il est soluble dans l'eau, peu soluble dans l'alcool absolu.

Action de la chaleur. — Chauffé, le glucose se ramollit à 60°, fond, puis un peu au delà de cette température perd son eau de cristallisation ; à 180° il se transforme en un premier anhydride, le glucosane, $C^6H^{12}O^6 - H^2O = C^6H^{10}O^5$, incolore et peu sucré ; puis le glucosane se déshydrate lui-même et donne des produits bruns analogues au caramel.

Fermentation. — La solution de glucose fermente directement sous l'influence de la levûre de bière ; il se dégage de l'anhydride carbonique, et le liquide contient ensuite de l'alcool avec un peu de glycérine et d'acide succinique (V. *fermentation alcoolique*).

Comme aldéhyde, le glucose doit, par hydrogénation, régénérer l'alcool d'où il dérive ; en effet, si l'on ajoute de l'amalgame de sodium à une solution de glucose, on obtient la mannite, alcool hexatomique :

$$C^6H^{12}O^6 + H^2 = C^6H^8(OH)^6.$$

Le glucose est doué de propriétés réductrices énergiques : il réduit à chaud l'azotate d'argent ammoniacal, le chlorure d'or, le sublimé corrosif, le sulfate ferrique, l'acétate de cuivre. La solution de sulfate de cuivre ayant une réaction acide au tournesol, n'est précipitée avec formation d'oxyde cuivreux rouge que très incomplètement, même après une longue ébullition ; il faut rendre cette solution alcaline : pour cela, on y ajoute d'abord une solution d'acide tartrique pour empêcher sa précipitation par les alcalis, puis on l'additionne de potasse ou de soude; la liqueur bleue obtenue, dite *liqueur cupro-potassique*, est réduite facilement par le glucose à l'ébullition. Pour le dosage des glucoses, on emploie des liqueurs cupro-potassiques de composition connue (V. *Saccharimétrie*).

Comme alcool, le glucose doit donner des éthers avec les acides : un certain nombre des corps naturels appelés glucosides sont en effet des éthers du glucose. M. Berthelot a préparé le glucose tétratartrique $C^6H^7O(OH)(C^4H^5O^6)^4$, le glucose dibutyrique, par l'action des acides tartrique, butyrique anhydres sur le glucose à 100°. On connaît enfin le glucose pentanitrique $C^6H^7O(AzO^3)^5$, obtenu en dissolvant le glucose dans l'acide azotique fumant. Tous ces éthers sont saponifiables par l'eau et les alcalis ; l'existence du dernier prouve bien la fonction d'alcool pentatomique du glucose.

Les acides étendus ne donnent pas d'éthers avec le glucose : l'acide azotique ordinaire l'oxyde à chaud et produit de l'acide saccharique $C^6H^{10}O^8$, puis de l'acide oxalique à l'ébullition. Chauffé avec les acides chlorhydrique et sulfurique étendus, le glucose se colore peu à peu en brun en se décomposant ; avec l'acide sulfurique, il y a dégagement de gaz anhydride sulfureux.

Action des alcalis. — Le glucose se combine aux bases solubles ; il se forme des glucosates analogues aux alcoolates, comme eux très instables et de plus très altérables : si l'on chauffe du glucose avec une solution concentrée de potasse ou de soude, le liquide jaunit, puis brunit ; il se produit divers acides : acides formique, lactique, glucique ; cette réaction peut servir à reconnaître la présence du glucose dans les cassonades. Enfin le glucosate de baryum $(C^6H^{11}O^6)^2Ba$ et le glucosate de calcium $(C^6H^{11}O^6)^2Ca$ en solution très alcaline et chauffée donnent, outre les acides précédents, un isomère du sucre de canne, la saccharine $C^{12}H^{22}O^{11}$, poudre blanche très sucrée, de constitution complexe.

Le glucose forme des combinaisons cristallines avec plusieurs sels, notamment avec le chlorure de sodium ; si on mélange des dissolutions concentrées de glucose et de sel marin, il se dépose peu à peu des cristaux de formule $C^6H^{12}O^6$,NaCl + H²O.

190. USAGES. — Le glucose est employé dans l'économie domestique ; il sert dans la fabrication des liqueurs, de la bière, du pain d'épices ; en confiserie. On l'utilise également pour améliorer les petits vins, les alcools de pommes de terre, falsifier le miel et les cassonades ; pour préparer le caramel, qui sert à colorer en brun le rhum, la bière, le vinaigre, etc,

191. GLUCOSIDES. — Les glucosides sont des composés formés par le glucose avec un composé organique à fonction variable : acide, alcool, aldéhyde, phénol, etc. Sous diverses influences, comme l'action des acides et alcalis étendus, des ferments, ils s'hydratent et se décomposent en glucose et alcool, glucose et aldéhyde, etc. On en rencontre un grand nombre dans les végétaux.

Les glucosides les plus importants sont : la *salicine* $C^{13}H^{18}O^7$ extraite de l'écorce de certains saules et peupliers ; elle est en aiguilles blanches, d'une saveur très amère. Par les acides étendus ou sous l'influence du ferment émulsine, elle se dédouble en glucose et saligénine, alcool-phénol :

$$C^{13}H^{18}O^7 + H^2O = C^6H^{12}O^6 + C^7H^8O^2 \text{ (saligénine)} ;$$

la salicine est donc un éther glucosique de la saligénine.

La *coniférine* $C^{16}H^{22}O^8$ se rencontre dans la sève des Conifères ; la *populine* $C^{20}H^{22}O^8$ dans les feuilles de tremble ; la *fraxine* $C^{27}H^{30}H^{17}$ dans l'écorce de frêne. L'*amygdaline* $C^{20}H^{27}AzO^{11}$ existe dans les feuilles de certains pêchers et pruniers ; on l'extrait des amandes amères ; elle forme des aiguilles incolores. Par l'action des acides étendus ou de l'émulsine, elle se dédouble comme on l'a vu (179) en glucose, essence d'amandes amères et acide cyanhydrique.

192. GLUCOSES DIVERS. — Le *lévulose* ou sucre de fruits incristallisable se rencontre presque toujours en même temps que le glucose dans le miel, les fruits sucrés et acides. Quand le sucre de canne s'hydrate sous l'influence des acides étendus, il se transforme en sucre interverti, mélange de glucose et de lévulose. Le lévulose se prépare en faisant agir l'eau acidulée sur l'inuline ; il cristallise très difficilement, aussi l'a-t-on cru longtemps incristallisable ; il forme de belles aiguilles déliquescentes, sucrées, solubles dans l'eau. Son nom vient de ce que sa solution dévie à gauche le plan de polarisation de la lumière (le glucose ou dextrose le dévie à droite). Ses propriétés chimiques sont les mêmes que celles du glucose ; l'hydrogène naissant donne de la mannite ; les bases le transforment plus facilement que le glucose en acide glucique et saccharine.

Le *mannitose* ou glucose inactif s'obtient par oxydation ménagée de la mannite. Le *galactose* provient du dédoublement du sucre de lait sous l'influence de l'acide sulfurique étendu :

$$C^{12}H^{22}O^{11} + H^2O = C^6H^{12}O^6 \text{ (glucose)} + C^6H^{12}O^6 \text{ (galactose)} ;$$

l'hydrogène naissant le transforme en un alcool hexatomique, la dulcite, isomère de la mannite.

Saccharose proprement dit.

$C^{12}H^{22}O^{11}$

Syn. : sucre de canne,
sucre de betterave, sucre ordinaire.

$(\acute{E}q.: C^{24}H^{22}O^{22}.$

193. *État naturel.* — Le sucre ordinaire se rencontre dans un grand nombre de végétaux, principalement dans la canne à sucre, les racines de betterave, de garance, de carotte, de panais, de navet ; l'érable, le palmier, le sorgho, le maïs, le nectar des fleurs, etc.

194. Propriétés. — Il cristallise en prismes rhomboïdaux obliques, anhydres, très durs, inaltérables à l'air et répandant des lueurs dans l'obscurité quand on les brise (sucre candi) ; le sucre en pain est blanc, composé de petits cristaux agglomérés. La saveur du sucre est douce et agréable ; $d = 1,60$; l'eau en dissout trois fois son poids à la température ordinaire, cinq fois à 100° ; le sucre est insoluble dans l'alcool absolu et l'éther à froid ; l'alcool absolu à l'ébullition en dissout à peine $\frac{1}{80}$ de son poids et le laisse déposer en petits cristaux par refroidissement. La solution aqueuse du sucre ordinaire dévie à droite le plan de polarisation de la lumière.

Action de la chaleur. — A 160°, le sucre fond en un liquide clair, épais ; par refroidissement, ce liquide se prend en masse amorphe (sucre d'orge), perdant peu à peu sa transparence et finissant par former des petits cristaux accolés. Si l'on maintient longtemps le sucre à 160°, il se transforme en un mélange de glucose et de lévulosane :

$$C^{12}H^{22}O^{11} = C^{6}H^{12}O^{6} + C^{6}H^{10}O^{5} \text{ (lévulosane)} ;$$

ce dernier n'est pas fermentescible.

Enfin, au-dessus de 160°, il perd de l'eau, devient brun

en formant du caramel, puis se décompose : il se dégage de l'anhydride carbonique, de l'oxyde de carbone, de l'acide acétique, des phénols, et quand tous ces produits volatils ont disparu, il reste un charbon poreux (charbon de sucre), difficilement combustible.

Action de l'hydrogène. — L'hydrogène naissant produit par l'eau et l'amalgame de sodium transforme le sucre ordinaire en mannite comme le glucose.

Action des acides. — L'acide sulfurique concentré carbonise rapidement le sucre avec dégagement d'anhydride sulfureux, surtout à chaud ; l'acide chlorhydrique concentré le charbonne également. L'acide azotique fumant forme un éther azotique, le saccharose tétranitrique $C^{12}H^{18}O^7(AzO^3)^4$, tandis que l'acide azotique ordinaire donne, comme avec le glucose, de l'acide saccharique à chaud et de l'acide oxalique à l'ébullition.

Les acides minéraux étendus transforment le sucre en sucre interverti, mélange à poids égaux de glucose et de lévulose ; il y a fixation d'une molécule d'eau :

$$C^{12}H^{22}O^{11} + H^2O = C^6H^{12}O^6 + C^6H^{12}O^6 ;$$

cette interversion est lente à la température ordinaire, presque immédiate à 100°, surtout avec l'acide sulfurique.

Les acides organiques forment des éthers, mais seulement à une température supérieure à 100°, ce qui explique la coexistence du sucre et d'acides organiques comme l'acide tartrique, etc., dans les fruits acides. Le saccharose tétratartrique $C^{12}H^{18}O^7(C^4H^5O^6)^4$ est un exemple d'éther obtenu avec un acide organique.

Action des alcalis. — Le sucre se combine avec les bases fortes et forme des sucrates analogues aux glucosates et donnant les mêmes produits de décomposition ; mais ils sont moins altérables ; ainsi les alcalis, chauffés avec le sucre, ne le brunissent pas, ce qui distingue celui-ci du glucose. Le sucrate de baryum $C^{12}H^{20}O^{11}Ba,H^2O$, obtenu en mélangeant des solutions chaudes de baryte et de sucre, le sucrate de plomb, les sucrates de calcium (mono, di et tricalciques) sont décomposés par l'anhydride carbonique ; ces derniers jouent un rôle important dans la fabrication du sucre.

De même que le glucose, le sucre forme des combinaisons cristallines avec quelques sels, notamment avec le chlorure de sodium qui donne le composé $C^{12}H^{22}O^{11},NaCl$.

Fermentation. — Le sucre de canne ne subit pas directement la fermentation alcoolique sous l'influence de la levûre de bière, mais celle-ci contient un ferment spécial soluble appelé invertine, qui convertit d'abord le sucre en un mélange de glucose et de lévulose ; ce mélange peut alors fermenter sous l'influence de la levûre elle-même et donner les produits ordinaires de la fermentation alcoolique. Cette invertine ou un ferment analogue existe d'ailleurs dans beaucoup de fruits sucrés, où elle produit le même dédoublement.

195. INDUSTRIE DU SUCRE. — Le sucre s'extrait de la canne à sucre, de la betterave, de l'érable et du dattier. La canne à sucre, importée d'Asie à l'époque des conquêtes d'Alexandre, fut longtemps la seule source qui fournissait le sucre ; on la cultive encore aujourd'hui dans les colonies et l'Amérique du Sud. En 1747, Marggraf, de Berlin, parvint à extraire du sucre de la betterave, et actuellement celle-ci fournit en Europe la majeure partie du sucre de consommation. On retire également du sucre de l'érable dans l'Amérique du Nord et du dattier sauvage dans les Indes.

La betterave cultivée pour la production du sucre est la betterave blanche à collet rose ou betterave de Silésie, qui contient de 10 à 12 % de son poids de sucre. A la maturité, les betteraves sont arrachées, séparées des feuilles et de la tête qui les supporte, puis mises en tas ou enfermées dans des silos creusés dans le sol et recouverts de terre si l'on veut les conserver à l'abri de la gelée.

La première opération effectuée à l'usine est le *lavage* des betteraves, ayant pour but de les débarrasser des matières terreuses qui les souillent. Ce lavage se fait mécaniquement par une chaîne à godets qui monte les betteraves dans un cylindre tournant à claire-voie et plongeant à moitié dans l'eau ; à l'aide de chaînes sans fin, les betteraves parcourent ensuite une rigole où elles sont saisies l'une après l'autre par des ouvriers, décolletées et débarrassées des parties altérées.

Extraction du jus. — On extrayait autrefois le jus par *râpage et expression :* les betteraves étaient réduites en pulpe par une râpe composée d'un cylindre à périphérie armée de lames d'acier dentées en scie et faisant mille tours à la minute ; on séparait ensuite la pulpe du jus en la soumettant à une forte compression, soit à l'aide de presses hydrauliques, soit par des cylindres compresseurs tournant en sens inverse. Ce procédé est aujourd'hui presque complètement abandonné et·remplacé par le *procédé à la diffusion*, application des phénomènes d'endosmose.

Ce procédé, indiqué en 1821 par Mathieu de Dombasle (de Nancy), repose sur le principe suivant : *Si l'on soumet des tranches minces de betteraves à l'action de l'eau, les substances cristalloïdes, comme le sucre et les sels, tra-*

versent seules les parois des cellules de la betterave et vont se dissoudre dans l'eau; les substances amorphes ou colloïdes, comme les matières albuminoïdes, ne diffusent pas et restent enfermées dans ces cellules.

On obtient ainsi un jus plus pur que par l'ancien procédé, et de plus, le résidu destiné à la nourriture des bestiaux a une valeur plus grande.

Les betteraves sont découpées en tranches d'environ 2^{mm} d'épaisseur (cossettes) par un coupe-racine ou machine à couteaux horizontaux, faisant cent vingt tours à la minute ; puis ces cossettes sont conduites mécaniquement aux diffuseurs.

Les diffuseurs sont des cylindres en tôle (*fig.* 45), de 2 à 3 mètres cubes de capacité, ayant un double fond percé de trous destiné à supporter les cossettes ; celles-ci peuvent être intro-

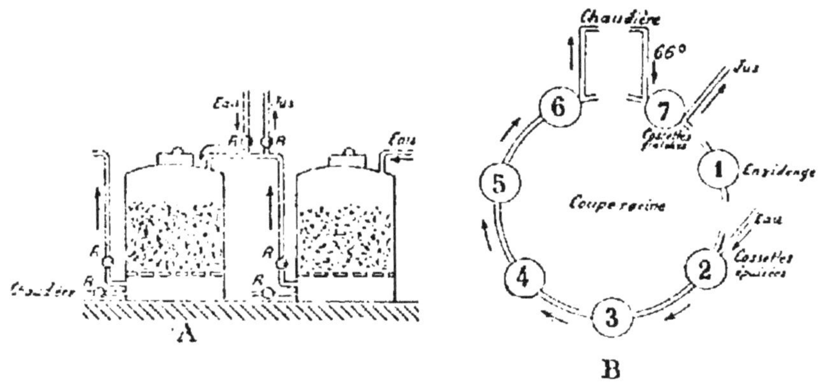

Fig. 45.

A. Diffuseurs.　　　　B. Schéma de la marche de l'opération.

duites par une ouverture supérieure et retirées par une ouverture inférieure latérale. De la base de chaque diffuseur part un tube coudé qui se rend à la partie supérieure du diffuseur suivant : sur chacun de ces tubes sont branchées deux dérivations communiquant à volonté : l'une avec un réservoir à eau placé à une certaine hauteur, l'autre avec le canal qui conduit les jus sucrés aux chaudières à défécation. Les diffuseurs, en nombre variable (7 à 20), sont disposés en batterie circulaire autour d'un coupe-racine.

Supposons une batterie composée de 7 diffuseurs en activité : le n° 7 contient des cossettes fraîches, le n° 1 est en vidange et isolé. On fait arriver de l'eau froide dans le diffuseur n° 2, contenant des cossettes presque épuisées ; cette eau traverse les cossettes de haut en bas, parcourt successivement les diffuseurs n°s 3, 4, 5 et 6, dont les cossettes sont de moins en moins flétries, puis est envoyée par un tube spécial dans une chaudière où elle est chauffée à 66° ; après quoi elle traverse le n° 7, chargé de cossettes toutes fraîches, et arrive dans le canal qui la conduit aux chaudières à défécation. Pendant ce temps, le n° 1 a été rempli de cossettes fraîches, le n° 2 entre à son tour en vidange, l'eau froide arrive dans le n° 3 et accomplit le même trajet que précédemment, sauf que c'est le liquide sortant du diffuseur n° 7 qui est réchauffé avant de traverser le n° 1, et ainsi de suite. Les cossettes du n° 7 étant encore chaudes, la diffusion s'y opère vers 30°.

En somme, la diffusion se fait méthodiquement ; elle doit avoir lieu à chaud pour les cossettes les plus fraîches, afin de les désagréger ; puis les cossettes étant devenues perméables, sont soumises à l'action de l'eau de plus en plus froide pour qu'on ait moins à craindre l'altération du jus.

Épuration du jus. — Le jus obtenu par râpage et expression ou par diffusion est un liquide un peu trouble, contenant, outre le sucre : des sels, des matières azotées, des matières colorantes, des acides organiques, etc.; abandonné à lui-même, il ne tarderait pas à se colorer en noir par suite d'une oxydation des matières colorantes qu'il renferme, le sucre lui-même pourrait se transformer en glucose et subir la fermentation lactique ; il faut donc débarrasser le jus le plus rapidement possible de tous les produits qui sont cause de son altération : c'est là le but de la *défécation*, qui s'opère par la chaux ; celle-ci sature les acides organiques, détruit les matières azotées,

et l'excès de chaux s'unit au sucre pour former des sucrates de calcium, qu'on décompose par un courant de
gaz anhydride carbonique.

Le mode de défécation adopté aujourd'hui est la *défécation
par double carbonatation* se produisant en deux phases :

La première carbonatation, ou carbonatation trouble, s'effectue dans de grandes chaudières à section carrée en tôle forte,
couvertes d'un toit en tôle mince et surmontées d'une cheminée pour le dégagement des gaz (*fig.* 46). Le jus impur est
introduit dans la chaudière jusqu'à une certaine hauteur,
puis on y ajoute $\frac{1}{10}$ d'un lait de chaux à 25° B, et on porte le
liquide à l'ébullition par un courant de vapeur qu'amène un

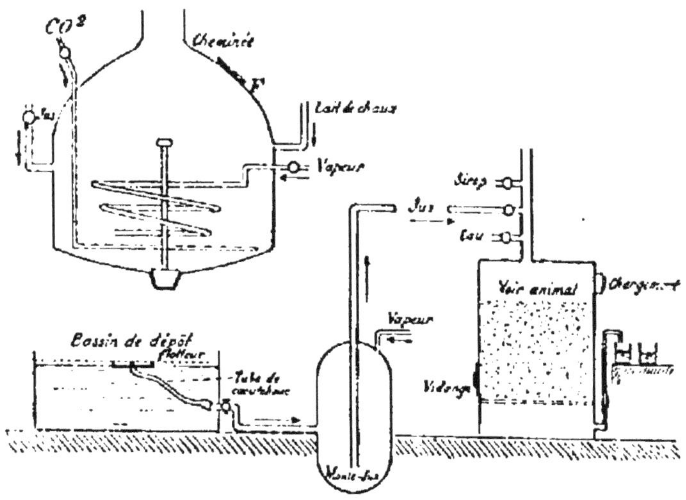

Fig. 46. — Chaudière de carbonatation et filtre à noir.

serpentin. Après quelque temps d'ébullition, on injecte dans le
liquide un courant d'anhydride carbonique (ce gaz, provenant
d'un four à chaux, est lavé, puis aspiré et refoulé par une
pompe dans un serpentin percé de trous et reposant sur le
fond de la chaudière). Le sucre des sucrates est mis en
liberté ; il se produit une mousse abondante qu'on fait
tomber en arrosant avec un peu de graisse fondue. On interrompt l'arrivée du gaz quand une prise de liquide placée dans

un verre laisse déposer rapidement les corps qu'elle tient en suspension. Le jus ne renferme plus alors que quelques millièmes de chaux ; on soulève la bonde qui bouche l'orifice du fond de la chaudière ; le liquide trouble s'écoule dans un bac à décanter placé au-dessous. On le laisse reposer 10 à 15 minutes ; le liquide éclairci arrive dans un monte-jus où il est comprimé par la vapeur et envoyé dans les chaudières de deuxième carbonatation. Les boues ou dépôts contiennent encore beaucoup de jus, on les comprime dans des filtres-presse ; le liquide qui s'en écoule est réuni au jus de première carbonatation ; les résidus ou tourteaux, formés de carbonate de calcium, de matières grasses, de débris de cellules, etc., servent d'engrais.

Les chaudières de deuxième carbonatation sont identiques aux précédentes. Le jus a encore une température de 60 à 70° ; on n'y ajoute que 1 $^0/_0$ de lait de chaux et on fait passer le courant de gaz carbonique jusqu'à ce que toute la chaux soit précipitée à l'état de carbonate de calcium (ce qu'on reconnaît par un papier de curcuma qui ne brunit plus). On porte alors à l'ébullition par la vapeur, afin de chasser l'excès de gaz carbonique, puis le liquide trouble est envoyé comme précédemment dans les bassins de dépôt situés au-dessous de chaque chaudière ; après 20 minutes on décante encore le jus clair, et le résidu est soumis à l'action des filtres-presse.

Le jus déféqué contient encore des matières étrangères : alcalis provenant de la décomposition des matières organiques par la chaux, principes colorants, sels, etc.; on le soumet à une nouvelle épuration en le filtrant sur du noir animal en grains, qui absorbe les substances salines et exerce sur le jus une action décolorante énergique.

Chaque filtre est un grand cylindre de 4 à 5^m de hauteur, contenant du noir reposant sur un double fond percé de trous, et s'élevant à environ 0^m,50 du bord supérieur. Le filtre est muni : d'une ouverture supérieure pour le chargement, d'une ouverture inférieure pour la vidange, d'un tube inférieur en col de cygne pour l'écoulement des liquides ayant traversé le noir. Il est surmonté d'un tube portant trois tubulures latérales, par lesquelles on peut faire arriver à volonté de l'eau, du jus ou du sirop de sucre.

Supposons le filtre rempli de noir frais ; on y fait d'abord passer des sirops provenant de la concentration du jus, puis du jus qu'on recueille à part, et enfin de l'eau chaude qu'on réunit à ce dernier. Le noir a alors perdu ses propriétés absorbantes et décolorantes ; on le revivifie par un lavage à l'acide chlorhydrique très étendu qui enlève le carbonate de calcium, un lavage à grande eau et enfin une calcination qui détruit les matières organiques adhérentes aux grains. Il peut alors servir à une filtration identique à la précédente ; cette revivification peut être faite de 20 à 25 fois.

Concentration des jus. — Le jus ainsi épuré ne peut donner de sucre par cristallisation que s'il est fortement concentré ; l'évaporation ne peut s'effectuer sous la pression atmosphérique, car à la température d'ébullition qui correspond à cette pression, le jus s'altère et se colore en brun. On opère sa concentration sous pression réduite, dans un appareil dit à *triple effet* de Cail et Cⁱᵉ.

Il se compose de trois chaudières cylindriques en fonte (*fig.* 17) entourées d'une enveloppe de bois pour éviter leur

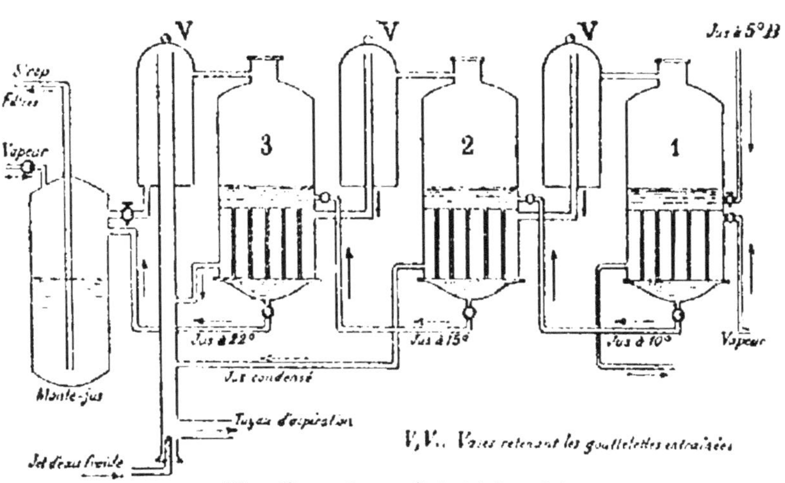

Fig. 17. — Appareil à triple effet.

refroidissement, et munies d'un manomètre et d'une glace permettant de suivre l'opération. Chaque chaudière est divisée intérieurement en trois compartiments inégaux par deux cloisons horizontales que relient entre elles des tubes verticaux. Il en résulte que les compartiments supérieur et inférieur communiquent par l'intermédiaire de ces tubes ; ils contiennent les jus dont le niveau s'élève à une vingtaine de centimètres au-dessus de la cloison supérieure. De la vapeur arrive dans le compartiment moyen de la chaudière n° 1, échauffe le jus qu'elle contient en circulant autour des tubes, se condense et retourne au générateur ; les chaudières n°s 2 et 3 sont chauffées par les vapeurs que dégage le jus de la chaudière qui précède immédiatement chacune d'elles ; ces vapeurs se condensent et sont envoyées dans la colonne de la pompe à faire le vide. Celle-ci produit une aspiration qu'on peut régler à volonté ; en général elle est déterminée de manière que l'ébullition ait lieu à 96° (pression 630^{mm}) dans le n° 1, 82° (380^{mm}) dans le n° 2, et 54° (110^{mm}) dans le n° 3. Ainsi, au fur et à mesure de leur concentration, les jus sont soumis à des températures de moins en moins élevées, ce qui évite leur altération. Le jus à 5° B qui arrive dans la première chaudière est envoyé après ébullition dans la chaudière suivante, et de là dans la troisième ; il marque successivement 10° B, 15° B, et enfin 22° B au sortir de l'appareil. Il est alors envoyé par un monte-jus dans lequel on fait un vide partiel sur les filtres à noir animal ; on le laisse traverser le noir frais pendant environ 8 heures.

Cuite des sirops ou cuite en grains : c'est la concentration des sirops jusqu'au point où le sucre peut en être séparé par cristallisation.

Elle s'effectue dans une grande chaudière cylindrique en fonte recouverte de bois (*fig.* 48) ; cette chaudière est munie : d'une soupape inférieure pour la vidange, de plusieurs lunettes en cristal permettant d'observer l'intérieur, d'un manomètre, enfin d'un large tube à la partie supérieure communiquant avec une pompe à faire le vide. La vapeur peut arriver à la fois par trois serpentins distincts, superposés. On fait d'abord le vide, le sirop arrive par aspiration à la partie inférieure de la chaudière ; dès qu'il a dépassé le premier serpentin, on envoie dans celui-ci un courant de vapeur ; le sirop entre en ébullition ; on fait encore arriver du nouveau sirop régulièrement et d'une manière continue ; quand il atteint

presque le niveau du dôme, on ferme le robinet de son tube
d'introduction et on active l'évaporation en envoyant de la
vapeur dans les trois serpentins. Pour reconnaître quand la
cuite est terminée, on prélève une goutte de sirop par une

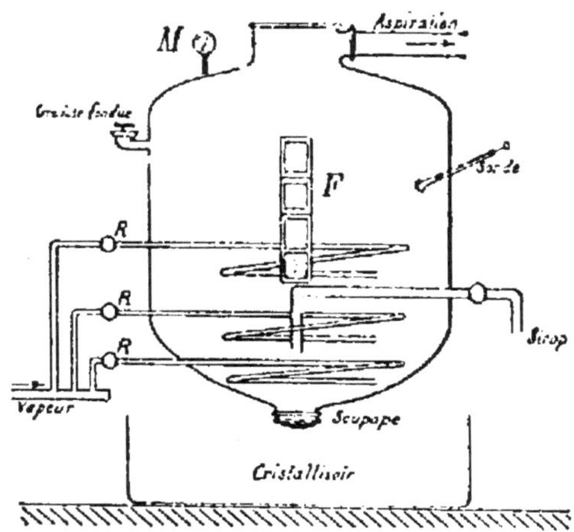

Fig. 48. — Cuite des sirops.

sonde spéciale ne permettant pas à l'air de pénétrer dans l'appareil ; on la prend entre le pouce et l'index et on écarte
ceux-ci vivement ; il se forme un filet qui se rompt brusquement en formant un crochet. On interrompt alors l'arrivée de
la vapeur, on laisse rentrer l'air et on reçoit le sirop dans un
grand bac ou cristallisoir dans lequel il se refroidit et augmente de consistance. Après 10 à 12 heures, on désagrége la
masse avec une *malaxeuse*, formée d'une caisse à l'intérieur
de laquelle se meut rapidement un cylindre muni de lames
en hélices ; on obtient ainsi une bouillie homogène qui est
portée dans les turbines.

Cristallisation. — La cristallisation du sucre se produit
dans les turbines. Les turbines ou toupies (*fig.* 49) sont
des réservoirs cylindriques en fonte dans lesquels se meut
avec une vitesse de 1200 tours à la minute, un tambour
cylindrique en toile métallique ouvert à sa partie supérieure. La mélasse ou partie incristallisable du sucre traverse seule les mailles du tambour et est projetée contre

les parois du cylindre de fonte ; les petits cristaux de sucre sont retenus par la toile métallique. On les débarrasse de la mélasse qui les imprègne en faisant couler une

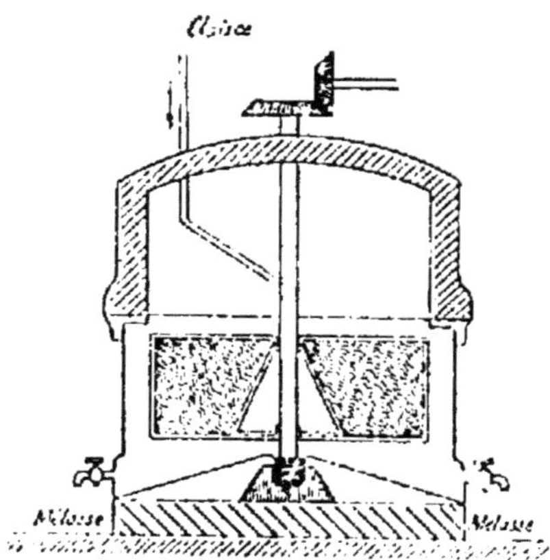

Fig. 49. — Turbine.

solution saturée de sucre blanc ou *claircе* le long de l'axe de rotation pendant le turbinage ; la claircе entraîne la mélasse.

Le turbinage est achevé au bout de 4 à 5 minutes ; on arrête le mouvement de l'appareil, on enlève le sucre avec une pelle en cuivre, on l'étend sur un plancher pour le dessécher, puis on le met en sacs. Il est appelé *sucre de 1er jet* et peut être livré immédiatement à la consommation, mais on le transforme généralement en pains dans les raffineries ; il est en cristaux blancs, brillants, réguliers, renfermant à peine 2 °/₀ de matières étrangères.

Les mélasses provenant du premier turbinage subissent les mêmes traitements que le sirop de sucre obtenu dans l'appareil à triple effet : cuite sous faible pression, refroidissement dans des cristallisoirs, turbinage. Elles donnent le *sucre de 2e jet*, blond, contenant en moyenne 65 °/₀ de sucre.

Un traitement analogue des mélasses du second turbinage fournit le *sucre de 3e jet*, brun plus ou moins foncé, dont les 50/100 sont des matières étrangères.

Les mélasses du troisième turbinage ont une couleur brun

foncé, elles sont visqueuses et ont un goût légèrement salin ; elles contiennent encore de 40 à 50 °/₀ de sucre qu'on ne peut extraire par turbinage à cause de la trop forte proportion de matières étrangères qu'elles contiennent. Une partie est soumise à la fermentation alcoolique par les distillateurs pour en retirer l'alcool ; l'autre partie est utilisée directement soit pour l'extraction du sucre qu'elle contient, soit dans la fabrication de la bière, du pain d'épices, des confitures, etc.

Un des procédés les plus employés en France pour retirer le sucre des mélasses est le *procédé par osmose de Dubrunfaut*. Il est fondé sur ce principe : si l'on plonge dans l'eau pure un vase à parois en papier parchemin et contenant de la mélasse, les sels minéraux de la mélasse traverseront les parois du vase bien plus rapidement que le sucre et iront se dissoudre dans l'eau.

L'appareil de Dubrunfaut, appelé *osmogène* ou *dialyseur*, se compose d'une cinquantaine de cadres en bois serrés verticalement les uns contre les autres ; sur chaque cadre est tendue une feuille de papier parchemin ; dans les chambres ainsi formées on fait circuler lentement et en sens inverse de la mélasse chauffée à 100° et de l'eau ordinaire ; celle-ci arrive à la partie supérieure de toutes les chambres de rang pair, la mélasse à la partie inférieure de toutes les chambres de rang impair. L'eau qui s'écoule inférieurement est chargée de sels, on en extrait les sels de potassium ; la mélasse ainsi épurée peut subir de nouveau la cuite en grains et le turbinage.

196. Raffinage du sucre. — Le raffinage est l'opération par laquelle on débarrasse les sucres bruts colorés ou cassonades des matières étrangères qu'ils renferment ; on leur donne ensuite la forme de pains de sucre ou de sucre candi.

Les sucres bruts sont introduits avec trois fois leur poids d'eau dans une chaudière chauffée par un serpentin de vapeur et munie d'un agitateur (*fig*. 50). Quand la température atteint 50°, on ajoute au liquide un peu de noir animal pulvérisé et 1 °/₀ de sang de bœuf ; on brasse énergiquement, puis on fait écouler le tout dans un monte-jus qui l'envoie dans une deuxième chaudière, dite *chaudière de clarification*. Par la chaleur, l'albumine du sang se coagule et entraîne avec elle les parties en suspension.

Le liquide est envoyé ensuite dans les *filtres Taylor* : ce sont des sacs en toile, que le sirop traverse en abandonnant les matières solides auxquelles il est encore

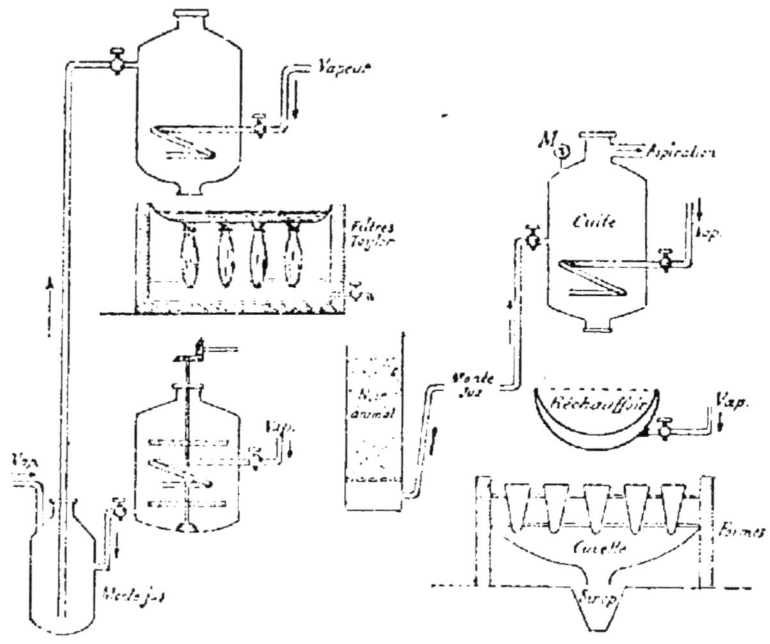

Fig. 50. — Schéma de la marche des opérations dans une raffinerie.

mélangé ; après quoi il passe sur les *filtres à noir animal*. Le sirop filtré est concentré jusqu'à commencement de cristallisation dans des chaudières où on raréfie l'air, puis reçu dans un réchauffoir à double fond chauffé par la vapeur, où on l'agite constamment. Avec une cuiller hémisphérique on le coule dans des moules coniques en tôle dont l'ouverture inférieure est bouchée avec une *tape* de linge mouillé : ce tampon est enlevé dès que le sucre s'est pris en masse ; on laisse égoutter pendant quelques jours en clairçant de temps à autre, c'est-à-dire en arrosant la surface supérieure avec une solution saturée de sucre. On achève d'enlever la clairce en engageant les pointes des formes dans des tubulures fixées sur un tube horizontal (*sucette*), et faisant le vide. On égalise ensuite la base des pains, on les retire des formes, puis on les sèche à l'étuve. Au sortir de l'étuve, on procède à leur habillage ou mise en papier.

Le *sucre candi* s'obtient en concentrant les sirops jusqu'à 37° B, puis en les recevant dans des cristallisoirs en cuivre au travers desquels on a tendu des fils de chanvre ; les cristaux s'attachent à ces fils. Après un temps suffisant, on perce la croûte cristalline pour faire écouler le sirop ; on lave enfin les cristaux et on les dessèche.

Pour préparer les sucres d'orge, de pomme, etc., on dissout du sucre blanc dans 1/3 de son poids d'eau ; on le cuit dans une bassine, puis le sirop est coulé dans des moules ou sur une table en marbre huilé ; ces sucres perdent rapidement leur transparence par suite de la cristallisation qui s'y effectue.

Lactose.

197. Le lactose $C^{12}H^{22}O^{11},H^2O$ existe dans le lait des mammifères. Pour l'obtenir, on concentre le petit-lait, résidu de la préparation du fromage ; on le décolore par du noir animal, et on l'abandonne à l'air dans des cristallisoirs en travers desquels on a disposé des baguettes ou des fils fins ; les cristaux de lactose se disposent en rayonnant le long de ces baguettes.

Le lactose est blanc, peu sucré, soluble dans six fois son poids d'eau froide. Par les acides minéraux à l'ébullition, il fixe de l'eau et se dédouble en un mélange de deux glucoses : le glucose ordinaire et le galactose. Par l'hydrogène naissant, il se transforme en poids égaux de mannite et de dulcite, alcools hexatomiques correspondant aux deux glucoses précédents. Il réduit la liqueur cupro-potassique à l'ébullition.

198. Le *maltose* $C^{12}H^{22}O^{11},3H^2O$ se forme en même temps que la dextrine quand on soumet les matières amylacées comme la fécule à l'action de la diastase, ferment contenu dans l'orge germée ; en élevant la température à 60°, l'amidon s'hydrate et se convertit en maltose et dextrine. Le maltose est directement fermentescible et réduit la liqueur cupro-potassique. Les acides minéraux l'intervertissent et le transforment en 2 molécules de glucose ordinaire.

Le *mycose* ou sucre de champignons existe dans les moisissures, et dans quelques autres champignons ; on l'extrait du seigle ergoté ; il ne réduit pas la liqueur cupro-potassique.

$(C^6H^{10}O^5)^n$ **Amidon.** $[\textit{Éq.} : (C^{12}H^{10}O^{10})^n]$

199. *État naturel.* — L'amidon ou matière amylacée se rencontre abondamment chez les végétaux, dans les parties les plus diverses de la plante, principalement dans la tige des palmiers, les racines de guimauve, de carotte, de rhubarbe, de bryone ; les bulbes de tulipe ; les fruits du chêne, du châtaignier ; les tubercules de pomme de terre, de patates, d'arrow-root ; les graines des céréales et légumineuses, etc.. On appelle plus spécialement fécule la matière amylacée de la pomme de terre.

200. *Extraction de la fécule.* — Les tubercules de

pomme de terre bien lavés sont réduits en pulpe par une râpe spéciale : la pulpe est ensuite délayée dans l'eau et introduite dans un cylindre tournant en toile métallique, à l'intérieur duquel se trouve un agitateur garni de brosses. L'eau entraîne la fécule, passe à travers un tamis très fin où elle abandonne les débris de cellules qui ont traversé les mailles du cylindre, puis est reçue sur des tables en bois très légèrement inclinées l'une au-dessus de l'autre. La fécule se dépose sur ces tables ; on la sèche dans des étuves chauffées vers 50°. La pulpe retenue à l'intérieur du cylindre tournant sert pour la nourriture des bestiaux.

201. *Extraction de l'amidon.* — L'amidon s'extrait toujours des farines de graines de céréales : si l'on réduit de la farine en pâte et qu'on la malaxe sous un mince filet d'eau, l'amidon est entraîné par l'eau et se dépose par le repos ; il reste entre les doigts une matière élastique grise, c'est le gluten, mélange de matières albuminoïdes.

Le procédé employé dans l'industrie est différent suivant qu'on retire l'amidon des bonnes farines, ou des farines avariées.

Dans le premier cas. le procédé est purement mécanique et identique au précédent. Les farines sont d'abord réduites en pâte en les délayant avec un peu d'eau ; puis la pâte est pétrie sous un grand nombre de filets d'eau dans une auge demi-cylindrique appelée *amidonnière* ; le pétrissage se fait mécaniquement par un cylindre cannelé tournant ; le gluten reste dans l'amidonnière, l'amidon est entraîné par l'eau. Cet amidon contient encore des traces de gluten qui pourraient l'altérer en subissant ultérieurement la putréfaction ; on l'en débarrasse en le soumettant à une fermentation provoquée par un peu d'*eau sure* provenant d'une fermentation précédente. Après quelques jours, l'amidon ainsi purifié est lavé, égoutté, puis séché dans une étuve où il subit un retrait qui le divise en prismes irréguliers ou aiguilles ; c'est sous cette forme qu'il est livré au commerce ; il contient encore 18 °/₀ d'eau.

Quand on emploie des farines ou des grains avariés, on fait putréfier complètement leur gluten, en les additionnant d'*eau sure* chargée de produits putrides provenant d'une fermentation antérieure. Les matières sucrées du grain se transforment en acide lactique, acide acétique ; il se dégage de l'acide sulfhydrique, du gaz ammoniac et divers produits à odeur infecte. L'amidon imputrescible reste inaltéré. Au bout de 15 ou 20 jours la fermentation est terminée ; on enlève l'amidon, on le lave sur des tamis et on le dessèche comme précédemment.

202. Propriétés. — L'amidon se présente en poudre blanche, formée de grains ovoïdes ou irréguliers, dont le diamètre varie de $\dfrac{2}{1000}$ (*Chenopodium*) à $\dfrac{185}{1000}$ de milli-

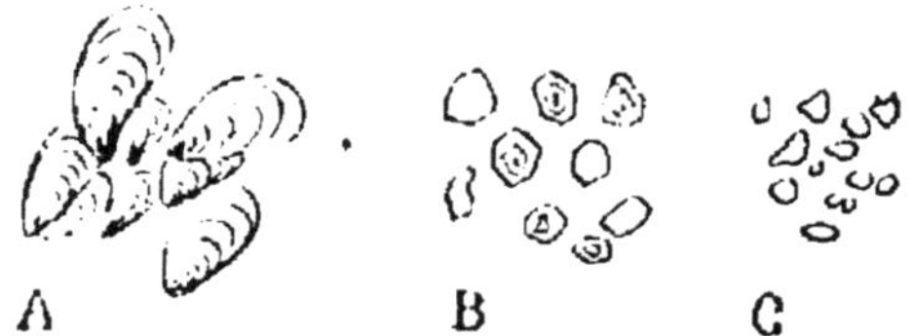

Fig. 51. — Grains d'amidon.
A, fécule de pomme de terre.
B, amidon du maïs.
C, amidon de la betterave.

mètre (fécule de pomme de terre). Vus au microscope, dans un peu d'eau chaude, les grains d'amidon paraissent ordinairement composés d'une série de couches emboîtées, disposées régulièrement autour d'une dépression souvent excentrique appelée *hile* ; la densité de ces couches augmente du centre à la périphérie.

La densité moyenne de l'amidon est 1,50 ; il est insoluble dans l'eau, l'alcool et l'éther ; mais, broyé dans l'eau, il se dissout partiellement, la partie interne de chaque grain étant soluble. Si l'on chauffe l'amidon avec de l'eau vers 75°, les grains se gonflent, arrivent à occuper jusqu'à 30 fois leur volume primitif et forment une masse gélatineuse, translucide ; c'est l'*empois d'amidon*.

Action de la chaleur. — Soumis à l'action de la chaleur seule, l'amidon devient anhydre à 100° ; il correspond alors à la formule $(C^6H^{10}O^5)^n$; si l'on maintient assez longtemps cette température, il se transforme en une variété d'amidon (amidon soluble), qui se dissout dans l'eau et est précipité de cette dissolution par l'alcool. A 160° l'amidon passe à l'état de dextrine, et au-delà de 210°, il brunit et se décompose en se déshydratant.

Action de l'iode. — L'iode est le réactif de l'amidon : il suffit d'une très petite quantité d'iode ajoutée à de l'empois d'amidon pour obtenir une coloration bleue intense, qui disparaît à chaud et reparaît à froid. Si l'on additionne cette liqueur bleue de quelques gouttes d'une solution de chlorure de sodium ou de sulfate de sodium, il se précipite des flocons bleus auxquels on donne le nom d'iodure d'amidon.

Action des acides. — Les acides minéraux étendus produisent sur l'amidon une série d'hydratations : il se forme de l'amidon soluble, puis de la dextrine, et enfin du glucose. L'acide azotique étendu à chaud le transforme en acide oxalique avec dégagement d'un torrent de vapeurs rutilantes. L'acide azotique fumant au contraire le dissout, et l'eau précipite de cette liqueur un éther trinitrique $C^{18}H^{27}O^{12}(AzO^3)^3$, appelé *xyloïdine*. La xyloïdine est une poudre blanche détonant par le choc ou à une température de 180°.

La *diastase*, ferment soluble de l'orge germée, exerce sur l'amidon la même action que les acides étendus. Si l'on ajoute une petite quantité de ce ferment à de l'empois et qu'on maintienne le tout à une température voisine de 60°, on voit l'empois se liquéfier peu à peu ; le liquide obtenu finalement réduit la liqueur cupro-potassique. Cette transformation de l'amidon en dextrine, puis en glucose, se produit également sous l'influence de la *ptyaline* ou ferment salivaire, et de l'*invertine*, ferment soluble contenu dans la levûre de bière.

203. *Usages.* — L'amidon sert à empeser le linge, à donner l'apprêt aux tissus neufs ; on l'utilise en pharmacie. On emploie de grandes quantités de fécule dans la fabrication des dextrines et du glucose ; on s'en sert comme épaississant de certaines couleurs d'impression.

Beaucoup de matières amylacées sont alimentaires : fécule de pomme de terre, tapioca, arrow-root, sagou. Le tapioca provient des racines du *manihot* desséchées sur des plaques chaudes ; l'arrow-root, des racines du *Maranta* des Antilles ; le sagou, de la moelle de divers palmiers.

204. L'*inuline* est un amidon existant dans presque toutes les Composées : racine de l'aunée (*Inula helenium*), tubercules de dahlia, de topinambour. Elle ne se colore pas en bleu par l'iode ; ses grains ont une structure rayonnée et se dissolvent dans l'eau à 100°. Les acides étendus la transforment en lévulose :

$$(C^6H^{10}O^5)^n + nH^2O = nC^6H^{12}O^6.$$

La *lichénine* existe dans les lichens d'Islande ; elle est également gonflée par l'eau froide et dissoute par l'eau bouillante.

Les *mucilages*, appelés aussi gommes insolubles, sont peu connus ; ils se gonflent par l'eau. Les acides étendus les transforment en gommes solubles, puis en glucose. Ils sont sécrétés par divers végétaux : la gomme adragante provient des astragales du Levant ; la gomme de Bassora, d'une espèce de *cactus*. Les graines de lin, de coing, les racines de guimauve contiennent également des mucilages, ce qui les fait employer en pharmacie contre la toux ; on s'en sert aussi comme véhicule de préparations, etc.

$$(C^6H^{10}O^5)^n \qquad \textbf{Dextrines.} \qquad [Éq. : (C^{12}H^{10}O^{10})^a]$$

205. On réunit sous le nom de dextrines une série de composés dérivant de l'amidon par hydratation et ayant pour composition centésimale $C^6H^{10}O^5$. Elles ont été surtout étudiées par Musculus qui, dans l'action des acides étendus sur l'amidon, en a isolé quelques-unes formées successivement ; la plus importante est l'*érythrodextrine*, colorée en rouge brun par l'iode et dominant dans les dextrines commerciales. On rencontre des dextrines dans la chair musculaire, la manne du frêne, l'urine des diabétiques.

206. PRÉPARATION DES DEXTRINES. — Les dextrines du commerce résultent de l'hydratation de l'amidon, soit par les acides étendus, soit par la diastase ; il en existe plusieurs variétés : la dextrine soluble, la gomméline, la léïogomme, le sucre de fécule.

La *dextrine soluble* se prépare par le procédé Payen : 1000^{kg} de fécule ou d'amidon sec sont humectés avec 300^{kg} d'eau acidulée par 2^{kg} d'acide azotique ordinaire. La pâte est séchée à l'air, puis chauffée à 120° dans une étuve. On obtient ainsi une poudre jaunâtre, soluble dans l'eau ; elle contient des glucoses et de l'amidon soluble.

Si l'on remplace l'acide azotique par l'acide chlorhydrique dans la préparation précédente, le produit obtenu est la *gomméline*, plus blanche que la dextrine soluble.

La *léiogomme* ou fécule grillée s'obtient en torréfiant la fécule dans des étuves à air chaud ou dans des chaudières en cuivre chauffées au bain-marie. Elle est jaune-rougeâtre, moins soluble que les précédentes.

Le *sirop de fécule* se prépare par la diastase. Dans une chaudière chauffée au bain-marie à 75°, on introduit de l'orge germée moulue, avec une certaine quantité d'eau; puis on y ajoute l'amidon ou la fécule par petites portions à la fois. La transformation est terminée quand une prise du liquide ne donne plus avec l'iode qu'une faible coloration vineuse. On porte alors la température à 100° par un courant de vapeur; la diastase, qui perd son pouvoir à 85°, est détruite. Le liquide est ensuite décanté, filtré et concentré jusqu'à consistance du sirop.

207. *Propriétés.* — La dextrine pure est amorphe, d'un blanc jaunâtre ; elle se dissout dans l'eau en formant un liquide sirupeux et est insoluble dans l'alcool. L'iode lui donne une coloration rouge fauve ou rouge vineux.

Les acides étendus, l'eau chaude transforment facilement la dextrine en glucose par hydratation :

$$(C^6H^{10}O^5)^n + nH^2O = nC^6H^{12}O^6.$$

L'acide azotique ordinaire donne à chaud de l'acide oxalique ; mais le même acide fumant forme un éther nitrique : la dextrine tétranitrée $C^{12}H^{16}O^6(AzO^3)^4$, soluble dans l'eau.

La dextrine ne réduit pas la liqueur cupro-potassique et ne fermente pas sous l'influence de la levûre de bière. La diastase la transforme, quoique difficilement, en glucose. Elle peut s'oxyder par l'eau bromée; elle donne alors l'acide dextronique $C^6H^{12}O^7$, sirupeux.

208. *Usages*. — Les dextrines pulvérulentes sont employées pour encoller et apprêter les tissus; pour épaissir les mordants et les couleurs d'impression en teinture; pour préparer des bandes agglutinatives destinées à la réduction des fractures.

Le sirop de fécule remplace le glucose dans la fabrication de la bière, des liqueurs, des pains de luxe; on l'utilise en confiserie et dans la préparation des tisanes mucilagineuses.

209. Le *glycogène*, découvert par Claude Bernard, est une dextrine animale existant principalement dans le foie; on l'obtient en épuisant du foie frais divisé en fragments par l'eau bouillante et en précipitant par l'alcool. Il est blanc, insipide, soluble dans l'eau; transformé en glucose par les acides minéraux étendus; en maltose par la pancréatine, la ptyaline salivaire et la diastase. Il est coloré par l'iode en rouge vineux comme la dextrine.

210. Les *gommes solubles* sont sécrétées par les végétaux. Elles sont amorphes et se dissolvent dans l'eau en donnant un liquide visqueux, non colorable par l'iode. L'alcool et le sous-acétate de plomb les précipitent de leurs dissolutions; l'acide azotique les transforme en un mélange d'acide oxalique, d'acide saccharique et d'acide mucique.

La gomme arabique est sécrétée par divers acacias du Sénégal et de l'Arabie; elle paraît formée d'un principe particulier, l'arabine ou acide gummique $C^{12}H^{20}O^{10}$, combiné à la chaux et à la potasse. L'arabine s'obtient en acidulant par l'acide chlorhydrique une solution de gomme arabique et précipitant par l'alcool; le précipité blanc obtenu est ensuite desséché. L'arabine est très soluble dans l'eau; elle se combine aux bases et est transformée en galactose par les acides étendus.

Les gommes solubles sont employées en pharmacie ; elles servent à fabriquer l'encre ordinaire, à lustrer les tissus, à rendre certaines couleurs brillantes.

211. Les *principes pectiques*, isomères des gommes solubles, contiennent de la pectine, analogue à l'arabine, mais s'en distinguant en ce que les acides la transforment en acide pectique gélatineux, réaction que ne donne pas l'arabine. On trouve des principes pectiques dans les racines de carotte, de navet, les fruits verts, etc. ; les acides étendus les transforment en galactose.

La pectine s'extrait du suc des poires mûres ; elle se dissout dans l'eau en donnant un liquide visqueux, d'où l'alcool la précipite en gelée. La fabrication des gelées et confitures repose sur la transformation de la pectine en acide pectique gélatineux sous l'influence d'un principe contenu dans les fruits, la pectase.

$$(C^6H^{10}O^5)^n \qquad \textbf{Cellulose.} \qquad [\textit{Éq.} : (C^{12}H^{10}O^{10})^n]$$

212. La cellulose est la substance qui constitue les parois des jeunes cellules dans tous les végétaux. Elle est d'abord mince et presque transparente, puis à mesure que les cellules grandissent ou se transforment en fibres, vaisseaux, etc., elle s'épaissit et s'incruste de matières diverses lui donnant de la rigidité et formant les variétés de cellulose souvent désignées sous les noms de ligneux, vasculose, épidermose, etc.

La cellulose pure s'extrait du papier blanc, du vieux linge, du coton, de la moelle de sureau, etc. On fait bouillir ces substances avec une lessive alcaline faible, puis on lave à l'eau et à l'eau de chlore. On achève la purification de la cellulose par de nouveaux lavages à l'acide acétique, à l'alcool et à l'éther ; on sèche enfin à 100°.

213. PROPRIÉTÉS. — La cellulose pure est blanche, insipide ; sa densité varie entre 1,25 et 1,45 ; elle est insoluble dans les dissolvants ordinaires, mais se dissout dans la liqueur cupro-ammoniacale ou réactif de Schweizer, obtenue en agitant du cuivre dans l'ammoniaque au contact de l'air ; une addition d'eau la précipite de cette dissolution.

Action de la chaleur. — La chaleur décompose la cellulose vers 200° ; il se dégage des gaz inflammables, de l'eau, de l'acide acétique, des produits goudronneux, et il y a un résidu charbonneux.

Action des acides. — L'acide sulfurique étendu fait subir une transformation remarquable à la cellulose, notamment au papier : si l'on trempe pendant quelques instants du papier non collé dans un mélange de 2 p. d'acide et 1 p. d'eau, et qu'on le lave ensuite à grande eau, on constate qu'il est devenu très cohérent, demi-translucide : c'est le parchemin végétal employé comme dialyseur. Si l'acide sulfurique est concentré, la cellulose se désagrége et se dissout ; elle est devenue de la cellulose soluble, analogue à l'amidon soluble et comme lui colorable en bleu par l'iode. Enfin, si l'on augmente encore l'action de l'acide sulfurique concentré à l'aide de la chaleur, on obtient finalement un mélange de deux glucoses fermentescibles (sucre de chiffons de Braconnot).

L'acide azotique ordinaire, chauffé avec la cellulose, l'oxyde et donne de l'acide oxalique. L'acide fumant au contraire s'unit à elle avec élimination d'eau et peut produire trois éthers nitriques, dont les mélanges divers constituent trois composés importants: le coton-poudre, le collodion et le celluloïd.

214. Le *coton-poudre* ou fulmi-coton ou pyroxyle est constitué principalement par l'éther azotique ayant pour formule $C^{12}H^{15}O^5(AzO^4)^5$ ou un multiple. On le prépare en immergeant pendant dix minutes du coton ordinaire dans un mélange refroidi de 3 vol. d'acide sulfurique concentré et 1 vol. d'acide azotique fumant ; on le lave ensuite à grande eau et on le sèche à 25°.

Le coton n'a pas changé d'aspect, il est seulement devenu plus rude au toucher ; il n'est soluble que dans l'acide sulfurique concentré. A 120° il s'enflamme et brûle rapidement en fusant sans laisser de résidu ; aussi on peut le laisser impunément brûler sur la main : on n'a pu le substituer à la poudre de guerre à cause de son pouvoir trop brisant et de la propriété corrosive de quelques-uns des gaz qu'il dégage (proto et bioxyde d'azote) ; mais il est très employé pour les travaux de mine, après avoir été fortement comprimé ; on le fait alors détoner par une amorce (cartouches Abel).

215. Le *collodion* s'obtient avec un pyroxyle différent du précédent. Le coton est mis à séjourner plusieurs heures dans un mélange fait d'avance de 2 vol. d'acide sulfurique concentré et 1 vol. d'acide azotique fumant ; on le lave encore à grande eau et on le sèche. Il est formé surtout par l'éther azotique $nC^{12}H^{16}O^6(AzO^3)^4$. On le dissout dans un mélange de 90 p. d'alcool et 10 p. d'éther ; la solution visqueuse obtenue est le collodion.

Abandonné à l'air en couche mince, le collodion laisse, par évaporation du dissolvant, une pellicule de pyroxyle très résistante. Il sert en photographie pour la préparation des plaques sensibles. En chirurgie on le mélange à 1 °/₀ d'huile de ricin pour empêcher son retrait par dessiccation ; on préserve ainsi les plaies du contact de l'air.

216. Le *celluloïd* est un mélange de camphre et de pyroxyle. Pour le préparer, on plonge du papier pendant 20 minutes dans un mélange de 5 p. d'acide sulfurique concentré et 2 p. d'acide azotique fumant, puis on le lave et on le triture dans un moulin. La masse ainsi obtenue est broyée encore humide sous des meules avec une proportion convenable de camphre ; le tout est enfin comprimé fortement par une presse hydraulique, séché dans une étuve et découpé en plaques minces.

Le celluloïd est dur, demi-transparent, malléable à chaud. Il est inflammable et brûle vivement quand il est chauffé à 140°. Il sert, mélangé d'huile, à faire des objets de lingerie résistant aux lavages. Coloré par une poudre pendant sa fabrication, il sert en tabletterie et dans la fabrication d'articles de Paris imitant l'ambre, l'écaille, etc.

III. — Acétones.

217. Les acétones, appelés aussi kétones, sont les aldéhydes des alcools secondaires. Ils en dérivent par perte de 2 atomes d'hydrogène dans le groupe caractéristique CH.OH de ces alcools ; ils seront donc caractérisés par le groupe CO ou — CO —.

$$Ex.: CH^3 — CH.OH — CH^3 + O = H^2O + CH^3 — CO — CH^3.$$

Alcool propylique secondaire   Acétone ordinaire

Par hydrogénation, les acétones reproduisent les alcools secondaires dont ils dérivent. Par oxydation, au lieu de donner un seul acide contenant le même nombre d'atomes de carbone comme les aldéhydes, ils se dédoublent en deux acides :

$$CH^3 — CO — CH^3 + 3O = CH^3 — CO^2H + H — CO^2H.$$

Acétone ordinaire   Acide acétique   Acide formique

Les acétones n'ont pas le pouvoir réducteur des aldéhydes, pouvoir que ceux-ci doivent à l'hydrogène de leur groupe COH. Ils forment comme les aldéhydes des combinaisons cristallines avec les bisulfites alcalins ; ces combinaisons sont détruites par la chaleur ou par l'eau.

A chaque alcool secondaire correspond un acétone ; le plus important est l'acétone ordinaire.

$$\begin{matrix} C^3H^6O \\ ou\ CH^3-CO-CH^3 \end{matrix} \quad \textbf{Acétone ordinaire.} \quad (\textit{Éq.} : C^6H^6O^2)$$

218. L'acétone ordinaire ou diméthylkétone est l'aldéhyde de l'alcool propylique secondaire. Il se produit dans la distillation sèche d'un grand nombre de matières organiques : bois, sucre, acide tartrique, etc. On l'obtient dans les laboratoires par distillation sèche de l'acétate de plomb ou de l'acétate de calcium :

$$(CH^3-CO^2)^2Ca = CO^3Ca + CH^3 - CO - CH^3.$$

L'acétate est chauffé au rouge naissant dans une cornue en grès ou en fer ; les produits distillés traversent un réfrigérant descendant et tombent dans un flacon. On les rectifie après les avoir mis en contact avec de la chaux vive.

L'industrie fournit une grande quantité d'acétone comme produit secondaire de la distillation du bois et de la fabrication de l'aniline ; on le purifie par le bisulfite de sodium.

219. *Propriétés.* — L'acétone est un liquide incolore, d'une odeur agréable ; $d = 0,81$; il est soluble dans l'eau, l'alcool et l'éther ; il entre en ébullition à 56°. Il brûle avec une flamme bleue :

$$C^3H^6O + 2O^2 = CO^2 + H^2O + C^2H^4O^2 \text{ (acide acétique).}$$

L'hydrogène naissant, obtenu en décomposant l'amalgame de sodium par l'eau, transforme l'acétone en alcool propylique secondaire :

$$CH^3 — CO — CH^3 + H^2 = CH^3 — CH.OH — CH^3;$$

il se produit en même temps de la pinakone par condensation de 2 mol. d'acétone ; la pinakone est un hexylglycol :

$$2C^3H^6O + H^2 = C^6H^{12}(OH)^2.$$

Les agents oxydants, comme un mélange d'acide sulfurique et de bichromate de potassium, donnent de l'acide acétique et de l'acide formique :

$$C^3H^6O + 3O = C^2H^4O^2 + CO^2H^2.$$

L'acide formique naissant s'oxyde lui-même et produit de l'anhydride carbonique. Cette décomposition en deux acides par oxydation est caractéristique des acétones.

Si l'on agite vivement de l'acétone ordinaire avec une solution concentrée de bisulfite de sodium, on obtient une combinaison cristalline, soluble dans l'eau et décomposable par la chaleur en régénérant l'acétone.

L'acétone est un puissant anesthésique, mais on l'utilise surtout, mélangé à l'esprit de bois, pour dénaturer l'alcool ordinaire.

220. La *benzophénone* ou diphénylkétone $C^6H^5 — CO — C^6H^5$ est un acétone aromatique correspondant à un alcool aromatique secondaire, le benzhydrol $C^6H^5 — CH.OH — C^6H^5$. On l'obtient par distillation du benzoate de calcium ; il est solide.

En distillant un mélange de benzoate et d'acétate de calcium, on prépare l'*acétophénone* $CH^3 — CO — C^6H^5$, dans lequel les radicaux unis à CO sont différents. On l'emploie en médecine comme soporifique, sous le nom d'hypnone.

IV. — Quinones.

221. Les quinones sont des composés dérivant de phénols diatomiques par perte de deux atomes d'hydrogène. Ces 2H sont enlevés à leurs groupes OH ; il en résulte que les quinones contiennent le groupe caractéristique $(O - O)''$; ex. :

$$C^6H^4(OH)^2 = H^2 + C^6H^4 <^O_O$$

hydroquinone   quinone ordinaire

Aussi par les agents réducteurs elles fixent facilement l'hydrogène naissant et reproduisent le phénol diatomique dont elles dérivent. Il est à remarquer que seuls les diphénols dont les 2OH sont en positions extrêmes (para-dérivés) peuvent perdre deux atomes d'hydrogène par oxydation et donner une quinone ; ainsi la **pyrocatéchine** et la **résorcine** (ortho et métadiphénols) ne fournissent pas de quinone.

$$C^6H^4O^2 \text{ ou } C^6H^4 <^O_O \qquad \textbf{Quinone ordinaire.} \qquad (\textit{Éq.} : C^{12}H^4O^4)$$

222. La quinone ordinaire ou benzoquinone est la quinone correspondant à l'hydroquinone ; deux atomes d'hydrogène de ce dernier phénol ont disparu, comme l'indique le schéma ci-contre.

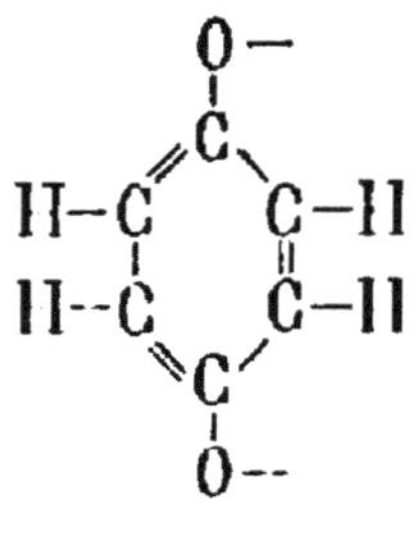

La quinone se produit dans l'oxydation de l'hydroquinone, de l'acide quinique ; on la prépare ordinairement en traitant l'aniline par un mélange d'acide sulfurique et de bichromate de potassium.

Elle est en aiguilles jaune d'or, à

odeur forte irritant les yeux ; elle est peu soluble dans l'eau. Par les agents réducteurs, elle fixe de l'hydrogène et se transforme en hydroquinone ; mais si la réduction est incomplète, on obtient une combinaison de quinone et d'hydroquinone appelée hydroquinone verte ou quinhydrone $C^6H^4 <^{O-O}_{OH\ HO}> C^6H^4$.

223. La *naphtoquinone* $C^{10}H^6 <^O_O$ se transforme par l'hydrogène naissant en paradinapthol $C^{10}H^6(OH)^2$; elle est jaune, prend naissance dans l'oxydation de la naphtaline, qu'elle reproduit par l'action de la poudre de zinc au rouge :

$$C^{10}H^6 <^O_O +Zn^3 + H^2O = 3ZnO + C^{10}H^8.$$

224. A**NTHRAQUINONE**. — L'anthraquinone $C^{14}H^8O^2$, rangée parmi les quinones, est une quinone anthracénique, ou plutôt un diacétone contenant deux groupes CO intermédiaires à des noyaux benzéniques $C^6H^4 <^{CO}_{CO}> C^6H^4$.

On la prépare en oxydant l'anthracène par un mélange de bichromate de potassium et d'acide sulfurique :

$$C^6H^4 <^{CH}_{CH}> C^6H^4 + 3O = H^2O + C^6H^4 <^{CO}_{CO}> C^6H^4.$$

Cette oxydation s'effectue dans des cuves en bois doublées de plomb et munies d'un agitateur ; on filtre pour recueillir l'anthraquinone, on la sèche et on la purifie par sublimation.

Propriétés. — L'anthraquinone se présente en cristaux jaunâtres, sublimables en aiguilles jaunes, insolubles dans l'eau, solubles dans la benzine. Chauffée avec des corps réducteurs, comme l'amalgame de sodium et l'eau, un mélange de zinc en poudre et de soude caustique, elle fixe de l'hydrogène et donne le diphénol auquel elle correspond : l'hydroanthraquinone $C^{14}H^8(OH)^2$, très altérable et se colorant en rouge par exposition à l'air.

Les dérivés de substitution que donne l'anthraquinone avec le chlore, le brome, l'acide sulfurique sont remarquables en ce qu'on peut y remplacer, en les traitant par les alcalis,

Cl, Br ou SO³H par l'oxhydrile OH. On obtient ainsi des *oxyanthraquinones*, matières colorantes importantes. Les oxyanthraquinones ont une fonction mixte : elles sont à la fois quinone et alcool. *Exemples :*

1° $C^{14}H^6Br^2O^2 + 2KOH = C^{14}H^6(OH)^2O^2 + 2KBr$;

Anthraquinone
bibromée

Alizarine

l'alizarine ou dioxyanthraquinone est un diphénol diacétone

$$C^{14}H^6(OH)^2O^2 \quad \text{ou} \quad C^6H^4 <^{CO}_{CO}> C^6H^2 <^{OH}_{OH}.$$

2° $C^{14}H^7O^2(SO^3H) + KOH = C^{14}H^7(OH)O^2 + SO^3KH$;

Acide anthraquinone-
monosulfonique

Monoxyanthraquinone

la monoxyanthraquinone est un monophénol diacétone $C^6H^4 <^{CO}_{CO}> C^6H^3(OH)$; chauffée avec la potasse, elle donne l'alizarine.

$C^{14}H^6(OH)^2O^2$ **Alizarine.**   (*Eq. :* $C^{28}H^8O^8$)

225. L'alizarine ou dioxyanthraquinone est un des principes colorants de la garance ; c'est un diphénol-diacétone.

Préparation. — On extrayait autrefois l'alizarine de la garance, plante de la famille des Rubiacées, qu'on cultivait en grand à Avignon, à Smyrne, à Andrinople. Les racines desséchées, puis broyées, donnaient une poudre jaune-rougeâtre ou *fleur de garance* ; cette fleur soumise à l'ébullition avec de l'eau acidulée, puis filtrée et desséchée, formait la *garancine* du commerce, contenant deux matières colorantes : l'alizarine et la purpurine. L'alizarine s'en extrayait par sublimation.

Aujourd'hui on prépare l'alizarine artificiellement en partant de l'anthraquinone $C^{14}H^8O^2$, provenant elle-même de l'oxydation de l'anthracène $C^{14}H^{10}$. L'anthraquinone est chauffée dans des vases en fonte à 150° avec son poids d'acide sulfurique concentré, ce qui la transforme en acide anthraquinone-monosulfonique $C^{14}H^7O^2(SO^3H)$; en saturant la liqueur filtrée par le carbonate de sodium, on obtient par refroidissement des cristaux d'anthraquinone-monosulfonate de sodium $C^{14}H^7O^2(SO^3Na)$. Ce sel est chauffé ensuite pendant quelques jours dans des chaudières en tôle à agitateur avec trois fois son poids de soude caustique : il se forme d'abord du monoxyanthraquinonate de sodium que la soude transforme en dioxyanthraquinonate ou alizarate de sodium. L'ensemble de cette réduction peut s'exprimer par l'équation :

$$C^{14}H^7O^2(SO^3Na)+3NaOH=C^{14}H^6O^2(NaO)^2+H^2+SO^3Na^2+H^2O$$

Anthraquinone monosulfonate de sodium — Alizarate de sodium

L'alizarate de sodium est enfin décomposé par l'acide chlorhydrique; l'alizarine insoluble se dépose.

226. *Propriétés.* — L'alizarine cristallisée est en aiguilles d'un rouge orangé. Elle est inodore, insipide, peu soluble dans l'eau ; elle se dissout dans la potasse et la soude en bleu violet, et aussi dans l'acide sulfurique, qu'elle colore en rouge de sang. On la sublime facilement en la chauffant au bain de sable vers 220° dans un petit creuset de porcelaine muni de son couvercle. Par l'action des réducteurs, elle se transforme d'abord en monoxyanthraquinone, puis en anthracène. Les oxydants faibles, comme l'acide arsénique, donnent la purpurine.

227. *Usages.* — L'alizarine est livrée au commerce en pâte ; elle est très employée en teinture : sa dissolution dans l'eau de source teint les étoffes de laine et de coton. Les mordants (sels d'aluminium, sels de fer) exercent deux actions successives : par double décomposition ils donnent des précipités (rouges ou roses avec les sels d'alu-

minium, lilas ou violets avec les sels de fer), et les fixent
ensuite sur l'étoffe.

L'alizarine est la base de plusieurs autres matières
colorantes : purpurine, orange d'alizarine, bleu d'alizarine, etc.

228. La *purpurine* $C^{14}H^8O^5$ est une trioxyanthraquinone
$C^{14}H^5(OH)^3O^2$ à la fois triphénol et diacétone; elle existe dans
la racine de garance. On l'obtient en oxydant l'alizarine par
un mélange d'acide sulfurique et de bioxyde de manganèse ou
par l'acide arsénique. Elle se présente en aiguilles orangées,
plus solubles dans l'eau que l'alizarine ; elle se dissout dans
les alcalis en les colorant en rouge. Elle sert à teindre en
rouge les étoffes mordancées à l'alumine.

CHAPITRE VI

ACIDES ORGANIQUES

229. Les acides organiques sont des composés provenant de
l'oxydation des alcools primaires, oxydation plus avancée que celle
qui produit les aldéhydes : 2 atomes d'hydrogène sont enlevés
au groupe caractéristique $-CH^2.OH$ de ces alcools ;
ils forment de l'eau et sont remplacés par 1 atome
d'oxygène. Il en résulte que les acides organiques seront
caractérisés dans leur molécule par le groupe $-CO.OH$
ou $-CO^2H$.

Ex. : $CH^3 - CH^2.OH + O^2 = H^2O + CH^3 - CO.OH,$
Alcool ordinaire.   Acide acétique.

$CH^2.OH - CH^2.OH + 2O^2 = 2H^2O + CO.OH - CO.OH.$
Glycol ordinaire.   Acide oxalique.

Comme les acides minéraux, les acides organiques

possèdent la propriété essentielle de s'unir aux bases ou aux alcools pour former des sels ou des éthers avec élimination d'eau : *Ex.* :

$$CH^3 - CO^2H + NaOH = H^2O + CH^3 - CO^2Na,$$

Acide acétique.   Acétate de sodium.

$$CH^3 - CO^2H + CH^3.OH = H^2O + CH^3 - CO^2(CH^3).$$

Acide acétique.   Acétate de méthyle.

D'après le nombre de ces groupes CO^2H que renferme un acide organique, il est monobasique, bibasique, tribasique, etc., c'est-à-dire qu'il pourra jouer 1, 2, 3,... fois le rôle d'acide. Ainsi l'acide formique $H.CO^2H$ est monobasique, l'acide oxalique $CO^2H.CO^2H$ est bibasique ; l'acide citrique $C^3H^4(OH)(CO^2H)^3$ est tribasique, etc.

Un grand nombre d'acides organiques se rencontrent dans la nature ; les uns à l'état de liberté (acide formique, acide citrique), les autres à l'état de sels (oxalates), ou d'éthers (corps gras).

On divise les acides organiques en acides monoatomiques, diatomiques, etc., comme les alcools dont ils dérivent.

230. I. ACIDES MONOATOMIQUES. — Les acides monoatomiques proviennent de l'oxydation des alcools primaires monoatomiques. Ceux-ci ne renfermant qu'un groupe $CH^2.OH$ ne peuvent donner qu'un acide, nécessairement *monobasique*.

Les *acides gras* $C^nH^{2n}O^2$ correspondent aux alcools de la série saturée $C^nH^{2n+2}O$; les plus importants sont l'acide formique CH^2O^2, l'acide acétique $C^2H^4O^2$, l'acide propionique $C^3H^6O^2$, l'acide butyrique $C^4H^8O^2$......, l'acide palmitique $C^{16}H^{32}O^2$, l'acide stéarique $C^{18}H^{36}O^2$, l'acide cérotique $C^{27}H^{54}O^2$, etc.

Aux autres séries d'alcools monoatomiques correspon-

dent : les *acides* $C^nH^{2n-2}O^2$ (alcools $C^nH^{2n}O$) : acide acrylique $C^3H^4O^2$, acide oléique $C^{18}H^{34}O^2$; — les *acides*
$C^nH^{2n-4}O^2$ (alcools $C^nH^{2n-2}O$) : acide camphique
$C^{10}H^{16}O^2$; — les *acides aromatiques* de formule générale
$C^nH^{2n-8}O^2$ (alcools aromatiques $C^nH^{2n-6}O$) : acide benzoïque $C^7H^6O^2$, acide cuminique $C^{10}H^{12}O^2$, etc.

231. II. Acides diatomiques. — Les alcools diatomiques
pourront donner 1 ou 2 acides par oxydation suivant
qu'ils renferment 1 ou 2 groupes $CH^2.OH$; ainsi le glycol
ordinaire étant un alcool biprimaire $CH^2.OH — CH^2.OH$
donnera successivement : un *acide-alcool* $CH^2.OH — CO^2H$
monobasique, c'est l'acide glycolique ; et un *acide bibasique*
$CO^2H — CO^2H$ qui n'est autre que l'acide oxalique. Le propylglycol répondant à la constitution $CH^3 — CH.OH — CH^2.OH$
(alcool primaire et alcool secondaire) ne fournira qu'un
acide $CH^3 — CH.OH — CO^2H$ à la fois acide monobasique
et alcool secondaire, etc.

Les principaux acides diatomiques sont : 1° les *acides-
alcools* $C^nH^{2n}O^3$, monobasiques : acide glycolique
$C^2H^4O^3$, acide lactique $C^3H^6O^3$; 2° les *acides bibasiques*
$C^nH^{2n-2}O^4$; acide oxalique $C^2H^2O^4$, acide succinique
$C^4H^6O^4$, acide pyrotartrique $C^5H^8O^4$; et $C^nH^{2n-4}O^4$:
acides maléique et fumarique $C^4H^4O^4$, acide camphorique
$C^{10}H^{16}O^4$.

Parmi les *acides aromatiques*, nous joindrons aux précédents : l'acide salicylique $C^6H^4(OH)(CO^2H)$ à la fois
acide monobasique et monophénol ; et les acides phtaliques $C^6H^4(CO^2H)^2$, bibasiques.

232. III. Acides triatomiques. — Ils correspondent aux
alcools triatomiques ; l'oxydation de ces derniers donnera

1, 2, 3 acides suivant qu'ils contiennent 1, 2, 3 fois le groupe $CH^2.OH$. Prenons comme exemple la glycérine $CH^2.OH — CH.OH — CH^2.OH$ (2 fois alcool primaire et 1 fois alcool secondaire) ; de son oxydation pourront résulter deux acides : $CH^2.OH — CH.OH — CO^2H$, acide monobasique — alcool primaire — alcool secondaire (acide glycérique) et $CO^2H — CH.OH — CO^2H$, acide bibasique — alcool secondaire (acide tartronique).

Les plus importants sont l'acide glycérique $C^3H^6O^3$, l'acide tartronique $C^3H^4O^5$, l'acide malique $C^4H^6O^5$. On peut y joindre dans la série aromatique l'acide protocatéchique $C^6H^3(OH)^2(CO^2H)$, acide monobasique et diphénol.

233. IV. Acides tétratomiques. — Au seul alcool tétratomique connu, l'érythrite, se rattachent l'acide tartrique $C^4H^6O^6$ ou $(CO^2H)^2(CH.OH)^2$ (acide bibasique et bialcool) ; l'acide citrique $C^6H^8O^7$ (acide tribasique et monalcool).

Dans la série aromatique nous étudierons l'acide gallique $C^6H^2(OH)^3(CO^2H)$ (acide monobasique et triphénol).

On connaît enfin des acides hexatomiques : l'acide saccharique $C^6H^{10}O^8$ correspond à l'alcool hexatomique la mannite $C^6H^8(OH)^6$; l'acide mucique $C^6H^{10}O^8$ correspond à la dulcite $C^6H^8(OH)^6$.

I. — Acides monoatomiques.

234. Les *acides gras* répondent à la formule générale $C^nH^{2n}O^2$; étant monobasiques, ils ne peuvent donner qu'une série de sels et une série d'éthers. Beaucoup d'entre eux existent dans les produits organiques naturels ; les plus volatils se produisent dans la décomposition par la chaleur du bois, des résines, etc.; d'autres se développent dans certaines fermentations, comme l'acide butyrique. On peut obtenir les acides gras par oxydation des alcools ou des aldéhydes correspondants ; les premiers termes sont liquides, leur point d'ébullition augmente en moyenne de 21° d'un terme au suivant. On a vu que la distillation de leurs sels de calcium avec le formiate de calcium fournit un mode général de préparation des aldéhydes.

CH^2O^2 ou $H.CO^2H$ **Acide formique.**   ($\acute{E}q. : C^2H^2O^4$)

235. L'acide formique est l'acide gras provenant de l'oxydation complète de l'alcool méthylique ou esprit de bois. Il doit son nom aux fourmis rouges, d'où il a été retiré la première fois ; il existe également dans les poils de certaines chenilles et dans les feuilles de pin et de sapin ; c'est à lui que les ampoules situées à la base des poils de l'ortie brûlante doivent leurs propriétés irritantes.

$$O=\overset{\displaystyle H}{\underset{\displaystyle |}{C}}-(OH)'$$

L'acide formique se produit par oxydation de l'alcool méthylique et dans la distillation sèche d'un grand nombre de matières organiques : sucre, glycérine, etc. Sa *synthèse* a été réalisée par M. Berthelot, en chauffant de l'eau, de l'hydrate de baryte et de l'oxyde de carbone en tube scellé pendant trois jours à 100° :

$$2CO + BaO^2H^2 = (CO^2H)^2Ba \text{ (formiate de baryum)} ;$$

au bout de ce temps, le vide s'est fait dans le tube, et si on précipite la baryte par l'acide sulfurique, l'acide formique reste en dissolution dans le liquide.

236. *Préparation.* — Dans les laboratoires, l'acide formique s'obtient toujours en dédoublant l'acide oxalique sous l'influence de la glycérine :

$$CO^2H.CO^2H = CO^2 + H.CO^2H \text{ (procédé Berthelot).}$$

Dans une cornue de verre tubulée (*fig.*52) communiquant avec un ballon refroidi, on introduit 200ᵍʳ de glycérine et

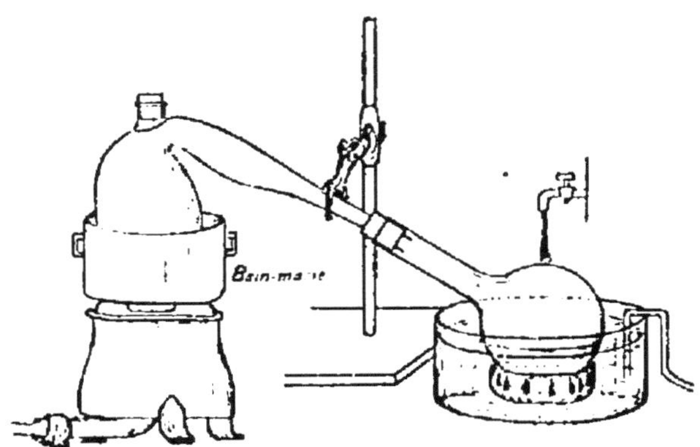

Fig. 52. — Préparation de l'acide formique.

50ᵍʳ d'acide oxalique cristallisé, puis on chauffe au bain-marie vers 90°. Quand il ne se dégage plus rien, on ajoute dans la cornue 50ᵍʳ d'acide oxalique, et ainsi de suite indéfiniment. La glycérine ne subit dans cette réaction aucune altération ; elle absorbe l'acide formique au fur et à mesure de sa production et donne un éther se décomposant par la chaleur aussitôt formé.

Le liquide distillé est un mélange d'acide et d'eau ; on le sature par de la litharge ou du carbonate de plomb à l'ébullition ; on filtre le liquide encore chaud. Par refroidissement, le formiate de plomb, peu soluble dans l'eau froide, cristallise. On le décompose à chaud par un courant d'acide sulfhydrique.

237. *Propriétés.* — L'acide formique est un liquide incolore, fumant à l'air ; son odeur est aigre-piquante ; $d = 1,22$; il bout à 104° et cristallise à 0° ; il est soluble dans l'eau et dans l'alcool. C'est un acide qui, pur, corrode fortement la peau et y fait apparaître des ampoules.

La chaleur le décompose vers 260° : $CO^2H^2 = CO + H^2O$; cette décomposition se produit également par l'acide sulfurique ; si l'on chauffe un peu d'acide formique avec un excès d'acide sulfurique concentré dans un tube à essais, on peut enflammer l'oxyde de carbone à l'orifice du tube.

L'acide formique réduit les sels d'argent et de mercure ; pour le démontrer, on chauffe légèrement quelques gouttes d'acide formique avec de l'azotate d'argent ammoniacal, on obtient un précipité d'argent métallique ; le bichlorure de mercure est transformé en calomel dans les mêmes conditions.

238. Formiates. — Les formiates neutres répondent à la formule générale $H.CO^2R'$, R' désignant un métal ou un radical monovalent. Ils sont cristallisables, solubles dans l'eau ; ils sont décomposés par l'acide sulfurique concentré avec dégagement d'oxyde de carbone. Ils réduisent par la chaleur les sels d'argent et de mercure.

Le *formiate de potassium* $H.CO^2K$ chauffé avec de l'hydrate de potasse en excès donne du carbonate de potassium avec un dégagement d'hydrogène :

$$CO^2KH + KOH = CO^3K^2 + H^2 ;$$

cette réaction a été utilisée par Pictet pour préparer l'hydrogène en vue de sa liquéfaction.

Le *formiate d'ammonium* $H.CO^2(AzH^4)$ se décompose par la chaleur en eau et acide cyanhydrique :

$$H.CO^2(AzH^4) = 2H^2O + HCAz.$$

formiate de plomb $(CO^2H)^2Pb$ est en aiguilles brillantes, peu solubles dans l'eau froide, solubles à chaud.

$C^2H^4O^2$ ou $CH^3{-}CO^2H$

    ou

    CH^3 **Acide acétique.**   ($\acute{E}q. : C^4H^4O^4$)

    |

$O{=}C{-}(OH)'$

239. L'acide acétique est l'acide gras résultant de l'oxydation complète de l'alcool ordinaire ; c'est le principe acide du vinaigre. Il existe dans beaucoup de végétaux à l'état d'acétates de potassium, de sodium, de calcium. Il prend naissance quand on oxyde l'aldéhyde et l'alcool ordinaires, quand l'acétylène se trouve en présence de l'eau et de corps oxydants :

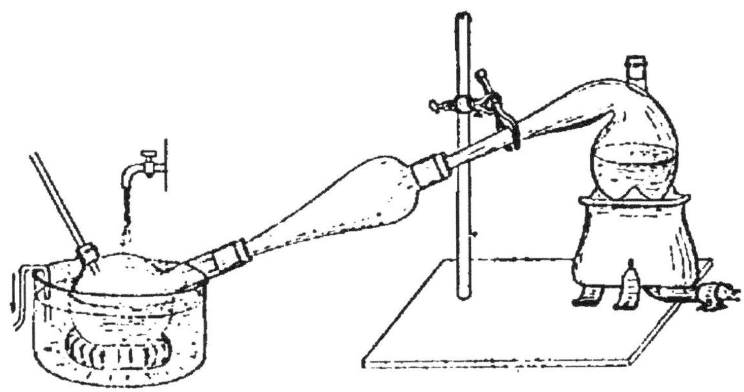

Fig. 53. — Préparation de l'acide acétique dans les laboratoires.

$C^2H^2 + H^2O + O = C^2H^4O^2$. Enfin il s'en produit dans la distillation sèche d'une foule de matières organiques : bois, amidon, sucre, etc.

On peut l'obtenir pur en distillant l'acétate de sodium fondu avec l'acide sulfurique concentré :

$$CH^3.CO^2Na + SO^4H^2 = CH^3.CO^2H + SO^4NaH.$$

Dans la cornue d'un appareil distillatoire ordinaire on met 60^{gr} d'acide sulfurique ordinaire et 80^{gr} d'acétate de sodium fondu ; on chauffe modérément ; le produit recueilli est un mélange d'acide acétique et d'eau. On l'introduit dans un petit flacon et on l'entoure de glace ; par une vive agitation l'acide acétique se solidifie, on le sépare de la partie restée liquide.

240. Extraction industrielle. — Dans l'industrie, l'acide acétique est un des produits de la distillation du bois en vase clos.

En France, on emploie surtout l'appareil de Kestner (*fig.* 54).

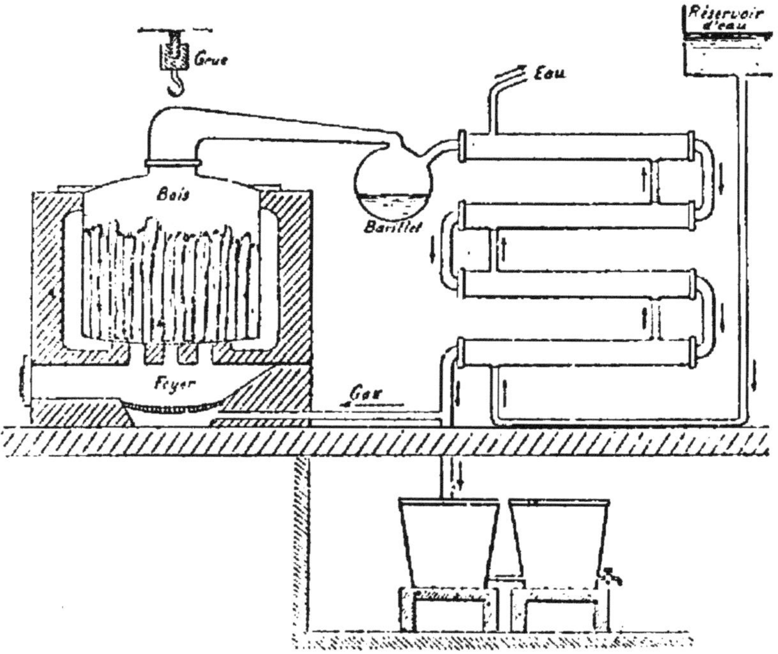

Fig. 54. — Préparation industrielle de l'acide acétique.

Le bois (hêtre, bouleau) est introduit dans un grand cylindre en tôle de 2^m,50 de hauteur, chauffé au rouge sombre. Les produits de la distillation arrivent dans un cylindre ou *barillet* qui retient les goudrons, puis sont condensés dans un serpentin formé par quatre tuyaux horizontaux, enveloppés de manchons en tôle dans lesquels on fait circuler un courant d'eau froide. Les gaz dégagés sont pour la plupart combustibles (hydrogène, oxyde de carbone, carbures d'hydrogène, etc.), ils retournent par un tube sous le foyer. Le résidu de la distillation est du charbon de bois, formant environ les 45/100 du bois employé.

Outre les bois précédents, on utilise la sciure de bois, les bois de teinture épuisés ; on les fait circuler d'une manière continue par une vis d'Archimède dans une grande cornue horizontale chauffée ; le résidu est un charbon très inflammable.

Quel que soit le procédé employé, les liquides condensés sont d'abord abandonnés au repos pour les séparer des goudrons, puis la partie aqueuse décantée est soumise à la distillation dans un alambic en cuivre chauffé par la vapeur : le premier dixième de la distillation est recueilli à part, il constitue l'*esprit de bois brut*, formé d'alcool méthylique avec un peu d'acétone, acide acétique, etc. (on le mélange avec de la chaux pour saturer l'acide acétique et on le rectifie dans un appareil à colonne analogue à ceux qui sont utilisés pour l'alcool ordinaire ; on obtient ainsi l'*alcool méthylique* du commerce).

Le liquide restant après le départ de l'esprit de bois est l'*acide pyroligneux brut*, ou vinaigre de bois ; il est jaunâtre ou brun, a une forte odeur empyreumatique ; il contient de l'acide acétique, des phénols, des matières goudronneuses ; on l'emploie tel quel pour la fabrication de la céruse dans le procédé dit Hollandais.

Pour obtenir l'acide acétique, on sature l'acide pyroligneux par de la craie et de la chaux éteinte ; l'excès de chaux se dépose et la solution d'acétate de calcium impur obtenue est évaporée dans une chaudière ; ce sel se dépose peu à peu par la concentration du liquide ; on l'enlève, on le sèche et comme il contient encore des matières goudronneuses qui le colorent en brun, on le *torréfie* légèrement sur des plaques chauffées à une température inférieure à 300° ; il ne reste plus alors qu'à le décomposer par l'acide sulfurique étendu. Le liquide résultant de cette décomposition ne renferme guère que 40 % d'acide acétique ; c'est l'acide employé en teinture et pour préparer l'acétate de fer.

L'acide acétique à 60 % s'obtient en décomposant la solulion d'acétate de calcium impur obtenue précédemment par du carbonate de sodium ; le carbonate de calcium se dépose ; on évapore à sec la solution d'acétate de sodium, et on torréfie encore légèrement les cristaux pour les débarrasser des matières goudronneuses. En les dissolvant dans l'eau et en faisant cristalliser, on a de l'acétate de sodium pur et blanc qu'on décompose par l'acide sulfurique étendu dans un appareil distillatoire dont le serpentin est en poterie.

L'acide acétique cristallisable se prépare comme dans les laboratoires en fondant préalablement l'acétate de sodium pur et en le distillant avec l'acide sulfurique concentré.

241. Propriétés. — L'acide acétique pur est un liquide incolore, à odeur pénétrante et à saveur piquante ; $d = 1,06$; il cristallise par refroidissement en lamelles transparentes et ces cristaux ne fondent plus qu'à 17° ; il bout à 118° et la densité de sa vapeur est égale à 2,09. Il se mélange à l'eau en toutes proportions, mais ce mélange est accompagné d'une contraction, contraction maximum quand les proportions d'eau et d'acide correspondent à l'hydrate $C^2H^4O^3 + H^2O$.

Action de la chaleur. — Les vapeurs d'acide acétique passant dans un tube de porcelaine chauffé au rouge sombre se décomposent : il se forme de l'anhydride carbonique, de l'acétone, du gaz des marais, et tous les produits de la décomposition par la chaleur de ce dernier gaz (acétylène, benzine, etc.). Au contact d'un corps incandescent, les vapeurs d'acide acétique s'enflamment et brûlent avec une flamme bleue.

Action du chlore. — Le chlore donne avec l'acide acétique des produits de substitution, qu'on peut obtenir en faisant passer un courant de chlore dans de l'acide acétique additionné d'un peu d'iode : l'acide monochloré ou monochloracétique $C^2H^3ClO^2$ est solide, déliquescent ; l'acide bichloré ou bichloracétique $C^2H^2Cl^2O^2$ est liquide ; l'acide trichloracétique

$C^2HCl^3O^2$ qu'on prépare par oxydation du chloral est solide, déliquescent, dédoublable à chaud par la potasse en anhydride carbonique et chloroforme : $C^2HCl^3O^2 = CO^2 + CHCl^3$.

242. Usages. — On consomme une quantité considérable d'acide acétique à l'état de vinaigre (V. *fermentation acétique*). Il sert à fabriquer les acétates, la céruse, l'aniline ; on l'utilise également en teinture, en pharmacie, en photographie et dans les laboratoires.

243. Acétates. — L'acide acétique étant monobasique, ses sels neutres ont pour formule générale $CH^3 — CO.OR'$. Ils sont généralement solubles dans l'eau et l'alcool ; ils sont décomposables par la chaleur, avec laquelle on obtient : du formène si l'acétate est difficilement décomposable (acétates de potassium et de sodium), le métal (acétate de cuivre), de l'acétone ordinaire (acétates de baryum et de calcium).

On reconnaît facilement les acétates aux caractères suivants :

1° *L'acétate est solide.* — Chauffé avec de l'acide sulfurique, il dégage des vapeurs d'acide acétique ; si l'on ajoute un peu d'alcool au mélange, on perçoit en même temps l'odeur de l'éther acétique. Le sel sec chauffé dans un tube avec son poids d'anhydride arsénieux répand une odeur très désagréable, due à la formation de cacodyle ou arsendiméthyle $(CH^3)^2As$.

2° *L'acétate est en dissolution* (acétate alcalin). — Il donne : avec le perchlorure de fer, une coloration rouge de sang intense due à la formation d'acétate de fer ; avec l'azotate d'argent, un précipité blanc cristallin d'acétate d'argent soluble dans l'ammoniaque et dans l'eau bouillante ; avec l'azotate mercureux, un précipité blanc cristallin d'acétate mercureux soluble dans l'eau bouillante.

L'acétate de potassium $C^2H^3O^2K$ existe dans la sève des végétaux ; il est cristallisé en lamelles déliquescentes, très solubles dans l'eau.

L'acétate de sodium $C^2H^3O^2Na + 3H^2O$ est efflorescent ; il a une saveur amère, piquante. Il est diurétique et antiseptique ; il sert à préparer l'acide acétique cristallisable.

L'acétate d'ammonium $C^2H^3O^2(AzH^4)$ formait la partie principale de l'ancien esprit de Mindererus, employé comme antispasmodique ; il est blanc, déliquescent. Par la chaleur, il perd une molécule d'eau et donne l'acétamide :

$$C^2H^3O^2(AzH^4) = H^2O + AzH^2.C^2H^3O.$$

L'acétate d'aluminium $(C^2H^3O^2)^6Al^2$ s'obtient en précipitant par l'alun une solution de pyrolignite de chaux impur ; on filtre pour séparer le sulfate de calcium insoluble. Il est incristallisable, très altérable ; sa dissolution exposée à l'air se transforme en acétate basique d'aluminium insoluble, c'est ce qui le fait employer pour imperméabiliser les étoffes (waterproofs), et comme mordant en teinture.

L'acétate ferreux $(C^2H^3O^2)^3Fe$ se prépare en faisant digérer des ferrailles dans l'acide pyroligneux brut. Il est incolore ; sa solution exposée à l'air se colore en brun foncé par formation d'acétate basique ferrique insoluble. Il sert également comme mordant en teinture.

L'acétate neutre de cuivre ou acétate cuivrique $(C^2H^3O^2)^2Cu + H^2O$, obtenu en dissolvant le *verdet* dans le vinaigre, est en gros cristaux vert-bleuâtre ; à 140° il perd son eau de cristallisation ; à 250° il se décompose, en laissant un résidu charbonneux mélangé de cuivre très divisé, et il se dégage de l'acide acétique avec un peu d'acétone. Le liquide distillé est rectifié ; il est connu sous le nom de *vinaigre radical ;* on l'emploie en teinture. Le *verdet* ou vert-de-gris est un mélange de plusieurs acétales basiques de cuivre ; on le prépare dans le Midi en empilant dans des tonneaux des lits alternatifs de lames de cuivre et de marcs de raisin. Les marcs s'échauffent ; après quelques jours, leur alcool est transformé en acide acétique qui attaque le cuivre ; on râcle les lames de cuivre pour enlever l'acétate formé ; on le comprime et on le dessèche. Il se présente en pains comprimés, d'un bleu-verdâtre, très employés en teinture pour fabriquer quelques mordants et préparer le noir sur laine. Il est la base de plusieurs matières colorantes vertes, dont la plus importante est le *vert de Schweinfurth* ou acéto-arsénite de cuivre $(C^2H^3O^2)^2Cu,3As^2O^4Cu$. Ce vert s'obtient en ajoutant une solution de 5 p. de verdet à une solution bouillante de 4 p. d'anhydride arsénieux dans l'eau : il se forme un précipité qui devient peu à peu d'un beau vert clair ; il est très vénéneux ; on l'utilise pour la coloration des papiers peints, des fleurs artificielles.

L'*acétate neutre de plomb* ou sel de Saturne $(C^2H^3O^2)^2Pb + 3H^2O$ se prépare en saturant l'acide acétique du commerce par la litharge. Il est en aiguilles efflorescentes, d'une saveur sucrée ; il est astringent, vénéneux. Il donne naissance à plusieurs acétates basiques, dont le plus important est l'*acétate tribasique*, appelé aussi sous-acétate de plomb $(C^2H^3O^4)^2Pb,2PbO,H^2O$.

On obtient l'acétate tribasique en chauffant 1 p. d'acétate neutre avec 1/3 p. de litharge et 3 p. d'eau. Il est très soluble dans l'eau, il précipite le tannin et les gommes de leurs dissolutions. Quand on fait passer un courant de gaz carbonique dans sa dissolution, il se précipite de la céruse, et l'acétate neutre formé se dissout dans le liquide. Le sous-acétate de plomb joue un rôle important dans la fabrication de la céruse par le procédé de Clichy.

La solution concentrée d'acétate tribasique mélangée d'alcool constitue l'*extrait de Saturne*. Versé à dose de 30^{gr} dans un litre d'eau de fontaine, cet extrait donne l'*eau blanche* ou eau de Goulard des pharmaciens, employée comme résolutif et pour laver les plaies; elle doit sa coloration au sulfate et au carbonate de plomb qui se forment par double décomposition avec les sels calcaires en dissolution dans l'eau.

244. L'*anhydride acétique* $C^4H^6O^3$ ou $O < {CH^3.CO \atop CH^3.CO}$, découvert par Gerhardt, représente l'union de 2 mol. d'acide acétique moins 1 mol. d'eau. C'est un liquide d'une odeur irritante, s'hydratant au contact de l'eau en se transformant en acide acétique ordinaire. On l'obtient par l'action du perchlorure de phosphore sur un acétate alcalin desséché.

Le *chlorure d'acétyle* C^2H^3OCl ou $CH^3.COCl$ représente l'acide acétique dont le groupe oxhydrile OH a été remplacé par un atome de chlore, ou encore l'union de l'acide chlorhydrique et de l'acide acétique moins une mol. d'eau. Il se produit dans la réaction qui donne naissance à l'anhydride acétique. Il est liquide, fumant à l'air; au contact de l'eau, il se décompose en acide acétique et acide chlorhydrique :

$$C^2H^3OCl + H^2O = HCl + C^2H^4O^2.$$

Les acétates alcalins le transforment en anhydride acétique.

Acides gras divers.

245. L'*acide propionique* $C^2H^5.CO^2H$ se rencontre dans l'acide pyroligneux brut; c'est un liquide huileux, d'une odeur désagréable.

Les *deux acides butyriques* $C^4H^8O^2$ proviennent de l'oxydation des deux alcools butyliques primaires. Le plus important est l'acide butyrique normal $C^3H^7.CO^2H$, liquide incolore à odeur de beurre rance; il se produit dans certaines fermentations des glucoses, de l'amidon, etc. (V. *fermentation butyrique*) et dans la putréfaction de la viande.

Enfin deux acides gras : l'acide palmitique $C^{16}H^{32}O^2$, et l'acide stéarique $C^{18}H^{36}O^2$, constituent avec l'acide oléique $C^{18}H^{34}O^2$ la majeure partie des corps gras naturels à l'état d'éthers de la glycérine ; aussi on réunit quelquefois communément ces trois acides sous le nom d'acides gras.

246. *L'acide palmitique* $C^{16}H^{32}O^2$, appelé aussi acide margarique, existe dans un grand nombre de corps gras à l'état de tripalmitine ou tripalmitate de glycérine : huile de palme, blanc de baleine, graisse humaine, graisse des herbivores, etc. On peut l'obtenir pur en saponifiant l'huile de palme par la potasse ; il se forme du palmitate de potassium qu'on décompose par un acide ; l'acide palmitique qui surnage est purifié par plusieurs cristallisations successives dans l'alcool. Il est en paillettes nacrées, fusibles à 62° ; il entre dans la composition des bougies et des savons.

L'acide stéarique $C^{18}H^{36}O^2$ existe aussi dans la plupart des corps gras ; il a été découvert par Chevreul en 1811. Les bougies ordinaires sont en majeure partie formées d'acide stéarique libre ; pour l'avoir pur, on dissout des fragments de bougie dans l'alcool bouillant et on fait cristalliser plusieurs fois. On obtient de petits cristaux nacrés, fondant à 70°, très solubles dans l'alcool bouillant.

L'acide oléique $C^{18}H^{34}O^2$ n'appartient pas à la série grasse saturée $C^nH^{2n}O^2$; il correspond à un alcool non saturé du groupe de l'alcool allylique. C'est un liquide huileux, incolore, inodore, très altérable ; à l'air il s'oxyde, rancit et dégage de l'anhydride carbonique. On l'obtient en grand comme produit accessoire dans la fabrication des bougies.

Bougies.

247. Les bougies sont formées d'acide stéarique mélangé à un peu d'acide palmitique ; on les fabrique avec les suifs et les graisses.

La fabrication des bougies comporte deux opérations successives : *saponification* ou dédoublement des principes des corps gras en glycérine et acides gras (palmitique, stéarique et oléique) ; *traitement purement mécanique*, qui consiste à débarrasser l'acide stéarique des acides qui l'accompagnent.

248. Saponification.— La saponification des corps gras est connue depuis les travaux de Chevreul et de Gay-Lussac (1825), mais ils l'effectuaient par la potasse ; ce fut de Milly qui, en remplaçant la potasse par la chaux (1829) rendit la saponification réellement industrielle ; il monta la première fabrique de bougies à Paris, près la barrière de l'Étoile. Aujourd'hui on saponifie soit par la chaux, soit par l'acide sulfurique.

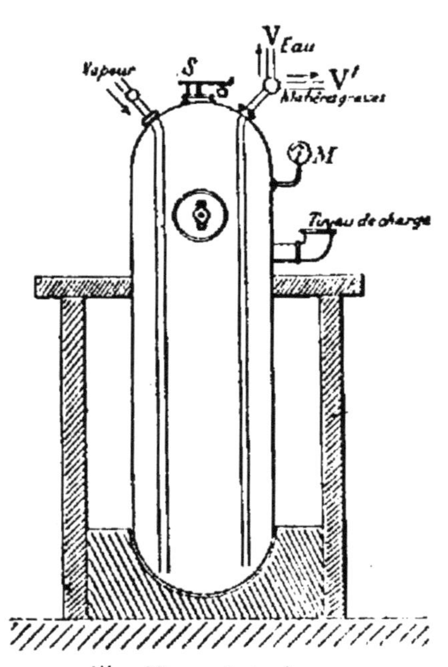

Fig. 55. — Autoclave.

1° *Saponification par la chaux.* — La matière première est le suif de bœuf, moins cher que celui de mouton. La saponification s'effectue dans un *autoclave (fig. 55)* : c'est une chaudière cylindrique verticale en cuivre, ter-

minée par deux calottes hémisphériques et portant un
trou d'homme, une soupape de sûreté, un manomètre,
un tuyau de charge, un tube par lequel peut arriver de
la vapeur et enfin un tube de vidange ; ces deux derniers
atteignent le fond de l'autoclave. On introduit par le tuyau
de charge 2.000^{kg} de suif, 1me d'eau et un lait de chaux
contenant un poids de chaux représentant les 2 à $\dfrac{3}{100}$
du poids du suif. On envoie d'abord de la vapeur à 4 atm.
puis de la vapeur à 8 atm.; la température monte à 170° ;
il se forme des savons de chaux qui sont décomposés au
fur et à mesure de leur formation. On maintient cette
dernière pression pendant huit heures, après quoi on
laisse la température s'abaisser à environ 130°. On ouvre
ensuite le robinet à deux voies du tube de vidange ; la
pression existant encore dans l'autoclave force le liquide
à s'élever dans ce tube. L'eau passe la première, chargée
de glycérine ; elle s'écoule par la voie V dans un bassin spécial ; dès qu'elle contient des matières grasses, on
tourne le robinet ; celles-ci passent par la voie V' et
sont reçues dans une cuve de bois doublée de plomb contenant de l'eau acidulée par l'acide sulfurique. En faisant arriver un courant de vapeur au fond de la cuve,
on décompose les savons de chaux; les acides gras mis
en liberté surnagent ; on les enlève, on les lave
à l'eau bouillante, puis on les fond et on les coule dans
des moules rectangulaires en fer blanc étagés les uns au-
dessus des autres; ils cristallisent par refroidissement.

2° *Saponification par l'acide sulfurique.* — Elle est employée
parallèlement à la précédente pour les matières grasses de
qualité inférieure (graisses d'os, de boyaux ; résidus d'huiles
d'olive, résidus de dégraissage des laines, etc.). On chauffe
ces matières grasses à 120° avec 5 % d'acide sulfurique con-.

centré dans une chaudière en fonte à agitateur : l'acide sulfurique se combine aux acides gras et la glycérine est mise en
liberté. On laisse ensuite écouler le tout dans un grand bassin contenant de l'eau portée à l'ébullition par un courant de
vapeur; cette température de 100° décompose les acides sul-
fogras ; les acides gras ainsi isolés surnagent en couche hui-
leuse. On les lave à l'eau bouillante, puis comme ils sont
colorés en noir par des matières goudronneuses formées pendant la saponification, on les distille dans un courant de vapeur surchauffée.

L'appareil distillatoire se compose d'un alambic elliptique
en fonte (*fig.* 56), communiquant avec une série de tubes en U
refroidis par un courant d'eau à 50 ou 60° pour éviter la soli-

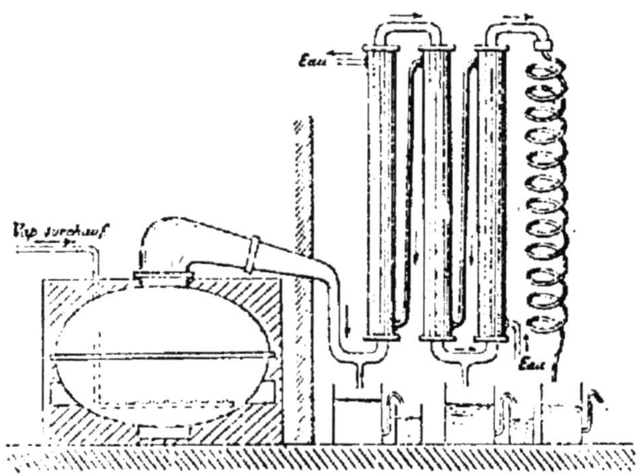

Fig. 56. — Distillation des acides gras.

dification des acides gras. Ceux-ci sont volatilisés par un courant de vapeur surchauffée à 250 ou 300° arrivant au fond de
l'alambic; ils se condensent dans les tubes et sont reçus dans
des récipients florentins. L'eau, plus dense, s'écoule par le
col de cygne ; les acides gras recueillis sont fondus de nouveau et coulés dans des moules. Le résidu de la distillation
constitue les goudrons de bougies, utilisés pour produire des
gaz combustibles.

249. SÉPARATION DES ACIDES GRAS. — Les acides gras retirés des moules sont jaunâtres ; pour en séparer l'acide

oléique, qui est liquide, on les soumet à *une compression
à froid* par une presse hydraulique après les avoir en-
fermés dans des sacs en laine. La pression est exercée
graduellement jusqu'à 200.000 kg ; les $\frac{9}{10}$ de l'acide
oléique s'écoulent dans des rigoles. On enlève ce qui en
reste par *une compression à chaud* : les acides gras sont
placés dans des sacs de crin entre des plaques creuses
en tôle chauffées à 40° par la vapeur et comprimés par une
presse hydraulique horizontale ; l'acide oléique qui s'é-
coule est réuni au précédent ; il sert à fabriquer les savons
mous.

Les gâteaux restant après la compression sont blancs,
secs ; on enlève les bords, colorés en jaune par l'acide
oléique, puis on les lave avec de l'eau acidulée par
l'acide sulfurique ; avant d'être coulés dans les moules,
on doit les mélanger à un peu de paraffine pour empêcher leur cristallisation ultérieure, ce qui rendrait les
bougies cassantes. Les moules sont des tubes en alliage
plomb-antimoine, contenant dans leur intérieur une
mèche de coton tressée, imprégnée d'une solution d'a-
cide borique et de sulfate d'ammonium pour qu'elle
ne puisse se recourber pendant la combustion. Tous les
moules sont terminés inférieurement en cône et leur
partie supérieure s'ouvre dans un réservoir contenant un
excès d'acide coulé destiné à combler les vides ; au
sortir des moules, les bougies sont blanchies par exposition à l'air, puis rognées, polies, marquées et empa-
quetées à la machine.

Savons.

250. Les savons sont des mélanges de sels des acides gras
(palmitique, stéarique et oléique). Tandis que dans les corps

gras, ces acides sont combinés à la glycérine, dans les savons ils sont unis à une base. Les *savons alcalins* sont solubles dans l'eau, insolubles dans l'eau salée et sont seuls employés pour les usages domestiques.

Tous les autres savons sont insolubles : qu'on verse de l'eau de savon dans une solution de sulfate de cuivre, on obtient un savon vert gluant insoluble à base de cuivre. Avec une eau calcaire ou une solution de chlorure de calcium, il se formerait un précipité blanc de savon de chaux; c'est ce qui rend les eaux calcaires impropres au savonnage.

Les *savons durs* sont à base de soude; les principaux centres de fabrication sont Nantes et Marseille; les corps gras employés sont les huiles de palme, d'arachide, de sésame, les huiles d'olive de qualité inférieure.

Les *savons mous* sont à base de potasse; on les fabrique surtout dans le Nord avec les huiles de lin, de colza, d'œillette, de cameline; avec l'acide oléique provenant de la fabrication des bougies.

251. FABRICATION DES SAVONS DURS. — Elle comprend cinq opérations successives : préparation des lessives, empâtage, relargage, cuite, coulage.

Préparation des lessives. — Les lessives sont destinées à saponifier les corps gras; elles doivent être, les unes douces, les autres salées. Les lessives douces s'obtiennent en faisant agir l'eau à 30° sur un mélange de soude brute concassée et de chaux éteinte pulvérisée; elles doivent marquer 10 à 12° de concentration. Pour les lessives salées, on ajoute du sel marin au mélange précédent, et on les concentre jusqu'à ce qu'elles marquent 25° B; elles sont destinées à rendre le savon formé insoluble.

Empâtage. — L'empâtage a pour but de saponifier les corps gras par les lessives douces ; il se fait dans une grande chaudière en forme de tronc de cône, cimentée intérieurement. Cette chaudière est chauffée par la vapeur qu'amène un tube reposant sur le fond et porte à la partie inférieure un robinet, dit robinet d'épinage, pour l'écoulement des lessives usées. On y introduit des volumes égaux d'huile et de lessive douce ; on ajoute une solution faible de sulfate de fer qui formera plus tard les marbrures du savon, puis on fait arriver la vapeur. Le liquide entre en ébullition, s'épaissit peu à peu et se transforme finalement en une pâte homogène ; l'empâtage est alors terminé.

Relargage. — La quantité de soude qui a été employée étant trop faible pour saturer tous les acides gras mis en liberté, il est nécessaire de faire agir de nouvelles lessives, et avant cela, de séparer les lessives épuisées du savon incomplet déjà formé ; c'est cette séparation qui constitue le relargage.

On utilise la propriété du savon d'être insoluble dans l'eau salée ; des lessives salées à 25° B sont ajoutées dans la chaudière à la pâte précédente ; on agite vivement de bas en haut : le savon devenu insoluble vient surnager avec les acides gras non saturés sous forme de grumeaux.

Cuite. — La cuite ou coction consiste à achever la saturation des acides gras par la soude. Après le relargage on soutire par le robinet d'épinage les lessives usées, puis on introduit dans la chaudière de nouvelles lessives salées et on porte le tout à l'ébullition. On laisse ensuite reposer ; le savon monte à la surface ; on soutire les lessives qu'on remplace par des lessives fraîches, et ainsi de suite plusieurs fois, jusqu'à ce qu'on ait reconnu que la saturation est complète, le degré de concentration des lessives restant alors invariable après l'ébullition.

Coulage. — On fait enfin bouillir une dernière fois le savon avec une lessive salée très faible, afin de permettre aux grains de savon de se souder les uns aux autres, puis on le coule dans des *mises* quadrangulaires en maçonnerie ; il ne tarde pas à se solidifier et à se séparer de la lessive qui l'accompagne. Celle-ci est soutirée, puis le savon est débité en briques à l'aide d'un fil de fer ; c'est le *savon marbré ;* ses marbrures, d'un bleu-noirâtre, sont dues au savon de fer qui s'est réparti uniformément dans la masse ; il contient en moyenne 30 °/₀ d'eau et 60 °/₀ de sels d'acides gras ; le reste est constitué par du carbonate de sodium et des impuretés.

Le *savon blanc* ne renferme pas de savon de fer ; les opérations sont les mêmes que pour obtenir le savon marbré, mais on n'ajoute pas de vitriol vert à l'empâtage, et la dernière ébullition avec une lessive faible se fait sans agiter. On laisse la masse au repos dans la chaudière pendant 12 h. ; le savon de fer (dû aux composés du fer que contiennent toujours les soudes brutes) et les matières étrangères se rassemblent au fond. On coule la partie supérieure comme précédemment. Le savon blanc renferme 45 °/₀ d'eau ; desséché et chauffé avec une proportion convenable de glycérine, il donne les savons à la glycérine, transparents.

Les *savons de toilette* se fabriquent avec des corps gras de première qualité (axonge, suif de mouton, huiles de palme et de coco) ; on les colore par des solutions de couleurs d'aniline. Les savons fins sont parfumés en les broyant avec une essence ; pour les savons communs, on se contente d'ajouter l'essence en les coulant dans les mises. Les savons en poudre pour la barbe s'obtiennent en desséchant les savons précédents et en les pulvérisant.

252. *Fabrication des savons mous.* — Les savons mous, à base de potasse, sont colorés artificiellement, soit en vert par le sulfate d'indigo, soit en noir par le tannin. Les huiles ou l'acide oléique employés sont introduits dans une chaudière chauffée à feu nu avec des lessives de potasse ; celles-ci sont obtenues avec les potasses brutes et la chaux. Quand la saponification est terminée, on évapore pour amener le savon à consistance convenable, puis on le coule dans des tonneaux.

$C^7H^6O^2$
ou $C^6H^5.CO^2H$ **Acide benzoïque.**   (*Éq.* : $C^{14}H^6O^4$)

253. L'acide benzoïque est un acide aromatique provenant de l'oxydation de l'essence d'amandes amères et de l'alcool benzylique.

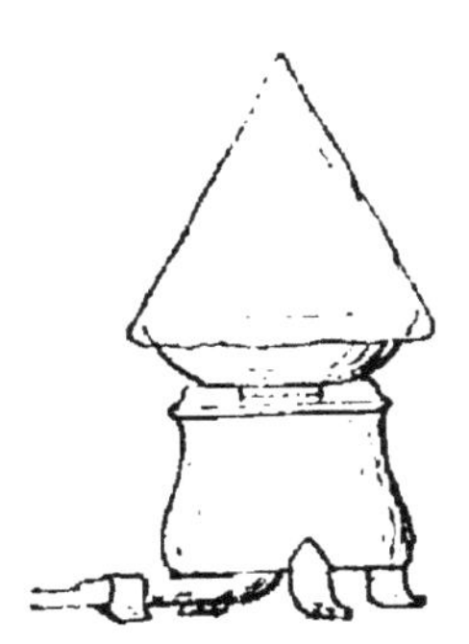

Fig. 57.
Sublimation de l'acide
benzoïque.

Il existe dans le benjoin, le baume de Tolu, le *castoreum*. On l'obtient soit en sublimant le benjoin concassé dans un têt en terre surmonté d'un cône de carton (*fig.* 57), soit en chauffant l'acide hippurique, de l'urine des herbivores, avec de l'acide chlorhydrique.

Propriétés. — L'acide benzoïque sublimé se présente en aiguilles brillantes, d'une faible odeur agréable, se sublimant vers 145° ; ses vapeurs sont suffocantes ; il est peu soluble dans l'eau, très soluble dans l'alcool. Chauffé, il brûle avec une flamme très éclairante.

Les réducteurs, comme l'amalgame de sodium, transforment l'acide benzoïque en essence d'amandes amères ou aldéhyde benzylique $C^6H^5.COH$. Il donne dans les mêmes conditions que l'acide acétique l'*anhydride benzoïque* $O(C^7H^5O)^2$ et le chlorure de benzoyle $C^6H^5.COCl$.

Les *benzoates* sont généralement cristallisables, solubles dans l'eau, décomposables par la plupart des acides. Le benzoate de sodium $C^6H^5.CO^2Na + H^2O$ est en aiguilles efflorescentes, d'un goût nauséeux ; il est employé contre la goutte.

II. — Acides diatomiques.

$$C^3H^6O^3$$
$$\text{ou}$$
$$CH^3—CH.OH—CO^2H$$
Acide lactique.   (*Éq.* : $C^6H^6O^6$)

254. L'acide lactique est un acide-alcool à la fois acide monobasique et alcool secondaire ; il résulte de l'oxydation du propylglycol (à la fois alcool primaire et alcool secondaire $CH^3 — CH.OH — CH^2.OH$).

L'acide lactique se rencontre dans le petit-lait, le jus aigri de betterave, la choucroûte ; il se forme par la *fermentation lactique* des glucoses : on abandonne à lui-même pendant quelques jours, à 35 ou 40°, un mélange de 100 p. d'eau, 10 p. de glucose, 1 p. de fromage blanc et 10 p. de craie. Il se développe un ferment spécial, le ferment lactique (V. *fermentation lactique*), qui transforme le glucose en acide lactique. Celui-ci est saturé par la chaux au fur et à mesure qu'il se produit. Quand la fermentation est terminée, la masse est devenue épaisse ; on la fait bouillir avec de l'eau qui dissout le lactate de calcium et l'abandonne après filtration ; on le décompose par l'acide sulfurique étendu.

L'acide lactique est un liquide incolore, sirupeux, d'une saveur très acide, soluble dans l'eau.

Chauffé, il perd à 100° une mol. d'eau pour 2 mol. d'acide et donne un premier anhydride $C^6H^{10}O^5$; à 250° une mol. d'eau disparaît de nouveau et on obtient un second anhydride, la *lactide* $C^6H^8O^4$ pouvant s'hydrater et reproduire l'acide ordinaire. Comme alcool secondaire, l'acide lactique doit former des éthers avec les acides : on connaît en effet les éthers acétolactique $CH^3 — CH.OC^2H^3O — CO^2H$ et nitrolactique $CH^3 — CH.OAzO^2 — CO^2H$, saponifiables.

Les *lactates* ont pour formule générale $CH^3—CH.OH—CO.OR'$; ils sont généralement solubles dans l'eau, cristallisables. On emploie en médecine le *lactate ferreux* $(C^3H^5O^2)^2Fe + 3H^2O$, obtenu par double décomposition entre le vitriol vert et le lactate de calcium; il est jaunâtre, peu soluble dans l'eau froide; il entre dans les dragées ferrugineuses de Gélis et de Conté. Le *lactate de zinc* $(C^3H^5O^2)^2Zn + 3H^2O$ a une saveur légèrement sucrée.

255. *Acide glycolique* $C^2H^4O^3$. — L'acide glycolique est également un acide-alcool; il représente la première phase de l'oxydation du glycol ordinaire :

$$CH^2.OH — CH^2.OH + O^2 = H^2O + CH^2.OH — CO^2H.$$

Il existe dans les feuilles de vigne-vierge et se produit quand on réduit l'acide oxalique par l'hydrogène naissant. Il est solide, déliquescent; les agents oxydants le transforment en acide oxalique.

Les glycolates $C^2H^3O^3R'$ sont neutres, solubles dans l'eau.

$C^2H^2O^4$
ou $CO^2H—CO^2H$ **Acide oxalique.** ($Éq. : C^2H^2O^3$)

256. L'acide oxalique est un acide bibasique représentant l'oxydation complète du glycol ordinaire :

$$CH^2.OH — CH^2.OH + 2O^2 = 2H^2O + CO.OH — CO.OH.$$

État naturel. Production. — Retiré de l'oseille par Scheele en 1784, l'acide oxalique est très répandu, soit à l'état libre, soit à l'état d'oxalates acides. On trouve surtout de l'acide oxalique libre dans les pois chiches, les racines de patience, de rhubarbe, l'écorce de quinquina ; de l'oxalate de sodium dans les plantes marines, les amarantes ; de l'oxalate de potassium dans l'oseille ; de l'oxalate de calcium dans certains lichens. Ce dernier forme les calculs urinaires appelés calculs mûraux.

L'acide oxalique prend naissance dans l'oxydation par l'acide azotique d'une foule de matières organiques : glycol, sucre, amidon, cellulose, etc. M. Berthelot a réalisé sa synthèse en oxydant l'éthylène par le permanganate de potassium :

$$C^2H^4 + 5O = H^2O + C^2H^2O^4.$$

257. *Préparation*. — Dans les laboratoires on oxyde le glucose ou l'amidon par l'acide azotique. Avec l'amidon la réaction est tumultueuse, difficile à régler ; aussi emploie-t-on de préférence le glucose. On introduit 25^{gr} de

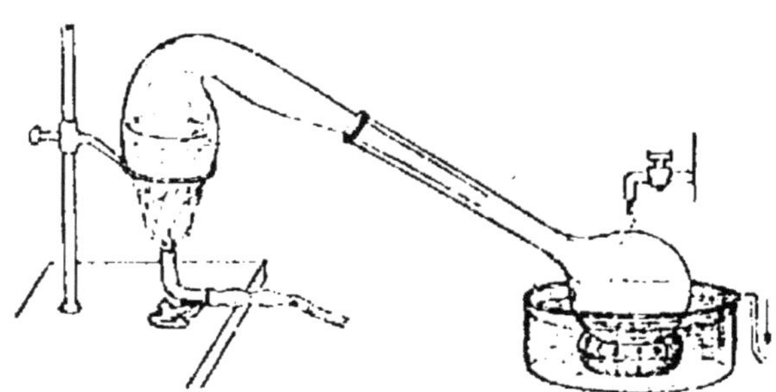

Fig. 58. — Préparation de l'acide oxalique.

glucose et 150^{gr} d'acide azotique ordinaire dans une cornue communiquant librement avec un ballon refroidi (*fig.* 58) ; on chauffe légèrement ; les vapeurs nitreuses se dégagent abondamment et vont se condenser dans le ballon. Quand la réaction se ralentit, on chauffe davantage, de manière à réduire le liquide au quart de son volume primitif; puis on verse le contenu de la cornue dans une capsule de porcelaine et on concentre par évaporation au bain-marie ; l'acide oxalique cristallise par refroidissement.

La préparation industrielle de l'acide oxalique repose sur l'oxydation de la cellulose en présence des alcalis. On forme d'abord une pâte demi-solide avec 1 p. de sciure de bois tendre et une lessive concentrée contenant 1 p. de potasse et 1 p. de soude ; cette pâte est chauffée graduellement jusqu'à 250° sur des plateaux de fonte ou dans des cylindres en tôle. Il se dégage des carbures, de l'hydrogène ; et, la réaction terminée, il reste une masse jaunâtre, constituée principalement par des oxalates alcalins. On lessive cette masse, et le liquide obtenu est traité par un lait de chaux, qui forme de l'oxalate de calcium insoluble et régénère les alcalis. On lave l'oxalate et on le décompose par l'acide sulfurique étendu ; le sulfate de calcium est séparé par filtration ; on évapore enfin jusqu'à cristallisation.

258. PROPRIÉTÉS. — L'acide oxalique cristallise avec 2 mol. d'eau ; $C^2H^2O^4 + 2H^2O$; il forme des prismes clinorhombiques blancs, d'une saveur aigre. Il est très soluble dans l'eau bouillante et dans l'alcool, peu soluble dans l'eau froide. Il est très vénéneux et agit comme paralysant à dose de quelques grammes.

Action de la chaleur. — Chauffé, l'acide oxalique fond à 98° dans son eau de cristallisation, puis se volatilise vers 150° en se décomposant partiellement en acide formique, eau et anhydride carbonique ; sa température de décomposition reste constante vers 185°. En présence de la glycérine, son dédoublement a lieu régulièrement en anhydride carbonique et acide formique :

$$CO^2H.CO^2H = CO^2 + H.CO^2H.$$

Enfin, chauffé avec un déshydratant comme l'acide sulfurique, il donne un mélange d'oxyde de carbone et d'anhydride carbonique :

$$CO^2H.CO^2H = CO^2 + CO + H^2O.$$

Action réductrice. — L'acide oxalique est un corps réducteur. Au contact des agents oxydants (permanganate de potassium, bioxyde de manganèse, chlore et eau) il se transforme en eau et anhydride carbonique : une solution de permanganate versée dans une solution d'acide oxalique se décolore ; du bioxyde de manganèse chauffé avec la même solution produit une vive effervescence due au dégagement du gaz carbonique ; le bioxyde passe à l'état de protoxyde qui s'unit à l'acide oxalique non décomposé.

Si l'on chauffe légèrement un mélange de deux solutions d'acide oxalique et de chlorure d'or, l'or métallique se précipite et il y a encore dégagement d'anhydride carbonique.

259. *Usages.* — L'acide oxalique sert à préparer les oxalates ; il est très employé en teinture comme rongeant. 30^{gr} de cet acide dissous dans un litre d'eau forment *l'eau de cuivre*, utilisée pour le nettoyage des objets en cuivre. Enfin on obtient une belle encre bleue en dissolvant du bleu de Prusse dans une solution concentrée d'acide oxalique et l'additionnant d'un peu de gomme.

260. OXALATES. — L'acide oxalique étant bibasique donne des sels acides $CO^2H — CO^2R'$ et des sels neutres $CO^2R' — CO^2R'$, ainsi que des éthers acides et des éthers neutres. Les oxalates alcalins sont seuls solubles, et sont vénéneux ; les autres se dissolvent dans les acides minéraux. On reconnaît les oxalates aux caractères suivants :

1° La chaleur les décompose sans laisser de résidu charbonneux ; 2° le sel solide chauffé avec l'acide sulfurique concentré dégage un mélange d'oxyde de carbone et d'anhydride carbonique ; si l'on ajoute un peu de bioxyde de manganèse pur, l'effervescence produite par le gaz carbonique augmente ; 3° la solution d'un oxalate alcalin ou de l'oxalate d'ammonium donne : avec l'azotate d'argent, un précipité blanc d'oxalate d'argent soluble dans l'acide azotique ; avec l'eau de chaux ou une solution de chlorure de calcium, un précipité blanc d'oxalate de calcium, insoluble dans l'acide acétique, soluble dans les acides minéraux.

L'*oxalate neutre de potassium* $C^2O^4K^2 + H^2O$ s'obtient en saturant l'acide oxalique ou le sel d'oseille par la potasse. Il est efflorescent.

L'*oxalate acide de potassium* $C^2O^4HK + H^2O$ existe dans les sucs de l'oseille et de divers *Oxalis*. En comprimant ces plantes et faisant cristalliser, après avoir clarifié le liquide par l'argile, on obtient le sel d'oseille du commerce, mélange d'oxalate acide avec une petite quantité de quadroxalate : C^2O^4HK, $C^2H^2O^4 + 4H^2O$. Ce sel d'oseille est employé pour enlever les taches d'encre et en teinture comme rongeant.

L'*oxalate d'ammonium* $C^2O^4(AzH^4)^2$ perd par la chaleur 2 mol. d'eau et donne l'oxamide. Il peut servir de réactif pour les sels de calcium en solution neutre, à cause de la faible solubilité de l'oxalate de calcium.

Les *oxalates d'argent* et *de mercure* sont explosifs et détonent violemment quand on les chauffe.

261. *Acide succinique*, $C^4H^6O^4$ ou $CO^2H—CH^2—CH^2—CO^2H$. — L'acide succinique se forme en petite quantité dans la fermentation alcoolique ; existe dans le vin, l'absinthe, le succin ou ambre jaune. On le retire de ce dernier par distillation sèche. Il forme des prismes incolores, à saveur très acide. Ses dérivés bromés sont remarquables par les produits d'oxydation qu'ils donnent en présence de la potasse ou de l'oxyde d'argent : l'acide succinique monobromé se transforme en acide malique :

$$C^4H^5BrO^4 + KOH = KBr + C^4H^5(OH)O^4,$$

et l'acide succinique bibromé en acide tartrique :

$$C^4H^4Br^2O^4 + 2KOH = 2KBr + C^4H^4(OH)^2O^4.$$

L'acide succinique est bibasique comme l'acide oxalique.

262. *Acide salicylique*, $C^7H^6O^3$ ou $C^6H^4(OH) - CO^2H$. — L'acide salicylique est un acide-phénol, à la fois acide monobasique et monophénol ; on l'appelle aussi acide orthoxybenzoïque. Il existe à l'état d'éther méthylique dans l'essence de reine des prés et se produit par oxydation de la saligénine $C^6H^4(OH)-CH^2.OH$ et de l'aldéhyde salicylique $C^6H^4(OH)-COH$. On le prépare en faisant agir le gaz anhydride carbonique sur le phénate de sodium. Il se présente ordinairement en longues aiguilles, très peu solubles dans l'eau. On le reconnaît à la belle coloration violette que sa solution aqueuse donne avec les sels ferriques étendus. Il sert comme antiseptique : on le mélange aux vins, aux bières, etc. En médecine, on emploie le salicylate de bismuth et le *salol* ou salicylate de phényle $C^6H^4(OH) - CO.OC^6H^5$.

263. ACIDES PHTALIQUES, $C^6H^4(CO^2H)^2$. — Les acides phtaliques sont des acides aromatiques bibasiques ; il en existe trois : ortho, méta et para.

Le plus important est l'orthophtalique ou acide phtalique ordinaire, dans lequel les deux groupes CO^2H occupent deux positions voisines dans le noyau benzinique. Il s'obtient en oxydant la naphtaline par un mélange d'acide sulfurique et de bichromate de potassium. Chauffé vers 230°, il perd une mol.

d'eau et donne *l'anhydride phtalique* $C^6H^4 \lt{}^{CO}_{CO}\gt O$ qui donne naissance aux composés remarquables appelés *phtaléines*.

Les phtaléines résultent de l'union de l'anhydride phtalique et des phénols avec élimination d'eau. La *phénol-phtaléine* ou phtaléine du phénol ordinaire $C^{20}H^{14}O^4$ est en cristaux incolores, insolubles dans l'eau, très solubles dans l'alcool ; elle donne avec les alcalis et leurs carbonates, avec la chaux et la baryte, une coloration rouge-violacée intense qui disparaît par l'action d'un acide. On l'emploie comme réactif de ces bases et des acides. La *fluorescéine* $C^{20}H^{12}O^5$ est l'anhydride de la résorcine-phtaléine ou phtaléorésorcine $C^{20}H^{14}O^6$; on l'obtient en chauffant vers 200° un mélange de 1 p. d'anhydride phtalique et 1 p. 1/2 de résorcine. Elle est rouge brique, peu soluble dans l'eau, soluble dans les alcalis ; ses solutions ont une belle fluorescence jaune-verdâtre. On dérive de la fluorescéine plusieurs matières colorantes très employées, comme l'*éosine*, sel de potassium de la fluorescéine tétrabromée, dont les solutions ont une fluorescence rouge intense et teignent en aurore ; la *méthyléosine*, rose-violacée ; la *dibromodinitrofluorescéine*, écarlate, etc. La *galléine* est un anhydride du pyrogallol-phtaléine $C^{20}H^{14}O^8$; elle donne des nuances violettes ; on en dérive la *céruléine*, belle matière colorante verte.

III. — Acides triatomiques.

264. *Acide malique*, $C^4H^6O^5$. — L'acide malique est à la fois acide bibasique et alcool secondaire $CO^2H—CH^2—CH.OH—CO^2H$. Il existe dans les fruits acides, comme le sorbier des oiseaux, les pommes vertes, les coings ; dans les feuilles de tabac, de rhubarbe, etc. On le prépare en neutralisant le jus des baies du sorbier par un lait de chaux : le malate de calcium est transformé en malate de plomb par l'acétate de plomb, puis décomposé par un courant d'acide sulfhydrique.

L'acide malique cristallise en aiguilles déliquescentes, solubles dans l'eau. Par la chaleur il perd de l'eau et se transforme en deux acides isomères $C^4H^4O^4$: l'acide maléique et l'acide fumarique. Il forme des malates acides et des malates neutres ; les malates solubles donnent avec l'acétate de plomb un précipité floconneux de malate de plomb devenant peu à peu cristallin.

IV. — Acides tétratomiques.

$C^4H^6O^6$ **Acide tartrique.** (*Éq. :* $C^8H^6O^{12}$)

265. L'acide tartrique est un acide-alcool dérivant par oxydation incomplète de l'érythrite $C^4H^6(OH)^4$; il est à la fois acide bibasique et bialcool (deux fois alcool secondaire), comme l'indique sa constitution $CO^2H—CH.OH—CH.OH—CO^2H$.

On connaît quatre acides tartriques ayant les mêmes propriétés chimiques, mais des propriétés physiques différentes ; le plus important est l'acide tartrique droit ou *acide tartrique ordinaire*.

L'acide tartrique ordinaire a été découvert par Scheele en 1785 dans le tartre des vins ; il est très répandu, à l'état de tartrate de calcium et de bitartrate de potassium, dans les fruits acides : sorbes, mûres ; dans la racine de betterave, le jus des raisins ; aussi au fond des cuves de fermentation et des tonneaux contenant du vin nouveau se dépose-t-il des *lies* et du *tartre brut*, mélanges de bitartrate de potassium (crème de tartre) et de tartrate de calcium, avec du tannin et diverses matières colorantes.

266. *Préparation.* — On peut obtenir une petite quantité d'acide tartrique dans les laboratoires avec la crème de tartre ou bitartrate de potassium. On en pulvérise finement 30^{gr} que l'on dissout peu à peu dans l'eau bouillante ; on sature cette solution par de la craie en poudre jusqu'à ce que toute effervescence ait cessé. Il se forme un mélange de tartrate de calcium et de tartrate neutre de potassium :

$$2C^4H^5O^6K + CO^3Ca = C^4H^4O^6K^2 + C^4H^4O^6Ca + H^2O + CO^2.$$

On ajoute une solution de chlorure de calcium qui transforme ce tartrate neutre en tartrate de calcium :

$$C^4H^4O^6K^2 + CaCl^2 = 2KCl + C^4H^4O^6Ca ;$$

ce précipité de tartrate de calcium obtenu est lavé, puis décomposé par l'acide sulfurique très étendu en agitant constamment. On filtre pour séparer le sulfate de calcium et on concentre le liquide filtré : l'acide tartrique cristallise par refroidissement.

Industriellement, on retire l'acide tartrique ordinaire soit des *lies* des cuves de fermentation, soit des *tartres bruts* provenant des tonneaux contenant du vin nouveau. On les transforme encore en tartrate de calcium qu'on décompose par l'acide sulfurique.

1° Les *lies* renferment du tartrate de calcium, un peu de crème de tartre, du tannin, des principes pectiques, des marcs de raisin, etc. ; par distillation elles donnent de l'eau-de-vie de marc, et le résidu est traité par l'eau bouillante additionnée d'un peu d'acide chlorhydrique qui dissout les tartrates. On enlève les dépôts boueux ; le liquide clair décanté est amené dans une cuve à agitateur, où on le sature par de la craie pulvérisée. Le tartrate de calcium formé est séparé à l'aide de filtres-presse, tandis que le liquide restant est évaporé pour en retirer le chlorure de potassium.

2° Les *tartres bruts* sont d'abord finement pulvérisés, puis dissous dans l'eau bouillante et saturés par la craie comme précédemment. Il se forme du tartrate de calcium et du tartrate neutre de potassium ; celui-ci est transformé en tartrate de calcium par une addition de chlorure de calcium.

Le tartrate de calcium obtenu avec les lies ou les tartres bruts est décomposé par l'acide sulfurique étendu dans des cuves en bois doublées de plomb. On chauffe par un courant de vapeur : le sulfate de calcium se dépose peu à peu. La liqueur surnageante est ensuite concentrée pour enlever le reste du sulfate de calcium, puis envoyée dans des bassins où l'acide tartrique cristallise par refroidissement. On obtient ainsi un acide coloré ; pour le purifier, on le redissout dans l'eau, on décolore par du noir animal, on concentre et on fait de nouveau cristalliser.

267. Propriétés. — L'acide tartrique ordinaire cristallise en prismes incolores, anhydres, appartenant au cinquième système et ne présentant des facettes de modification que du côté droit du cristal ; il a une saveur acide ; est soluble dans l'eau, surtout dans l'eau bouillante.

Action de la chaleur. — L'acide tartrique chauffé fond vers 180° en se transformant en acide métatartrique isomère. A 200° il perd une mol. d'eau et donne l'anhydride tartrique : $C^4H^6O^5 = H^2O + C^4H^4O^4$. Enfin à 220° et au-dessus il se décompose avec formation d'eau, d'anhydride carbonique et de divers acides :

$$C^4H^6O^5 = CO^2 + C^3H^4O^3 \text{ (acide pyruvique)} ;$$

$$2C^4H^6O^5 = 3CO^2 + C^5H^8O^4 \text{ (acide pyrotartrique)}.$$

Si l'on calcine l'acide tartrique au contact de l'air, il brûle en répandant une forte odeur de pain grillé.

Action des oxydants. — Les corps oxydants, comme l'acide azotique, le permanganate de potassium, décomposent l'acide tartrique par une faible élévation de température; il se forme de l'anhydride carbonique, de l'acide formique, etc. ; finalement on obtient de l'acide oxalique.

Action sur certains sels. — L'acide tartrique est un réactif des sels de potassium : sa solution versée en excès dans une solution d'un sel de potassium donne un précipité granuleux de bitartrate de potassium ou crème de tartre. Il se distingue de l'acide oxalique en ce qu'il ne précipite pas une solution étendue de chlorure de calcium. Il empêche la précipitation des sels de cuivre par les alcalis, la décomposition du chlorure d'aluminium par l'eau, etc.

268. *Usages.* — On emploie l'acide tartrique pour

faire des limonades, et en confiserie ; on l'utilise comme
rongeant en teinture. Il sert à fabriquer l'eau de Seltz
dans les appareils de Briet.

269. TARTRATES. — L'acide tartrique étant bibasique
forme des sels acides $CO^2H — (CH.OH)^2 — CO^2R'$ et
des sels neutres $CO^2R' — (CH.OH)^2 — CO^2R'$. Calcinés à
l'air, les tartrates laissent un résidu charbonneux et ré-
pandent une odeur de sucre brûlé. Les tartrates des
métaux lourds sont insolubles.

Caractères des tartrates : 1° Un tartrate solide traité par
l'acide sulfurique ne produit rien à froid, mais si l'on
chauffe, le liquide noircit ou brunit ; 2° la solution d'un
tartrate alcalin donne un précipité blanc dans une solution d'azotate d'argent ou dans une solution de chlorure
de baryum ; 3° elle empêche la précipitation du sulfate
de cuivre et du perchlorure de fer par l'ammoniaque.

Le *tartrate acide de potassium* ou bitartrate ou crème de
tartre $C^4H^5O^6K$ s'extrait des tartres bruts, dont il
forme la plus grande partie ; on les traite par l'eau
bouillante et on fait cristalliser. Les cristaux ont une
saveur acide ; ils sont très peu solubles dans l'eau, solubles dans l'alcool. La crème de tartre est utilisée en
médecine ; on l'emploie comme mordant en teinture et,
mélangée à la craie, pour nettoyer l'argenterie.

Le *sel de Seignette* est le tartrate double de potassium et
de sodium $C^4H^4O^6KNa, 4H^2O$. Il s'obtient par ébullition de
la crème de tartre avec une solution de carbonate de
sodium. Il est en beaux cristaux de forme tumulaire, d'où
son nom de sel des tombeaux ; il est très soluble dans
l'eau. Il sert comme purgatif et entre dans la composition de la liqueur cupro-potassique.

Les émétiques sont des combinaisons de crème de tartre et d'un oxyde d'antimoine, de fer, etc. Le plus important est l'*émétique ordinaire* ou tartrate double de potassium et d'antimoine

$$C^4H^4O^6(SbO)K + \frac{1}{2} H^2O \; ;$$

on le prépare en chauffant une bouillie de crème de tartre délayée dans l'eau avec de l'oxyde d'antimoine ; l'émétique se dépose par refroidissement. Il se présente en petits cristaux efflorescents, d'une saveur nauséabonde, plus solubles dans l'eau bouillante que dans l'eau froide. Chauffé en vase clos, il perd de l'eau, puis finalement le résidu est un alliage de potassium et d'antimoine disséminé dans un excès de charbon en poudre ; si on laisse tomber quelques gouttes d'eau sur ce résidu récemment préparé, il prend feu en lançant des gerbes d'étincelles (charbon fulminant de Sérullas). L'émétique est un vomitif énergique à dose de 5 centigrammes, il est purgatif à dose moins élevée ; on l'emploie aussi en teinture et dans l'impression.

L'*émétique de bore* appelé crème de tartre soluble, se prépare avec le tartre et l'acide borique ; c'est un laxatif doux.

L'*émétique de fer* ou tartrate ferrico-potassique est brun, très soluble ; il entre dans la composition de certains médicaments, comme les boules de Nancy.

270. Remarque. — L'*acide tartrique droit* ou acide ordinaire présente des facettes de modification seulement sur le côté droit des cristaux ; ce sont donc des cristaux hémiédriques ; leur solution dévie à droite le plan de polarisation de la lumière. L'acide métatartrique, obtenu en chauffant l'acide ordinaire vers 180°, n'a aucune action sur la lumière polarisée, on l'appelle *acide tartrique inactif* ; c'est lui qui se produit par l'action de la potasse sur l'acide bibromosuccinique (261) et dans l'oxydation de l'érythrite. En même temps que cet acide métatartrique, il se forme par l'action de la chaleur sur l'acide ordinaire un troisième acide tartrique également inactif, appelé *acide racémique* ou paratartrique ; ses cristaux sont complets, sans aucune facette de modification ; c'est le moins soluble des acides tartriques.

M. Pasteur, en faisant cristalliser une dissolution de racémate double de sodium et d'ammonium, a obtenu des prismes rhombiques de deux espèces, présentant les uns des facettes de modification à droite, les autres les mêmes facettes à gauche. Ces cristaux peuvent être séparés mécaniquement ; des premiers on extrait un acide tartrique droit qui n'est autre que l'acide ordinaire, des seconds un nouvel acide tartrique ou *acide tartrique gauche*, ayant la même forme cristalline que le précédent, sauf que les facettes de modification sont sur le côté gauche de ses cristaux ; sa solution dévie à gauche le plan de la lumière polarisée. Ces deux acides droit et gauche se combinent à poids moléculaires égaux en présence de l'eau pour donner l'acide racémique.

En résumé, il existe quatre acides tartriques : *L'acide droit* ou acide ordinaire ; l'*acide gauche* ; l'*acide racémique* ou paratartrique $2(C^4H^6O^5),2H^2O$ inactif, dédoublable en les deux précédents ; l'*acide métatartrique* ou inactif, non dédoublable.

$C^6H^8O^7$ **Acide citrique.**   (*Éq. :* $C^{12}H^8O^{14}$)

271. L'acide citrique est un acide-alcool, à la fois acide tribasique et monalcool, comme l'indique sa formule de constitution, $C^3H^4(OH)(CO^2H)^3$. Il a été découvert par Scheele en 1784. Il existe dans la plupart des fruits acides : oranges, citrons, groseilles, tomates. On l'extrait du jus de citron : les citrons, recueillis un peu avant leur maturité, sont comprimés, et le jus qui s'en écoule est saturé par de la craie pulvérisée. On lave à l'eau chaude le citrate de calcium obtenu et on le décompose par l'acide sulfurique étendu.

Propriétés. — L'acide citrique forme de gros prismes droits $C^6H^8O^7 + H^2O$; sa saveur est très acide ; il est soluble dans l'eau et dans l'alcool.

Soumis à l'action de la chaleur, l'acide citrique fond vers 130° dans son eau de cristallisation et devient anhydre. A 165° il perd une mol. d'eau de constitution et se transforme en *acide aconitique* :

$$C^6H^8O^7 = H^2O + C^3H^3(CO^2H)^3 ;$$

cet acide est tribasique, il est identique à celui qu'on retire de l'aconit et des prêles. Enfin à une température plus élevée encore, il se dégage de l'anhydride carbonique et il reste un mélange de deux acides isomères : *l'acide itaconique* et l'acide *citraconique*, bibasiques :

$$C^5H^2(CO^2H)^3 = CO^2 + C^5H^2(CO^2H)^2.$$

Fondu avec la potasse, l'acide citrique se dédouble en acétate et oxalate de potassium :

$$C^6H^8O^7 + 4KOH = 2C^2H^3O^2K + C^2O^4K^2 + 3H^2O.$$

Sa solution abandonnée à l'air produit de l'acide acétique, en même temps que sa surface se recouvre de moisissures.

Usages. — L'acide citrique est employé en pharmacie comme rafraîchissant. Il sert en teinturerie pour aviver certaines couleurs, comme la cochenille ; c'est un rongeant qui enlève les taches de rouille.

272. Citrates — L'acide citrique étant tribasique donne trois séries de sels : monométalliques $C^6H^7O^7M'$, bimétalliques $C^6H^6O^7M'^2$, et trimétalliques ou citrates neutres $C^6H^5O^7M'^3$. Il forme avec les alcools monoatomiques trois séries d'éthers ; et, étant alcool monoatomique, s'éthérifie lui-même par les acides minéraux ou organiques.

Caractères des citrates. — Les citrates alcalins et le citrate de fer sont solubles dans l'eau ; les autres sont insolubles ou très peu solubles. Par la calcination, ils ne dégagent pas d'odeur de caramel ou de pain grillé comme les tartrates. En dissolution, ils donnent avec l'acétate de plomb un précipité blanc de citrate de plomb soluble dans l'ammoniaque. Ils ne troublent pas l'eau de chaux à froid.

Le *citrate de calcium* neutre $(C^6H^5O^7)^2Ca^3 + 4H^2O$ est moins soluble à chaud qu'à froid ; aussi sa dissolution précipite-t-elle par ébullition. Il existe dans quelques Solanées, dans les oignons.

Le *citrate de magnésium* bimétallique n'a pas la saveur amère des sels de magnésium ; il est employé comme purgatif (limonade de Roger).

Le *citrate de fer* et le citrate ferro-ammoniacal sont des ferrugineux très usités en médecine ; ils n'ont pas la saveur âpre, métallique des sels de fer.

273. ACIDE GALLIQUE, $C^7H^6O^5$. — *L'acide gallique est à la fois acide monobasique et triphénol* : $C^6H^2(OH)^3(CO^2H)$.

Il a été découvert par Scheele en 1775. Il existe dans les feuilles de sumac, l'écorce de pommier, etc. On le prépare en transformant le tannin de la noix de galle (274) soit par ébullition avec de l'eau acidulée : $C^{14}H^{10}O^9 + H^2O = 2C^7H^6O^5$; soit par fermentation. Dans ce dernier cas, on abandonne à l'air des noix de galle concassées et humides ; il se développe un ferment végétal qui produit l'hydratation du tannin d'après la même équation que la précédente. La fermentation dure plusieurs mois ; au bout de ce temps on épuise les noix de galle par l'eau bouillante : l'acide gallique se dépose par refroidissement.

Propriétés. — L'acide gallique forme des aiguilles blanches $C^7H^6O^5 + H^2O$; leur saveur est aigre et astringente ; elles sont très solubles dans l'eau bouillante et dans l'alcool. Si l'on chauffe l'acide gallique, il perd son eau de cristallisation à 100°, puis vers 210° se décompose en anhydride carbonique et pyrogallol : $C^7H^6O^5 = CO^2 + C^6H^3(OH)^3$.

Il est très réducteur et a une grande tendance à s'oxyder : sa solution s'altère à l'air par absorption d'oxygène, surtout en présence de la potasse ; elle réduit les sels d'or et d'argent, la liqueur cupro-potassique, le permanganate de potassium ; elle précipite en bleu les sels ferriques.

On emploie plusieurs gallates en teinture.

274. TANNIN ORDINAIRE, $C^{14}H^{10}O^9$. — Le tannin ordinaire ou acide gallotannique n'est autre qu'un premier anhydride de l'acide gallique : $2C^7H^6O^5 = H^2O + C^{14}H^{10}O^9$. Un petit insecte hyménoptère, le *Cynips*, dépose ses œufs dans le parenchyme des feuilles et des rameaux du chêne ; autour de chaque piqûre se forme peu à peu une excroissance appelée *noix de galle* et composée principalement d'amidon et de tannin.

On retire le tannin de ces noix de galle en les concassant et les introduisant dans une allonge fermée inférieurement par un tampon de coton et soutenue par le col d'une carafe (*fig.* 59). On verse dans l'allonge de l'éther mélangé d'eau ; ce liquide traverse la masse concassée, puis tombe dans la carafe. Celle-ci contient finalement deux couches : la couche inférieure, brune, est une solution aqueuse de tannin ; la couche supérieure, éthérée, n'a dissous que des matières grasses et des matières colorantes. La couche inférieure est décantée, puis évaporée dans le vide.

Fig. 59. — Préparation du tannin.

Propriétés. — Le tannin ainsi obtenu est une poudre jaunâtre, très légère, astringente, très soluble dans l'eau et insoluble dans l'éther pur. Chauffé, il fond, puis vers 215° se décompose en donnant du pyrogallol et de l'anhydride carbonique. Sa dissolution exposée à l'air absorbe lentement l'oxygène et devient brune ; il se dégage du gaz carbonique, et le tannin est transformé en acide gallique ; cette transformation se produit également, comme on l'a vu, par l'eau acidulée.

Le tannin est un acide faible, pouvant décomposer les carbonates. Il précipite les alcaloïdes de leurs solutions et donne avec les sels ferriques un précipité bleu noirâtre.

Usages. — La principale application du tannin repose sur la propriété qu'il possède de s'unir au derme de la peau ; il le rend imputrescible et forme le cuir. Les peaux doivent être d'abord réduites au derme : pour cela, on les traite par un lait de chaux qui enlève la chair, puis on les râcle pour enlever les poils et l'épiderme. On les prépare à l'action du tannin en les gonflant par un liquide acide ou par du tan aigri, et finalement on les place dans des fosses en couches alternatives avec des écorces riches en tannin et pulvérisées grossièrement. Elles sont ensuite livrées au corroyeur.

L'encre ordinaire s'obtient en ajoutant de la gomme à un mélange de solutions aqueuses de noix de galle et de sulfate ferreux ; celui-ci s'oxyde peu à peu à l'air et produit avec le tannin de la noix de galle la coloration noir-bleuâtre de l'encre.

Au tannin ordinaire se rattache tout un groupe de substances très répandues dans les écorces et les feuilles des végétaux ; on leur donne le nom général de *tannins*. Comme le tannin ordinaire, elles jouent le rôle d'acides faibles, s'oxydent facilement à l'air, se colorent par les sels ferriques et forment avec le derme des combinaisons imputrescibles. Les mieux connues sont le *tannin des quinquinas* ou acide quinotannique ; le *quercitron* ou tannin de l'écorce du *Quercus nigra* employé comme matière colorante ; le *tannin du café* ou acide cafétannique, etc.

CHAPITRE VII

ALCALIS ORGANIQUES

275. Les alcalis organiques sont des composés azotés jouant le rôle de base ; ils peuvent, comme la potasse et comme l'ammoniaque, se combiner aux acides minéraux et organiques pour former des sels se prêtant aux doubles décompositions.

Les deux principaux groupes de bases organiques sont les *amines* ou *ammoniaques composées* correspondant aux alcools et aux phénols, presque toutes artificielles ; et les *alcaloïdes*, alcalis organiques extraits des végétaux.

I. — Amines.

276. Les amines sont des composés azotés basiques résutant de l'union d'une ou plusieurs mol. d'ammoniaque et d'une ou plusieurs mol. d'un alcool ou d'un phénol avec élimination d'une ou plusieurs mol. d'eau. *Ex.* :

$$CH^3.OH + AzH^3 = H^2O + AzH^2.CH^3 \text{ (méthylamine)} ;$$
$$C^6H^5.OH + AzH^3 = H^2O + AzH^2.C^6H^5 \text{ (phénylamine)} ;$$
$$C^2H^4(OH)^2 + 2AzH^3 = 2H^2O + (AzH^2)^2C^2H^4 \text{ (éthylène-diamine)}.$$

Elles représentent l'ammoniaque dont l'hydrogène a

été remplacé en tout ou en partie par des radicaux alcooliques ou des radicaux phénoliques ; les premières sont dites *amines de la série grasse* ; *ex.* : méthylamine $AzH^2.HC^3$, triméthylamine $Az(CH^3)^3$, éthylamine $AzH^2.C^2H^5$; les secondes sont des *amines aromatiques* ; *ex.* : phénylamine ou aniline $AzH^2.C^6H^5$; toluidines $AzH^2.C^7H^7$, etc.

On distingue les amines en *monamines, diamines, triamines*, etc., suivant qu'elles dérivent de 1, 2, 3,... mol. d'ammoniaque et peuvent par suite se combiner à 1, 2, 3,... mol. d'un acide monobasique.

277. MONAMINES. — Les monamines ne contiennent qu'un atome d'azote ; elles ne se combinent qu'à une mol. d'acide chlorhydrique ou d'un autre acide monobasique. Une monamine est :

Primaire, quand un seul atome d'hydrogène de l'ammoniaque est remplacé par un radical alcoolique ou phénolique monovalent :

$$\textit{Ex.} : \quad Az\begin{cases} CH^3 \\ H \\ H \end{cases} ; \quad Az\begin{cases} C^2H^5 \\ H \\ H \end{cases} ; \quad Az\begin{cases} C^3H^7 \\ H \\ H \end{cases} ; \quad Az\begin{cases} C^6H^5 \\ H \\ H \end{cases}$$

Méthylamine — Éthylamine — Propylamine — Phénylamine ;

Secondaire, quand 2 atomes d'hydrogène sont remplacés par 2 radicaux identiques ou différents :

$$Az\begin{cases} CH^3 \\ CH^3 \\ H \end{cases} ; \quad Az\begin{cases} C^6H^5 \\ C^6H^5 \\ H \end{cases} ; \quad Az\begin{cases} CH^3 \\ C^2H^5 \\ H \end{cases} ; \quad Az\begin{cases} CH^3 \\ C^6H^5 \\ H \end{cases}$$

Diméthylamine — Diphénylamine — Méthyléthylamine — Méthylphénylamine ;

Tertiaire, quand les trois atomes d'hydrogène sont remplacés par trois radicaux identiques ou différents :

$$Az\begin{cases} CH^3 \\ H^3 \\ CH^3 \end{cases} ; \quad Az\begin{cases} CH^3 \\ CH^3 \\ C^6H^5 \end{cases} ; \quad Az\begin{cases} CH^3 \\ C^2H^5 \\ C^3H^7 \end{cases}$$

Triméthylamine — Diméthylaniline — Méthyléthylpropylamine.

Préparation générale. — Les monamines de la série grasse peuvent s'obtenir par le procédé général indiqué par Hofmann en 1849 : on fait agir le chlorure, bromure ou iodure alcoolique sur l'ammoniaque ou sur une amine artificielle. *Ex.* :

1° En chauffant l'iodure d'éthyle en tube scellé avec une solution concentrée d'ammoniaque, on obtient l'iodhydrate d'éthylamine, que la chaux décompose en mettant l'amine en liberté :

$$AzH^3 + C^2H^5I = AzH^2.C^2H^5,HI \text{ (iodhydrate d'éthylamine).}$$

2° L'iodure d'éthyle, agissant de même sur une solution alcoolique d'éthylamine, donne l'iodhydrate de diéthylamine, décomposable par la chaux comme l'iodhydrate précédent :

$$AzH^2.C^2H^5 + C^2H^5I = AzH(C^2H^5)^2,HI.$$

3° De même pour obtenir l'amine tertiaire :

$$AzH(C^2H^5)^2 + C^2H^5I = Az(C^2H^5)^3,HI.$$

4° Si l'on fait agir une dernière fois l'iodure d'éthyle sur la triéthylamine, il y a encore combinaison :

$$Az(C^2H^5)^3 + C^2H^5I = Az(C^2H^5)^4I.$$

Mais ce nouveau composé n'est plus décomposable par la chaux ; il est comparable, et par sa formule et par ses propriétés, à l'iodure d'ammonium AzH^4I ou à l'iodure de potassium KI. L'oxyde d'argent agit à froid par double décomposition sur la solution aqueuse de cet iodure $Az(C^2H^5)^4I$ et on obtient l'hydrate d'une nouvelle base, le *tétréthylammonium* :

$$Az(C^2H^5)^4I + AgOH = AgI + Az(C^2H^5)^4.OH.$$

Cet hydrate est blanc, très caustique, déliquescent ; il se combine aux acides avec dégagement de chaleur; il absorbe l'anhydride carbonique de l'air; en un mot il présente les plus grandes analogies avec l'hydrate de potasse KOH. Ces nouvelles bases organiques provenant ainsi des monamines tertiaires, peuvent être considérées comme dérivant de l'hydrate d'ammonium $AzH^4.OH$ dont les 4 H sont remplacés par 4 radicaux alcooliques monovalents ; on les appelle des *monammoniums* quaternaires; leur formule générale est $AzR^4.OH$.

Les monamines aromatiques se préparent par le procédé de Zinin (1842) : les carbures aromatiques sont d'abord transformés en dérivés nitrés :

$$C^6H^6 + AzO^3H = H^2O + C^6H^5.AzO^2 \quad \text{(nitrobenzine)},$$

puis ces dérivés nitrés sont soumis à l'action de corps réducteurs, qui enlèvent l'oxygène et le remplacent par de l'hydrogène :

$$C^6H^5.AzO^2 + 3H^2 = 2H^2O + C^6H^5.AzH^2 \quad \text{(aniline)}.$$

Comme réducteurs, on emploie l'acide acétique et la limaille de fer, l'étain et l'acide chlorhydrique, etc. Les amines aromatiques ont des propriétés basiques moins prononcées que celles de la série grasse ; elles sont moins solubles dans l'eau ; enfin l'acide azoteux, en agissant sur elles, peut donner naissance à des composés spéciaux à ces amines et appelés composés diazoïques.

278. Les *diamines, triamines,* etc., jouent 2, 3,... fois le rôle de base avec un acide monobasique ; elles contiennent 2, 3,... atomes d'azote, et correspondent aux alcools et phénols polyatomiques. Elles peuvent être également primaires, secondaires ou tertiaires. Elles sont peu importantes et incomplètement connues ; nous citerons comme exemples : la diamine éthylénique ou éthylène-diamine $Az^2H^4.C^2H^4$, diamine primaire se rattachant au glycol ordinaire ; et la triéthylène-triamine $Az^3H^3 — (C^2H^4)^3$.

279. Toutes les amines précédentes ne possèdent que la fonction basique caractéristique des amines ; ce sont des amines proprement dites. Il existe des *amines à fonction mixte*, joignant à la fonction amine la fonction acide, alcoolique, phénolique, etc. Les plus importantes parmi ces amines sont : le glycocolle $AzH^2.CH^2 — CO^2H$ et la leucine $AzH^2.C^5H^{10} — CO^2H$, chacun à la fois monamine et acide monobasique ; l'acide aspartique $CO^2H.CH^2.CH(AzH^2).CO^2H$, monamine—acide bibasique ; les amidophénols $C^6H^4(OH) — AzH^2$, en même temps monamines et monophénols.

CH^3Az ou

$$\begin{matrix} \text{ou} \\ \text{H} & Az \\ | \\ O = C — AzH^2 \end{matrix} \left\{ \begin{matrix} CH^3 \\ H \\ H \end{matrix} \right. \qquad \textbf{Méthylamine.} \qquad (\acute{E}q. : C^2H^5Az)$$

280. La méthylamine est la monamine primaire correspondant à l'alcool méthylique. Elle a été découverte par Wurtz en 1849. C'est un gaz dont les propriétés sont presque identiques à celles du gaz ammoniac : son odeur rappelle celle de la saumure de harengs et provoque les larmes ; l'eau en dissout 1150 fois son volume. Sa solution a une réaction très alcaline et précipite les sels de plomb, de zinc, de fer et de cuivre. Avec ces derniers, le précipité blanc-bleuâtre formé se dissout dans un excès de réactif en beau bleu analogue à l'eau céleste.

Enfin la méthylamine répand d'épaisses fumées blanches en présence de l'acide chlorhydrique, et son chlorhydrate donne avec le bichlorure de platine des paillettes jaune d'or de chlorure double. Elle se distingue de l'ammoniaque en ce qu'elle est inflammable ; elle brûle avec une flamme pâle.

La *diméthylamine* est liquide et a une odeur ammoniacale.

La *triméthylamine* existe dans le guano, l'urine, les matières en putréfaction, la saumure de harengs. Il s'en produit dans la distillation sèche des vinasses de betteraves. Elle est

liquide, d'une odeur rappelant celle du poisson pourri ; son
iodure $Az(CH^3)^4I$ traité par l'oxyde d'argent humide donne
l'hydrate de tétraméthylammonium $Az(CH^3)^4.OH$, base analogue à l'hydrate de potasse.

$$C^6H^7Az \text{ ou } Az \begin{cases} C^6H^5 \\ H \\ H \end{cases} \qquad \textbf{Aniline.} \qquad (\acute{E}q. : C^{12}H^7Az)$$

281. L'aniline ou phénylamine est la monamine primaire correspondant au phénol ordinaire ; c'est une amine aromatique. Elle
a été découverte en 1826, par le Suédois Unverdorben,
dans les produits de la distillation sèche de l'indigo, et
principalement étudiée par Hofmann, qui lui a donné le
nom de phénylamine.

Préparation. — On retirait autrefois l'aniline des huiles
moyennes des goudrons de houille ; aujourd'hui qu'on en
consomme des quantités considérables pour la fabrication des couleurs d'aniline, on part de la nitrobenzine, et
sa valeur, qui était de 50^{fr} le kilogramme en 1860, est
tombée actuellement à 6^{fr}.

On peut obtenir une petite quantité d'aniline dans les
laboratoires en réduisant la nitrobenzine par un mélange
d'acide acétique et de limaille de fer (procédé Béchamp) :

$$C^6H^5.AzO^2 + 3H^2 = C^6H^5.AzH^2 + 2H^2O.$$

On se sert d'un appareil distillatoire ordinaire à cornue
tubulée (*fig.* 60). On introduit dans la cornue des poids
égaux de limaille de fer, de nitrobenzine et d'acide acétique ordinaire ; on chauffe très légèrement et on éloigne
le brûleur dès que la masse commence à se boursoufler.
La réaction se continue seule et très vivement ; quand
elle se calme, on reverse dans la cornue le liquide qui a
passé dans le ballon refroidi, et on chauffe de nouveau,

mais cette fois jusqu'à dessiccation presque complète du contenu de la cornue. L'aniline distille avec de l'eau ;

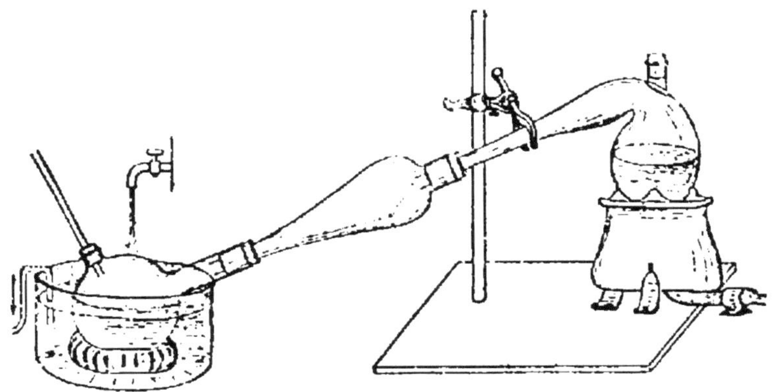

Fig. 60. — Préparation de l'aniline dans les laboratoires.

comme ces deux liquides ne se mélangent pas, on peut ensuite les séparer à l'aide d'un entonnoir à robinet.

La préparation industrielle est analogue à celle des laboratoires : on remplace la limaille de fer par la fonte et l'acide

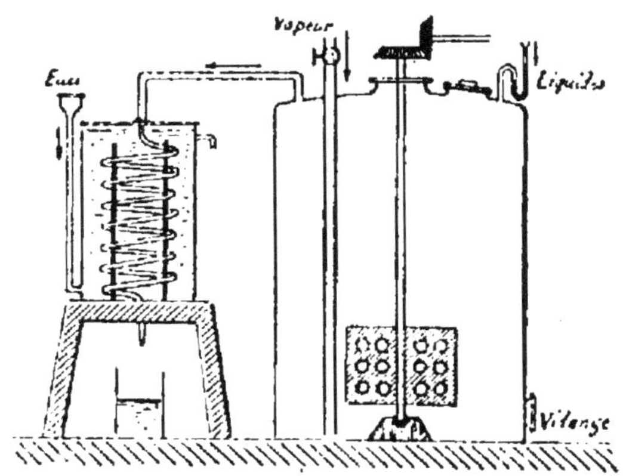

Fig. 61. — Préparation industrielle de l'aniline.

acétique par l'acide chlorhydrique. On emploie un grand cylindre vertical en fonte (*fig.* 61) muni d'un agitateur mécanique, d'un tube d'arrivée de vapeur, d'une ouverture supérieure pour le chargement de la fonte, d'une ouverture inférieure pour la vidange, d'un tube recourbé pour l'introduction des liquides, et enfin d'un tube de communication avec un serpentin.

On introduit dans ce cylindre 200^{kg} de nitrobenzine et 20^{kg} d'acide chlorhydrique étendu de 4 fois son vol. d'eau. On met l'agitateur en mouvement, puis on ajoute en plusieurs fois 250^{kg} de tournure de fonte. La réaction se produit sans qu'il soit nécessaire de chauffer, et des torrents de vapeurs vont se condenser dans le serpentin. Toutes les demi-heures on reverse par le tube de chargement des liquides les produits qui ont distillé. Dès qu'une prise du contenu du cylindre se dissout complètement dans l'acide chlorhydrique, l'opération est terminée ; il reste une masse brune, épaisse, formée d'aniline, de chlorhydrate d'aniline, d'oxyde de fer et de fonte non attaquée. Pour en retirer l'aniline, on sature cette masse par une quantité suffisante d'un lait de chaux, et on fait arriver un courant de vapeur à 4^{atm} ; l'aniline se condense dans le serpentin ; on la rectifie en la chauffant dans une chaudière en fonte : elle distille entre 180 et 230°.

282. PROPRIÉTÉS. — L'aniline est un liquide huileux, incolore ; elle brunit à l'air en absorbant l'oxygène ; son odeur est désagréable, sa saveur âcre et brûlante ; $d = 1,036$; elle bout à 183°. Sa solubilité dans l'eau est très faible (1 p. se dissout dans 33 p. d'eau à la température ordinaire) ; elle est soluble dans l'alcool, l'éther, la benzine ; elle dissout elle-même le soufre, le phosphore, les résines.

L'aniline est vénéneuse ; sa solution aqueuse fait périr les plantes. Respirée à l'état de vapeur, elle détermine un empoisonnement caractérisé surtout par la coloration violacée des lèvres et des ongles, la dilatation de la pupille.

Action de la chaleur. — L'aniline est décomposée par la chaleur : si l'on fait passer ses vapeurs dans un tube chauffé au rouge, il se produit du gaz ammoniac, du cyanure d'ammonium, du cyanure de phényle, de la benzine, etc., en même temps que le tube se revêt d'un dépôt charbonneux.

Action des oxydants. — Les agents oxydants, comme une solution d'anhydride chromique, un mélange d'acide sulfurique et de bichromate de potassium, réagissent sur l'aniline, même à la température ordinaire. Suivant que l'oxydation est plus ou moins énergique et que la température est plus ou moins élevée, un obtient du bleu, du vert, du noir d'aniline et finalement de la quinone :

$$C^6H^7Az + O^2 = AzH^3 + C^6H^4O^2 \text{ (quinone)}.$$

Réactions de l'aniline. — La solution d'aniline a une réaction très faiblement alcaline et ne bleuit pas le papier rouge de tournesol. Elle donne un précipité jaune avec le bichlorure de platine. Une trace de chlorure de chaux la colore en violet pourpre ; cette coloration passe au rouge sale par l'action des acides.

L'aniline est la base d'une foule de matières colorantes dites couleurs d'aniline (V. *couleurs*).

283. SELS D'ANILINE. — Les sels d'aniline sont généralement cristallisables, solubles dans l'eau. Leurs solutions sont incolores, mais rougissent par exposition prolongée à l'air ; les alcalis et les bases alcalino-terreuses en déplacent l'aniline à froid. Un peu de chlorure de chaux ajouté à une solution d'un sel d'aniline la colore en violet pourpre.

Le *sulfate neutre* d'aniline $(C^6H^7Az)^2,SO^4H^2$ se prend en masse quand on mélange l'acide sulfurique et l'aniline ; il est cristallisé en paillettes argentées.

Le *chlorhydrate d'aniline* C^6H^7Az,HCl est en aiguilles très solubles.

284. — La *diphénylamine* $AzH(C^6H^5)^2$ s'obtient en chauffant l'aniline avec le chlorhydrate d'aniline :

$$AzH^2.C^6H^5 + AzH^2.C^6H^5,HCl = AzH^4Cl + AzH(C^6H^5)^2.$$

Son oxydation produit quelques couleurs bleues dont la plus belle est le bleu de diphénylamine.

La *méthylaniline* $AzH.CH^3(C^6H^5)$ ou méthylphénylamine est la base du violet de Paris (V. *couleurs*) ; on la prépare industriellement par l'action du chlorure de méthyle sur l'aniline.

La *diméthylaniline* $Az.(CH^3)^2(C^6H^5)$ sert à fabriquer plusieurs matières colorantes, comme le violet de Paris, le vert malachite, etc. C'est un liquide incolore, qu'on obtient en chauffant sous pression l'alcool méthylique et le chlorhydrate d'aniline.

C^7H^9Az **Toluidines.**   (*Éq.* : $C^{14}H^9Az$)

285. Les toluidines $AzH^2.C^6H^4 — CH^3$ sont les trois monamines aromatiques isomères correspondant aux trois nitrotoluènes isomères : ortho, méta, para. Les toluidines s'obtiennent comme l'aniline et dans les mêmes appareils en réduisant les nitrotoluènes par la fonte et l'acide chlorhydrique. Le nitrotoluène du commerce étant un mélange de para et d'orthotoluène, la *toluidine commerciale* est elle-même un mélange de para et d'orthotoluidine en proportions variables.

L'*orthotoluidine* est un liquide huileux, incolore.

La *paratoluidine* est solide et fond à 45°.

Ces deux toluidines forment la base de plusieurs matières colorantes ; elles existent dans l'aniline commerciale dite pour rouge (provenant de benzols à 50 %), qui sert à fabriquer la fuchsine (V. *couleurs*).

286. Les *naphtylamines* $AzH^2.C^{10}H^7$ correspondent à la naphtaline et aux deux naphtols α et β. La naphtylamine α se prépare en faisant agir un mélange de fonte et d'acide chlorhydrique sur la nitronaphtaline commerciale. Elle cristallise en aiguilles soyeuses, d'une odeur désagréable ; elle forme plusieurs matières colorantes par oxydation.

287. Composés diazoïques. — *On donne le nom de composés diazoïques à des composés basiques se produisant principalement par l'action de l'acide azoteux sur les amines aromatiques ou sur les sels de ces amines.* Le nom de composés diazoïques est étendu aux sels de ces nouvelles bases. C'est Griess qui a découvert les composés diazoïques en 1862. Ils renferment tous le groupe caractéristique — Az = Az —. Ils sont très instables, détonent par la chaleur, et sous l'action de l'eau bouillante dégagent de l'azote en se transformant en un phénol.

Le *diazobenzol* $C^6H^5 — Az = Az — OH$ ou hydrate de diazobenzol est une huile jaunâtre, très instable. Son azotate $C^6H^5 — Az = Az — AzO^3$ s'obtient en faisant passer un courant d'acide azoteux (vapeurs nitreuses) dans une solution concentrée d'azotate d'aniline :

$$AzH^2.C^6H^5 — AzO^3H + AzO^2H = 2H^2O + C^6H^5 — Az = Az — AzO^3.$$

Azotate d'aniline   Acide azoteux   Azotate de diazobenzol

L'azotate de diazobenzol formé est précipité ensuite par l'alcool ; il est solide, très soluble dans l'eau, détone avec violence par la chaleur. Le chlorure de diazobenzol

$$C^6H^5 — Az = Az — Cl$$

se produit par l'action de l'acide azoteux sur le chlorhydrate d'aniline ; l'eau bouillante le décompose en donnant le phénol ordinaire avec dégagement d'azote :

$$C^6H^5Az^2Cl + H^2O = 2Az + C^6H^5.OH + HCl.$$

Le *diazoamidobenzol* $C^6H^5 — Az = Az — AzH(C^6H^5)$ résulte de l'action de l'acide azoteux sur une solution alcoolique d'aniline, ou de l'aniline sur l'azotate de diazobenzol. Il est en cristaux jaune d'or, transformés par l'acide azoteux en diazobenzol. Sa solution dans la potasse abandonnée à l'air donne son isomère : l'amidoazobenzol

$$C^6H^5 — Az = Az — C^6H^4(AzH^2),$$

appelé aussi jaune d'aniline.

La *diazonaphtaline* $C^{10}H^7 — Az = Az — OH$ est à la naphtylamine ce que le diazobenzol est à l'aniline ; son azotate est en aiguilles blanches, très détonantes, donnant du naphtol avec dégagement d'azote par l'eau bouillante.

Les *diazoamidotoluols* $C^7H^7 — Az = Az — AzH.C^7H^7$ sont analogues au diazoamidobenzol.

Les composés diazoïques servent à préparer quelques matières colorantes très employées (V. *couleurs*).

288. Amines a fonction mixte. — I. — Le *glycocolle* ou sucre de gélatine ou glycolamine $AzH^2.CH^2 — CO^2H$ est l'amine correspondant à l'acide glycolique. Ce dernier étant à la fois monalcool et acide monobasique, le glycocolle sera à la fois monamine et acide monobasique. Il a été découvert par Braconnot, qui l'obtenait par l'action de l'acide sulfurique sur la gélatine à chaud. Il est cristallisé en prismes sucrés, un peu solubles dans l'eau; comme acide, il rougit le tournesol et s'unit aux bases; comme base, il s'unit aux acides.

L'*acide hippurique* $CH^2.AzH(CO.C^6H^5) — CO^2H$ est du benzoylglycocolle, provenant de l'union de 1 mol. d'acide benzoïque et 1 mol. de glycocolle avec élimination de 1 mol. d'eau. Il existe dans l'urine des herbivores. Il cristallise en longs prismes incolores; chauffé avec un acide, il s'hydrate et se dédouble en acide benzoïque, et en glycocolle qui s'unit à l'acide réagissant.

II. — La *leucine* $C^5H^{10}(AzH^2) — CO^2H$ possède les mêmes fonctions que le glycocolle; elle correspond aussi à un acide-alcool, l'acide oxycaproïque $C^5H^{10}.OH — CO^2H$. Elle existe dans le foie, le vieux fromage. Elle forme des lamelles blanches.

III. — L'*acide aspartique* $C^2H^3(AzH^2)(CO^2H)^2$ est une amine-biacide correspondant à l'acide malique (alcool-acide bibasique); on le rencontre dans les mélasses; il peut s'unir aux acides et aux bases.

II. — Alcaloïdes.

289. Les alcaloïdes sont des alcalis naturels organiques existant dans les végétaux combinés à des acides organiques ; ce sont des bases généralement puissantes, capables de neutraliser les acides les plus énergiques. Le premier alcaloïde connu est la *morphine*, retirée de l'opium ; Sertuerner, pharmacien de Hanovre, la caractérisa comme base en 1817.

Propriétés générales. — Les alcaloïdes ont une saveur amère ; ils sont peu solubles ou insolubles dans l'eau ; solubles dans l'alcool, qui est leur meilleur dissolvant ;

la plupart se dissolvent dans l'éther, le chloroforme, la benzine. Ils sont très toxiques, même à faible dose.

Presque tous les alcaloïdes sont solides, fixes et cristallisables. Il en est cependant qui sont liquides, comme la nicotine, la conicine ; ces derniers ne contiennent pas d'oxygène et ne sont formés que de carbone, hydrogène et azote. La chaleur décompose tous les alcaloïdes à des températures un peu supérieures à 110° : il se dégage du gaz ammoniac, des ammoniaques composées (méthyl et triméthylamine) accompagnées souvent d'autres bases organiques, appelées bases pyridiques et bases quinoléiques. Cette décomposition se produit également, et à une température moins élevée, quand on chauffe les alcaloïdes avec de la potasse ou de la chaux sodée.

L'étude de la constitution des alcaloïdes, quoique encore incomplète et ne permettant aucune classification de ces corps, les fait considérer presque tous comme des *bases tertiaires*. En effet, la plupart se comportent d'une manière analogue aux amines tertiaires : traités par un iodure alcoolique, ils donnent un iodure que l'oxyde d'argent humide décompose en iodure d'argent et hydrate basique :

$$C^{17}H^{19}AzO^3.CH^3I + AgOH = AgI + C^{17}H^{19}AzO^3.CH^3(OH).$$

Iodométhylate de morphine   Hydrate de méthylmorphine.

Les hydrates ainsi obtenus se comportent comme l'hydrate de potasse et les ammoniums quaternaires. Par la chaleur ils se décomposent en alcool correspondant à l'iodure alcoolique employé et en alcaloïde générateur :

$$C^{17}H^{19}AzO^3.CH^3(OH) = CH^3.OH + C^{17}H^{19}AzO^3 \text{ (morphine)}.$$

290. *Extraction des alcaloïdes.* — Les modes généraux d'extraction des alcaloïdes varient suivant qu'on a affaire à un alcaloïde fixe ou à un alcaloïde volatil.

Quand l'alcaloïde est fixe, la plante qui le contient est réduite en poudre, puis traitée par une solution de carbonate de sodium qui précipite l'alcaloïde. On dessèche la masse et on l'épuise par un dissolvant convenable : alcool bouillant, éther ou benzine. Industriellement, le procédé est analogue; on remplace le carbonate de sodium par un lait de chaux, et le dissolvant est ordinairement une huile de pétrole ou de schiste. Ce procédé suppose nécessairement que l'alcaloïde est contenu dans la plante à l'état de sel soluble ; dans le cas contraire, on traite la matière végétale pulvérisée par de l'eau acidulée de 1 °/₀ d'acide sulfurique à chaud ; le sel insoluble de l'alcaloïde est dissous; on précipite celui-ci comme précédemment.

Quand l'alcaloïde est volatil, on peut soumettre la plante pulvérisée à la distillation avec une lessive concentrée de potasse. Le liquide distillé contient l'alcaloïde ; on l'agite avec de l'éther qui s'en empare ; on concentre cet éther au bain-marie, puis le résidu est introduit dans une petite cornue tubulée et rectifié dans un courant d'hydrogène.

Alcaloïdes des Solanées.

291. Nicotine. — La nicotine $C^{10}H^{14}Az^2$ est l'alcaloïde du tabac (*Nicotiana tabacum*). Les feuilles desséchées de cette plante contiennent la nicotine combinée aux acides malique, oxalique, acétique. Les diverses variétés de tabac en renferment des proportions très variables, depuis 2 °/₀ (tabacs de Maryland et Havane) à 9 °/₀ (tabac du Lot).

Préparation. — On prépare la nicotine en épuisant le tabac par l'eau bouillante, en concentrant à consistance sirupeuse et traitant le résidu par de l'alcool à 65°. Des deux couches qui se forment, la couche supérieure alcoolique contient la nicotine. Le produit de son évaporation est additionné d'une lessive de potasse qui met l'alcaloïde en liberté ; on l'agite ensuite avec de l'éther qui s'empare de l'alcaloïde, puis l'abandonne en se volatilisant. On purifie la nicotine en la distillant dans une petite cornue tubulée traversée par un courant d'hydrogène sous faible pression.

Propriétés. — La nicotine est un liquide oléagineux, incolore ; exposée à l'air, elle brunit rapidement ; son odeur est vireuse, pénétrante ; sa saveur brûlante. Elle bout à 245° et est soluble dans l'eau, l'alcool et l'éther. Elle est très vénéneuse, et agit principalement sur les centres nerveux. C'est une base très énergique, qui répand des fumées blanches au contact de l'acide chlorhydrique et précipite les sels métalliques autres que les sels alcalins et alcalino-terreux.

Son chlorhydrate $C^{10}H^{14}Az^2,2HCl$ est solide, déliquescent.

292. *L'atropine* $C^{17}H^{23}AzO^3$ est un des alcaloïdes de la belladone (*Atropa belladona*) et du *Datura stramonium*, vulg. pomme épineuse. Elle s'extrait des feuilles. Elle est en fines aiguilles incolores, d'une saveur très amère, très solubles dans l'alcool. C'est une base énergique et très toxique.

On emploie son sulfate neutre $(C^{17}H^{24}AzO^3)^2SO^4H^2$, très soluble, dans les maladies des yeux ; il dilate la pupille.

Alcaloïdes des Strychnées.

293. La strychnine et la brucine sont deux alcaloïdes contenus dans les graines du *Strychnos nux-vomica* (vulg. noix vomiques) et du *Strychnos Ignatii* (vulg. fèves de saint Ignace). Ils ont été isolés par Pelletier et Caventou en 1818.

Les noix vomiques ou les fèves de saint Ignace sont réduites en poudre et mélangées de chaux, puis traitées par l'alcool bouillant qui dissout les deux alcaloïdes. Par refroidissement, il laisse cristalliser la strychnine et retient la brucine en dissolution.

La *strychnine* $C^{21}H^{22}Az^2O^2$ est cristallisée en octaèdres incolores, d'une saveur très amère, presque insolubles dans l'eau, peu solubles dans l'alcool. C'est un poison très violent, produisant, même à dose de quelques centigrammes, des convulsions tétaniques violentes suivies de mort. On la reconnaît à la coloration bleue passant au jaune qu'elle donne avec une trace de bichromate de potassium et une goutte d'acide sulfurique. Quoique sa solubilité dans l'alcool atteigne à peine $\dfrac{1}{1200}$ à la température ordinaire, cette solution a encore une grande amertume et est employée quelquefois pour falsifier les bières.

Son chlorhydrate sert en médecine à très faible dose pour combattre les paralysies.

La *brucine* $(C^{24}H^{26}Az^2O^4 + 4H^2O)$ est plus soluble dans l'eau et dans l'alcool que la strychnine. Elle a également une saveur très amère, et est très vénéneuse. Au contact de l'acide azotique elle donne une belle coloration rouge de sang.

La *curarine* $C^{10}H^{15}Az$ forme la partie active du curare, avec lequel les Indiens empoisonnent leurs flèches ; on la retire de diverses Strychnées.

Alcaloïdes des Papavéracées.

294. Les capsules vertes du pavot somnifère (*Papaver somniferum*) laissent écouler, par incisions, un latex blanc se desséchant rapidement au contact de l'air. Cette

matière desséchée, légèrement brunâtre, constitue l'*opium* ; son odeur est nauséabonde, sa saveur amère ; l'opium le plus actif est celui de Smyrne. L'opium contient six alcaloïdes unis à l'acide lactique et à l'acide méconique $C^7H^4O^7$; ce sont, par ordre d'importance : la morphine, la narcotine, la papavérine, la codéine, la thébaïne, la narcéine.

MORPHINE. — **La morphine $C^{17}H^{19}AzO^3 + H^2O$ est l'alcaloïde le plus important de l'opium, qui en renferme de 7 à 12 %.**

Préparation. — On coupe l'opium en tranches minces que l'on broie longtemps avec de l'eau froide ; on filtre et on concentre le liquide à consistance sirupeuse. On précipite la morphine du liquide encore chaud par l'ammoniaque ; elle se dépose par refroidissement. On peut la purifier en la dissolvant dans l'alcool bouillant et en évaporant la solution obtenue.

Propriétés. — La morphine est incolore, inodore, à saveur amère, peu soluble dans l'eau, même à chaud, plus soluble dans l'alcool. C'est un poison violent ; elle agit à très faible dose comme calmant et soporifique, mais produit en même temps des nausées. Elle se décompose à 200°, surtout en présence des alcalis, et dégage de la méthylamine.

La morphine a un pouvoir réducteur remarquable ; elle réduit l'azotate d'argent, le chlorure d'or, le perchlorure de fer. La solution de ce dernier passe à l'état de protochlorure en prenant une coloration bleue ou verte caractéristique. Au contact de l'acide azotique, la morphine se colore en rouge ; cette coloration passe peu à peu au jaune orangé.

Les *sels de morphine* sont cristallisés, solubles dans

l'eau et dans l'alcool, très vénéneux. Le plus employé est le chlorhydrate $C^{17}H^{19}AzO^3,HCl + 3H^2O$. Il est en aiguilles soyeuses ; on en fait des injections sous-cutanées à dose de 2 centigrammes en solution aqueuse.

La *narcotine* $C^{22}H^{23}AzO^7$ s'obtient en traitant par l'acide chlorhydrique le marc d'opium dont on a extrait la morphine. Elle forme de belles aiguilles insolubles dans l'eau ; c'est une base faible, se colorant en rouge de sang, puis s'enflammant par l'acide azotique fumant. Elle est faiblement toxique, non soporifique.

La *codéine* $C^{18}H^{21}AzO^3$ ou $C^{17}H^{18}AzO^3 - CH^3$ est de la méthylmorphine ; M. Grimaux l'a obtenue en faisant agir l'iodure de méthyle sur la morphine en solution alcaline. Elle cristallise en octaèdres très solubles dans l'alcool ; elle est très vénéneuse. C'est une base énergique, bleuissant fortement le tournesol. L'eau de brome la colore en jaune en formant un produit de substitution.

Alcaloïdes des Rubiacées.

295. Les *quinquinas* ou cinchonas forment un genre des Rubiacées et sont cultivés dans les Cordillières, dans l'Amérique du Sud, à Java et dans les Indes anglaises. Leur écorce contient quatre alcaloïdes : la quinine, la quinidine, la cinchonine et la cinchonidine, unis à des acides organiques : acides quinique, quinotannique, etc. Ces alcaloïdes existent en proportions variables dans les différentes espèces de quinquinas ; le quinquina gris renferme surtout de la cinchonine, le quinquina jaune de la quinine, le quinquina rouge de la quinine et de la cinchonine.

QUININE. — La quinine $C^{20}H^{24}Az^2O^2$ est l'alcaloïde le plus important des quinquinas. Elle a été isolée par Pelletier et Caventou en 1820.

Préparation. — On l'obtient industriellement de la manière suivante :

Les écorces de quinquina concassées sont mélangées à un lait de chaux épais et épuisées par de l'essence de pétrole ou de schiste qui dissout la quinine et la cinchonine. On agite ensuite l'essence avec de l'eau acidulée par l'acide sulfurique ; il se forme des sulfates basiques de ces deux alcaloïdes. En faisant cristalliser leur solution aqueuse acide séparée du pétrole, le sulfate de quinine se dépose et le sulfate de cinchonine reste en dissolution. On précipite enfin la quinine de son sulfate par l'ammoniaque.

Propriétés. — La quinine est blanche, inodore, très amère ; elle est peu soluble dans l'eau froide $\left(\dfrac{1}{400}\right)$, soluble dans l'alcool et l'éther. C'est une base puissante dont la solution aqueuse verdit le sirop de violettes et sature les acides les plus énergiques.

La quinine est une base tertiaire ; avec l'iodure d'éthyle elle donne l'iodoéthylate de quinine que l'oxyde d'argent humide transforme en une base puissante, cristallisée : l'hydrate d'éthylquinium.

Sels de quinine. — La quinine forme des sels basiques et des sels neutres ; *ex.* : chlorhydrate basique $C^{20}H^{24}Az^2O^2,HCl$; chlorhydrate neutre $C^{20}H^{24}Az^2O^2,2HCl$. Les sels à acides oxygénés sont fluorescents. Si l'on ajoute à une solution faiblement acide d'un sel de quinine un peu d'eau de chlore ou d'eau de brome, puis de l'ammoniaque, il se produit une belle coloration verte caractéristique.

Le sulfate basique $(C^{20}H^{24}Az^2O^2)^2SO^4H^2 + 7H^2O$ ou sulfate ordinaire est un puissant antifébrifuge à dose de

10 à 50 centigrammes; il active la circulation et la respiration. A dose plus forte, il produit des convulsions et peut amener la paralysie. Il se présente en aiguilles flexibles, d'une saveur très amère, peu solubles dans l'eau $\left(\dfrac{1}{600}\text{ à la température ordinaire}\right)$, plus solubles dans l'alcool. Ses solutions sont fluorescentes; il bleuit le tournesol.

La *cinchonine* $C^{19}H^{22}Az^2O$ n'a aucune des propriétés médicinales de la quinine; elle a une forte réaction alcaline.

La *caféine* ou théine $C^3H^{10}Az^5O^2$ est l'alcaloïde du café et du thé; c'est une base faible, cristallisée en aiguilles brillantes.

L'*émétine* $C^{28}H^{10}Az^2O^5$ est l'alcaloïde de la racine de l'ipécacuanha, dont elle constitue le principe actif.

296. ALCALOÏDES DIVERS. — La *conicine* $C^8H^{17}Az$ ou ciculine est l'alcaloïde de la ciguë (famille des Ombellifères); elle est liquide, oléagineuse; a une odeur nauséeuse; c'est un toxique énergique, paralysant les muscles à dose de 10 centigr.

L'*aconitine* $C^{33}H^{43}AzO^{12}$ s'extrait de l'aconit napel (famille des Renonculacées); elle est solide, vénéneuse à dose inférieure à 1 milligr.; elle abolit les contractions musculaires en agissant sur le système nerveux. On l'emploie en médecine dans les tics douloureux.

La *cocaïne* $C^{17}H^{21}AzO^4$ est l'alcaloïde de l'*Erythroxylon coca* (famille des Linacées); on la retire des feuilles. Son chlorhydrate est très employé comme anesthésique local à dose de 1 à 5 centigr.

297. PTOMAÏNES. — Les ptomaïnes sont des alcaloïdes que l'on rencontre dans la décomposition putride des matières organiques animales; on les appelle aussi alcaloïdes cadavériques; elles sont fabriquées par les bactéries et les champignons qui produisent la fermentation putride. M. Gautier, qui les a particulièrement étudiées, a reconnu qu'il s'en forme, même pendant la vie normale, aux dépens des matières albuminoïdes des tissus. Elles sont plus ou moins vénéneuses, de même que les alcaloïdes végétaux.

Comme exemples de ptomaïnes on peut citer : l'*hydrocolli-dine* $C^8H^{13}Az$, la *cadavérine* $C^5H^{14}Az^2$, la *putrescine* $C^4H^{14}Az^2$, la *névrine* $C^5H^{13}AzO$, extraites des viandes putréfiées des mammifères et des poissons ; la *guanidine* $C^7H^{16}AzO^2$, qu'on trouve dans la morue gâtée ; l'*ergotinine* de l'ergot de seigle.

298. Bases pyridiques. — Les bases pyridiques forment un groupe d'alcalis organiques non oxygénés, rencontrés la plupart dans les produits de la distillation des matières animales, et principalement des os.

Les os, débarrassés de leurs matières grasses et chauffés dans des cornues en fonte, laissent un résidu de noir animal ; il se dégage des gaz combustibles et des produits volatils. Ces derniers, condensés dans un barillet, constituent l'*huile ani-male*, appelée aussi *huile de Dippel*.

De cette huile on extrait la *pyridine* C^5H^5Az, type des bases pyridiques. La pyridine représente la benzine C^6H^6 dont un groupe CH a été remplacé par un atome d'azote. C'est un liquide incolore, d'une odeur très désagréable, d'une saveur amère ; elle bleuit fortement le tournesol et précipite la plupart des solutions de sels métalliques. Elle est très toxique comme toutes les bases pyridiques et agit surtout comme paralysant.

Après la pyridine viennent les trois *picolines* C^6H^7Az ou $C^5H^4(CH^3)Az$, les *collidines* $C^5H^2(CH^3)^3Az$, les *parvolines* $C^9H^{13}Az$, existant presque toutes dans l'huile de Dippel.

299. Bases quinoléïques. — Les bases quinoléïques forment un dernier groupe de bases organiques non oxygénées comme les précédentes. Elles paraissent constituer comme le noyau de beaucoup d'alcaloïdes végétaux.

On les rencontre dans les huiles provenant des goudrons de houille, dans l'huile de Dippel, etc. ; ce sont des bases puissantes. Le premier terme est la *quinoléine* C^9H^7Az, dérivant de la naphtaline de la même manière que la pyridine dérive de la benzine. Elle est liquide, son odeur est désagréable, sa saveur très amère. Elle sert à préparer la cyanine, ou bleu de quinoléine.

CHAPITRE VIII

AMIDES

300. Les amides sont des composés azotés formés par l'union
d'une ou plusieurs mol. d'ammoniaque et d'une ou plusieurs mol.
d'acide avec élimination d'une ou plusieurs mol. d'eau.

$$AzH^3 + H.CO^2H = H^2O + AzH^2.COH \text{ (formamide)},$$

$$2AzH^3 + CO^2H.CO^2H = 2H^2O + (AzH^2)^2C^2O^2 \text{ (oxamide)}.$$

On peut les considérer comme dérivant de l'ammoniaque
dont l'hydrogène a été remplacé en tout ou en partie
par des radicaux acides de même valence

$$Az \begin{cases} COH \\ H \\ H \end{cases} \quad ; \quad Az \begin{cases} C^2H^3O \\ H \\ H \end{cases} \quad ; \quad Az^2 \begin{cases} C^2O^3 \\ H^2 \\ H^2 \end{cases}$$

Formamide   Acétamide   Oxamide.

Comme les amines, on divise les amides en monamides, diamides, etc., suivant qu'ils dérivent de 1, 2, ...
mol. d'ammoniaque ; chacun de ces groupes se subdi-
visant lui-même en amides primaires, secondaires, tertiaires, suivant que le tiers, les deux tiers ou la totalité
de l'hydrogène sont remplacés.

I. — Monamides.

301. Les monamides ne contiennent qu'un atome d'azote et
correspondent aux sels ammoniacaux des acides monobasiques.

MONAMIDES PRIMAIRES. — *Les monamides primaires déri-*
vent du sel ammoniacal de l'acide monobasique dont ils

contiennent le radical par perte d'une mol. d'eau :

$$C^2H^3O^2.AzH^4 - H^2O = AzH^2.C^2H^3O ;$$
Acétate d'ammonium   Acétamide

aussi les prépare-t-on généralement par l'action de la chaleur sur ce sel ammoniacal. On les obtient également en faisant réagir les chlorures d'acides sur le gaz ammoniac :

$$C^2H^3OCl + 2AzH^3 = AzH^4Cl + AzH^2.C^2H^3O.$$
Chlorure d'acétyle   Acétamide

Ils sont solides, cristallisables ; neutres aux papiers réactifs, quoique pouvant former des combinaisons instables avec les acides et avec les bases. Leur caractère essentiel est de *reformer le sel ammoniacal* dont ils dérivent quand on les chauffe avec de l'eau en tube scellé à 200°. Cette hydratation se produit également si on les chauffe avec de la potasse, mais dans ce cas le gaz ammoniac est mis en liberté :

$$AzH^2.C^2H^3O + KOH = C^2H^3O^2.K + AzH^3.$$
Acétamide   Acétate de potassium

Les déshydratants énergiques, comme l'anhydride phosphorique, leur enlèvent au contraire une mol. d'eau et donnent des composés particuliers appelés *nitriles*, découverts par Dumas en 1847 :

$$AzH^2.COH - H^2O = Az(CH)''$$
Formamide   Formonitrile ou acide cyanhydrique

$$AzH^2.C^2H^3O - H^2O = Az(C^2H^3)''.$$
Acétamide   Acétonitrile

Un nitrile représente, comme on le voit, l'union de l'azote avec un radical triatomique contenant un atome d'oxygène de moins que le radical acide dont il dérive.

302. Les monamides primaires les plus importants sont le formamide et l'acétamide.

Le *formamide* $AzH^2.COH$ donne par hydratation le formiate d'ammonium; son nitrile ou formonitrile n'est autre que l'acide cyanhydrique.

$$\overset{\displaystyle CH^3}{\underset{\displaystyle O=C-(AzH^2)'}{|}}$$

Acétamide.

L'*acétamide* $AzH^2.C^2H^3O$ se prépare en distillant l'acétate d'ammonium vers 200°. Il est blanc, d'une saveur légèrement sucrée, très soluble dans l'eau. Son nitrile ou acétonitrile, liquide incolore, est isomère du cyanure de méthyle.

303. MONAMIDES SECONDAIRES. — Ils s'obtiennent par l'action des chlorures d'acides sur les amines primaires :

$$C^2H^3OCl + AzH^2.C^2H^3O = HCl + AzH(C^2H^3O)^2.$$

Chlorure d'acétyle   Acétamide   Diacétamide

Ils ont une réaction acide et rougissent le tournesol.

Les 2 radicaux acides qui remplacent les 2 atomes d'hydrogène de l'ammoniaque peuvent être différents ; *ex. :* acétoformamide $AzH(COH)(C^2H^3O)$.

Les monamides tertiaires sont peu connus.

II. — Diamides.

304. Les diamides contiennent 2 atomes d'azote et correspondent aux sels neutres ammoniacaux des acides bibasiques. Ils appartiennent au type Az^2H^6, dans lequel 2, 4, 6 atomes d'hydrogène sont remplacés par des radicaux acides de même valence.

On ne connaît que des *diamides primaires,* dérivant de ces sels neutres ammoniacaux par perte de 2 mol. d'eau :

$$C^2O^4(AzH^4)^2 - 2H^2O = Az^2H^4(C^2O^2)''$$

Oxalate neutre d'ammonium   Oxamide

Réciproquement, en s'hydratant ils donneront le sel neutre dont ils dérivent.

Leur déshydratation par les corps avides d'eau donne également des *nitriles* :

$$Az^2H^4(C^2O^4)'' - 2H^2O = 2CAz.$$
Oxamide   Cyanogène

305. Les principaux diamides sont l'oxamide et l'urée.

L'*oxamide* $Az^2H^4(C^2O^2)''$ est le diamide de l'acide oxalique, c'est le premier amide connu ; il a été découvert par Dumas en 1830.

On obtient l'oxamide en distillant l'oxalate neutre d'ammonium. C'est une poudre blanche, insipide, insoluble dans l'eau froide, peu soluble dans l'eau bouillante. Par ébullition avec la potasse, il se forme de l'oxalate d'ammonium aussitôt décomposé et il y a dégagement de gaz ammoniac :

$$Az^2H^4(C^2O^2)'' + 2KOH = C^2O^4K^2 + 2AzH^3.$$

L'anhydride phosphorique donne son nitrile, qui n'est autre que le cyanogène. Celui-ci, au contact de l'eau acidulée, peut d'ailleurs fixer de l'eau et reproduire l'oxamide.

$$Az^2H^4CO \text{ ou } CO\!<^{AzH^2}_{AzH^2}$$
$$\text{ou } O = C\!<^{(AzH^2)'}_{(AzH^2)'}$$
Urée.   ($\acute{E}q.$: $Az^2H^4C^2O^2$)

306. L'urée ou carbimide est le diamide de l'acide carbonique $CO\!<^{OH}_{OH}$; elle dérive donc du carbonate neutre d'ammonium moins 2 mol. d'eau :

$$CO\!<^{OAzH^4}_{OAzH^4} - 2H^2O = CO\!<^{AzH^2}_{AzH^2}.$$

L'urée a été découverte par Rouelle en 1773, dans l'urine ; elle se rencontre en effet dans l'urine de l'homme, dont elle forme environ les $\dfrac{12}{1000}$, et dans celle des animaux carnivores. Elle existe normalement dans le sang, la sueur, la bile, la lymphe. C'est un produit de désassimilation, représentant une des formes sous lesquelles l'azote est rejeté de l'organisme. Enfin l'urée prend naissance dans la décomposition de l'acide urique et d'une foule de matières azotées. Sa synthèse a été réalisée par Wœhler en 1828.

307. PRÉPARATION. — 1° *Extraction de l'urine.* — L'urine fraîche est évaporée à basse température dans une grande capsule en porcelaine jusqu'à réduction du volume primitif au $\frac{1}{12}$. On ajoute au liquide refroidi un volume égal d'acide azotique qui a été bouilli pour le débarrasser de ses produits nitreux ; l'azotate d'urée se précipite aussitôt en masse que l'on recueille, fait égoutter, et dissout dans l'eau chaude. La solution obtenue est filtrée sur du noir animal pour la décolorer, puis neutralisée par une solution concentrée de carbonate de potassium. L'urée est mise en liberté ; on concentre la liqueur et on enlève l'azotate de potassium à mesure qu'il se dépose. Le résidu est traité au bain-marie par l'alcool bouillant qui dissout l'urée et l'abandonne par refroidissement.

2° *Urée artificielle ou de synthèse* (Wœhler). — Cette synthèse repose sur ce que le cyanate d'ammonium, isomère de l'urée, se transforme facilement en urée, soit par la chaleur, soit par simple exposition à l'air. On prépare donc d'abord du cyanate d'ammonium.

On chauffe au rouge sombre dans une marmite de fonte un mélange intime de 1 p. de bioxyde de manganèse et 2 p. de ferrocyanure de potassium, tous deux préalablement bien desséchés. On agite constamment avec une tige de fer. Quand la masse est devenue pâteuse et noire, on la laisse refroidir ; puis on la pulvérise et on la traite par la plus petite quantité possible d'eau froide. Le cyanate de potassium, qui s'est formé dans l'opération précédente, se dissout ; il ne reste plus qu'à ajouter à la solution filtrée 1 p. 1/2 de sulfate d'ammonium pour obtenir le cyanate d'ammonium.

Si l'on évapore la solution de ce cyanate à siccité, il se transforme en urée, qu'on enlève ensuite par l'alcool bouillant. On laisse ordinairement cette transformation se produire d'elle-même en abandonnant la solution à l'air pendant 24 heures à la température ordinaire.

308. Propriétés. — L'urée cristallise en longs prismes à base carrée, un peu striés, incolores ; sa saveur est amère et fraîche ; elle se dissout dans son poids d'eau et est plus soluble dans l'alcool bouillant.

Action de la chaleur. — Chauffée, l'urée fond d'abord à 132°, puis vers 150° se décompose : il se dégage du gaz ammoniac, de l'anhydride carbonique, et il reste un composé appelé *biuret*, $C^2O^2Az^3H^5$, qui, à une température encore plus élevée, donne de l'acide cyanurique.

Comme amide, l'urée doit, en s'hydratant, reproduire le sel neutre ammoniacal dont elle dérive : en effet, en présence de l'eau à 140° en tube scellé elle donne du carbonate d'ammonium :

$$CO{<}^{AzH^2}_{AzH^2} + 2H^2O = CO{<}^{OAzH^4}_{OAzH^4}.$$

Si on la chauffe à l'air libre avec une solution alcaline, le carbonate qui se forme est décomposé et il se dégage du gaz ammoniac. Cette transformation de l'urée en carbonate d'ammonium se produit aussi dans la putréfaction ou fermentation ammoniacale des urines.

Action de l'acide azoteux. — L'acide azoteux décompose l'urée en eau, azote et anhydride carbonique :

$$CO Az^2H^4 + 2 AzO^2H = 2 Az^2 + CO^2 + 3H^2O.$$

On effectue ordinairement cette décomposition avec le réactif de Millon, obtenu en dissolvant un excès de mercure dans l'acide azotique ordinaire. Ce liquide, très chargé de vapeurs nitreuses, produit au contact de l'urée une vive effervescence avec dégagement de gaz carbonique et d'azote. C'est sur cette réaction qu'on s'appuie pour doser l'urée dans les urines.

Action des acides — L'urée est une base faible ; elle s'unit aux acides et donne des sels cristallisés, généralement peu solubles dans l'eau. Le chlorhydrate d'urée $CO Az^2H^4, HCl$ est déliquescent. L'azotate $CO Az^2H^4, AzO^3H$ se prend en masse quand on verse de l'acide azotique dans une solution concentrée d'urée.

Action sur les oxydes et les sels. — L'urée s'unit à un grand nombre d'oxydes métalliques (oxyde mercurique, oxyde d'argent) en formant des combinaisons insolubles. Elle se combine également avec quelques sels, comme les azotates de mercure et de sodium, le chlorure de sodium : si l'on mélange des solutions concentrées d'urée et de sel marin, on obtient par évaporation des cristaux très solubles répondant à la formule $CO Az^2H^4, NaCl + H^2O$.

309. URÉES COMPOSÉES. — Les urées composées représentent l'urée dont l'hydrogène a été remplacé en tout ou en partie par des radicaux alcooliques ou acides. Dans le premier cas, les urées composées s'appellent des aminurées ; dans le second, elles portent le nom d'amidurées ou uréides.

Les *aminurées*, découvertes par Wurtz, présentent à peu près les mêmes réactions que l'urée : en s'hydratant elles se décomposent en anhydride carbonique et amine correspondant au radical alcoolique. Citons comme exemples :

$$CO{<}^{AzH^2}_{AzH.CH^3} \; ; \qquad CO{<}^{AzH^2}_{Az(C^2H^5)^2} \; ; \qquad CO{<}^{AzH^2}_{AzH.C^6H^5} \cdot$$

MéthyluréeDiéthyluréePhénylurée

Les *uréides* se produisent par déshydratation des sels organiques d'urée ; *ex.* :

$$CO\!<\!\genfrac{}{}{0pt}{}{AzH^2}{AzH.COH} \quad ; \quad CO\!<\!\genfrac{}{}{0pt}{}{AzH^2}{AzH.C^2H^3O}$$

Formylurée   Acétylurée

310. *Acide urique* $C^5H^4Az^4O^3$. — L'acide urique existe en petite
quantité dans l'urine humaine et forme certains calculs vésicaux. Il constitue la majeure partie des excréments des oiseaux et des reptiles. Le guano contient de l'urate d'ammonium.

On extrait l'acide urique du guano ou des excréments de
serpents. Ces excréments, pulvérisés, sont chauffés avec une
solution faible de potasse, jusqu'à ce que l'odeur d'ammoniaque ait disparu. On filtre, et la solution d'urate alcalin est
additionnée d'acide chlorhydrique qui précipite l'acide urique.

L'acide urique cristallise en paillettes brillantes, insipides,
très peu solubles, même dans l'eau bouillante. Par calcination, il produit de l'urée accompagnée d'acide cyanhydrique
et de cyanure d'ammonium. Sa réaction avec les agents
oxydants suffit pour le caractériser : on le dissout à chaud
dans l'acide azotique fumant ; il se forme de l'urée que l'acide
azotique en excès décompose, et une diuréide, l'*alloxane* :

$$C^5H^4Az^4O^3 + O + H^2O = COAz^2H^4 + C^8O^4Az^2H^2.$$

On évapore pour chasser l'excès d'acide et on arrose le résidu
avec un peu d'ammoniaque : il prend une belle nuance pourpre due à la formation de purpurate d'ammoniaque ou *murexide.*

III. — Amides à fonction mixte.

311. AMIDES-ACIDES. — Un acide bibasique, comme l'acide
oxalique, forme deux sels ammoniacaux : un sel acide et un
sel neutre. Du sel neutre dérive le diamide de l'acide par
perte de 2 mol. d'eau ; le sel acide ne pouvant perdre qu'une
mol. d'eau, donnera un *amide à fonction mixte*, à la fois monamide et acide monobasique : *Ex.* :

$$C^2O^4(AzH^4)^2 - 2H^2O = Az^2H^4(C^2O^2) : \text{oxamide,}$$

$$C^2O^4H.AzH^4 - H^2O = CO.AzH^2 - CO^2H : \text{acide oxamique.}$$

Ces amides-acides sont appelés aussi *acides amiques*. Comme acides monobasiques, ils forment des sels qui sont bien définis et des éthers qui portent le nom d'*améthanes* : ainsi l'acide oxamique donne avec l'alcool ordinaire l'oxaméthane ou oxamate d'éthyle $CO.AzH^2 — CO^2(C^2H^5)$.

L'hydratation des amides-acides conduit au sel ammoniacal dont ils dérivent. Les déshydratants ne produisent plus de nitriles comme avec les amides proprement dits, mais des composés appelés *imides*, doués de propriétés acides.

Les *imides* sont des monamides secondaires représentant l'ammoniaque dont 2H ont été remplacés par un radical diatomique ; leur formule générale est donc $AzHR''$; *ex.* : carbimide $AzH(CO)''$, succinimide $AzH(CO — C^2H^4 — CO)''$, etc. L'action de l'eau peut les transformer successivement en amides acides et en sels ammoniacaux acides.

312. Amides-amines ou alcalamides. — Ce sont des amides contenant à la fois un radical acide et un radical alcoolique ou phénolique. *Ex. :* acétanilide $AzH(C^6H^5)(C^2H^3O)$.

L'*acétanilide* ou phénylacétamide se prépare en distillant un mélange d'aniline et d'acide acétique concentré ; on l'appelle vulgairement antifébrine, nom qui rappelle son emploi en médecine contre la fièvre.

L'*asparagine* possède la triple fonction : amide, amine et acide : $CO.AzH^2 — CH^2 — CH.AzH^2 — CO^2H$. C'est l'amide correspondant à l'acide aspartique. On la rencontre dans les asperges, les jeunes pousses de pommes de terre.

CHAPITRE IX

MATIÉRES ALBUMINOÏDES

313. On donne le nom de matières albuminoïdes à des substances azotées, neutres et amorphes, très répandues dans le règne animal et le règne végétal, et ayant pour type l'albumine du blanc d'œuf. Les principales sont l'albumine, la caséine et la fibrine.

Elles sont formées de carbone, oxygène, hydrogène, azote, avec une quantité moindre de soufre. Leur composition centésimale varie peu de l'une à l'autre, comme le montre le tableau suivant :

	C	O	H	Az	S
Albumine	54,3	20,3	7,1	16,5	1,8;
Caséine	53,7	22,3	7,1	16	0,9;
Fibrine du sang. .	52,7	22	7,2	16,5	1,6.

314. PROPRIÉTÉS GÉNÉRALES. — Les matières albuminoïdes sont solides, incristallisables, inodores; la plupart sont insolubles dans l'eau (caséine, fibrine); celles qui sont solubles (albumine, légumine) deviennent insolubles quand on les chauffe, on dit qu'elles se *coagulent*. Desséchées, elles forment des masses blanches ou jaunâtres, translucides, dures, se gonflant au contact de l'eau.

Action de la chaleur. — Elles ne peuvent être ni fondues, ni volatilisées; la chaleur les altère au-delà de 200°; elles se décomposent en se boursouflant et en répandant une odeur de corne brûlée. Il se dégage de l'eau, de l'anhydride carbonique, du gaz ammoniac, des carbures d'hydrogène et des ammoniaques composées volatiles (méthylamine, aniline, pyridine, etc.) avec d'autres produits oxygénés. Le résidu est charbonneux et contient de l'azote.

Action de l'air humide. — Abandonnées à l'air humide, les matières albuminoïdes ne tardent pas à subir la fermentation putride; il se dégage des produits volatils, comme du gaz ammoniac, des ammoniaques composées, des acides gras volatils, etc.

Action des oxydants. — Les oxydants faibles, comme le

permanganate de potassium, donnent de l'urée avec la plupart des matières albuminoïdes. Les oxydants énergiques, comme l'anhydride chromique, les transforment en acides volatils de la série grasse (acétique, propionique, butyrique, etc.) accompagnés des aldéhydes de ces acides, d'acide cyanhydrique, etc.

Réactions des matières albuminoïdes. — 1° L'acide azotique concentré les colore en jaune ; cette coloration vire à l'orangé par l'action de l'ammoniaque.

2° L'acide chlorhydrique concentré les dissout à chaud en donnant un liquide qui devient bleu violet, surtout par exposition à l'air.

3° Une dissolution de matière albuminoïde dans l'acide acétique se colore en violet par l'acide sulfurique.

4° L'azotate acide de mercure (réactif de Millon) donne par la chaleur une coloration rouge intense.

315. CONSTITUTION. — La constitution des matières albuminoïdes est en grande partie connue depuis les belles recherches de M. Schutzenberger. Il a montré qu'elles sont constituées par des mélanges complexes *d'amides et de produits amidés.*

La matière albuminoïde, desséchée et pesée, est chauffée avec trois ou quatre fois son poids d'hydrate de baryte et autant d'eau dans un autoclave en acier, fermé hermétiquement. Dans ces conditions, la matière albuminoïde fixe de l'eau et se décompose, en donnant des produits fixes et des produits volatils que l'on sépare par distillation.

Les produits volatils recueillis sont : du gaz ammoniac, de l'anhydride carbonique, des acides acétique, oxalique, malonique. Ces acides étaient d'abord à l'état d'amides (urée, acétamide, oxamide, malonamide) ; les amides, en fixant de l'eau, ont donné le sel ammoniacal correspondant, qui a été décomposé par la baryte.

Les produits fixes sont des produits amidés de deux espèces : les premiers, appelés *leucines*, sont de la forme $C^nH^{2n+1}AzO^2$ ($n = 2, 3, \ldots$) ; ex. : glycocolle $C^2H^5AzO^2$, alanine $C^3H^7AzO^2$, butalanine $C^4H^{11}AzO^2$, leucine proprement dite $C^6H^{13}AzO^2$, etc. Les seconds, auxquels M. Schutzenberger a donné le nom de *glucoprotéines*, sont beaucoup plus complexes ; ils se rapportent à la formule générale $C^mH^{2m}Az^4O^3$.

Les phénomènes sont absolument du même ordre pour toutes les matières albuminoïdes ; les proportions relatives des produits obtenus seules varient.

Albumine.

316. L'albumine existe dans le blanc d'œuf, dont elle constitue environ les $\dfrac{12}{100}$, et dans beaucoup de liquides de l'économie : sérum du sang, lymphe, chyle. On la rencontre également dans la plupart des sucs végétaux.

Extraction du blanc d'œuf. — Quelques blancs d'œufs sont délayés dans l'eau, puis le tout est filtré à travers un linge ; on ajoute au liquide filtré une solution de sous-acétate de plomb qui précipite l'albumine en formant avec elle une combinaison insoluble. Le précipité est lavé, mis en suspension dans l'eau, et décomposé par un courant d'anhydride carbonique. Le carbonate de plomb, insoluble, se dépose ; la solution d'albumine est filtrée et évaporée au bain-marie à une température ne dépassant pas 50°.

Extraction du sérum du sang. — C'est l'extraction industrielle. Le sang provenant des abattoirs est d'abord abandonné à l'air pendant 24 heures ; les caillots de sang sont alors tranchés en tous sens. Le liquide qui s'écoule est le sérum, légèrement jaunâtre. On le chauffe à 45° dans une étuve pour en séparer l'albumine.

317. *Propriétés.* — L'albumine est jaunâtre, amorphe, insipide, soluble dans l'eau, d'où elle est précipitée par l'alcool. Chauffée, elle se coagule à 72° et devient insoluble dans l'eau.

Un grand nombre d'acides minéraux coagulent l'albumine en la précipitant de sa solution aqueuse, tels sont l'acide azotique, l'acide sulfurique, l'acide chlorhydrique concentré, l'acide métaphosphorique. L'acide phosphorique ordinaire et les acides organiques sont sans action.

Beaucoup de sels la précipitent également, mais en formant avec elle des combinaisons insolubles : si l'on mélange des solutions d'albumine et de sulfate de cuivre, il se forme un précipité d'albuminate de cuivre. Le sous-acétate de plomb, le sublimé corrosif, l'azotate d'argent, donnent des combinaisons analogues.

Usages. — Cette dernière propriété indique l'albumine comme antidote précieux contre l'empoisonnement par les sels métalliques. Combinée à la chaux, elle forme des luts très agglutinatifs pour le raccommodage des porcelaines cassées. Enfin, l'albumine du sérum ou *sérine* est très employée dans la préparation des tissus et la fixation de certaines couleurs dites couleurs à l'albumine.

Caséine.

318. La caséine est la matière albuminoïde principale du lait.

Lait. — Le lait, sécrété par les glandes mammaires des mammifères, est un liquide blanc opaque, d'une odeur plus ou moins fade variant avec l'animal qui le produit. C'est un aliment complet : 100 p. de lait de vache contiennent : eau 87,60 ; caséine 3 ; albumine 1,20 ; matières grasses (beurre) 3,20 ; lactose ou sucre de lait 4,30 ; sels minéraux 0,70. Vu au microscope, il apparaît comme un liquide opalescent, tenant en suspension des globules à surface lisse ; ce sont les globules de matières grasses. Quand on abandonne le lait au repos, ces glo-

bules montent à la surface et forment la crème, qui
constitue le beurre après le battage; le liquide restant ou
petit-lait contient encore la caséine et les autres principes solubles du lait.

Le lait frais a une réaction alcaline, mais si on l'abandonne longtemps à l'air, il subit la fermentation lactique :
son lactose se transforme en acide lactique qui coagule
la caséine. Cette coagulation se produit également quand
on fait bouillir le lait ou quand on ajoute au lait écrémé
de la présure, extraite de la caillette des jeunes veaux
(préparation des fromages).

La falsification la plus fréquente du lait consiste dans
l'écrémage ou l'addition d'eau; on y trouve quelquefois une
des matières suivantes, ajoutées pour augmenter sa densité ou
pour lui rendre les matières grasses enlevées par l'écrémage :
fécule, amidon, dextrine, lait d'amandes douces, blanc d'œuf;
voire même de la cervelle de mouton qui a été cuite, réduite en
bouillie et débarrassée du sang et des membranes.

319. *Caséine*. — La caséine s'extrait du lait écrémé,
auquel on ajoute une solution concentrée de sulfate de
magnésium; il se précipite des flocons compacts qu'on redissout dans l'eau pure. On filtre ce dernier liquide et on
précipite la caséine par l'acide acétique.

La caséine est blanche ou jaunâtre, insipide, insoluble
dans l'eau et l'alcool, mais soluble dans les alcalis et les
carbonates alcalins ; c'est grâce à la présence de ceux-ci
dans le lait que la caséine y est en grande partie dissoute.
Ces solutions alcalines donnent des précipités par double
décomposition avec la plupart des sels métalliques.

La caséine n'a que peu d'usages en dehors de l'alimentation : dissoute dans une solution concentrée de borax,
elle forme une masse agglutinative employée comme lut.

Fibrine.

320. La fibrine existe dans le sang et dans la chair musculaire. Ces deux fibrines ont une composition légèrement différente. Celle du sang contient moins de carbone et plus de soufre ; elle n'y préexiste pas, mais se forme, dès que ce liquide est exposé à l'air, par la combinaison de deux albuminoïdes : substance fibrinogène et substance fibrinoplastique, qui s'y trouvent en dissolution.

Quelques minutes après sa sortie des vaisseaux, le sang se sépare en deux parties : l'une solide ou *caillot*, rouge, formée par la fibrine insoluble qui emprisonne les globules sanguins ; l'autre, liquide légèrement jaunâtre, contient l'albumine, c'est le *sérum*.

On obtient la fibrine en battant vivement le sang frais avec un agitateur ou un petit balai : la fibrine s'y attache en filaments qu'on détache à la main et qu'on lave à grande eau pour les décolorer.

Propriétés. — La fibrine est blanche, élastique ; elle devient cassante par dessiccation ; elle est insoluble dans l'eau, l'alcool et l'éther ; soluble dans l'acide acétique, et, à chaud, dans les solutions de potasse et de soude. La pepsine du suc gastrique la transforme comme la caséine, en peptones ou albuminoses, principes solubles, directement assimilables.

321. Le *gluten* est la matière azotée contenue dans les graines de céréales ; il est constitué par un mélange de matières albuminoïdes, parmi lesquelles domine la fibrine. On l'obtient en malaxant de la farine en pâte sous un mince filet d'eau : le gluten reste adhérent aux doigts. Il forme une masse grisâtre, très élastique ; c'est le principe nutritif de la farine.

Gélatine.

322. La gélatine n'appartient pas aux matières albuminoïdes ; c'est le produit de la transformation par l'eau bouillante des substances dites collagènes ou substances gélatinisables, différant principalement des albuminoïdes par l'absence de soufre. La plus importante de ces collagènes est l'*osséine*, existant dans les os, les cartilages, la peau ; on peut l'extraire des os en traitant ceux-ci par l'acide chlorhydrique, qui dissout les matières minérales.

La gélatine, appelée aussi colle forte, est amorphe, translucide, cassante ; elle se gonfle dans l'eau froide, se dissout dans l'eau chaude, et le liquide se prend en gelée par refroidissement. L'alcool la précipite de sa solution.

Elle se putréfie rapidement quand elle est exposée à l'air humide. On ne peut la distiller sans la décomposer : il se dégage du gaz ammoniac, des ammoniaques composées, des bases pyridiques, etc. Chauffée fortement à l'air, elle brûle en répandant une odeur désagréable de corne brûlée.

L'acide sulfurique étendu transforme la gélatine à l'ébullition en glycocolle ou sucre de gélatine (288) ; les autres acides étendus et les alcalis exercent une action analogue : outre du glycocolle, il se forme en même temps un peu de leucine (288) et d'acide glutamique $C^5H^9AzO^4$.

Le tannin ordinaire précipite complètement la gélatine de sa solution tiède ; et il forme avec elle une combinaison imputrescible. Cette combinaison se produit également avec les matières collagènes de la peau : le tannage des peaux est fondé sur cette propriété (274).

323. *Préparation des gélatines ou colles.* — La gélatine est extraite, soit des os, soit des débris de peau, rognures de cuir, etc., provenant des tanneries et mégisseries.

Dans le premier cas, les os frais concassés sont d'abord bouillis avec de l'eau pour les débarrasser des matières grasses, puis chauffés sous pression dans un autoclave, dont on porte l'eau à 130° par un courant de vapeur. On transforme ainsi l'osséine en gélatine qui se dissout dans l'eau bouillante. Le liquide est enfin coulé dans des moules ; il porte le nom de *colle d'os.* Le résidu formé par les os débarrassés de leur osséine sert à la fabrication du noir animal. En dissolvant la colle d'os dans un peu de vinaigre, on obtient la colle forte liquide.

La *colle de peau* est moins pure. On fait digérer les débris de peau, etc., avec un lait de chaux qui enlève le sang et la graisse. On les soumet ensuite à l'action de l'eau à 120° dans un autoclave. Le liquide soutiré est versé dans des moules ; par refroidissement il se prend en une masse molle qu'on fait sécher à l'air et qu'on découpe en plaques. On emploie cette colle pour coller le bois, le carton, etc.

L'*ichtyocolle* ou colle de poisson est de la gélatine très pure obtenue avec la vessie natatoire de l'esturgeon. Elle sert à la confection de certaines gelées alimentaires ; on l'utilise aussi pour le collage des vins, des bières. Mélangée à un peu de sucre, elle constitue la *colle à bouche.*

CHAPITRE X

TEINTURE ET MATIÈRES COLORANTES

324. La teinture est l'art de fixer les matières colorantes sur les fibres textiles, animales ou végétales. Cette fixation n'est pas superficielle ; c'est une sorte de combinaison appelée *teint* qui résiste aux lavages et au frottement.

La stabilité du teint varie avec la nature de la matière colorante. On appelle *couleurs de grand teint* celles qui présentent une grande résistance à l'action de l'air, de la lumière ou des lavages ; *ex. :* l'indigo, la garance. Les *couleurs de petit teint* sont fugaces, plus ou moins altérables par les agents précédents ; telles sont la plupart des couleurs d'aniline. Celles-ci sont généralement plus éclatantes que les couleurs de grand teint ; on les emploie pour les tissus légers et de peu de durée, demandant surtout de l'éclat.

325. Fixation des matières colorantes. — Les fibres textiles doivent d'abord subir les diverses opérations du blanchiment pour les débarrasser des matières grasses, résineuses, etc., qui les souillent et empêcheraient la fixation de la matière colorante. *Celle-ci doit être soluble au moment où elle est en contact avec le tissu,* afin de pouvoir l'imprégner uniformément ; on l'emploie donc à l'état de dissolution, dans l'eau, les acides, les alcalis, ou encore à l'état de combinaison soluble.

Enfin il est nécessaire que la matière colorante *devienne insoluble dès qu'elle a pénétré dans le tissu,* sinon un simple lavage suffirait pour l'enlever. Quelques couleurs remplissent d'elles-mêmes cette dernière condition et se fixent directement : une solution de fuchsine teint la soie par simple immersion ; l'indigo dissous dans l'acide sulfurique de Saxe devient insoluble dès qu'il a imprégné le coton. Le plus souvent il est nécessaire de faire intervenir un mordant.

Un mordant est un agent chimique qui s'unit aux matières colorantes pour former des composés insolubles appelés laques. Il joue le rôle d'intermédiaire entre la couleur et le tissu ; celui-ci est préalablement imprégné de la dissolution du mordant, puis plongé dans la dissolution de la matière colorante, qui devient insoluble en se combinant à ce mordant. Les mordants les plus employés sont : l'alumine et le fer à l'état d'acétates, le chlorure stanneux. La couleur de la laque varie avec la nature du mordant, et, pour un même mordant, avec la concentration de sa dissolution. Comme exemple, quatre bandes de coton étant imprégnées, la première d'une solution concentrée d'acétate de fer, la seconde de la même solution faible, la troisième et la quatrième d'une solution d'acétate d'aluminium dans les mêmes conditions ; puis immergées dans un bain d'alizarine, présentent quatre teintes : noire, violette, rouge, rose, dues aux quatre laques différentes formées.

Quelques rares couleurs insolubles dans l'eau et dans les acides, comme le vermillon, le vert de Schweinfurt, se fixent par *l'albumine*. La matière colorante pulvérisée est délayée dans une solution concentrée d'albumine ; on l'applique à l'aide d'un rouleau sur le tissu, puis on chauffe celui-ci à 75° pour coaguler l'albumine.

Enfin on a souvent besoin, soit d'enlever la matière colorante en un ou plusieurs points du tissu, soit d'empêcher sa fixation sur toute la surface de celui-ci ; on emploie alors des *rongeants*.

Les rongeants sont des agents chimiques qui détruisent les matières colorantes en les oxydant. Les plus usités sont les acides oxalique, tartrique, citrique.

Autrefois, on n'utilisait en teinture que les matières colorantes naturelles extraites des végétaux, avec quelques couleurs minérales. Depuis la découverte de la préparation industrielle de l'aniline par Béchamp, en 1859, l'industrie des matières colorantes artificielles s'est extraordinairement développée, et on peut dire que ces dernières sont presque exclusivement employées aujourd'hui, grâce à la facilité avec laquelle elles s'appliquent sur le tissu, à leur bon marché relatif, à la richesse et à la variété de leurs teintes.

I. — Matières colorantes naturelles.

326. Les matières colorantes naturelles sont presque toutes végétales ; elles sont rarement toutes formées dans les plantes vivantes ; le plus souvent on les développe sous diverses influences aux dépens d'un principe colorable.

Elles sont généralement amorphes ; quelques-unes sont cristallisées (alizarine, indigotine). Le chlore les détruit en s'emparant de leur hydrogène. Les réducteurs comme l'hydrogène, l'acide sulfhydrique, le protoxyde de fer les détruisent également en leur enlevant de l'oxygène : toutefois la coloration peut reparaître si leur action n'a pas été trop prolongée.

Les seules matières colorantes naturelles qui soient

encore employées sont la cochenille, le campêche, l'orseille (165) et l'indigo. On a vu que le principe colorant
de la garance, l'alizarine, s'obtient aujourd'hui artificiellement (225).

Cochenille.

327. La cochenille est fournie par le corps desséché de la fe-
melle d'un petit insecte hémiptère, le *Coccus*, qu'on récolte à
Java et au Mexique sur certaines espèces de *Cactus*. Les
insectes sont tués par l'eau bouillante et séchés. On obtient ainsi des petits grains irréguliers rouges-noirs, se
gonflant par l'eau ; c'est la cochenille du commerce. Son
principe colorant est l'*acide carminique* $C^{17}H^{18}O^{10}$, rouge,
soluble dans l'eau.

La cochenille teint les laines mordancées à l'acétate
d'aluminium en rouge-violacé ; à l'acétate de fer, en gris
violet et gris noir. Elle sert à préparer le carmin ou rouge
de carmin $C^{11}H^{12}O^{7}$.

Campêche.

328. Le campêche provient du cœur d'un arbre de la famille des
Légumineuses, l'*Hematoxylon*, cultivé au Mexique et aux Antilles. Son principe colorant est l'*hématoxyline*, $C^{16}H^{14}O^{6}$.
La solution aqueuse d'hématoxyline est jaune ; les alcalis
et le carbonate de calcium la colorent en rouge pourpre.
Le campêche teint en bleu ou en noir la laine, la soie, le
cuir, mordancés préalablement à l'acétate d'aluminium ou
à l'acétate de fer. Les laques qu'il produit sont peu solides.

Indigo.

329. L'indigo est la matière colorante brute fournie par les plantes du genre *Indigofera* (famille des *Légumineuses*), cultivées en Chine et aux Indes. Son principe colorant est l'*indigotine* $C^{16}H^{10}Az^2O^2$; il ne préexiste pas dans ces *Indigofera* ; mais ceux-ci contiennent un glucoside azoté incolore, l'*indican*, qui, sous l'influence de l'eau, s'hydrate et se décompose en indigotine et en une matière sucrée appelée indiglucine.

Extraction. — L'indigo s'extrait des feuilles fraîches des *Indigofera*. La plante, coupée et liée en paquets, est abandonnée dans de grandes cuves avec de l'eau tiède pendant une dizaine d'heures ; un ferment spécial que contient la plante produit le dédoublement de l'indican dissous dans l'eau. Le liquide prend peu à peu une teinte jaune ; on le soutire dans un large bassin où on le bat avec de longs bambous ; l'indigo se dépose par le repos en légers flocons bleus. On le recueille, puis on le fait bouillir avec un peu d'eau pour arrêter la fermentation, et on le filtre sur des toiles. La pâte obtenue est comprimée et réduite en pains, qu'on sèche à l'obscurité.

Cet indigo, expédié en Europe, constitue l'indigo du commerce. Il se présente en pains irréguliers, d'un bleu noirâtre à reflets cuivrés, insolubles ; il contient de l'eau, des sels divers, des matières étrangères provenant de la plante et 45 à 50 °/₀ d'indigotine. Celle-ci se sublime en aiguilles violettes brillantes quand on chauffe l'indigo dans un têt en terre recouvert d'un têt renversé.

330. *Indigotine.* — L'indigotine, est d'un bleu foncé à reflets mordorés ; elle est inodore, insoluble dans l'eau et les dissolvants ordinaires, soluble dans le chloroforme, l'aniline bouillante, l'acide sulfurique de Saxe. Elle se sublime vers 290° en répandant des vapeurs violettes à odeur désagréable.

Les agents réducteurs, comme le sulfate ferreux, l'hydrosulfite de sodium, etc., fixent de l'hydrogène sur l'indigotine et la transforment en *indigotine blanche* :

$$C^{16}H^{10}Az^2O^2 + H^2 = C^{16}H^{12}Az^2O^3$$

insoluble dans l'eau, mais soluble dans les alcalis. Inversement, l'indigotine blanche, exposée à l'air, régénère l'indigotine bleue par oxydation. Cette propriété est fondamentale pour l'emploi de l'indigo en teinture.

331. TEINTURE PAR L'INDIGO. — Pour teindre par l'indigo, on emploie deux procédés différents : ou bien on engage l'indigo ordinaire dans une combinaison avec l'acide sulfurique : c'est la teinture en bleu de Saxe ; ou bien on transforme l'indigo bleu insoluble en indigo blanc, soluble dans une liqueur alcaline : c'est le procédé de la cuve à l'indigo.

1° *Teinture en bleu de Saxe.* — Elle repose sur la propriété qu'a l'indigo d'être soluble dans l'acide sulfurique fumant. Cet acide, suivant sa concentration, forme deux combinaisons : l'acide sulfopurpurique $C^{16}H^9Az^2O^2(SO^3H)$ et l'acide sulfoindigotique $C^{16}H^8Az^2O^2(SO^3H)^2$, liquides bleus qui se fixent sur la laine préalablement mordancée à l'acétate d'aluminium.

2° *Cuve à l'indigo.* — Elle se prépare en délayant l'indigo pulvérisé dans une grande cuve à demi pleine d'eau froide, puis en y ajoutant des quantités de chaux vive et de sulfate ferreux variables suivant les nuances de bleu que l'on veut obtenir.

Dans les laboratoires, on obtient un bleu moyen en employant pour 1 litre : 6^{gr} d'indigo, 12^{gr} de chaux vive éteinte dans un peu d'eau, et 10^{gr} de sulfate ferreux dissous dans l'eau bouillante. La chaux décompose le sulfate de fer :

$$SO^4Fe + CaO = FeO + SO^4Ca ;$$

l'oxyde ferreux provenant de cette décomposition se transforme en oxyde ferrique sous l'influence de l'eau

$$2FeO + H^2O = Fe^2O^3 + H^2,$$

et enfin l'hydrogène qui en résulte se fixe sur l'indigo bleu :   ·

$$C^{16}H^{10}Az^2O^2 + H^2 = C^{16}H^{12}Az^2O^2.$$

L'indigo blanc ainsi formé se dissout, grâce à l'excès de chaux. On favorise toutes ces réactions en agitant de temps à autre pendant une demi-heure ; on laisse ensuite reposer. Après quelques heures, on a une liqueur verdâtre dans laquelle on trempe les étoffes à teindre ; celles-ci, exposées à l'air, bleuissent promptement par suite de la transformation inverse de l'indigo blanc en indigo bleu insoluble.

La cuve ainsi préparée est dite *cuve à la couperose*. On emploie aussi comme réducteur l'hydrosulfite de sodium en présence de la chaux ; la formation d'indigo blanc est alors instantanée, mais elle exige une température de 50 à 60°.

332. CONSTITUTION DE L'INDIGOTINE. — La densité de vapeur 9,45 de l'indigotine conduit à lui donner la formule brute $C^{16}H^{10}Az^2O^2$. Sa constitution est assez complexe. D'après les recherches de Baeyer, qui a réussi à en faire la synthèse, elle se rattache à deux composés : l'*indol*, $C^6H^4 < {CH \atop AzH} > CH$,

qu'elle donne par hydrogénation ; l'*isatine*, $C^6H^4 < {CO \atop AzH} > CO$,

qu'elle donne par oxydation.

Le procédé de synthèse suivant tend de plus en plus à devenir industriel pour la fabrication artificielle de l'indigotine :

l'acide cinnamique $C^6H^5 — CH = CH — CO^2H$ (obtenu industriellement en partant de l'essence d'amandes amères) donne avec l'acide azotique l'acide nitrocinnamique $C^6H^4(AzO^2) — CH = CH — CO^2H$, que le brome transforme en bibromure nitrocinnamique: $C^6H^4(AzO^2)—CHBr—CHBr—CO^2H$. Celui-ci, traité par la potasse alcoolique, perd $2HBr$; et enfin l'acide nitrophénylpropiolique obtenu, étant chauffé à $140°$ avec un mélange de carbonate de potassium et de glucose, se change en indigotine :

$$2[C^6H^4(AzO^2)—C≡C—CO^2H]+2H^2=2H^2O+2CO^2+ C^{16}H^{10}Az^2O^2.$$

II. — Matières colorantes minérales.

333. Les matières colorantes appelées improprement minérales, sont les couleurs artificielles fournies par la chimie minérale. Ce sont des métaux, des oxydes, des sels divers ; la plupart ne sont plus employées qu'en peinture.

L'*or* et l'*argent* battus, en feuilles, se fixent sur certains tissus à l'aide d'un vernis gras siccatif.

Le *bleu de Prusse* $(FeCy^3)^3Fe^4$ ou ferrocyanure ferrique teint par double décomposition : l'étoffe est immergée d'abord dans une solution d'un sel ferrique, puis dans une solution de ferrocyanure de potassium. Le bleu de Prusse formé, insoluble, est retenu par le tissu. Il sert surtout pour la coloration de la pâte à papier et en peinture.

Le *vert de Scheele* (arsénite de cuivre) se forme également sur le tissu par double décomposition ; celui-ci est plongé successivement dans une solution d'un mélange d'anhydride arsénieux et de carbonate de sodium et dans une solution de sulfate de cuivre.

Le *vert de Schweinfurt* ou acéto-arsénite de cuivre (243) se fixe à l'albumine.

On emploie enfin, mais plus rarement : le *chromate de*

plomb, fixé par double décomposition entre deux solutions de sous acétate de plomb et de chromate de potassium ; le *bistre* (sesquioxyde de manganèse hydraté) ; le *vermillon*, fixé à l'albumine.

III. — Matières colorantes artificielles organiques.

334. Les matières colorantes artificielles organiques *tirent toutes leur origine des goudrons de houille ;* elles sont très nombreuses et on en découvre constamment de nouvelles. Les unes dérivent de la benzine et du toluène par l'aniline et les toluidines, les autres de l'anthracène, de la naphtaline et des phénols.

Couleurs d'aniline et de toluidines.

335. La base de la plupart des couleurs d'aniline et de toluidines est la rosaniline.

Rosaniline. — La rosaniline, $C^{20}H^{21}Az^3O$, est une triamine se produisant dans l'oxydation d'un mélange d'aniline et de toluidines :

$$C^6H^7Az + 2C^7H^9Az + 3O = 2H^2O + C^{20}H^{21}Az^3O.$$

Elle se présente en cristaux incolores, presque insolubles dans l'eau, un peu solubles dans l'alcool. Comme triamine, elle donne trois séries de sels avec un acide monobasique :

$$C^{20}H^{19}Az^3,HCl ; \quad C^{20}H^{19}Az^3,2HCl ; \quad C^{20}H^{19}Az^3,3HCl.$$

En particulier, les sels monacides ont un éclat vert métallique, et se dissolvent dans l'eau en produisant une belle teinte rouge cramoisie ; ils peuvent teindre directement la laine et la soie. Le plus employé est le chlorhydrate monacide, $C^{20}H^{19}Az^3$, HCl, qui constitue la fuchsine du commerce.

Constitution. — La rosaniline est le triamidocrésyldiphénylcarbinol, comme l'indique la formule de constitution :

$$OH - C \begin{cases} C^6H^4.AzH^2 \\ C^6H^4.AzH^2 \\ C^6H^3(CH^3).AzH^2 \end{cases}$$

; elle correspond au crésyldiphénylcarbinol

$$OH - C \begin{cases} C^6H^5 \\ C^6H^5 \\ C^6H^3(CH^3) \end{cases}$$

et au carbure d'hydrogène appelé crésyldiphénylméthane

$$CH \begin{cases} C^6H^5 \\ C^6H^5 \\ C^6H^3(CH^3) \end{cases}.$$

L'homologue inférieur de la rosaniline est la pararosaniline $C^{19}H^{19}Az^3O$, dont les sels sont aussi d'un beau rouge en dissolution. La pararosaniline est le triamidotriphénylcarbinol $OH - C - (C^6H^4 - AzH^2)^3$; elle correspond au triphénylcarbinol $OH — C - (C^6H^5)^3$ et au carbure appelé triphénylméthane $CH - (C^6H^5)^3$.

336. *Fuchsine.* — La fuchsine est le chlorhydrate monacide de rosaniline $C^{20}H^{19}Az^3$,HCl, belle matière colorante rouge découverte par Verguin en 1859. Elle cristallise en octaèdres réguliers d'un beau vert mordoré ; sa solution est d'un rouge cramoisi intense et teint la soie par simple immersion.

On la prépare ordinairement en oxydant 1 p. d'aniline dite pour rouge (mélange d'aniline, d'ortho et de paratoluidines) par 1 p. 1/2 d'acide arsénique à 75 °/₀. L'opération s'effectue dans une chaudière en fonte munie d'un agitateur mécanique et communiquant avec un serpentin (*fig.* 62). On chauffe vers 180° et on met l'agitateur en mouvement ; une certaine quantité d'aniline distille dans le serpentin; la rosaniline produite se combine à l'acide arsénique resté libre et forme de l'arséniate de rosaniline insoluble.

Quand le mélange contenu dans la chaudière présente des reflets mordorés, on cesse de chauffer ; on casse la masse et on la lévige pour enlever l'acide arsénique non employé et l'anhydride arsénieux qui provient de sa réduction. Le résidu insoluble d'arséniate de rosaniline est soumis à l'ébullition avec une solution chlorhydrique de chlorure de sodium ; il se produit une double décomposition : l'arséniate de sodium reste en

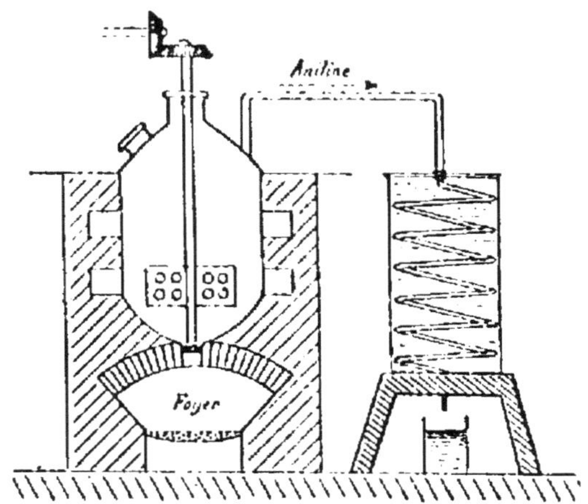

Fig. 62. — Préparation de la fuchsine.

dissolution tandis que la fuchsine ou chlorhydrate de rosaniline, insoluble dans l'eau salée froide, se dépose par refroidissement.

On purifie la fuchsine en la dissolvant dans l'eau bouillante et la faisant cristalliser dans de grands bacs où elle se dépose sur des baguettes en bois.

337. BLEUS ET VIOLETS D'ANILINE. — Les bleus et violets d'aniline sont pour la plupart des dérivés méthylés, éthylés, phénylés de la rosaniline ou des sels de ces dérivés (chlorhydrates, iodhydrates, etc.). Les plus connus sont les violets Hofmann, le violet de Paris, le violet impérial et le bleu de Lyon.

Les *violets Hofmann*, appelés aussi *violets au méthyle*, sont des dérivés méthylés ou éthylés de la rosaniline. On les obtient en chauffant la rosaniline avec une solution alcoolique de chlorure ou d'iodure de méthyle, de chlorure ou d'iodure d'éthyle. Les teintes les plus riches appartiennent aux rosanilines triméthylées et triéthylées. Ces violets sont rendus solubles en les chauffant avec une solution caustique de soude.

Le *violet de Paris* est un dérivé méthylé de la pararosaniline.

On l'obtient par oxydation ménagée de la méthylrosaniline ; cette dernière base est mélangée sur une aire dallée avec de l'azotate de cuivre, du sel marin dissous dans l'acide acétique et du sable. La masse s'échauffe peu à peu ; on en forme des pains qu'on sèche à l'étuve vers 40°. Quand la matière colorante s'est développée, on l'épuise par l'eau ; on en précipite le cuivre par une solution de sulfure de sodium et on dissout la matière colorante dans l'eau bouillante aiguisée d'acide chlorhydrique. Elle est précipitée ensuite de cette solution filtrée par une solution de sel marin.

Le *violet impérial* et les *bleus d'aniline* sont des phénylrosanilines, représentant la rosaniline dont les groupes AzH^2 sont remplacés en tout ou en partie par des groupes phényle C^6H^5. Ils ont une nuance d'autant plus bleue que la phénylation est plus complète.

Le violet impérial de Girard et de Laire s'obtient en chauffant la fuchsine avec un excès d'aniline à 160° ; c'est un mélange de mono et diphénylrosanilines.

Le bleu de Lyon est une triphénylrosaniline ou plutôt le chlorhydrate de cette base. On le prépare en traitant comme précédemment de la fuchsine par un excès d'aniline, mais en ajoutant un peu d'acide benzoïque et chauffant à 180° ; en traitant le produit par l'acide chlorhydrique, la matière colorante se précipite. La réaction peut s'exprimer par l'équation

$$C^{20}H^{19}Az^3,HCl + 3C^6H^7Az = 3AzH^3 + C^{20}H^{16}(C^6H^5)^3Az^3, HCl.$$

Fuchsine   Aniline   Bleu de Lyon

Le bleu de Lyon conserve sa belle teinte même à la lumière artificielle ; aussi l'appelle-t-on quelquefois bleu lumière. Il est insoluble dans l'eau ; pour le rendre soluble, on le chauffe avec de l'acide sulfurique exempt de produits nitreux ; il se forme un dérivé sulfoné (bleu soluble de Nicholson) qu'on sature par la soude et qu'on sèche à 50°.

338. Verts d'aniline. — Les plus employés sont les verts lumières et le vert malachite.

Les *verts lumières*, ainsi appelés parce qu'ils sont inaltérables par la lumière artificielle, sont en majeure partie des méthyl et éthylrosanilines. Si, dans la préparation des violets Hofmann, on prolonge l'action de l'iodure de méthyle sur la rosaniline, la couleur, d'abord violette, devient bleue et passe définitivement au vert. On obtient ainsi le vert à l'iode ou vert de nuit, dont la base est la triméthylrosaniline. On le livre au commerce combiné au chlorure de zinc.

Le *vert à l'aldéhyde* se produit par l'action de l'aldéhyde ordinaire sur une solution alcoolique de fuchsine en présence d'un acide minéral. On fait ensuite bouillir avec de l'hyposulfite de sodium ; le vert se dissout. Il sert à teindre la soie ; sa nuance est surtout brillante à la lumière artificielle ; sa formule brute est $C^{22}H^{27}OAz^3S^2$.

Le *vert malachite* a pour constitution $C^6H^5 — C.Cl = [C^6H^4.Az(CH^3)^2]^2$. Il se prépare en chauffant à 100° un mélange d'essence d'amandes amères, de diméthylaniline et de chlorure de zinc fondu. Il forme de beaux cristaux verts ; son prix est moins élevé que celui des verts précédents, mais il est moins brillant à la lumière artificielle.

339. Noirs et bruns d'aniline. — Le *noir d'aniline* est un noir très solide, d'une belle teinte veloutée ; il ne se fixe bien que sur le coton. On le produit directement sur l'étoffe en imprégnant celle-ci d'un mélange convenablement préparé d'aniline, de bichromate de potassium, d'acide sulfurique, et en l'exposant ensuite à l'air.

Les *bruns d'aniline* prennent naissance quand on chauffe à

240° un mélange de fuchsine et de chlorhydrate d'aniline, ou de violets et de bleus d'aniline. Ils sont solubles dans l'eau. En particulier le brun Bismarck donne des teintes très riches au coton et à la soie.

Couleurs dérivant du phénol ordinaire.

340. Outre l'acide picrique (159), on prépare encore avec le phénol $C^6H^5.OH$ plusieurs matières colorantes importantes, telles que le brun de phényle, la coralline, l'azuline.

Le *brun de phényle* se produit par l'action d'un mélange d'acide azotique et d'acide sulfurique sur le phénol. Il sert à teindre la laine et la soie. On l'appelle aussi phénicienne.

La *coralline jaune* ou acide rosolique $C^{20}H^{16}O^3$ s'obtient en chauffant le phénol avec un mélange d'acide oxalique et d'acide sulfurique. Elle est en lamelles à reflets mordorés, insolubles dans l'eau ; elle se dissout dans les carbonates alcalins en les colorant en rouge vif. La réaction qui lui donne naissance produit en même temps de l'*aurine* $C^{19}H^{14}O^3$, d'après l'équation

$$3C^6H^5.OH + CO^2 = 2H^2O + C^{19}H^{14}O^3.$$

L'aurine existe toujours dans la coralline jaune commerciale ; elle forme des aiguilles rouges.

De l'aurine dérivent deux matières colorantes : La *pararosaniline* (335), résultant de l'action de l'ammoniaque à 120° : elle se dissout en rouge dans les acides. L'*azuline* ou bleu de phényle, obtenue avec l'aniline à l'ébullition.

La *péonine* ou coralline rouge est un dérivé amidé de l'acide rosolique, qui se produit quand on soumet celui-ci à l'action de l'ammoniaque à 150°.

Couleurs dérivant des composés diazoïques.

341. Ces matières colorantes s'obtiennent généralement en traitant les composés diazoïques (287) par les amines aromatiques ou les phénols. Elles sont très nombreuses et leur emploi tend à se généraliser de plus en plus, grâce à leur prix de revient relativement peu élevé et à leur solidité.

La plupart ne sont pas solubles dans l'eau ; aussi les combine-t-on à l'acide sulfurique fumant pour obtenir des composés sulfonés solubles. Cette combinaison s'effectue ordinairement dans la préparation même de la matière colorante, en faisant réagir l'azotite de sodium, non pas sur les amines aromatiques ou sur les phénols, mais sur leurs dérivés sulfoniques. Le composé diazoïque sulfoné ainsi obtenu est ensuite traité par le phénol ou par l'amine aromatique en présence de la soude.

Nous citerons parmi les couleurs diazoïques les plus employées :

L'*hélianthine* ou orangé n° 3 ou tropéoline D, servant d'indicateur d'acidité et de basicité dans les laboratoires ; sa solution, jaunâtre, vire au rouge sous l'influence des acides et reprend sa couleur primitive par les alcalis. On l'obtient en faisant agir la diméthylaniline sur l'acide diazobenzine-sulfonique (dérivé azoïque de l'acide sulfanilique). C'est le sel de sodium de l'acide $C^6H^4(SO^3H) — Az = Az — Az C^6H^4(CH^3)^2$ diméthylamidoazobenzine-sulfonique.

La *chrysoïdine* est une belle couleur orangée obtenue en traitant la phénylène-diamine par le nitrate de diazobenzine, résultant lui-même de l'action de l'azotate d'aniline sur l'azotite de sodium. La chrysoïdine est le chlorhydrate de diamido-diazobenzol. Elle a remplacé complètement le carthame, matière colorante naturelle extraite des fleurs de carthame.

La *safranine* a pour point de départ l'orthotoluidine ; les solutions de ses sels teignent la soie en rouge ponceau.

Enfin on dérive des composés diazoïques de la naphtaline et des naphtols : les *rouges de Bordeaux*, caractérisés par une teinte d'un rouge vineux, ce qui les fait préparer spécialement pour la coloration artificielle des vins ; la *rosanaphtylamine*, dont le chlorhydrate est très employé pour la teinture en rose de la soie ; les *ponceaux*, le *rouge écarlate* de Biebrich, etc.

CHAPITRE XI

FERMENTATIONS

342. On appelle fermentation la transformation de certains composés organiques en produits constants sous l'influence d'un ferment organisé vivant, spécial pour chacun de ces composés. — Ces ferments sont pour la plupart des végétaux inférieurs, rangés, les uns parmi les Champignons (levûre de bière), les autres parmi les Algues (bactéries). Ils existent dans l'air à l'état de spores, de germes, et se multiplient avec une très grande rapidité quand ils se trouvent en présence du milieu favorable à leur développement. Ce développement est corrélatif de la transformation de ce milieu spécial dans lequel ils vivent : ils y puisent les éléments nécessaires à leur nutrition, en même temps qu'ils provoquent la formation des produits qui caractérisent la fermentation correspondante.

Les ferments sont détruits par les poisons ou par une température supérieure à 100°. Tantôt ils ne peuvent vivre qu'au contact de l'air ; on les appelle alors ferments aérobies ; *ex.* : le ferment acétique ; tantôt au contraire l'air les fait périr (ferments anaérobies), tel le ferment butyrique ; enfin quelques-uns, comme les levûres, tout en conservant la faculté de se multiplier quand ils sont exposés à l'air, ne jouent pas le rôle de ferment dans cette condition.

Aux fermentations répondant à la définition précédente ou fermentations proprement dites, on réunit quelquefois les *transformations* dues à des ferments inanimés qui se détruisent en décomposant certaines matières organiques : telles sont la transformation du saccharose en glucose par l'invertine ; de l'amidon en glucose par la diastase ; de l'amygdaline en essence d'amandes amères et acide cyanhydrique par l'émulsine, etc. ; ces ferments sont solubles et les poisons n'ont sur eux aucune action.

Nous ne nous occuperons ici que des fermentations proprement dites.

I. — Fermentation acétique.

343. On donne le nom de fermentation acétique à la transformation de l'alcool ordinaire en acide acétique sous l'influence d'une bactérie, le *Mycoderma aceti*, qui fixe l'oxygène de l'air sur l'alcool :

$$C^2H^5.OH + O^2 = H^2O + C^2H^4O^2.$$

Le *Mycoderma aceti* est constitué par de petites cellules visqueuses ayant $\frac{3}{1000}$ de millimètre de longueur, étranglées en leur milieu, et se reproduisant par simple division. Ces cellules se réunissent en filaments et se développent rapidement à la surface des liquides alcooliques exposés à l'air, en formant une sorte de voile mucilagineux, que l'on appelle vulgairement *mère du vinaigre.* Les matières azotées et phosphatées contenues dans le liquide fournissent les éléments nécessaires à ce développement.

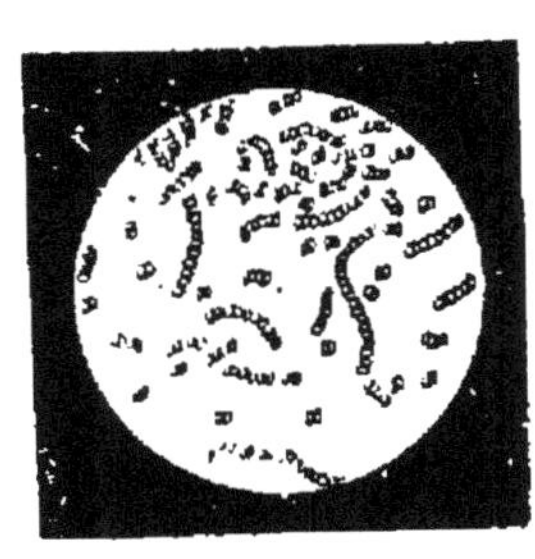

Fig. 63.
Mycoderma aceti.

Le ferment acétique ne peut vivre qu'au contact de l'air ; une fois immergé, il n'agit plus. Quand tout l'alcool a été acétifié dans un liquide par son action, il continue à se multiplier, quoique plus lentement : il transporte alors l'oxygène de l'air sur l'acide acétique, qui est transformé en eau et anhydride carbonique :

$$C^2H^4O^2 + 2O^2 = 2H^2O + 2CO^2.$$

On utilise l'action du *Mycoderma aceti* dans la production industrielle du vinaigre.

344. *Procédé orléanais.* — Le procédé orléanais n'est applicable qu'au vin. Dans un hangar ou cellier dont la température est maintenue constante à 25 ou 30°, sont disposés horizontalement des tonneaux percés supérieurement de deux trous : l'*œil* pour l'introduction du vin ; le *fausset*, plus petit, pour permettre l'accès de l'air.

On introduit dans chaque tonneau une quantité suffisante de vin et on y ajoute, soit un peu de vin aigri provenant d'une opération antérieure, soit un peu de mère du vinaigre prise dans un tonneau en fermentation. L'acétification se fait lentement ; au bout d'une quinzaine de jours on soutire la moitié du liquide acétifié et on le remplace par du vin nouveau.

Le vinaigre obtenu par le procédé orléanais possède un arome spécial dû aux éthers que produit l'alcool avec les acides formés pendant la fermentation. Les inconvénients de ce procédé sont la lenteur de l'acétification, et le développement fréquent dans les tonneaux d'anguillules, petits vers minces appartenant à la classe des *Nématodes*. Ces anguillules ayant besoin d'air pour leur respiration, submergent le mycoderme et peuvent ainsi arrêter la fermentation.

345. *Procédé allemand* ou de Schützenbach. — Il donne une acétification plus rapide ; on l'applique au vin, ainsi qu'à des mélanges d'eau et d'alcool, auxquels on ajoute de l'extrait de malt.

Chaque tonneau ou générateur (*fig.* 64) est vertical et a 2^m,50 de hauteur ; il présente deux doubles fonds percés de trous, formant ainsi trois compartiments ; les ouvertures du double fond supérieur sont bouchées en partie par des cordes retenues chacune par un nœud. Dans le compartiment moyen sont entassés des copeaux de hêtre, préalablement desséchés et arrosés de vinaigre. La circulation de l'air est assurée par des ouvertures latérales inférieures et par des tubes qui partent du double fond supérieur.

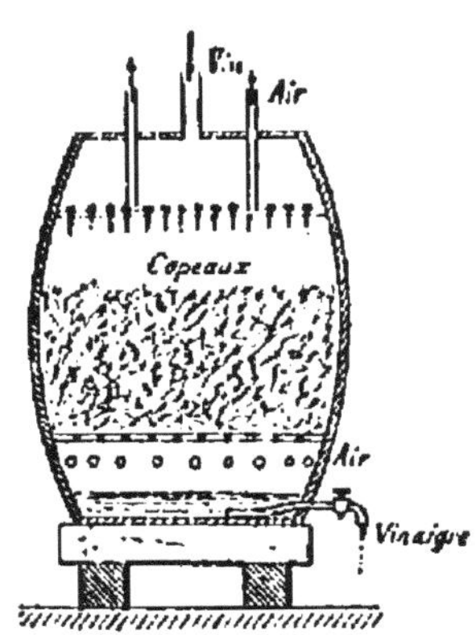

Fig. 64
Procédé allemand.

Le liquide à acétifier est versé par un tube central ; il coule le long des cordes en minces filets, tombe goutte à goutte sur les copeaux, et se rassemble dans le compartiment inférieur, tandis que l'air suit une marche inverse. Ordinairement le liquide soutiré n'est pas complètement acétifié ; on le fait passer successivement dans plusieurs de ces tonneaux, disposés convenablement l'un au-dessus de l'autre (appareil de graduation).

L'acétification étant très rapide, est accompagnée d'une élévation de température qui atteint ordinairement 40° ; il en résulte que le vinaigre ainsi produit a moins de saveur que le vinaigre orléanais, la plupart des principes volatils du vin ayant disparu. Enfin ce procédé, pas plus que le procédé orléanais, n'est à l'abri des anguillules.

346. *Procédé Pasteur.* — Le procédé Pasteur supprime les inconvénients précédents, tout en produisant une acétification rapide. Celle-ci s'opère dans des cuves larges, peu profondes, fermées par un couvercle; chacune est munie de deux ouvertures latérales pour la circulation de l'air et d'un tube inférieur recourbé pour le chargement.

Pour mettre une cuve en marche, on y introduit d'abord de l'eau contenant 2 % d'alcool, 1 % de vinaigre et une petite quantité de phosphates solubles. On sème à la surface du liquide un peu de *Mycoderma aceti*. Le ferment ne tarde pas à envahir cette surface tout entière ; on verse alors chaque jour avec précaution une certaine quantité de vin ou de liquide alcoolique remplaçant une quantité égale de vinaigre soutiré. De temps à autre on nettoie les cuves pour arrêter le développement des anguillules.

347. *Propriétés et usages.* — Le bon vinaigre contient généralement de 8 à 10 % d'acide acétique ; son odeur varie avec sa provenance ; il a une saveur piquante. Outre l'acide acétique, on y trouve une petite quantité d'alcool, d'éther acétique, de glucose. On le falsifie quelquefois avec du poivre, du piment ou des acides divers (acide sulfurique, acide tartrique). Il sert dans l'alimentation ; on l'utilise pour la fabrication des vinaigres de toilette, en fumigations, etc.

II. — Fermentation alcoolique.

348. La fermentation alcoolique est la transformation en alcool et anhydride carbonique que subissent la plupart des glucoses sous l'influence des levûres, végétaux microscopiques appartenant à la classe des Champignons :

$$C^6H^{12}O^6 = 2C^2H^5.OH + 2CO^2 + 67^{cal.}$$

Expérience fondamentale. — On introduit une dissolution de glucose additionnée de quelques grammes de levûre humide, dans un flacon communiquant avec une éprouvette reposant sur l'eau (*fig.* 65), et on abandonne le tout à une température qui ne soit pas inférieure à 20°. On voit se former une mousse abondante due à l'anhy-

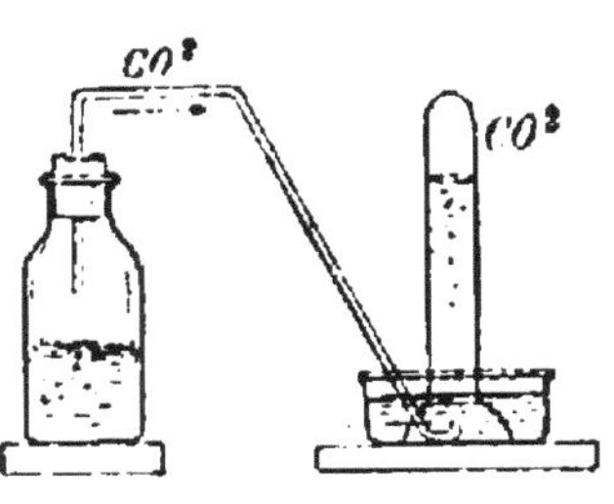

Fig. 65.
Fermentation alcoolique.

dride carbonique, et au bout de quelques jours la transformation du glucose est complète : le liquide a perdu sa saveur sucrée et on peut en retirer de l'alcool ordinaire par distillation, tandis que le gaz carbonique s'est rassemblé dans l'éprouvette.

M. Pasteur a démontré que le glucose, en se décomposant, donne indépendamment de ces deux produits : une petite quantité de glycérine (3 °/₀ du poids du glucose), de l'acide succinique (6 à 7/1000), une trace d'acide acétique et enfin 1 à 1 1/2 °/₀ de cellulose et de matières grasses.

349. LEVÛRES. — La levûre la plus commune est la levûre de bière ou *Saccharomyces cerevisiæ*. Vue au microscope, elle apparaît formée de petites cellules ovoïdes, pourvues d'une membrane d'enveloppe transparente et d'un noyau ; elles contiennent du protoplasme et des sels minéraux. Ces cellules se reproduisent par bourgeonnement ; la cellulose et les matières grasses provenant du dédoublement du glucose fournissent la membrane d'enveloppe et les matières azotées, tandis que les phosphates en dissolution dans le liquide donnent les

sels minéraux. La levûre se développe en effet très difficilement dans une solution de glucose ne contenant pas
de phosphates.

Il existe deux variétés principales de levûre de bière :
la *levûre basse* ou levûre de dépôt, dont les cellules ont

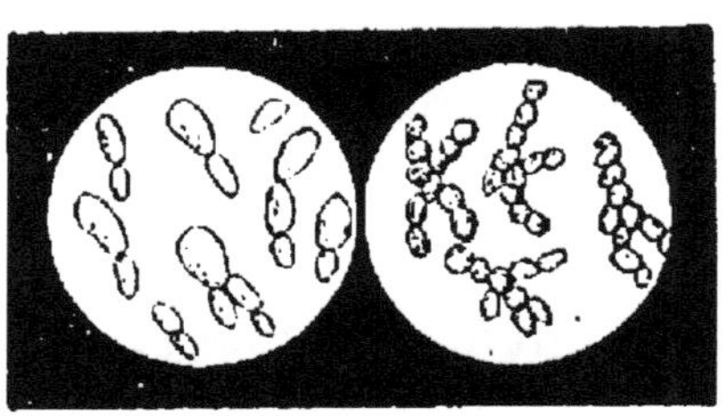

Fig. 65. — Levûre de bière.

peu de tendance à se réunir et font fermenter le mieux
vers 8 ou 10° ; la *levûre haute* ou levûre superficielle,
fonctionnant bien seulement vers 16° ; ses cellules se
réunissent en faisceaux de branches bourgeonnantes.

L'action de l'air est inutile à la fermentation, contrai-
rement à l'opinion de Gay-Lussac. Exposées à l'air, les levûres peuvent encore se multiplier, mais ne jouent plus
le rôle de ferments et n'exercent aucune action sur le
glucose.

350. *Fermentation du saccharose.* — Le saccharose, ou
sucre de canne, mis en contact avec la levûre de bière,
ne fermente pas de suite comme le glucose : il fixe
d'abord une mol. d'eau et se transforme en sucre interverti :

$$C^{12}H^{22}O^{11} + H^2O = C^6H^{12}O^6 + C^6H^{12}O^6.$$

Sucre de canne   Glucose   Lévulose.

Cette transformation est produite par un ferment soluble

que contient la levûre et que l'on appelle *sucrase* ou *invertine* (M. Berthelot). Le sucre interverti, une fois formé, subit la fermentation alcoolique sous l'influence de la levûre.

L'invertine s'obtient en la précipitant par l'alcool d'une solution aqueuse de levûre. Mise en présence du sucre de canne, elle le transforme en glucose et lévulose ; mais là se borne son action qui est, comme on le voit, indépendante de celle de la levûre. On peut d'ailleurs le démontrer par l'expérience suivante : à la partie supérieure d'une éprouvette à pied (*fig.* 67), on adapte un tube dont l'extrémité inférieure est fermée par du papier parchemin ; le tube et l'éprouvette contiennent une solution de sucre ordinaire, mais on ajoute un peu de levûre dans le tube. L'invertine, soluble dans l'eau, traverse facilement la membrane et intervertit à la fois les deux solutions, mais les glucoses formés ne subissent la fermentation alcoolique que dans l'intérieur du tube et on ne recueille du gaz anhydride carbonique que par son tube à dégagement.

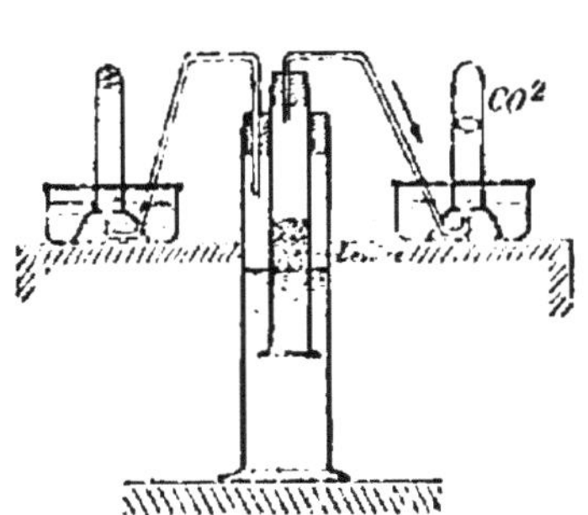

Fig. 67. — Expérience montrant l'indépendance des actions de l'invertine et de la levûre.

Industrie de l'alcool.

351. L'alcool se retirait autrefois uniquement des boissons ayant subi la fermentation alcoolique, comme le vin, le cidre, la bière ; ce mode de production est devenu peu à peu insuffisant devant l'augmentation croissante de la consommation de l'alcool ; aujourd'hui il fournit à peine le quart de la production totale, qui, en France seulement, dépasse 4 millions d'hectoli' es.

Pour obtenir l'alcool en dehors des boissons fermen-

técs, on utilise non seulement les matières sucrées pouvant subir de suite la fermentation alcoolique, mais
encore les matières amylacées (fécule, amidon) se transformant en sucre sous l'influence de la diastase. Des
origines de l'alcool viennent ses noms divers : alcools de
vin, de mélasse, de betteraves, de pommes de terre, de
grains ou de céréales.

Sauf dans le cas des boissons fermentées, où il suffit
d'une simple distillation dans un des appareils décrits
plus loin, l'extraction de l'alcool comprendra nécessairement trois opérations distinctes :

Préparation de la liqueur sucrée fermentescible ;

Fermentation de cette liqueur par la levûre de bière ;

Distillation du liquide alcoolique provenant de la fermentation.

352. Préparation des liquides alcooliques. — 1° Les *mélasses*
provenant des fabriques de sucre ou des raffineries sont
délayées dans l'eau tiède de manière à former un mélange
marquant 10° B et ayant une température d'environ 25°. Ce
mélange est introduit dans de grandes cuves où on l'additionne d'abord d'un peu d'acide sulfurique qui sature la chaux
des mélasses, puis de levûre de bonne qualité qui lui fait subir
la fermentation alcoolique. Quand celle-ci est terminée, on
doit distiller le liquide le plus tôt possible pour éviter la fermentation acétique qui ne tarderait pas à se produire. 100^{kg}
de mélasse donnent en moyenne 30^{lit} d'alcool à 95°.

2° Les *betteraves* sont traitées soit dans les sucreries, soit
dans les exploitations agricoles. On les réduit en cossettes,
qui sont comprimées ou soumises à un lessivage méthodique
par des vinasses bouillantes. Le jus qui en provient est encore
additionné d'un peu d'acide sulfurique et soumis à la fermentation alcoolique. Les résidus constituent d'excellents engrais
ou servent pour la nourriture des bestiaux. 100^{kg} de jus produisent 3 à 4^{lit} d'alcool à 95°.

3° Les *pommes de terre*, après un lavage mécanique qui les
débarrasse de la terre et des pierres, sont amenées dans les

appareils à cuisson, sortes de cuves à double fond chauffées par la vapeur; une fois cuites, elles sont écrasées entre deux cylindres de fonte. Elles tombent de là dans la cuve à saccharification qui contient un peu d'orge germée délayée dans l'eau; on brasse le mélange en ne permettant pas à la température de s'élever au delà de 70°. Après trois heures, la saccharification de la fécule est complète ; on fait passer le liquide à travers des tamis et, quand il est refroidi à 24°, on y ajoute de la levûre. Les topinambours, châtaignes, etc., sont traités de même.

4° Les *céréales* les plus employées sont le seigle, l'orge, le maïs. Les grains moulus sont mélangés à de l'orge germée et introduits dans des cuves contenant de l'eau chaude ; on brasse mécaniquement, en ajoutant de temps en temps de l'eau bouillante pour que la température se maintienne aux environs de 65°. La diastase de l'orge germée opère encore la saccharification de la matière amylacée; après trois heures, elle est terminée. On ramène le liquide sucré à une température convenable par addition d'eau froide ou bien en le faisant circuler dans des rigoles, et on le soumet à l'action de la levûre.

100^{kg} de matière amylacée donnent en moyenne 29^{lit} d'alcool à 95°. Les résidus ou drèches servent pour la nourriture des bestiaux. Quand on emploie des céréales avariées, ou bien encore dans les pays où on ne peut utiliser les drèches, on opère la saccharification par l'eau additionnée d'acide chlorhydrique et chauffée par un courant de vapeur à 3^{atm}.

353. DISTILLATION DES LIQUIDES FERMENTÉS. — Les liquides obtenus par les fermentations alcooliques précédentes portent le nom général de *moûts*; ils renferment de 3 à 10 % d'alcool.

En les soumettant à la distillation, l'alcool se vaporise plus vite que l'eau et se trouve en grande partie dans les premiers produits distillés ; mais pour le retirer en totalité, il est nécessaire de porter le moût à la température d'ébullition de l'eau. Le résultat de cette distillation est l'obtention d'alcools faibles ou *flegmes*, dont la richesse en alcool est de 15 à 20 %. En pratique, on doit connaître la quantité de moût que l'on doit évaporer pour avoir tout l'alcool ; par exemple sur 100^{kg} de moût ayant une richesse de 3 %, il faut en distiller $\dfrac{1}{5}$, et $\dfrac{1}{3}$ si la richesse atteint 6 %.

Les flegmes, étant soumis à des distillations répétées dont on ne recueillerait chaque fois que les premiers produits, donneraient un liquide de plus en plus riche en alcool ; mais ce moyen n'est pas employé à cause des dépenses considérables de temps, de main-d'œuvre et de combustible qu'il occasionnerait.

Aujourd'hui, une seule opération suffit pour retirer des flegmes et même des moûts, des alcools marquant 95° à l'alcoolomètre centésimal ; on emploie pour cela deux sortes d'appareils ordinairement réunis : les rectificateurs et les déflegmateurs.

Dans les *rectificateurs*, les premières vapeurs venant de la chaudière traversent un liquide alcoolique et s'y condensent. Celui-ci, devenu plus riche en alcool, entre en ébullition à une température moins élevée et émet des vapeurs plus alcooliques que les précédentes. Ces nouvelles vapeurs se rendent dans un deuxième liquide plus alcoolique, et ainsi de suite, la richesse des vapeurs émises successivement par les 1er, 2e, 3e,... liquides augmentant de plus en plus. On verra un exemple de rectificateurs dans la colonne à plateaux.

Les *déflegmateurs* ou *analyseurs* reposent sur ce principe : si, à l'aide d'une paroi quelconque, on abaisse la température d'un mélange de vapeurs d'alcool et d'eau, la paroi les analyse et les sépare en vapeurs alcooliques, qui continuent leur chemin, et en vapeurs aqueuses, qui se condensent et retournent vers la chaudière. Par exemple, des vapeurs contenant des parties égales d'alcool et d'eau arrivant au contact d'une paroi qui les refroidit à 85°, fournissent environ $\frac{3}{5}$ de vapeurs à 78 °/₀ d'alcool et $\frac{2}{5}$ de liquide à 30 °/₀ d'alcool. Les déflegmateurs sont ordinairement placés à la suite des rectificateurs.

Comme appareil industriel, nous verrons l'appareil de Champonnois, qui est un des plus simples et très employé dans les distilleries des exploitations agricoles.

Appareil Champonnois (fig. 68). — Il comprend un alambic chauffé par un foyer, une colonne à plateaux ou rectificateur, un déflegmateur ou analyseur, et un réfrigérant condenseur. La colonne est formée de 17 tronçons cylindriques qui constituent autant de rectificateurs ; chacun de ces tronçons contient un plateau percé d'une large ouverture centrale garnie d'un ajutage ; celui-ci est recouvert par une calotte hémisphérique forçant les vapeurs qui s'élèvent d'un tronçon à l'autre à barboter dans la petite couche de liquide qui surmonte chaque plateau.

L'analyseur est constitué par des lames recourbées en spirale et distantes l'une de l'autre de 0ᵐ,01 environ.

Les vapeurs alcooliques et le moût suivent une marche inverse : le moût froid descend par le tube T, circule dans l'enveloppe du réfrigérant, où il s'échauffe par la condensation des vapeurs alcooliques, s'élève à la partie inférieure du déflegmateur dont il parcourt les lames de deux en deux, puis est déversé par un trop-plein à la partie supérieure de la colonne. Il circule ensuite de plateau en plateau par des tubes latéraux, et, dépouillé presque entièrement de son alcool, arrive dans l'alambic,

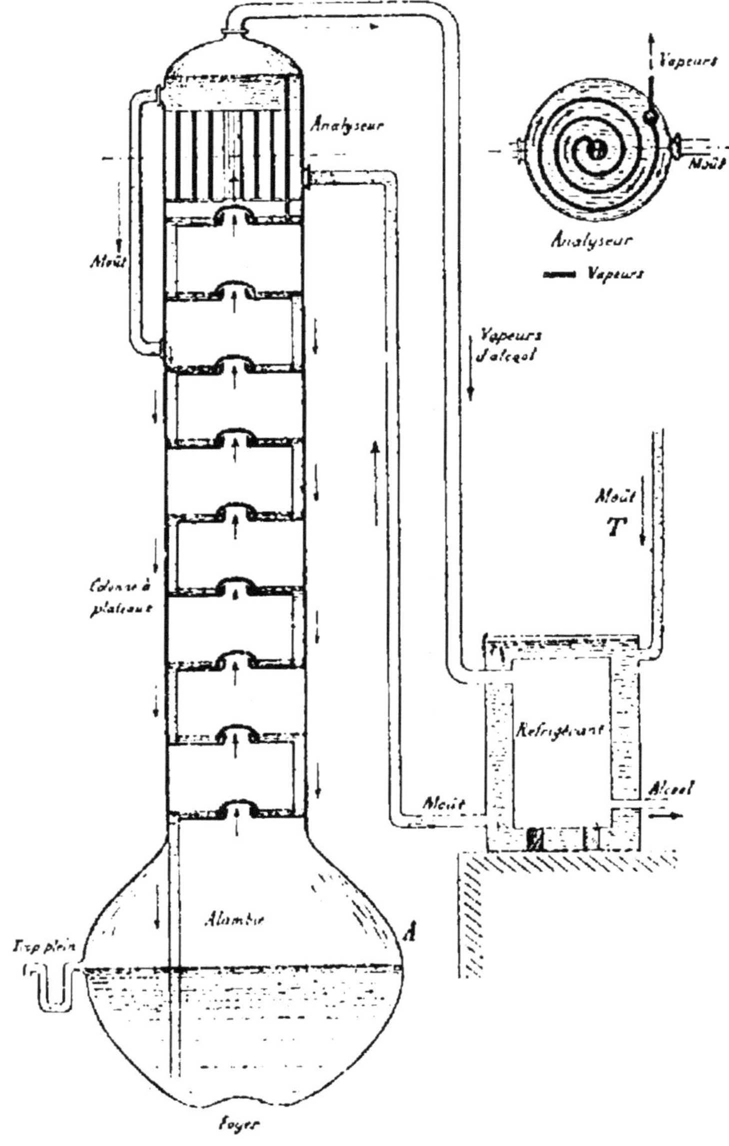

Fig. 68. — Appareil Champonnois.

hors duquel il se déverse par un trop-plein. Inversement,

les vapeurs provenant de l'alambic s'élèvent de plateau en plateau par les ouvertures centrales, barbotent dans le liquide descendant qu'elles échauffent, et deviennent de plus en plus alcooliques et volatiles ; elles traversent finalement les lames de l'analyseur en sens inverse du moût et se rendent dans le réfrigérant où elles se condensent.

Les eaux-de-vie brutes ainsi obtenues contiennent, outre l'alcool ordinaire, de l'eau, des aldéhydes, des éthers, des homologues supérieurs de l'alcool ordinaire (alcools butylique, amylique, etc.) ; tous ces produits leur communiquent une odeur et un goût désagréables ; aussi on les soumet à une deuxième rectification dans des appareils analogues au précédent et on fractionne les produits distillés : les premières portions (*alcools de tête*) ont entraîné les aldéhydes et les éthers ; les dernières renferment au contraire les produits les moins volatils, comme les alcools butylique, amylique ; ce sont les *alcools de queue* ou alcools mauvais goût ; entre ces deux sortes d'alcools on recueille l'alcool *bon goût*.

Les *esprits* ou alcools bon goût fournis au commerce par cette deuxième rectification marquent de 70 à 96° à l'alcoolomètre centésimal. Les *eaux-de-vie* marquent moins de 50° ; on les colore soit à l'aide du caramel, soit en les laissant séjourner dans des tonneaux en bois de chêne dont elles dissolvent les matières colorantes et le tannin.

Vin.

354. Le vin est le liquide alcoolique provenant de la fermentation du jus de raisin. — Les raisins, cueillis un peu avant leur complète maturité, sont portés aux cuves de fermentation. Celles-ci sont de grandes cuves en bois de chêne ou en maçonnerie garnies d'un ciment hydraulique ; les raisins y sont écrasés et foulés ; ils donnent un jus sucré ou *moût* renfermant du glucose et du lévulose, des matières albuminoïdes, des matières colorantes, des sels divers : sulfates, phosphates, tartrates, etc.

Abandonné à lui-même à une température non inférieure à 20°, le moût ne tarde pas à fermenter sous l'influence des levûres ou ferments que contient la pellicule des grains de raisin ; il se produit une mousse abondante due au dégagement d'anhydride carbonique ; les grappes et la pulpe du raisin soulevées par ce gaz se rassemblent à la surface et forment une sorte de croûte appelée *chapeau*. Cette première fermentation, dite *fermentation tumultueuse*, a une durée variable suivant la nature du vin (4 jours pour le Bourgogne, 10 pour le Médoc). On reconnaît qu'elle est terminée quand le gaz carbonique cesse de se dégager. On brise alors le chapeau et on agite toute la masse ; la fermentation recommence ; par le repos elle se ralentit de nouveau et le liquide s'éclaircit peu à peu. On le soutire dans des tonneaux où s'achève la fermentation et au fond desquels se déposent les *lies*, mélange de crème de tartre, de matières colorantes et de débris du ferment. Le vin est ensuite soutiré une deuxième fois et collé avec de l'albumine ou de la colle de poisson ; celles-ci, en se coagulant, entraînent les matières étrangères que le vin tenait encore en suspension.

Les *marcs*, ou résidus des cuves de fermentation, soumis à la presse, donnent les vins de presse ; après quoi on les arrose avec de l'eau, on les abandonne à la fermentation et finalement on les distille pour en retirer l'eau-de-vie de marc.

Quand on veut obtenir du vin blanc avec des raisins noirs, on débarrasse ceux-ci, à l'aide d'un pressoir et avant la fermentation, des pellicules qui seules contiennent la matière colorante.

Le vin blanc, mis dans des bouteilles spéciales avec un peu de sucre candi, subit une nouvelle fermentation qui emprisonne de l'anhydride carbonique sous pression et rend le vin mousseux (vin de Champagne).

355. *Composition du vin.* — Le vin contient une proportion d'alcool variant entre 5 et 20 %, des gaz anhydride carbonique et azote ; des produits spéciaux résultant de la fermentation (glycérine, acide succinique, traces d'aldéhyde et d'éthers) lui donnant sa saveur et son bouquet ; enfin le vin contient les composés autres que le sucre qui préexistaient dans le jus de raisin, comme l'albumine, du tannin, des matières grasses, des sels. Tous ces produits sont en dissolution, et leur proportion ne dépasse pas 3 %. Le vin rouge renferme en outre une matière colorante provenant de la pellicule et soluble dans l'alcool.

On assure la conservation des vins par le procédé Pasteur : il consiste à les chauffer pendant quelques minutes au bain-marie à 55 ou 60° en évitant le contact de l'air extérieur. Cette température est suffisante pour détruire tous les germes qui, sans cette précaution, se développeraient ultérieurement et pourraient rendre le vin : *acide* (fermentation acétique au contact de l'air), *gras* ou *huileux* (fermentation visqueuse due à des cellules réunies en chapelet), *trouble* ou *tourné* (fermentation se produisant surtout en été par de petites cellules, et accompagnée d'un dégagement d'anhydride carbonique). Enfin les vins sont souvent *plâtrés*, afin de hâter leur dépouillement des tartrates solubles ; on les additionne d'une petite quantité de sulfate de calcium (250gr par hectolitre) ; il se forme du tartrate de calcium insoluble.

La principale falsification des vins naturels consiste dans le mouillage, c'est-à-dire l'addition d'eau. Cette falsification entraîne comme conséquences l'addition de matières colorantes diverses (fuchsine, baies de sureau et de troëne, rouges de Bordeaux, etc.), pour rehausser leur couleur, et d'alcools de qualité inférieure pour leur rendre leur force.

Biére.

356. La bière est le résultat de la fermentation alcoolique d'une infusion d'orge germée, additionnée d'un principe amer fourni par le houblon. Elle était connue des anciens sous le nom de cervoise ; on la fabrique principalement dans les pays du Nord.

La fabrication de la bière comprend quatre opérations : préparation du malt ou maltage, brassage ou saccharification, houblonnage, fermentation.

1° *Préparation du malt.* — Le maltage ou préparation de l'orge germée constitue une industrie spéciale s'exerçant dans les malteries. Son but est de développer, par la germination, un ferment azoté soluble, la diastase, qui transformera l'amidon en glucose. L'orge est d'abord placée dans des cuves en bois avec de l'eau qui la surmonte de quelques centimètres (mouillage) : les grains avariés surnagent, on les enlève. Après 48 heures, les grains d'orge sont saturés d'eau et gonflés. On les fait passer dans les *germoirs*, sortes de caves dallées où on les étend en couche de 0^m,50 ; la température y est maintenue à 15°. La diastase se développe peu à peu ; on remue la masse de temps à autre ; la germination est terminée quand la gemmule a atteint les 2/3 de la longueur du grain. L'orge germée est ensuite soumise à une dessiccation graduée jusqu'à 80° dans des touailles ou étuves chauffées inférieurement ; les radicelles sont alors facilement séparées des grains par tamisage. Ceux-ci passent enfin entre deux cylindres de fonte qui les réduisent en une sorte de farine grossière constituant le malt.

2° *Brassage.* — Le brassage transforme l'amidon de l'orge germée en maltose et donne un liquide sucré appelé *moût.* Dans le nord de la France et en Angleterre, il s'effectue par infusion : le malt est soumis à l'action de l'eau chaude dans des cuves en bois à double fond dites cuves-matières (*fig.* 69), (dans les grandes brasseries ces

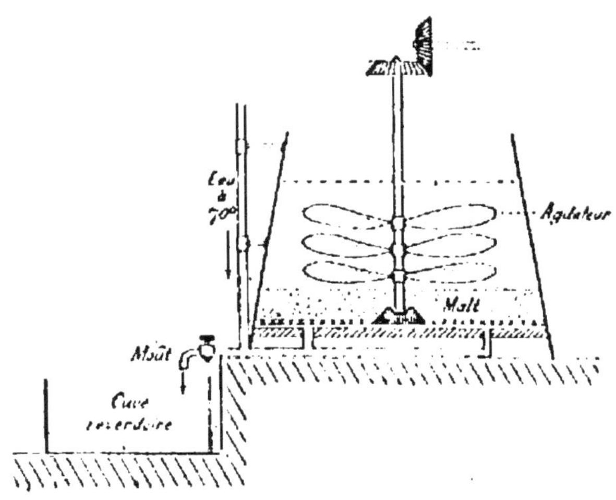

Fig. 69. — Cuve-matière.

cuves sont remplacées par de grands cylindres en tôle entourés d'une chemise de bois).

Le malt est étendu en couche de 0ᵐ,40 d'épaisseur environ sur le fond supérieur percé de trous, tandis qu'un tube débouchant entre les deux fonds amène de l'eau à 70°. On brasse énergiquement soit mécaniquement, soit avec des perches appelées fourquets; et on abandonne le tout pendant quelques heures. Au bout de ce temps, l'amidon a été en grande partie transformé, d'abord en dextrine, puis en maltose soluble ; on soutire le moût, tandis que le résidu est soumis successivement à des infusions avec de l'eau à 90° et à 95° pour achever de l'épuiser. Le malt épuisé ou *drèche* sert de nourriture aux bestiaux ; le produit de la deuxième infusion est mélangé au moût ; celui de la troisième donnera la petite bière.

3° *Houblonnage.* — Il a pour but d'ajouter au moût le principe amer et aromatique du houblon. Le moût est porté à l'ébullition dans des chaudières de cuivre avec une proportion convenable de fleurs de houblon desséchées (500^{gr} à 1^{kg} par hectolitre). Après la cuisson, le liquide doit être refroidi rapidement : on le fait passer dans des conduites entourées d'eau froide et on l'amène dans les rafraîchissoirs, grands bacs peu profonds dans lesquels il se clarifie.

4° *Fermentation.* — Le maltose doit être transformé en alcool par la levûre de bière ; c'est l'opération la plus délicate.

Le moût est introduit dans une grande cuve appelée *guilloire*, placée dans une pièce dont la température est d'environ 20° ; on y ajoute de la *levûre haute* délayée dans un peu de moût tiède (300 à 400^{gr} par hectolitre). Cette levûre se développe en cellules arborescentes à la surface du liquide ; l'anhydride carbonique se dégage en abondance. Après 24 heures, on soutire la bière dans des tonneaux placés dans des caves très fraîches, pour éviter son altération. La fermentation s'y continue ; par la bonde de chaque tonneau sortent des écumes qu'on recueille et qu'on exprime dans des sacs en toile ; elles constituent la levûre sèche, employée pour les fermentations ultérieures ou pour la panification.

Dans l'Est et en Allemagne, où le brassage se fait par *décoction*, c'est-à-dire par ébullition du malt avec l'eau, la levûre qui produit la fermentation est la *levûre basse* ou *de dépôt*, fonctionnant vers 6°; elle tombe peu à peu au fond du liquide, d'où le nom de *fermentation par dépôt* qu'elle produit, par opposition à la *fermentation superficielle* des bières anglaises et des bières du Nord.

357. *Composition de la bière.* — La bière contient de 2 à 8 °/₀ d'alcool, de l'anhydride carbonique libre, environ 5°/₀ de matières solides en dissolution : albuminoïdes, dextrine, sucre, matières grasses, huiles essentielles, phosphates et autres sels minéraux. Elle est à la fois excitante et nourrissante : elle diffère des autres boissons alcooliques en ce qu'elle doit être consommée quand elle fermente encore.

On lui donne quelquefois de l'amertume par l'acide picrique, la strychnine, etc. ; enfin on ajoute souvent au moût : du glucose, des mélasses, etc., afin d'augmenter la richesse en alcool par la fermentation.

358. CIDRE. — Le cidre est le liquide alcoolique obtenu par fermentation du jus des pommes ; on le consomme principalement en Normandie et en Bretagne. Sa fabrication est très simple : les pommes sont réduites en pulpe et abandonnées pendant quelque temps a l'air ; on ajoute alors un peu d'eau et on les soumet au pressoir. Le jus sucré obtenu est recueilli dans des tonneaux qu'on laisse incomplètement bouchés ; la fermentation s'y établit au bout de quelques jours, et un chapeau d'écume sort par la bonde. Pour avoir du cidre doux, il faut le soutirer, avant la fermentation terminée, dans des tonneaux qui ont été soufrés et qu'on bouche hermétiquement.

Le cidre renferme de 4 à 7 °/₀ d'alcool ; des principes pectiques et des principes aromatiques ; il contient quelques acides libres ou combinés (acide malique, malates de potassium et de calcium, acide tartrique); ces acides communiquent au cidre des propriétés légèrement débilitantes.

359. ALCOOLOMÉTRIE. — L'alcoolométrie a pour but la recherche de la quantité d'alcool contenue dans un alcool d'industrie ou dans un liquide alcoolique. On emploie habituellement les *alcoolomètres*, comme l'alcoolomètre centésimal de Gay-Lussac; mais quand il s'agit de boissons fermentées, les principes solubles qu'elles contiennent influent sur la densité et fausseraient l'observation. Dans ce cas, on en distille le tiers pour en retirer tout l'alcool (*appareil de Salleron*, *fig.* 70), et on plonge l'alcoolomètre dans ce liquide ramené à son volume primitif par addition d'eau distillée.

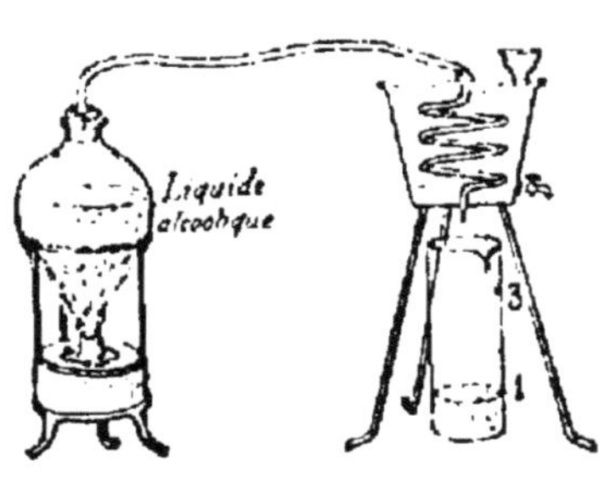

Fig. 70.
Appareil Salleron.

Quelquefois on détermine le point d'ébullition de la liqueur alcoolique sous la pression ordinaire ; cette température indique la proportion relative d'alcool et d'eau contenue dans le mélange d'après des tables déterminées ; c'est le principe des *ébullioscopes*.

Enfin on peut aussi mesurer la hauteur d'ascension des liquides alcooliques dans un tube capillaire que l'on a préalablement gradué dans des mélanges d'eau et d'alcool en proportions connues ; on détermine ainsi le titre d'un vin à environ $\frac{1}{2}$ centième près.

III. — Fermentations diverses.

360. Fermentation lactique. — La fermentation lactique est a transformation du glucose $C^6H^{12}O^6$ en acide lactique $C^3H^6O^3$ sous l'influence du ferment lactique. Ce ferment est le *Mycoderma lacticus*, appartenant au même groupe que le *Mycoderma aceti* ; il est formé de très petites cellules en forme

de globules. Les conditions de bonne fermentation sont la
présence de matières azotées, fournissant les éléments nécessaires au développement du mycoderme, et la neutralité de
la liqueur, empêchant la fermentation de tourner en fermentation butyrique. Cette dernière condition est réalisée par l'addition d'un alcali ou d'un carbonate alcalin, qui sature l'acide
lactique au fur et à mesure de sa formation (Voir n° 254.)

361. FERMENTATION BUTYRIQUE. — C'est la transformation du
glucose en acide butyrique $C^4H^8O^2$ par le ferment butyrique :

$$C^6H^{12}O^6 = C^4H^8O^2 + 2CO^2 + 2H^2 ;$$

c'est en quelque sorte la prolongation de la fermentation lactique, qui la précède toujours. Le ferment est le *Bacillus amylobacter*, constitué par de petites baguettes cylindriques ordinairement isolées et ayant la curieuse
propriété de se mouvoir en glissant par
un mouvement spiral ; ces bacilles
sont quelquefois recourbés et se multiplient par division. La fermentation
ne peut s'accomplir qu'à l'abri de l'air,
celui-ci faisant périr le ferment.

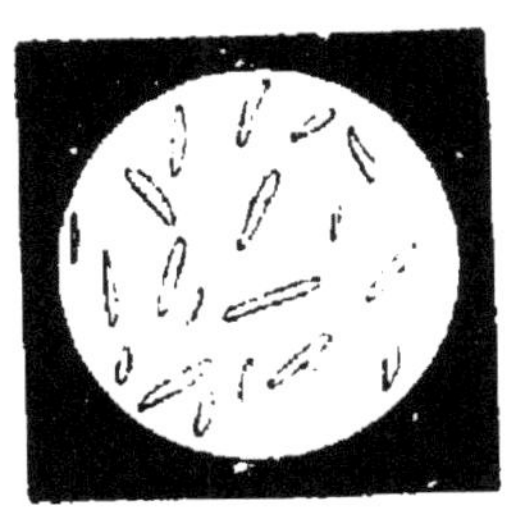

Fig. 71.
Bacillus amylobacter.

On obtient l'acide butyrique en
maintenant à 40° un mélange d'une
solution de glucose, de fromage blanc
et de craie en poudre ; après quelques
jours, le mélange se prend en une
masse de lactate de calcium ; celui-ci dégage peu à peu de
l'hydrogène et donne du butyrate de calcium, qu'on décom
pose par l'acide sulfurique.

362. FERMENTATION AMMONIACALE. — Elle consiste dans la transformation de l'urée en carbonate d'ammonium sous l'influence
du ferment ammoniacal :

$$CO(AzH^2)^2 + 2H^2O = CO(AzH^4O)^2.$$

Ce ferment est le *Mycoderma ureæ*, étudié par M. Van Tieghem ;
il se compose de petites cellules sphériques se développant par
bourgeonnement et formant des amas ou des chapelets.

363. FERMENTATION PUTRIDE. — On donne le nom de fermentation putride ou de putréfaction à la décomposition

accompagnée du dégagement de produits volatils, que subissent les matières animales et végétales sous l'influence de ferments dont les germes se trouvent en suspension dans l'air.

Le ferment de la putréfaction est connu depuis les beaux travaux de M. Pasteur. C'est une Bactériacée spéciale du genre *vibrion*, mobile et anaérobie comme le *Bacillus amylobacter* ou ferment butyrique. Quand une substance organisée, comme du lait, un morceau de viande, est abandonnée au contact de l'air à une température convenable, elle ne subit pas de suite la fermentation putride, le vibrion qui produit celle-ci ne pouvant se développer qu'à l'abri de l'oxygène ; mais d'autres bactéries dont les germes existent également dans l'atmosphère se fixent sur la substance, absorbent peu à peu son oxygène et créent ainsi un milieu favorable au développement du vibrion. La fermentation putride s'établit alors ; le vibrion décompose les matières azotées, et les produits de cette décomposition sont repris par les autres bactéries, qui déterminent leur combustion : il se forme de l'eau et il se dégage du gaz ammoniac, de l'anhydride carbonique, accompagnés ordinairement d'exhalations fétides (297). Cette putréfaction est particulièrement aisée à observer avec un liquide riche en matières albuminoïdes, comme du bouillon ; au bout de quelques jours, si la température est favorable, on voit sa surface recouverte d'une sorte de gelée opaque due aux bactéries qui y pullulent, tandis que les couches profondes du liquide se troublent par le développement du ferment putride.

364. *Expériences de M. Pasteur*. — Toutes ces bactéries existent dans l'air à l'état de germes desséchés ; ceux-ci ne se développent que lorsqu'ils rencontrent un milieu favorable. Pour les recueillir, on fait passer un lent courant d'air par aspiration sur une goutte d'un mélange visqueux d'air et de glycérine (procédé Miquel); celle-ci retient les germes, qu'on peut ensuite examiner à un fort grossissement ou semer dans des milieux nutritifs convenables pour étudier le genre de bactéries auquel ils donnent naissance.

Toute substance organisée, à l'abri de l'air et de ces germes, ne pourra subir la fermentation putride ; c'est ce que M. Pasteur a démontré par les expériences suivantes :

1° Il introduisit une certaine quantité de liquide facilement putréfiable, comme du bouillon, du lait, dans un ballon de verre dont il étira le col, puis il soumit le liquide à l'ébullition afin de détruire les germes qu'il pouvait contenir, et ferma le col à la lampe. Les liquides ainsi isolés se conservèrent indéfiniment.

2° Dans un ballon ainsi préparé, il brisa la pointe et ne laissa rentrer que de l'air qui avait traversé un tube de platine chauffé au rouge, et dont par conséquent les germes avaient été détruits. Le ballon ayant été de nouveau fermé à la lampe, le liquide qu'il contenait ne subit aucune altération.

3° M. Pasteur arriva enfin au même résultat en ne chauffant pas l'air qu'il laissait rentrer dans le ballon ; le col de celui-ci était alors longuement recourbé en col de cygne, à l'ouverture duquel il avait placé un tampon d'amiante préalablement calciné, destiné à retenir les germes au passage.

365. *Conservation des substances organisées.* — Elle est la conséquence des expériences de M. Pasteur. Pour mettre une substance organisée à l'abri de la putréfaction, il faudra : 1° détruire les germes qu'elle contient, soit par la cuisson, soit par un corps dit *antiseptique*; 2° empêcher le développement ultérieur de germes nouveaux en préservant la substance de tout contact avec l'atmosphère, ou encore en rendant le milieu défavorable au ferment par le froid, la dessiccation.

Dans le procédé d'Appert, applicable aux sardines, aux viandes crues, on utilise la cuisson suivie de la privation d'air : la substance à conserver est introduite avec son assaisonnement dans des boîtes en fer blanc auxquelles on ne laisse qu'une petite ouverture ; on plonge ces boîtes dans un bain de chlorure de calcium chauffé à 115°, puis on les ferme hermétiquement ; on les plonge enfin une seconde fois dans le bain afin de détruire les germes qui auraient pu s'y introduire pendant la fermeture.

Pour d'autres substances, on arrive à un résultat analogue, soit en abaissant leur 'empérature (conservation par la glace), soit en les desséchant (fruits secs), soit enfin à l'aide des antiseptiques. Parmi les antiseptiques on peut citer l'*alcool,* très employé en histoire naturelle et pour conserver les fruits ; la *créosote,* utilisée pour enfumer les jambons, les harengs, etc.; le *sel Alembroth* (chlorure double de mercure et d'ammonium) et l'*anhydride arsénieux,* qui rendent imputrescibles les collections anatomiques; le *chlorure de zinc,* qui conserve très bien les cadavres ; le *phénol,* le *thymol,* le *sel marin* (salaisons), etc.

ANALYSE CHIMIQUE

CHAPITRE PREMIER

ANALYSE QUALITATIVE PAR VOIE HUMIDE

366. L'analyse qualitative par voie humide a pour but de faire connaître la nature des éléments qui entrent dans la constitution des composés en dissolution. Pour cela, on soumet ces composés à l'influence de corps appelés *réactifs,* qui leur font subir des changements caractéristiques.

Ces changements consistent quelquefois en un *dégagement de gaz*, comme dans l'action de l'acide chlorhydrique sur les carbonates; le plus ordinairement, il se forme un *précipité*, c'est-à-dire qu'il se sépare du liquide un solide dont la couleur, la consistance, la dissolution dans d'autres réactifs caractérisent le composé à analyser.

Conformément au programme, nous nous bornerons à l'analyse complète d'un sel minéral simple, analyse qui comporte successivement la recherche de la base et par suite du métal, et la recherche de l'acide (1).

(1) Note. — Cette analyse reposant sur les caractères des acides et des bases, il importe que ces caractères soient préalablement connus, du moins les plus importants ; on pourra donc consacrer une ou deux manipulations préliminaires à leur vérification. Nous indiquerons, après chaque essai, les réactions les plus caractéristiques pour chaque métal que l'essai aura pu faire découvrir : on trouvera les autres dans les *Caractères des sels métalliques,* de M. Pinlat, ouvrage publié à l'intention des candidats aux baccalauréats de l'enseignement spécial et de l'enseignement moderne.

367. *Dissolution du sel.* — Après avoir examiné avec soin les propriétés extérieures du sel à analyser (odeur, couleur, saveur, consistance) et obtenu ainsi des indications pouvant avoir leur utilité dans le courant des recherches, on procède à la dissolution du sel s'il est solide.

On commence par le pulvériser finement, puis on en introduit une petite quantité dans un ballon avec de l'eau distillée, et on agite ; si la dissolution n'est pas complète, on porte le liquide à l'ébullition. On reconnaît que le sel est complètement insoluble dans l'eau quand une goutte de ce liquide filtré ne laisse aucun résidu solide par évaporation sur une lame de platine.

Un sel reconnu insoluble ou très peu soluble dans l'eau est soumis d'abord à l'action de l'acide chlorhydrique étendu et froid ; si celui-ci ne produit aucun effet, on chauffe, en employant même l'acide concentré s'il est nécessaire. On dissout ainsi facilement les carbonates, les sulfures insolubles dans l'eau, en les transformant en chlorures. Dans tous les cas, il faut noter les phénomènes qui peuvent accompagner la dissolution : dégagement de gaz anhydride carbonique avec les carbonates, d'acide sulfhydrique avec les sulfures, d'anhydride sulfureux avec les sulfites, etc. Quand un sel a été ainsi dissous dans un acide, on doit, avant de l'analyser, évaporer jusqu'à ce que l'acide resté libre soit volatilisé ; on ajoute alors de l'eau et on filtre ; le liquide obtenu est traité comme les dissolutions dans l'eau.

Les sels qui ont résisté à l'action de l'eau et de l'acide chlorhydrique sont traités de même par l'acide azotique ou par l'eau régale ; mais on n'a guère recours à ces dissolvants que pour les métaux et les alliages.

Enfin un petit nombre de sels sont insolubles dans l'eau et dans les acides ; tels sont les sulfates de plomb, de baryum, de strontium, etc. ; en général on les fond dans un creuset de platine avec une quantité suffisante de carbonate de sodium : le carbonate insoluble formé est facilement dissous par l'acide chlorhydrique ou l'acide azotique étendus.

368. Remarques. — 1° Certains sels (chlorure d'aluminium, azotate de bismuth, etc.) sont décomposés par l'eau ; il n'en résulte aucun inconvénient, l'acide et la base se retrouvant dans la dissolution filtrée ou dans le résidu insoluble.

2° Il est convenable de diviser la dissolution obtenue par l'eau ou par les acides en trois parts : la première servira pour la recherche de la base, la seconde pour la recherche de l'acide ; la troisième sera utilisée pour contrôler les résultats obtenus. En tous cas, nous ne saurions trop engager les élèves à faire les essais qui vont suivre avec peu de liquide (ordinairement quelques centimètres cubes) : on évite ainsi l'emploi d'une grande quantité de réactif, et, de plus, on abrège les opérations et on porte rapidement à l'ébullition s'il est nécessaire. Enfin la plus grande propreté est indispensable dans l'analyse par voie humide : il suffit souvent d'un réactif qu'on a laissé débouché trop longtemps, d'un verre ou d'un tube non suffisamment lavés, d'un agitateur mal essuyé, pour produire des précipités étrangers au corps que l'on veut reconnaître et occasionner des pertes de temps en faisant prendre une fausse direction.

I. — Recherche de la base.

369. On reconnaît la base d'un sel en dissolution par une suite d'essais dans lesquels on ne passe au suivant que si le précédent a donné des résultats négatifs. Les principaux réactifs employés successivement sont : l'acide chlorhydrique, l'acide sulfhydrique, le sulfure d'ammonium (sulfhydrate d'ammoniaque) et les carbonates alcalins.

1er Essai.

370. *On verse dans la dissolution du sel ou liqueur primitive* (que nous appellerons LP) *de l'acide chlorhydrique en léger excès.*

1° Pas de précipité . . . . 2ᵉ Essai.

2° Précipité blanc persistant. On a affaire à un sel

d'argent, un sel de plomb ou un sel mercureux, sels dont les chlorures sont insolubles dans les conditions où l'on opère.

On ajoute de l'ammoniaque en excès :

Le précipité se dissout. . . . . *Sel d'Argent.*
Le précipité ne se | il noircit. . . . *Sel Mercureux.*
dissout pas. . . . (il reste blanc. . *Sel de Plomb.*

371. SELS D'ARGENT. — Le précipité de chlorure d'argent obtenu avec l'*acide chlorhydrique* est caillebotté ; exposé à la lumière, il est réduit et devient violet, puis noir ; il est insoluble dans l'acide azotique, très soluble dans l'ammoniaque, le cyanure de potassium, l'hyposulfite de sodium.

Le *chromate de potassium* donne avec LP un précipité rouge brique de chromate d'argent, soluble dans l'ammoniaque.

372. SELS MERCUREUX ou de mercure au minimum. — Le chlorure mercureux ou calomel se dissout dans l'eau de chlore en se transformant en chlorure mercurique ou sublimé corrosif, soluble.

Dans LP, la *potasse*, la *soude*, l'*ammoniaque*, précipitent l'oxyde mercureux, noir et insoluble dans un excès de réactif ; l'*iodure de potassium* donne un pr. jaune-verdâtre d'iodure mercureux, qui noircit par un excès de réactif.

373. SELS DE PLOMB. — Le chlorure de plomb est soluble dans l'eau bouillante.

Avec la LP : l'*acide sulfurique* donne un pr. blanc de sulfate de plomb, soluble dans l'hyposulfite de sodium et dans le tartrate d'ammonium ; le *chromate de potassium*, un pr. jaune de chromate de plomb soluble dans la potasse ; enfin l'*iodure de potassium*, un pr. jaune d'iodure de plomb, se dissolvant dans un excès de réactif, surtout à chaud.

374. REMARQUES. — 1° Le chlorure de plomb étant légèrement soluble dans l'eau froide, ne se précipite pas dans les liqueurs étendues; on reconnaît alors le plomb dans l'essai suivant.

2° La LP est ordinairement neutre ou acide. Si elle a une réaction alcaline, l'addition d'acide chlorhydrique peut produire un dépôt de *soufre* dû à un hyposulfite, ou un pr. de *silice*, d'*acide borique*, d'*acide antimonique*, provenant d'un silicate, d'un borate, d'un antimoniate alcalins. Dans ce dernier cas, on ajoute au pr. une solution de potasse ou de soude qui le redissout, ce qui le distingue des pr. dus aux chlorures d'argent, de plomb ou de mercure (min.), insolubles dans les alcalis.

2e Essai.

375. *La LP, acidulée par HCl, est introduite dans un tube à essais; on la chauffe légèrement, puis on y verse une dissolution d'acide sulfhydrique, ou bien l'on fait arriver au fond un courant de ce gaz.*

1° Pas de précipité . . . . 3e Essai.

2° Précipité. Il est dû à un sulfure métallique insoluble dans la liqueur acide. On note sa couleur; mais comme celle-ci n'est pas toujours caractéristique, on forme d'abord deux groupes de ces sulfures, d'après leur solubilité ou leur insolubilité dans le sulfure d'ammonium $(AzH^4)^2S$.

Le pr. de sulfure métallique est jeté sur un filtre et lavé avec soin, puis, à l'aide d'un agitateur, on en prélève une petite quantité qu'on introduit dans un tube à essais; on y ajoute du sulfure d'ammonium et on chauffe de manière à ne pas dépasser 60° pour éviter l'altération du réactif. La liqueur devient limpide (A) ou bien le pr. reste insoluble (B).

A. — SULFURES SOLUBLES DANS $(AzH^4)^2S$. — Ils sont formés par l'or, le platine, l'étain, l'arsenic ou l'antimoine. On les distingue de la manière suivante :

Le pr. de sulfure était noir ou brun :

On ajoute de l'acide oxalique à LP et on fait bouillir. . . .
- Il se précipite une poudre violette . . . . . **Sel d'Or.**
- Pas de pr.
  - LP pr. en rouge par un excès d'azotate d'argent . . **Sel d'Étain (min.)**
  - LP pr. en jaune par AzH^4Cl . **Sel de Platine.**

Le pr. de sulfure était jaune ou orangé :

Il était orangé . . . . *Sel d'Antimoine.*

Il était jaune. On le reforme par H^2S et on le traite par AzH^3.
- Il se dissout . . *Arsenic.*
- Il ne se dissout pas . . . . . *Sel d'Étain (max.)*

B. — SULFURES INSOLUBLES DANS $(AzH^4)^2S$. — Ce sont les sulfures de cuivre, de plomb, de mercure (max.) et de cadmium.

Le pr. de sulfure était jaune. . . . *Sel de Cadmium.*

Le pr. de sulfure était brun ou noir :

On ajoute à LP quelques gouttes d'acide sulfurique :
Précipité blanc. . . . . *Sel de Plomb.*
Pas de pr.
- Coloration bleue. . . . *Sel de Cuivre.*
- On additionne LP d'AzH^3 en excès . . .
  - Pr. blanc
    - LP pr. en jaune par KOH . . *Sel Mercurique.*
    - LP pr. en blanc par KOH . . *Sel de Bismuth.*

376. SELS D'OR. — On ne rencontre guère que le chlorure. Les solutions des sels d'or sont jaunes et tachent la peau en rouge violacé.

Les corps réducteurs, comme l'acide oxalique, le sulfate ferreux, etc., en précipitent l'or métallique. Le *protochlorure d'étain*, mélangé d'un peu de bichlorure d'étain, produit une coloration ou un pr. brun-rougeâtre dus à la formation du pourpre de Cassius. Le *ferrocyanure de potassium* donne une coloration verte.

377. Sels d'étain. — Les sels au min. ou sels stanneux sont réducteurs ; le protosulfure produit par l'*acide sulfhydrique* est brun-marron, soluble dans HCl à l'ébullition. La LP donne avec le *chlorure d'or* le pourpre de Cassius ; avec le *sulfure d'ammonium*, un pr. brun de protosulfure, soluble dans un excès de réactif, si celui-ci contient un excès de soufre.

Les sels au maximum ou sels stanniques ont leur sulfure pr. en jaune clair par l'*acide sulfhydrique* : ce bisulfure est très lent à se former à froid, il est soluble dans HCl bouillant. La LP ne donne rien avec le *chlorure d'or* ; le *sulfure d'ammonium* y détermine un pr. jaune clair se dissolvant dans un excès de réactif.

378. Sels de platine. — On rencontre le plus souvent le bichlorure, dont la solution est rouge-jaunâtre. On le reconnaît au pr. jaune cristallin de chlorure double qu'il donne, soit avec le *chlorure de potassium* ou AzH^4Cl, soit avec la *potasse* ou l'*ammoniaque* en présence de HCl. Le sulfure noir formé par l'*acide sulfhydrique* dans LP ne se dissout que difficilement dans $(AzH^4)^2S$.

379. Sels d'antimoine. — Ils sont caractérisés principalement par leur sulfure rouge-orangé, soluble dans la potasse. On produit également ce sulfure en versant du *sulfure d'ammonium* directement dans LP. Une *lame de zinc* plongée dans LP pr. l'antimoine, noir ; les *alcalis* en pr. l'oxyde, blanc volumineux.

380. Arsenic. — Il peut exister dans le sel à l'état d'arsénite ou d'arséniate ; dans les deux cas, l'arsenic y est caractérisé par l'appareil de Marsh.

Quand LP est acide, l'*acide sulfhydrique* y produit un pr. jaune serin d'orpiment, soluble dans les alcalis si LP est constituée par un arsénite ; et un pr. jaune clair, très lent à se former même à chaud si l'arsenic y existe à l'état d'acide arsénique.

Si au contraire LP est une dissolution aqueuse, on emploie l'*azotate d'argent*, qui donne avec les arsénites un pr. jaune d'arsénite d'argent soluble dans AzH^3 ; et avec les arséniates un pr. rouge brique d'arséniate d'argent, soluble également dans AzH^3.

381. Sels de cadmium. — Ils se reconnaissent au sulfure jaune vif insoluble dans les alcalis, qui en est pr. par l'*acide sulfhydrique* et par $(AzH^4)^2S$. Leur oxyde pr. en blanc par les *alcalis* et est insoluble dans un excès de réactif.

382. Sels de cuivre. — On n'a guère affaire qu'aux sels cuivriques ou à base de protoxyde. Leur réactif le plus sensible est le *ferrocyanure de potassium*, qui donne un pr. brun-marron, même quand LP est très étendue. Les *alcalis* en pr. l'oxyde hydraté, bleu clair ; cet oxyde, porté à l'ébullition, noircit en se déshydratant.

383. Sels mercuriques ou de mercure au max. — Ils ne donnent rien avec l'*acide chlorhydrique*, le sublimé corrosif étant soluble. Le sulfure formé par l'*acide sulfhydrique* passe successivement du blanc sale au jaune-brun et finalement au noir. L'*iodure de potassium* versé dans LP donne un pr. rouge vermillon très soluble dans un excès de réactif.

384. Sels de bismuth. — L'addition de beaucoup d'*eau* dans leurs LP qui ne sont pas trop acides y produit un pr. blanc, insoluble dans l'acide tartrique. Ils pr. en jaune par le *bichromate de potassium*, et le chromate de bismuth formé se dissout dans l'acide azotique étendu.

385. *Remarques.* — 1° L'arsenic, constituant l'acide du sel (acides arsénieux ou arsénique), on doit continuer les essais pour trouver la base à laquelle l'acide est combiné.

2° Quand LP est une dissolution d'un sel ferrique ou d'un chromate, H^2S peut y déterminer un dépôt de soufre par réduction de ces sels. On en place une petite quantité sur une lame de platine et on chauffe ; si c'est du soufre, il disparaît en dégageant du gaz anhydride sulfureux. On passe alors au troisième essai.

3e Essai.

386. *On verse dans la LP un peu d'ammoniaque pour la neutraliser (si elle n'est déjà neutre), en s'arrêtant dès qu'un* *pr. tend à se former, et on y ajoute un excès de sulfure d'ammonium* (AzH⁴)²S.

Pas de précipité. . . . , ... , **4° Essai.**

Précipité. — On le met à part (A), puis on additionne LP de quelques gouttes d'acide azotique pour peroxyder les sels de protoxyde, et on fait bouillir ; on ajoute successivement à ce liquide un volume d'une solution d'AzH⁴Cl égal au sien et de l'ammoniaque en excès, et enfin on chauffe de nouveau. On pr. ainsi les sesqui-oxydes de chrome, d'aluminium et de fer.

Le pr. est verdâtre ou gris violacé.   *Sel de Chrome.*

— — blanc, gélatineux . . . *Sel d'Aluminium.*

— — couleur de rouille . . . *Sel de Fer.*

S'il ne s'est produit aucune précipitation, on examine la couleur du pr. (A) formé par le sulfure d'ammonium.

Il était noir. On ajoute de la po-tasse à LP. . . { Pr. vert pomme.   *Sel de Nickel.*
Pr. bleu. . . . *Sel de Cobalt.*

Il était blanc. La potasse dans LP donne pr. blanc . . . . *Sel de Zinc.*

Il était rose ou couleur de chair. La potasse dans LP donne pr. blanc, brunissant à l'air. . . . . *Sel de Manganèse.*

387. Sels de chrome. — On n'a presque jamais à analyser que des sels de sesquioxyde ; leurs solutions sont violettes ou vertes.

Une dissolution de *litharge* dans la potasse en pr. du plomb chromé vert. Les *alcalis* donnent un pr. vert-bleu ou bleu-gris de sesquioxyde hydraté, se dissolvant à froid en vert dans un excès de réactif.

388. Sels d'aluminium. — Le pr. d'alumine hydratée que produit le *sulfure d'ammonium* est blanc, quelquefois rendu légèrement verdâtre par une petite quantité de fer; il y a en même temps dégagement d'acide sulfhydrique dû au déplacement de ce gaz par l'acide du sel d'aluminium.

Les *alcalis* déterminent dans LP le même pr. blanc volumineux d'alumine hydratée; mais ce pr. est soluble dans un excès de réactif.

389. Sels de fer. — Les solutions des sels ferreux sont vertes, ont un goût d'encre et pr. en noir (protosulfure) par le *sulfure d'ammonium*. Leurs caractères les plus importants sont de donner par le *ferrocyanure de potassium* un pr. blanc, bleuissant sous l'influence de l'air, de l'eau de chlore ou de l'acide azotique; et par le *ferricyanure de potassium* un pr. bleu foncé (bleu de Turnbull). Les *alcalis* pr. de LP le protoxyde de fer, verdâtre, mais brunissant à l'air; le *permanganate de potassium* se décolore en transformant LP en solution de sel ferrique.

Les solutions des sels ferriques sont jaunes ou brunes; elles pr. en noir par le *sulfure d'ammonium*. Le *ferrocyanure* y produit un pr. caractéristique de bleu de Prusse; le *ferricyanure* ne donne qu'une simple coloration verdâtre. Les *alcalis* pr. de LP le sesquioxyde couleur de rouille; le *sulfocyanure de potassium* la colore en rouge de sang.

390. Sels de nickel. — Leurs solutions aqueuses sont vertes; le sulfure que produit $(AzH^4)^2S$ est noir. L'*ammoniaque* donne dans LP un pr. vert se dissolvant en bleu dans un excès de réactif. L'*acide oxalique* en pr. de l'oxalate de nickel, blanc verdâtre.

391. Sels de cobalt. — Leurs solutions aqueuses sont roses ou rouges; si l'on en humecte une bande de papier et qu'on la chauffe, il se développe une coloration bleue. Leur sulfure, pr. par $(AzH^4)^2S$, est également noir. Les *carbonates alcalins* pr. de la LP du carbonate de cobalt rose violacé; le *cyanure de potassium*, du cyanure de cobalt brun.

392. Sels de zinc. — Le sulfure produit par $(AzH^4)^2S$ est blanc et se dissout facilement dans les acides minéraux étendus.

L'*ammoniaque* donne avec LP le même pr. blanc que les alcalis, soluble également dans un excès de réactif. Les *carbonates alcalins* en pr. du carbonate hydraté blanc, insoluble dans un excès.

393. Sels de manganèse. — On ne rencontre généralement que des sels de protoxyde, sels dont les solutions sont plus ou moins colorées en rose suivant leur concentration. Le pr. couleur de chair qu'y produit $(AzH^4)^2S$ brunit à l'air. Le pr. blanc de protoxyde hydraté que forment les *alcalis* ou *l'ammoniaque* dans LP brunit rapidement à l'air en se transformant en oxydes plus oxygénés.

4ᵉ Essai.

394. *On reprend une portion de la LP et on y ajoute une dissolution de carbonate de potassium ou de carbonate de sodium.*

Pas de précipité . . . . 5° Essai.

Précipité. Il est dû à la formation de carbonate de magnésium, de calcium, de baryum ou de strontium. Parmi ces carbonates, celui de magnésium ne pr. pas en présence des sels ammoniacaux.

On ajoute à LP un volume égal de chlorure d'ammonium AzH^4Cl, puis de nouveau du carbonate de sodium :

Pas de précipité. . . . . *Sel de Magnésium.*
Précipité. On verse

dans LP une solution concentrée de sulfate de calcium, on fait tiédir et on agite

Pas de pr. . . . *Sel de Calcium.*
Pr. immédiat. . *Sel de Baryum.*
Pr. se formant lentement . . *Sel de Strontium.*

395. Sels de magnésium. — Leurs solutions ont une saveur amère, salée. Ces sels ont pour principal caractère de donner avec le *phosphate d'ammonium* (quand LP n'est pas trop étendue) un pr. blanc cristallin de phosphate ammoniaco-magnésien, facilement soluble dans les acides. On produit également ce pr. avec le *phosphate de sodium* en présence de AzH^3 ; si le phosphate de sodium est seul, le pr. blanc floconneux qui se forme est du phosphate de magnésium. Les *alcalis* et l'*ammoniaque* pr. la magnésie hydratée en blanc de LP.

396. SELS DE CALCIUM. — Leur réactif le plus sensible est l'*acide oxalique* ou l'oxalate d'ammonium, qui produisent dans LP neutre un pr. blanc cristallin d'oxalate de calcium, insoluble dans l'acide acétique, soluble dans HCl. Avec le *sulfate de calcium*, le *bichromate de potassium*, l'*acide hydrofluosilicique*, ils ne donnent aucun pr. Un sel solide de calcium introduit avec un fil de platine dans la flamme d'une lampe à alcool la colore en rouge légèrement jaunâtre.

397. SELS DE BARYUM. — L'*acide oxalique* y produit encore un pr. blanc d'oxalate de baryum ; mais celui-ci est soluble dans l'acide acétique. Le *bichromate de potassium* pr. de LP du chromate de baryum en jaune pâle ; l'*acide hydrofluosilicique*, de l'hydrofluosilicate blanc cristallin : l'*acide sulfurique*, du sulfate blanc, lourd. Ce dernier, étant tout à fait insoluble dans l'eau, se pr. même dans les liqueurs très étendues. Enfin un sel solide de baryum communique à la flamme de l'alcool une coloration verte caractéristique.

398. SELS DE STRONTIUM. — L'oxalate de strontium formé par l'*acide oxalique* est encore blanc ; il est peu soluble dans l'acide acétique. Le *bichromate de potassium* ne donne un pr. de chromate, jaune cristallin, que dans une liqueur concentrée et après un certain temps. L'*acide hydrofluosilicique* ne produit rien. Un caractère important est la coloration rouge intense que le sel solide communique à la flamme de l'alcool.

5e Essai.

399. *On fait bouillir* LP *avec une solution de potasse ou de soude.*

1° Les vapeurs dégagées ont une odeur ammoniacale, bleuissent le papier de tournesol. . . *Sel d'ammonium.*

2° Les vapeurs dégagées sont inodores, sans action sur le tournesol. On n'a plus à choisir qu'entre un sel de potassium ou un sel de sodium. Pour les distinguer, on concentre le plus fortement possible une portion de LP et on y ajoute une solution concentrée de sulfate d'aluminium ou d'acide tartrique :

Précipité . . . . *Sel de Potassium.*
Pas de pr. LP pr. par le bimétaantimo-
   niate de potassium. . . . . *Sel de Sodium.*

400. Sels d'ammonium. — Le carbonate seul est décelé par son odeur ammoniacale. Outre l'action des *alcalis*, on a encore pour les caractériser : le *bichlorure de platine*, qui donne un pr. jaune de chlorure double en présence de IICl ; l'*acide tartrique*, qui pr. du bitartrate d'ammonium blanc dans les solutions très concentrées, et enfin l'*acide phosphomolybdique* (obtenu en dissolvant un mélange d'acide phosphorique et d'acide molybdique dans IICl), qui pr. du phosphomolybdate d'ammonium jaune.

401. Sels de potassium. — On n'essaie l'action des réactifs sur LP qu'après l'avoir fortement concentrée par ébullition. On peut alors employer successivement le *bichlorure de platine* : pr. jaune de chlorure double en présence de IICl ; l'*acide tartrique* : pr. blanc de crème de tartre. Le sel solide rend la flamme de l'*alcool* violacée.

402. Sels de sodium. — Ce sont les plus difficiles à caractériser, à cause de leur commune solubilité dans l'eau ; on ne peut guère les déceler que par la coloration jaune qu'ils communiquent à la flamme de l'*alcool*, et par le pr. blanc d'antimoniate de sodium qu'ils donnent avec le *bimétaantimoniate de potassium*.

II. — Recherche de l'acide.

403. La recherche de l'acide d'un sel soluble se fait d'après une marche déterminée comme pour la recherche de la base ; mais elle est ordinairement moins compliquée, les acides minéraux qu'on rencontre habituellement étant peu nombreux.

Quelques acides peuvent d'ailleurs être reconnus lors du premier essai, quand on verse HCl dans LP :

1° Il se dégage un gaz incolore. .	Inodore, troublant l'eau de chaux	*Carbonate.*
	Odeur d'anhydride sulfureux.	*Sulfite.*
	Odeur d'œufs pourris ; il noircit un papier à l'acétate de plomb.	*Sulfure.*
2° Il se forme un précipité . . .	Jaune clair, avec dégagement de gaz anhydride sulfureux. .	*Hyposulfite.*
	Blanc cristallin, soluble dans l'eau bouillante en excès.	*Borate.*
	Blanc gélatineux, soluble dans la potasse bouillante	*Silicate.*

Remarque. — Les acides sulfhydrique, borique, silicique ne sont pas toujours reconnus dans cet essai : H²S est soluble dans l'eau et peut n'être pas en quantité suffisante pour se dégager ; l'acide borique se dissout assez facilement dans l'eau et la silice est soluble dans un excès d'acide chlorhydrique. On les trouvera alors en suivant la marche régulière de recherche d'un acide.

404. La deuxième portion mise à part de LP peut, dans la plupart des cas, servir pour déterminer l'acide. Mais les réactifs employés pour cette détermination produisant avec certaines bases des réactions qui pourraient masquer celles que l'on veut observer, il vaut mieux préalablement *rendre le sel alcalin*, s'il ne l'est déjà ; les sels de potassium et de sodium donnent en effet des résultats négatifs avec la majeure partie des réactifs.

Pour rendre un sel alcalin, on s'appuie sur ce que les bases des sels non alcalins sont précipitées par le carbonate de potassium ou le carbonate de sodium. On ajoute à LP (2ᵉ portion) du carbonate de sodium jusqu'à réaction alcaline et on fait bouillir : la base du sel est précipitée à l'état de carbonate ou d'oxyde ; l'acide a formé un sel de sodium qui reste en dissolution dans le liquide. On filtre ; l'excès de CO^3Na^2 employé est détruit par addition d'acide acétique jusqu'à neutralisation au tournesol. Nous appellerons cette solution alcaline LA.

On emploie successivement deux réactifs pour la recherche de l'acide : le chlorure de baryum et l'azotate d'argent ; ce qui permet de ranger les acides en trois groupes.

1ᵉʳ GROUPE

Acides précipités en solutions neutres par le chlorure de baryum.

405. Ce sont les acides *carbonique, borique, silicique, sulfureux, hyposulfureux, sulfurique, phosphorique, fluorhydrique, chromique, arsénieux* et *arsénique;* ces deux derniers ont déjà été trouvés dans la recherche de la base.

On traite le pr. que donne $BaCl^2$ *par* HCl *étendu de la moitié de son volume d'eau.*

<table>
<tr><td rowspan="6">1° Il est insoluble.</td><td>Blanc cristallin. . . .</td><td>*Borate.*</td></tr>
<tr><td>Blanc opaque, insol.</td><td></td></tr>
<tr><td>dans HCl en excès. .</td><td>*Sulfate.*</td></tr>
<tr><td>Blanc gélatineux, sol.</td><td></td></tr>
<tr><td>en partie dans HCl en</td><td></td></tr>
<tr><td>excès . . . .</td><td>*Silicate.*</td></tr>
</table>

2° Il est soluble. On ajoute à LA de l'azotate d'argent :

Pas de précipité . . . . *Fluorure.*

Pr. rouge. On ajoute à LA (Pr. blanc . . *Arséniate.*
de l'azotate de plomb. . (Pr. jaune vif. *Chromate.*

Pr. blanc ou jaune. On (Pr. vert. . . *Arsénite.*
ajoute à LA une solution { Pr. bleu. . . *Phosphate.*
de sulfate de cuivre. . . (

Remarque. — Le pr. bleu de phosphate de cuivre obtenu par le sulfate de cuivre pourrait être confondu avec l'oxalate de cuivre ; pour distinguer ces deux sels, on verse dans LA une solution de chlorure de calcium additionnée d'acide acétique : avec un phosphate on n'a aucun pr.; un oxalate donne au contraire un pr. blanc d'oxalate de calcium.

406. CARBONATES. — Leur caractéristique est l'effervescence accompagnée du dégagement d'anhydride carbonique qu'ils produisent avec la plupart des *acides minéraux* ; ce gaz trouble l'eau de chaux en excès et l'eau de baryte. Le pr. que donnent les carbonates solubles avec $BaCl^2$ est blanc, soluble dans l'acide azotique avec dégagement de gaz carbonique.

On les distingue des bicarbonates par le *sulfate de magnésium* : celui-ci pr. les carbonates à froid, tandis que les bicarbonates pr. seulement à chaud.

407. SULFITES. — Les sulfites pr. également en blanc par le *chlorure de baryum* ; le sulfite de baryum formé est décomposé par les acides avec dégagement de gaz anhydride sulfureux. Ils réduisent le *permanganate de potassium* en se transformant en sulfates.

408. HYPOSULFITES. — Ils sont très réducteurs, décolorent le *permanganate de potassium* en se transformant en sulfates, mais ils se distinguent des sulfites, en ce que, par les *acides*, ils donnent, en même temps qu'un dégagement de gaz sulfureux, un dépôt de soufre.

409. SULFATES. — Outre le pr. caractéristique avec le *chlorure de baryum* la LA donne avec l'*acétate de plomb* un pr. blanc de sulfate de plomb, soluble dans l'hyposulfite de sodium et dans le tartrate d'ammonium.

410. BORATES. — Un borate solide mélangé d'*acide sulfurique* communique à la flamme de l'alcool une coloration verte. La LA laisse déposer des paillettes cristallisées d'acide borique par les *acides minéraux*, mais seulement dans les liqueurs très concentrées. Par l'*azotate d'argent*, elle donne un pr. blanc-jaunâtre de borate d'argent devenant peu à peu brun.

411. SILICATES. — Les *acides minéraux* ne pr. la silice gélatineuse de LA que quand celle-ci est concentrée ; si elle est étendue, la silice n'est décelée que par évaporation à sec. Elle est dissoute par l'*acide fluorhydrique* avec formation de fluorure de silicium, gaz fumant à l'air.

412. FLUORURES. — On caractérise ordinairement le sel à l'état solide : on le chauffe avec un peu d'*acide sulfurique* concentré dans un tube à essais ; il se dégage des vapeurs d'acide fluorhydrique qui dépolissent la partie supérieure du tube. Le pr. blanc volumineux donné par $BaCl^2$ avec LA est soluble dans l'*acide azotique*.

413. CHROMATES. — La LA est jaune ou rouge orangée, suivant qu'elle est une dissolution de chromate neutre ou une dissolution de bichromate. Le pr. rouge de chromate d'argent qu'elle donne avec l'*azotate d'argent* est soluble dans l'ammoniaque ; le pr. de chromate de baryum obtenu avec $BaCl^2$ est jaune clair.

Les chromates sont réduits par l'*acide sulfhydrique*, surtout à chaud, avec formation d'un sel vert de sesquioxyde de chrome.

414. PHOSPHATES. — On n'a généralement affaire qu'aux orthophosphates ou phosphates tribasiques. Les réactions les plus sensibles qui permettent de les reconnaître consistent soit à additionner LA d'*azotate d'argent* qui pr. du phosphate d'argent jaune clair, soluble dans AzH^3 ; soit à verser cette même LA dans une solution de *molybdate d'ammonium* (en solution azotique) ; il se forme un pr. jaune intense de phosphomolybdate d'ammonium. On peut aussi employer l'*azotate d'uranium* qui pr. de LA du phosphate d'uranium, jaune.

L'acide orthophosphorique libre n'exerce aucune action sur le chlorure de baryum.

2ᵉ GROUPE

Ac'des non pr. par BaCl², mais pr. par l'azotate d'argent quand ils sont en solutions neutres.

415. Les plus importants de ces acides sont : les acides *sulfhydrique, chlorhydrique, bromhydrique, iodhydrique* et *cyanhydrique.*

On examine la couleur du pr.

1° Il est noir . . . . *Sulfure.*

2° Il est de couleur claire. On ajoute au pr. de l'ammoniaque en excès :

Il ne se dissout pas. LA avec un peu d'eau de chlore et de l'empois d'amidon donne une coloration bleue . . . . *Iodure.*

Il se dissout :

Instantanément. LA avec mél. SO⁴H² et MnO² dég. Cl. . . . *Chlorure.*

Lentement.
LA avec mél. SO⁴H² et MnO² dég. vap. de Br. . . . . . *Bromure.*

LA avec SO⁴H² étendu dég. odeur d'amandes amères. . . . . *Cyanure.*

416. SULFURES. — Les sulfures sont décomposés par les *acides minéraux* énergiques avec dégagement d'H²S qui noircit un papier imprégné d'*acétate de plomb.* Si le sulfure est un polysulfure, il y a en outre dépôt de soufre. LA pr. en noir par l'acétate de plomb et forme une tache noire sur une *pièce d'argent* bien nettoyée.

417. CHLORURES. — Le dégagement de chlore avec MnO² et *l'acide sulfurique* est plus apparent si on emploie le sel solide.

On a vu (371) les propriétés du chlorure d'argent. Versé dans LA, l'*azotate de plomb* donne un pr. blanc de chlorure de plomb, l'*azotate mercureux* un pr. blanc de calomel.

418. BROMURES. — Le bromure d'argent est jaunâtre; il devient gris à la lumière. L'*eau de chlore*, versée dans LA, en déplace Br, et si l'on ajoute un peu de sulfure de carbone, celui-ci dissout le brome et se colore en brun. Le dégagement de vapeurs brunes de brome s'essaie préférablement avec le sel solide.

419. IODURES. — L'iodure d'argent est jaune serin et noircit à la lumière. L'iode est également déplacé de LA par l'*eau de chlore*; celle-ci ne doit pas être en excès, car il se formerait du chlorure d'iode; CS^2 rassemble l'iode mis en liberté et se colore en beau rouge violet. Le *sublimé corrosif* pr. de LA de l'iodure mercurique qui, d'abord jaune, devient rapidement d'un beau rouge vermillon; il est soluble dans un excès de réactif.

Un iodure solide chauffé avec MnO^2 et SO^4H^2 dégage des vapeurs violettes d'iode, bleuissant le papier amidonné.

420. CYANURES. — Les solutions de cyanures alcalins ont une *odeur* d'amandes amères et sont très vénéneuses. Le pr. de cyanure d'argent ne noircit pas à la lumière. Le réactif le plus sensible pour reconnaître les cyanures consiste à verser dans LA un mélange de *sulfates ferreux et ferrique*, puis de la soude jusqu'à réaction alcaline, et enfin un peu d'HCl; il se produit un pr. de bleu de Prusse.

Les vapeurs d'acide cyanhydrique dégagées par l'action de SO^4H^2 sur le sel solide ou sur LA décolorent le papier amidonné coloré en bleu par l'iode.

3ᵉ GROUPE

Acides non pr. par BaCl² et l'azotate d'argent.

Les principaux sont l'acide *azotique* et l'acide *chlorique*.

421. AZOTATES. — Le sel solide fuse sur les charbons rouges; on le reconnaît aisément au dégagement de vapeurs rouges d'hypoazotide qu'il produit quand on le chauffe avec SO^4H^2 et de la *tournure de cuivre*. Quand l'azotate est en dissolution (LA), la réaction la plus nette consiste à lui mélanger un vol. égal d'acide sulfurique concentré et exempt de produits nitreux ; puis, quand le mélange est refroidi, à y ajouter lentement une solution de *sulfate ferreux* de manière que les liquides ne se mélangent pas : la surface de séparation devient brune ou rougeâtre à cause du bioxyde d'azote provenant de la réduction de l'acide azotique mis en liberté.

422. CHLORATES. — Solides, ils déflagrent également sur les charbons. L'*acide sulfurique*, aidé de la chaleur, met en liberté des vapeurs jaune-verdâtres d'anhydride hypochlorique. Cette expérience étant assez dangereuse, à cause du pouvoir explosif de cet anhydride, il vaut mieux opérer la vérification sur une dissolution de chlorate (LA) : on la colore en bleu par quelques gouttes de sulfate d'indigo et on y verse HCl ; par ébullition il y a décoloration due à la formation de composés oxygénés du chlore.

CHAPITRE II

ANALYSE VOLUMÉTRIQUE

423. L'analyse volumétrique a pour but l'analyse quantitative de certains corps à l'aide de liqueurs titrées, c'est-à-dire de liqueurs tenant en dissolution une quantité déterminée d'un réactif.

En principe, elle consiste à verser dans la substance à analyser, une dissolution titrée d'un réactif à l'aide d'un tube gradué ; dès que le réactif est en quantité suffisante, il provoque dans la substance un phénomène caractéristique, comme un changement, une disparition ou une apparition de couleur ; la naissance d'un précipité, etc. Du volume de réactif employé pour produire ce phénomène, on déduit son poids, par suite le poids du corps à doser dans la substance.

L'analyse volumétrique ne peut être appliquée qu'à un nombre de composés limité, mais elle présente alors sur l'analyse en poids les avantages d'être très rapide et de n'exiger que des manipulations très simples, tout en étant généralement d'une grande exactitude.

424. Appareils employés. — Les appareils usités dans l'analyse volumétrique sont les flacons jaugés, les pipettes et les burettes.

Les *flacons jaugés* sont des matras à fond plat, ayant à la partie supérieure un trait qui indique le vol. de liquide contenu jusqu'à ce trait. Ils servent à préparer les solutions titrées.

Les *pipettes*, destinées à puiser les liquides, sont ordinairement jaugées à deux traits, c'est-à-dire qu'elles contiennen

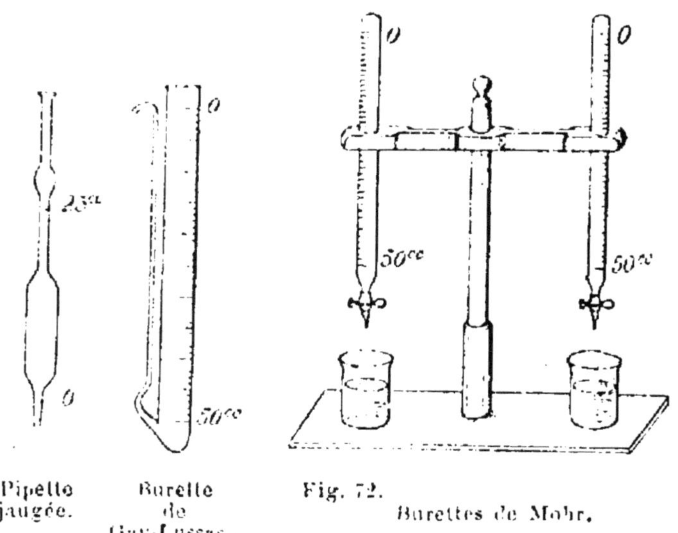

Pipette
jaugée.

Burette
de
Gay-Lussac.

Fig. 72.
Burettes de Mohr.

un volume déterminé de liquide entre ces deux traits. On les remplit jusqu'au trait supérieur par aspiration avec la bouche, et on ferme l'extrémité supérieure avec le doigt pour les retirer du liquide. On règle l'écoulement de manière que le liquide ne dépasse pas le niveau du trait inférieur.

Les *burettes* laissent couler goutte à goutte la liqueur titrée dans le liquide à essayer, ou inversement. Leur forme est variable : les plus employées sont celles de Gay-Lussac et de Mohr. La première est composée de deux tubes : l'un étroit et recourbé en bec, l'autre large et gradué ; le principal inconvénient de cette burette est que, devant être inclinée pour l'écoulement, on doit la replacer verticalement pour faire la lecture, ce qui expose à verser trop de liquide. La burette de Mohr est plus commode : elle consiste en un seul tube fixé verticalement ; on règle l'écoulement par une pince, qui serre un tube de caoutchouc terminé par un tube de verre effilé. Les burettes sont ordinairement de 50^{cc} ; chaque centimètre cube est divisé en 2, quelquefois en 10 parties égales.

425. LIQUEURS TITRÉES. — Il y a deux sortes de liqueurs titrées :

1° Les *liqueurs normales*, basées sur le poids moléculaire des corps ; 1 litre de liq. normale acide contiendra le poids mol. d'un acide monobasique : soit 63^{gr} d'acide azotique AzO^3H, $36^{gr},5$ d'acide chlorhydrique HCl ; $\frac{1}{2}$ poids mol. d'un acide bibasique : soit 49^{gr} d'acide sulfurique SO^4H^2, 63^{gr} d'acide oxalique cristallisé $C^2H^2O^4 + 2H^2O$, etc. 1 litre de liq. normale alcaline contiendra le poids mol. de potasse caustique ou de soude caustique, soit 56^{gr} de KOH, 40^{gr} de $NaOH$; $\frac{1}{2}$ poids mol. de carbonate de sodium CO^3Na^2, soit 53^{gr}, etc. Il en résulte que toutes ces solutions correspondent entre elles volume à volume, c'est-à-dire que 1^{cc} d'une liqueur normale acide sature exactement 1^{cc} d'une liqueur normale alcaline, comme on le voit d'après les réactions suivantes :

$$AzO^3H(1 \text{ mol.}) + NaOH\ (1 \text{ mol.}) = H^2O + AzO^3Na$$

$$2AzO^3H(2 \text{ mol.}) + CO^3Na^2(1 \text{ mol.}) = H^2O + 2AzO^3Na + CO^2$$

$$SO^4H^2(1 \text{ mol.}) + CO^3Na^2(1 \text{ mol }) = H^2O + SO^4Na^2\ + CO^2$$

$$SO^4H^2(1 \text{ mol.}) + 2NaOH(2 \text{ mol.}) = 2H^2O + SO^4Na^2$$

etc., etc.

2° Les *liqueurs titrées empiriques*, contenant une quantité arbitraire, mais connue, du réactif ; telle serait une liqueur préparée de telle sorte que 1ᶜᶜ correspondrait à 1 centigramme du corps à doser.

Alcalimétrie.

426. L'alcalimétrie a pour but de déterminer la quantité d'alcali que contiennent les potasses et les soudes du commerce à l'état d'alcali caustique et de carbonate. Elle repose sur la saturation de l'alcali par une liqueur acide normale.

Les potasses et les soudes brutes renferment des proportions variables de matières étrangères : eau, chlorures et sulfates alcalins, oxydes de fer, de manganèse, etc. ; le seul corps qui fixe leur valeur et qu'il soit important de doser est l'*oxyde de potassium* K^2O ou l'*oxyde de sodium* Na^2O : la quantité de cet oxyde contenue dans 100 parties du produit brut à l'état d'alcali caustique et de carbonate sera appelée son *titre pondéral*.

PRINCIPE. — *Si, à l'aide d'une burette, on laisse couler peu à peu de la liqueur normale acide dans une dissolution étendue de potasse ou de soude du commerce additionnée de quelques gouttes de tournesol, celui-ci sera coloré en rouge par le plus petit excès d'acide dès que tout l'alcali libre ou carbonaté aura été exactement saturé.*

427. *Préparation de la liqueur normale d'acide sulfu-*

rique. — Elle doit contenir dans 1 litre 49^{gr} SO^4H^2, qui satureront 47^{gr} K^2O ou 31^{gr} Na^2O :

$$SO^4H^2 + K^2O = H^2O + SO^4K^2 ;$$

donc 1^{cc} de cette liqueur normale correspondra à $0^{gr},047$ de K^2O ou à $0^{gr},031$ de Na^2O.

Pour la préparer, on distille d'abord de l'acide concentré à 66° B ; on sépare le premier tiers distillé, qui contient les produits nitreux et est plus hydraté que celui qui distille ensuite. On pèse 49^{gr} de celui-ci ; on les verse goutte à goutte dans un flacon jaugé de 1 litre à moitié rempli d'eau distillée, et quand le mélange est refroidi à 15°, on complète jusqu'au trait avec de l'eau distillée. Il est bon de vérifier la liqueur ainsi préparée à l'aide d'une liqueur alcaline normale : 10^{cc} d'acide sulfurique normal doivent saturer exactement 10^{cc} de liqueur normale de carbonate de sodium.

428. *Essai d'une potasse.* — On prélève des fragments en divers points de la masse pour avoir une composition moyenne : on les pulvérise et on en pèse 47^{gr} que l'on dissout dans la quantité d'eau nécessaire pour en faire 1 litre (on pourrait en prendre seulement $4^{gr},7$ pour 100^{cc} d'eau). On a ainsi une solution correspondant volume à volume avec la liqueur normale d'acide sulfurique, c'est-à-dire que 1^{cc} de la liqueur acide saturerait exactement 1^{cc} de la solution alcaline si cette dernière avait été préparée avec 47^{gr} de K^2O pur.

A l'aide d'une pipette, on puise 50^{cc} de la solution alcaline ; on les laisse couler dans un vase en verre mince, à fond plat, reposant sur du papier blanc qui permettra de mieux voir les changements de coloration. On y ajoute une dizaine de gouttes de tournesol, puis, ayant introduit dans la burette 50^{cc} de liqueur normale acide, on fait couler peu à peu cette liqueur dans le vase, tout en imprimant à celui-ci un léger mouvement gyratoire. On s'arrête quand la couleur bleue du tournesol passe au rouge pelure d'oignon. Soit n le nombre de centimètres cubes de liq. acide versés ; la quantité de K^2O contenue dans la potasse analysée est évidemment $\dfrac{n}{50}$ ou $\dfrac{2n}{100}$.

Ce premier essai n'est qu'approximatif, car, à cause de la coloration rouge vineux communiquée au tournesol par le gaz carbonique que dégage la potasse, il est difficile de saisir l'instant précis où la saturation est complète. Dans un deuxième essai, on laisse couler d'un seul coup un nombre de centimètres cubes de liq. acide un peu inférieur à n, puis on chauffe légèrement le vase en agitant pour chasser CO^2 ; on ajoute alors le tournesol et on fait de nouveau couler la liq. acide, mais goutte à goutte, de manière à reconnaître exactement le moment où se produit le changement de coloration. On obtient ainsi le titre pondéral à moins de $\dfrac{1}{100}$ près.

429. *Essai d'une soude.* — Il est identique à celui d'une potasse, sauf qu'on remplace les 47^{gr} de potasse par un échantillon moyen de soude pesant 31^{gr}.

430. Remarques. — 1° On remplace fréquemment la liq. normale d'acide sulfurique par une liq. normale *d'acide oxalique* ; ce dernier acide s'obtient facilement pur et cristallisé $C^2H^2O^4 + 2H^2O$; il est inaltérable à l'air et pas n'est avide d'eau comme SO^4H^2. On en pèse 63^{gr} qu'on dissout dans une quantité d'eau distillée suffisante pour avoir 1 litre.

2° On emploie quelquefois comme indicateur, au lieu de tournesol, la *phtaléine* du phénol ou *l'orangé Poirrier* n°3. La solution alcoolique de phtaléine est incolore en liqueur acide ou neutre, colorée en rouge vif par la moindre trace d'alcali. L'orangé n° 3 est coloré par les alcalis en jaune clair, tandis que les acides font virer immédiatement cette coloration au rouge pur ; il présente l'avantage sur le tournesol de ne subir aucun changement par l'anhydride carbonique libre.

3° On peut déterminer aussi par l'alcalimétrie la richesse

en K^2O ou Na^2O des lessives caustiques employées dans diverses industries (savonneries, etc.) ; on en prend un vol. déterminé et on cherche combien de centimètres cubes de liq. normale acide sont nécessaires pour le saturer. En se basant sur ce que 1ᶜᶜ de celle-ci correspond à 0ᵍʳ,047 K^2O ou à 0ᵍʳ,031 Na^2O, on en déduit aisément la quantité totale contenue dans le volume employé.

4° Quand on a intérêt à connaître combien d'oxyde alcalin est à l'état de carbonate et combien est à l'état d'hydrate ou alcali caustique, on fait deux déterminations volumétriques successives : on prélève encore 47ᵍʳ de potasse ou 31ᵍʳ de soude, et la solution formant 1 litre est divisée en deux parties égales : dans la première on détermine l'alcali total K^2O ou Na^2O comme précédemment. Dans la seconde on ajoute une solution de chlorure de baryum en excès afin de pr. le carbonate alcalin à l'état de carbonate de baryum ; on porte à l'ébullition ; celui-ci est recueilli sur un filtre, lavé et titré avec une liqueur normale d'acide azotique. On en déduit facilement la quantité de CO^2 qui était combinée à l'oxyde alcalin, par suite la quantité d'alcali caustique KOH ou NaOH que forme le reste de cet oxyde.

Acidimétrie.

431. L'acidimétrie est l'inverse de l'alcalimétrie ; elle a pour objet de déterminer la richesse en acide d'une dissolution, celle-ci ne contenant d'autre acide que celui que l'on veut doser. Elle repose sur la saturation de l'acide par une liqueur alcaline normale ; la marche des opérations est la même que dans l'alcalimétrie.

432. Liqueurs alcalines normales. — La liqueur normale de *carbonate de sodium* CO^3Na^2 en contient 53ᵍʳ par litre. On la prépare en dissolvant 53ᵍʳ de carbonate pur et anhydre dans de l'eau distillée et complétant avec celle-ci le vol. de 1 litre à la température de 16°.

On emploie aussi les liq. normales d'*alcali caustique* contenant 56ᵍʳ d'hydrate KOH ou 40ᵍʳ NaOH. Cette dernière attaque le verre quand on la laisse séjourner dans les burettes, aussi préfère-t-on la solution de potasse.

433. *Essai d'un acide.* — En général, étant donnée la liqueur acide à étudier, on en pèse une quantité telle que, après l'avoir étendue pour en former 1 litre, elle corresponde volume à volume à la liqueur alcaline normale. On prend, par exemple, 49ᵍʳ d'acide sulfurique $\left(\frac{1}{2}\text{ poids mol.}\right)$, 36ᵍʳ d'acide chlorhydrique (poids mol.), 63ᵍʳ d'acide azotique (poids mol.). 1ᶜᶜ de liq. alcaline normale saturerait exactement 1ᶜᶜ de la solution acide si celle-ci était préparée avec de l'acide pur.

50ᶜᶜ de solution acide sont introduits dans un vase à précipité avec quelques gouttes de tournesol ; on y fait couler goutte à goutte la liq. normale alcaline contenue dans la burette jusqu'à coloration bleue du tournesol ; n étant le nombre de centimètres cubes versés, la richesse en acide est $\dfrac{n}{50}$ ou $\dfrac{2n}{100}$.

Chlorométrie.

434. La chlorométrie a pour objet la détermination de la quantité de chlore libre que peuvent dégager les chlorures décolorants (chlorure de chaux, eau de Javel, liqueur de Labarraque).

Le *chlorure de chaux*, qui est le plus répandu, est constitué par de l'hypochlorite de calcium $Ca(ClO)^2$, du chlorure de calcium $CaCl^2$, de l'eau et une quantité variable d'hydrate de chaux. Traité par un acide étendu, il laisse dégager tout le chlore qu'il contient :

$$Ca(ClO)^2 + CaCl^2 + 2SO^4H^2 = 2SO^4Ca + 2Cl^2 + 2H^2O ;$$

cette décomposition se produit également, mais très lentement, sous l'influence de l'anhydride carbonique de l'air.

La richesse des chlorures décolorants est toujours exprimée en *degrés chlorométriques*. En France, *ces degrés indiquent le nombre de litres de chlore libre à 0° et 0^m,760 que peut dégager 1^kg du chlorure considéré.*

435. La méthode volumétrique ordinairement employée est due à Gay-Lussac; elle repose sur *la propriété qu'a le chlore d'oxyder l'anhydride arsénieux en présence de l'eau :*

$$As^2O^3 + 2Cl^2 + 2H^2O = As^2O^5 + 4HCl.$$

D'après cette formule, on voit que 142^{gr} de chlore oxydent 198^{gr} d'anhydride arsénieux; par suite, 1 litre de chlore, dont le poids est $3^{gr},17$ (Gay-Lussac admettait $3^{gr},18$), en oxydera $\dfrac{198 \times 3,17}{142}$, soit $4^{gr},42$.

Si l'on ajoute à l'anhydride arsénieux un peu d'indigo, celui-ci est décoloré instantanément par la moindre trace de chlore dès que tout l'anhydride arsénieux est transformé en anhydride arsénique.

436. *Liqueur arsénieuse titrée.* — $4^{gr},42$ d'anhydride arsénieux pur sont dissous dans un mélange de 150^{cc} d'acide chlorhydrique pur et 150^{cc} d'eau distillée que l'on chauffe légèrement. On ajoute de l'eau distillée à la solution refroidie, de manière à faire exactement 1 litre. Puisque ces $4^{gr},42$ d'anhydride arsénieux sont oxydés par 1 litre de chlore, 1^{cc} de liqueur arsénieuse correspondra à 1^{cc} de chlore gazeux.

437. *Essai d'un chlorure de chaux.* — On pèse 10^{gr} du chlorure à essayer (échantillon moyen) ; on les broie dans un mortier avec un peu d'eau et on décante la dissolution dans un flacon jaugé de 1 litre. On y ajoute les eaux de lavage du mortier et finalement on complète le litre avec de l'eau : 1^{cc} de cette liqueur trouble contient

$$\frac{10}{1000} = 0^{gr},01 \text{ de chlorure de chaux.}$$

A l'aide d'une pipette, on prélève 10^{cc} de liqueur arsénieuse ; on les laisse écouler dans un vase à précipité et on colore faiblement le liquide par une goutte d'une dissolution d'indigo dans l'acide sulfurique. On fait alors couler goutte à goutte la solution de chlorure contenue dans une burette et on agite constamment. Le chlore du chlorure est mis en liberté par l'acide chlorhydrique existant dans la liqueur arsénieuse ; tant que celle-ci n'est pas complètement oxydée, le liquide conserve sa couleur bleue ; mais dès que l'oxydation est complète, une goutte du chlorure ajoutée en excès suffit pour déco·lorer l'indigo. Par plusieurs essais successifs, on arrive à déterminer l'instant précis de la décoloration.

Supposons qu'on ait versé n centimètres cubes de chlorure correspondant à un poids de $n \times 0^{gr},01$; ils ont oxydé 10^{cc} d'anhydride arsénieux et contenaient par conséquent 10^{cc} de chlore. Si $n \times 0^{gr},01$ de chlorure dégagent $0^{lit},010$ de chlore, 1^{kg} en dégagera $\dfrac{0,010 \times 1000}{n \times 0,01}$ ou $\dfrac{1000}{n}$. On aura donc le nombre de degrés chlorométriques du chlorure *en divisant* 1000 *par le nombre de centimètres cubes de solution versés dans les* 10^{cc} *de liq. arsénieuse.*

Les chlorures décolorants du commerce titrent généralement de 80° à 100° chlorométriques.

En Angleterre et en Allemagne, les degrés chlorométriques expriment la quantité de chlore en poids que peuvent dégager 100 p. de chlorure décolorant. Par suite, un chlorure qui titre 100° en France marquera 31°,7 anglais ou allemands.

Essai des bioxydes de manganèse.

438. C'est la détermination de la quantité de bioxyde pur qui est contenue dans les pyrolusites ou bioxydes de manganèse du commerce. Ceux-ci renferment toujours, à côté du bioxyde pur, des matières étrangères : silice, sesquioxydes de fer et de manganèse, carbonates de calcium et de baryum. Leur valeur dépend uniquement de la quantité de chlore que le bioxyde qu'ils contiennent peut dégager par l'action de l'acide chlorhydrique :

$$MnO^2 + 4HCl = MnCl^2 + Cl^2 + 2H^2O.$$

En remplaçant les symboles par les poids atomiques, on voit que $55 + 32 = 87^{gr}$ de MnO^2 dégagent 71^{gr} de chlore. Par suite, pour obtenir $3^{gr},17$ ou 1 lit. de chlore, il faudra $\dfrac{87 \times 3,17}{71} = 3^{gr},884$ de bioxyde pur. Si l'on fait absorber 1 litre de chlore par une dissolution alcaline étendue et formant 1 litre, on aura un chlorure décolorant titrant 100° chlorométriques.

439. *Essai d'un bioxyde.* — On dispose d'abord l'appareil suivant : un petit ballon de 50^{cc} communique par un tube recourbé, avec le fond d'un ballon à long col reposant sur un valet de paille. Ce dernier contient 25 à 30^{cc} de lessive de potasse que l'on a étendus d'eau de manière à faire arriver le niveau du liquide vers le $\dfrac{1}{3}$ de la hauteur du col.

On pulvérise alors finement plusieurs fragments du bioxyde à analyser et on en pèse 3^{gr},884. On verse dans le petit ballon environ 25^{cc} d'acide chlorhydrique pur et concentré, puis on y introduit rapidement le bioxyde et on le bouche. On chauffe modérément, de manière que le chlore arrive bulle à bulle dans la lessive étendue. L'opération est terminée quand tout le liquide est devenu

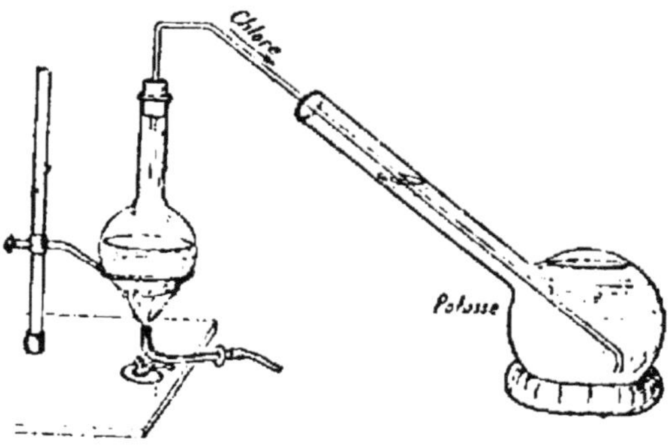

Fig. 73. — Essai d'un bioxyde de manganèse.

jaunâtre ; on le porte alors à l'ébullition pour chasser par la vapeur d'eau le chlore contenu dans le ballon et dans le tube, et on retire rapidement le tube de la lessive. Celle-ci est transvasée dans un flacon jaugé de 1 litre ; on y ajoute les eaux de lavage du tube et du ballon à long col, et on achève de le remplir jusqu'au trait de repère.

Cette solution alcaline est placée dans la burette et versée goutte à goutte dans 10^{cc} de liq. arsénieuse additionnée d'indigo. Il en faudrait 10^{cc} si le bioxyde était pur, et le titre chlorométrique de la liqueur alcaline serait $\frac{1000}{10}$ soit 100°. Supposons qu'on trouve un titre de 66° chlorométriques ; la richesse du bioxyde commercial est 66 °/$_0$.

440. *Remarque.* — Cette méthode, due à Gay-Lussac, n'est plus guère employée à cause des pertes de chlore qui se produisent inévitablement dans l'opération. Une des méthodes actuelles les plus exactes consiste à mélanger un poids connu du bioxyde à analyser avec de l'acide oxalique ou de l'oxalate de potassium et de l'acide sulfurique : l'acide oxalique s'oxyde aux dépens de l'oxygène du bioxyde et dégage de l'anhydride carbonique :

$$C^2H^2O^4 + MnO^2 + SO^4H^2 = 2CO^2 + 2H^2O + SO^4Mn.$$

D'après la perte de poids qu'a subie l'appareil par le départ du gaz carbonique, on trouve facilement la quantité de bioxyde qui a été décomposée (méthode de Fresenius).

Essais de fer.

441. Ils ont pour but de déterminer la quantité de fer contenue dans les minerais de fer.

La méthode volumétrique par une liqueur titrée de permanganate de potassium repose sur le principe suivant :

Si l'on verse une dissolution de permanganate dans une dissolution acide de sel ferreux, le permanganate est décomposé : son oxygène se porte sur le fer du sel ferreux qui passe à l'état de sel ferrique. Tant qu'il reste du fer à oxyder, la liqueur titrée est décolorée au fur et à mesure qu'on la laisse écouler. Dès que tout le fer est peroxydé, le permanganate conserve sa coloration et communique au liquide une coloration rose très nette.

La réaction peut être représentée par l'équation

$$2MnO^4K + 10FeO = 5Fe^2O^3 + K^2O + 2MnO,$$

c'est-à-dire qu'un poids mol. de permanganate, soit 158^{gr}, peroxyde 5FeO ou 360^{gr} FeO, contenant 280^{gr} de fer pur.

442. *Préparation de la liqueur titrée de permanganate.* — Il est inutile d'avoir une liqueur normale ; d'ailleurs la solution de permanganate s'altère plus ou moins rapidement en laissant déposer du sesquioxyde de manganèse.

On dissout, par exemple, 5^{gr} du sel cristallisé et pur dans 200^{cc} d'eau distillée, et on titre cette dissolution au moment de s'en servir.

Pour cela, on pèse 1^{gr} de fil de clavecin, bien décapé par frottement avec du papier de verre ; on l'introduit avec une dizaine de centimètres cubes d'acide chlorhydrique pur et concentré dans un petit ballon ; celui-ci est fermé par un bouchon que traverse un long tube droit effilé à sa partie supérieure. On chauffe jusqu'à l'ébullition ; le métal se dissout dans une atmosphère privée d'oxygène et finalement on obtient une dissolution de chlorure ferreux (sulfate ferreux si on a employé l'acide sulfurique étendu et exempt de produits nitreux comme dissolvant).

On étend cette solution d'eau bouillie (privée d'air) de manière à en faire par exemple 200^{cc} ; quand elle est bien refroidie, on en verse 100^{cc} dans un vase à précipité et on y laisse couler goutte à goutte (en agitant constamment) le permanganate d'une burette jusqu'à brusque coloration rose du liquide. Si l'on a employé 10^{cc} de permanganate, chaque centimètre cube de la solution de ce sel correspondra à $\dfrac{1^{gr}}{2 \times 10}$ ou 0^{gr},05 de fer pur.

443. *Essai du minerai.* — On en prélève un échantillon moyen, on le pulvérise ; on en pèse 1^{gr} qu'on dissout comme précédemment dans l'acide chlorhydrique concentré et dans le même appareil. Comme une certaine quantité de fer pourrait exister dans le minerai à l'état de sesquioxyde, on ajoute au liquide un morceau de zinc bien exempt de fer : le zinc dégage de l'hydrogène qui réduit le sesquioxyde et communique à toute la liqueur une coloration vert pâle. On décante alors la dissolution, on y ajoute l'eau de lavage du zinc et on complète encore à 200^{cc} par de l'eau bouillie.

On en prend 100^{cc} dans un vase à précipité et on titre comme précédemment ; soit n le nombre de centimètres cubes de permanganate versés ; le gramme de minerai analysé contiendra $2 \times 0^{gr},05 \times n$ de fer pur.

444. *Remarque.* — On peut déterminer facilement la quantité de fer qui existe dans le minerai à l'état de protoxyde et celle qui s'y trouve à l'état de sesquioxyde ; il faut alors faire deux analyses volumétriques successives. L'opération précédente donne le poids total du fer contenu dans le minerai, fer qui est alors entièrement à l'état de sel ferreux. Dans une deuxième opération analogue, on n'emploie pas de zinc et on dose seulement le fer qui est réellement à l'état de sel ferreux. La différence donne le fer qui forme le sel ferrique dans le minerai.

Saccharimétrie chimique.

445. C'est la détermination de la quantité de glucose ou de sucre contenue dans les liquides sucrés, dans le sucre de canne et dans les glucoses du commerce. Elle est employée concurremment avec la méthode optique, qui repose sur les propriétés de la lumière polarisée.

En principe, on utilise l'action réductrice exercée à l'ébullition par le glucose sur du sulfate de cuivre en solution alcaline : le poids mol. du glucose $C^6H^{12}O^6$ ou 180^{gr} suffit pour décomposer 5 fois le poids mol. du sulfate de cuivre cristallisé $5(SO^4Cu + 5H^2O) = 1247^{gr}$. Ces nombres sont dans le rapport $\dfrac{5}{34,65}$; ainsi 1 litre d'une solution de sulfate de cuivre qui en contient $34^{gr},65$ sera décomposé par 5^{gr} de glucose.

446. *Liqueur de Fehling*. — Parmi les liqueurs cupro-potassiques d'un usage courant, nous citerons celle de Fehling, qui se prépare de la manière suivante :

$34^{gr},65$ de sulfate de cuivre pur, cristallisé, sont dissous dans 200^{cc} d'eau distillée. On dissout d'autre part 173^{gr} de sel de Seignette dans 480^{cc} de lessive de soude ayant pour densité 1,14. On ajoute peu à peu la première solution à la seconde, et on étend le tout avec de l'eau distillée de manière à avoir 1 litre à la température de $17°,5$.

Cette liqueur doit être conservée à l'obscurité, car à la lumière elle laisse déposer du cuivre métallique. D'après sa composition, on voit que 1^{cc} de liqueur de Fehling contient $0^{gr},03465$ de sulfate de cuivre et correspond à $0^{gr},005$ de glucose.

447. *Essai d'un glucose*. — On met 10^{cc} de liqueur de Fehling dans une capsule de porcelaine, on les étend d'environ 50^{cc} d'eau et on chauffe à une température voisine de l'ébullition. Pendant ce temps, on a dissous 1^{gr} du glucose à analyser dans 100^{cc} d'eau distillée. On introduit de cette solution dans une burette et on la laisse couler goutte à goutte dans la liqueur presque bouillante jusqu'à ce qu'il ne se dépose plus d'oxyde cuivreux et que cette liqueur soit décolorée. On reconnaît d'ailleurs que la précipitation est complète en prenant une goutte de cette dernière avec une baguette et la mettant dans une solution de ferrocyanure de potassium ; celui-ci donne un pr. brun-rouge avec la plus petite trace de cuivre.

Soit n le nombre de centimètres cubes de solution glucosique employée ; ils contiennent $10 \times 0^{gr},005 = 0^{gr},05$ de glucose, d'où le gramme de glucose analysé contient

$$0,05 \times \frac{100}{n}.$$

448. *Essai du sucre de canne.* — Le sucre de canne ne réduit pas la liqueur de Fehling ; mais en s'hydratant il donne du sucre interverti, mélange de glucose et de lévulose, réduisant cette liqueur :

$$C^{12}H^{22}O^{11} + H^2O = C^6H^{12}O^6 + C^6H^{12}O^6.$$

342^{gr} de sucre de canne donnent 360^{gr} de sucre interverti. Ces deux nombres sont dans la proportion $\dfrac{95}{100}$. Pour analyser un sucre de canne, on le fait d'abord bouillir assez longtemps avec de l'acide sulfurique très étendu pour le transformer en sucre interverti ; puis on sature l'acide par du carbonate de sodium, on filtre, et la solution obtenue est encore versée goutte à goutte dans la liqueur de Fehling. Le poids de sucre interverti ainsi trouvé, multiplié par $\dfrac{95}{100}$, donne le poids du sucre de canne contenu dans le sucre commercial.

Enfin il arrive souvent que le glucose et le sucre de canne se rencontrent ensemble dans le même sucre ou dans le même liquide sucré. Pour en déterminer les proportions, on fait une solution qu'on traite par la liqueur de Fehling portée à une température non supérieure à 70° pour ne pas altérer le sucre de canne ; on obtient ainsi le glucose. On procède à un deuxième essai analogue après avoir fait bouillir la solution avec un acide étendu. La différence entre les deux résultats donne le poids du sucre de canne.

TABLE DES MATIÈRES

CHIMIE GÉNÉRALE

CHAPITRE PREMIER

Cristallisation. — Systèmes cristallins.

Définitions 1
Cristallisation par fusion . . 2
   id.   par sublimation. 2
   id.   par voie humide. 3
Symétrie d'un cristal . . . 4
Systèmes cristallins. . . . 7
Isomorphisme 12
Dimorphisme. 14

CHAPITRE II

Combinaisons. — Dissociation. — Lois.

COMBINAISONS.
  Définitions 14
  Combinaisons exothermi-
    ques et endothermiques. 15
  Influence d'une énergie
    étrangère 18
DISSOCIATION.
  Définitions 20
  Dissociation du carbonate
   de calcium. 22
    id.   des chlorures
  ammoniacaux 24
    id.   de l'acide iod-
  hydrique 25
    id.   de l'eau. . . 28
    id.   de l'oxyde de
  carbone 29
    id.   de l'anhydride
  sulfureux 29
    id.   de l'acide chlor-

  hydrique 29
  Applications 30
  Efflorescence. 30
  États allotropiques . . . 31
LOIS DES COMBINAISONS.
  Loi des poids 32
  Loi des proportions définies. 32
  Loi des proportions multi-
   ples 33
  Loi de Richter 34
  Loi des combinaisons en vo-
  lumes 34

CHAPITRE III

Equivalents. — Nombres proportionnels.

Nombres proportionnels . . 36
Système adopté 39
DÉTERMINATION DES ÉQUIVALENTS.
  Principe de la détermination 40
  Equivalents des principaux
   corps simples. . . . 41
    id.   des bases et des
  acides 44
    id.   fixés par l'iso-
  morphisme 45
    id.   fixés par la loi
  de Dulong. 47
Equivalents en volumes . . 49
Relation entre les éq. en
  poids, les éq. en vol. et la
  densité 51
Avantages et inconvénients des
  équivalents 52

CHAPITRE IV

Système des poids atomiques.

Molécules et atomes	53
Hypothèse d'Avogadro et Ampère	54
Poids moléculaires	55
Poids atomiques	57
Représentation des corps	60
Transformation des formules	60
Atomicité	61
Avantages des poids atomiques	65

CHAPITRE V

Principes de thermochimie.

Définitions	67
Principe des travaux moléculaires	68
id. de l'équivalence calorifique des transformations chimiques	69
id. du travail maximum	71

CHIMIE ORGANIQUE

CHAPITRE PREMIER

Analyse organique. — Classification.

Définitions. — Analyse immédiate	76
Éléments des composés organiques	77
ANALYSE ÉLÉMENTAIRE.	
Analyse d'un composé non azoté	78
Composition centésimale	81
Analyse d'un composé azoté	82
Dosage du soufre et du chlore	85
Établissement de la formule	85
Isomérie	88
Méthodes analytiques et synthétiques	89
Classification des composés organiques	91
Radicaux	93
Développement des formules	94

CHAPITRE II

Carbures d'hydrogène.

Définition et classification	98
CARBURES FORMÉNIQUES.	
Propriétés générales	99
Formène	101
Éthane	101

Pétroles américains	105
Pétroles russes	109
Bitumes	109
CARBURES ÉTHYLÉNIQUES.	
Propriétés générales	110
Éthylène	111
CARBURES ACÉTYLÉNIQUES.	
Propriétés générales	114
Acétylène	115
CARBURES TÉRÉBÉNIQUES.	
Propriétés générales	119
Essence de térébenthine	119
Essences végétales	122
Résines	123
Caoutchouc	124
Gutta-percha	125
CARBURES AROMATIQUES.	
Formation. — Classification	126
Constitution de la benzine	126
Benzine	128
Nitrobenzine	131
Traitement des goudrons de houille	131
Toluène	139
Xylènes. Cumènes. Cymènes	140
Anthracène	141
Naphtaline	142
Acénaphtène	145

CHAPITRE III

Alcools et leurs éthers.

Définition. — Éthérification	145

Relation des alcools avec les carbures 146
Classification des alcools . . 147
Alcools primaires, secondaires, tertiaires 148
Éthers des alcools . . . 150
Classification des éthers . . 151
ALCOOLS MONOATOMIQUES.
Alcool méthylique . . . 152
Éthers de l'alcool méthylique. 154
Chloroforme. 154
Iodoforme 156
Alcool éthylique. . . . 157
Éthers de l'alcool éthylique. 161
Éther ordinaire 161
Alcools propyliques. . . 167
Alcools butyliques . . . 168
Alcools amyliques . . . 168
Alcool cétylique. . . . 168
Alcool mélissique . . . 168
Alcool allylique. . . . 168
Menthol 169
Bornéol 169
Alcool benzylique . . . 169
Alcool cinnamique . . . 169
Alcool cholestérique. . . 169
ALCOOLS DIATOMIQUES.
Glycol ordinaire. . . . 170
ALCOOLS TRIATOMIQUES.
Glycérine. 171
Éthers de la glycérine . . 173
Nitroglycérine 174
Dynamite. 174
Tristéarine 175
Trimargarine 176
Trioléine 176
État naturel et propriétés des corps gras . . . 176
Corps gras solides . . . 177
Huiles. 178
ALCOOLS TÉTRA, PENTA, HEXATOMIQUES.
Erythrite. 180
Pinite et quercite . . . 180
Mannite. Dulcite. Sorbite . 180

CHAPITRE IV
Phénols.
Définitions 181
Classification. 182
PHÉNOLS MONOATOMIQUES.
Phénol ordinaire. . . . 183

Acide picrique 186
Crésols. Thymol. Naphtols. Anthrols 188
PHÉNOLS DIATOMIQUES.
Pyrocatéchine 189
Résorcine 189
Hydroquinone 189
Orcine 190
PHÉNOLS TRIATOMIQUES.
Pyrogallol 191
Phloroglucines 191
Alphénols. 192

CHAPITRE V
Aldéhydes. — Acétones. Quinones.
ALDÉHYDES.
Propriétés générales . . 192
Constitution 193
Aldéhyde ordinaire . . . 194
Chlorure d'acétyle . . . 198
Chloral 198
Camphre ordinaire . . . 199
Aldéhyde benzylique. . . 201
HYDRATES DE CARBONE.
Propriétés générales et classification 204
Glucose ordinaire . . . 207
Glucosides 212
Glucoses divers 213
Saccharose proprement dit. 214
Id.   industrie . . 216
Lactose 228
Maltose. Mycose. . . . 229
Amidon 229
Inuline 233
Lichénine. Mucilages . . 234
Dextrines 234
Glycogène 236
Gommes solubles . . . 236
Principes pectiques . . . 237
Cellulose. 237
Coton - poudre. Collodion Celluloïd 239
ACÉTONES.
Définitions et propriétés générales 240
Acétone ordinaire . . . 241
Benzophénone 242
QUINONES.
Définitions 243
Quinone ordinaire . . . 243
Naphtoquinone. . . . 244

Anthraquinone 241
Alizarine 245
Purpurine 247

CHAPITRE VI

Acides organiques.

Définitions et classification. , 247
I. ACIDES MONOATOMIQUES.
  Acide formique 251
  Acide acétique 251
  Anhydride acétique . . 261
  Chlorure d'acétyle . . . 261
  Acide propionique . . . 261
  Acides butyriques . . . 261
  Acides palmitique, stéarique, oléique 262
  Bougies 263
  Savons 266
  Acide benzoïque. . . . 270
II. ACIDES DIATOMIQUES.
  Acide lactique 271
  id. glycolique . . . 272
  id. oxalique 272
  id. succinique. . . . 276
  id. salicylique . . . 277
  Acides phtaliques. Phtaléine. 277
III. ACIDES TRIATOMIQUES.
  Acide malique 278
IV. ACIDES TÉTRATOMIQUES.
  Acides tartriques . . . 279
  id. citrique . . . 281
  id. gallique 286
  Tannins 286

CHAPITRE VII

Alcalis organiques.

Définition et principaux groupes. 288
I. AMINES.
  Classification et préparation. 288
  Méthylamine. 292
  Aniline 293
  Toluidines 297
  Naphtylamines . . . 297
  Composés diazoïques . 298
  Glycocolle 299
  Acide hippurique . . . 299
  Leucine 299
  Acide aspartique. . . . 299

II. ALCALOÏDES.
  Définition et propriétés générales 299
  Nicotine 301
  Atropine 302
  Strychnine 303
  Brucine 303
  Curarine 303
  Morphine 304
  Narcotine. 305
  Codéine 305
  Quinine 305
  Cinchonine 307
  Caféine 307
  Eméline 307
  Conicine 307
  Aconitine. 307
  Cocaïne 307
  Ptomaïnes 307
Bases pyridiques 308
Bases quinoléiques. . . . 308

CHAPITRE VIII

Amides.

Définition et classification . . 309
I. MONAMIDES.
  Propriétés générales . . 309
  Formamide 311
  Acétamide 311
II. DIAMIDES.
  Propriétés générales . . 311
  Oxamide 312
  Urée 312
  Urées composées . . . 315
  Acide urique. 316
III. AMIDES A FONCTION MIXTE.
  Amides-acides. . . . 316
  Imides 317
  Amides-amines 317

CHAPITRE IX

Matières albuminoïdes.

Propriétés générales . . . 317
Constitution 319
Albumine. 320
Caséine. Lait. 321
Fibrine 323
Gélatine 324

CHAPITRE X

Teinture et matières colorantes.

Définition. 326
Fixation des matières coloran-
tes. 326
I. MATIÈRES COLORANTES NATUREL-
LES.
   Cocheuille 329
   Campêche 329
   Indigo. 329
II. MATIÈRES COLORANTES MINÉ-
RALES 333
III. MATIÈRES COLORANTES ARTI-
FICIELLES ORGANIQUES.
Couleurs d'aniline et de tolui-
dines 334
   Rosaniline 334
   Fuchsine. 335
   Bleus et violets d'aniline . 336
   Verts d'aniline 338
   Noirs et bruns d'aniline. . 338
Couleurs dérivant du phénol or-
dinaire. 339
Couleurs dérivant des composés
diazoïques 339

CHAPITRE XI

Fermentations.

Définition. 341
I. FERMENTATION ACÉTIQUE.
Ferment acétique . . . 342
Vinaigre 343
II. FERMENTATON ALCOOLIQUE.
Produits de la fermentation. 345
Levûres 346
Fermentation du saccha-
rose 347
Industrie de l'alcool. . . 348
Préparation des liquides al-
cooliques 349
Distillation des liquides fer-
mentés. 350
Appareil Champonnois . 352
Vin 354
Bière. 357
Cidre. 360
Alcoolométrie 360
II FERMENTATIONS DIVERSES.
Fermentation lactique . . 361
Fermentation butyrique. . 362
Fermentation ammoniacale. 362
Fermentation putride . . 362
Conservation des substances
organisées. 364

ANALYSE CHIMIQUE

CHAPITRE PREMIER

Analyse qualitative par voie humide.

Définition et essais prélimi-
naires 367
I. Recherche de la base . . 369
II. Recherche de l'acide . . 379

CHAPITRE II

Analyse volumétrique.

Appareils employés. . . . 387
Liqueurs titrées. 388
Alcalimétrie 389
Acidimétrie 392
Chlorométrie. 393
Essai des bioxydes de manga-
nèse 396
Essais de fer. 398
Saccharimétrie chimique . . 400

Bar-le-Duc. — Imprimerie Comte-Jacquet.

Librairie NONY et Cⁱᵉ, rue des Écoles, 17, à Paris

Annales du baccalauréat de l'enseignement secondaire spécial et moderne. — Abonnement à l'année, 2 fr.; ou chacune des trois sessions. . . . . 0 fr. 75

Annuaire de la Jeunesse, par H. VUIBERT. — Guide indispensable aux jeunes gens qui terminent leurs études. — Un vol. in-12 de 1000 p., broch., 3 fr.; cart., 4 fr.; relié, 5 fr.

CHARRUIT (N.). — **Problèmes et épures de géométrie descriptive.** — In-8º; texte et planches . . . . 5 fr. »

Décret du 28 janvier 1892 sur le nouveau mode d'attribution des emplois publics. — In-8º, 72 pages . . . . 1 fr. »

Formulaire. — Mathématiques, physique, chimie (notamment: résumé de la chimie organique du baccalauréat moderne). — 6ᵉ édition, br., 1 fr. cart., 1 fr. 50.

HUMBERT (E.). — **Traité d'arithmétique,** avec des compléments. — In-8º . . . . 5 fr. »

Instructions et conseils sur l'exécution des épures et sur le lavis. — In-12 . . . . 1 fr. »

Instruction ministérielle sur l'aptitude physique au service militaire et sur l'aptitude particulière aux différentes armes. — 96 pages. . . . . 0 fr. 50

Journal de Mathématiques élémentaires (17ᵉ année), par H. VUIBERT. — Publication éminemment utile aux élèves de Première (sciences). — Abonnement d'un an, 5 fr. (à toute époque de l'année).

Loi militaire (Nouvelle) et décret relatif aux dispenses. — 84 pages. . . . . 0 fr. 30

MACÉ DE LÉPINAY (A.). — **Compléments d'algèbre et notions de géométrie analytique,** à l'usage des candidats à Saint-Cyr, des élèves de Première (Sciences) et des élèves de mathématiques élémentaires se destinant aux mathématiques spéciales. — In-8º, 392 pages, 217 figures . . . . 4 fr. »

PIALAT (H). — **Caractères des sels métalliques,** à l'usage des candidats au baccalauréat de l'enseignement moderne. — In-12, 2ᵉ édition . . . . 2 fr. 50

Plan d'études et programmes de l'enseignement secondaire moderne. . . . . 1 fr. »

Programmes pour tous les examens et concours, pour toutes les écoles, pour toutes les carrières (consulter le Catalogue, qui est envoyé franco sur demande, ou l'*Annuaire de la Jeunesse*).

Revue de Mathématiques spéciales (3ᵉ année), publiée par M. NIEWENGLOWSKI. — Un an . . . . 7 fr. »

Sujets de concours et d'examens de toute nature. — Voir le Catalogue.

TANNERY (J.). — **Introduction à l'étude de la théorie des nombres et de l'algèbre supérieure.** — Conférences faites à l'école normale supérieure et rédigées par MM. Borel et Drach. (*Sous presse.*)

TARTINVILLE (A.). — **Cours d'arithmétique.** — Un vol. in-8º, 2ᵉ édition . . . . 3 fr. »

TARTINVILLE (A.). — **Théorie des équations et des inéquations** du premier et du second degré à une inconnue. — Gr. in-8º, 2ᵉ édition. . . . . 3 fr. 50

VUIBERT et BOUANT. — **Problèmes de baccalauréat.** — 2ᵉ édition, in-8º . . . . 8 fr. »

On vend séparément : *Mathématiques,* par H. Vuibert . 5 fr. »
Physique et Chimie, par E. Bouant . . . . 3 fr. 50

Imprimerie Comte-Jacquet, à Bar-le-Duc.

9 782016 136805